長物志

〔明〕文震亨　著

李霞　王刚　编著

江苏凤凰文艺出版社
JIANGSU PHOENIX LITERATURE AND
ART PUBLISHING, LTD

图书在版编目（CIP）数据

长物志 /（明）文震亨著；李霞，王刚编著. — 南京：江苏凤凰文艺出版社，2015（2017.1重印）
ISBN 978-7-5399-8089-8

Ⅰ.①长… Ⅱ.①文…②李…③王… Ⅲ.①园林设计－中国－明代 Ⅳ.①TU986.2

中国版本图书馆CIP数据核字(2015)第008881号

书　　　名	长物志
著　　　者	〔明〕文震亨
编　　　者	李　霞　王　刚
责 任 编 辑	孙金荣
特 约 编 辑	杨涵丽
文 字 校 对	文艳丽　孔智敏
封 面 设 计	金顺設計室·车　球 DO-DESIGN STUDIO
版 面 设 计	李　亚
出 版 发 行	凤凰出版传媒股份有限公司 江苏凤凰文艺出版社
出版社地址	南京市中央路165号，邮编：210009
出版社网址	http://www.jswenyi.com
经　　　销	凤凰出版传媒股份有限公司
印　　　刷	北京市雅迪彩色印刷有限公司
开　　　本	700毫米×1000毫米　1/16
印　　　张	26.5
字　　　数	445千字
版　　　次	2015年7月第1版　2017年1月第8次印刷
标 准 书 号	ISBN 978-7-5399-8089-8
定　　　价	55.80元

（江苏凤凰文艺版图书凡印刷、装订错误可随时向承印厂调换）

‖ 目 录 ‖

【卷一】 室庐

此卷为居住环境营造之用。对宅居建筑布局、门窗设置及居室内部陈列布置，都有细致安排及描述。

【卷二】 花木

此卷为花木培植观赏之用。涉及适宜居家养殖花木三十九种及瓶花、盆玩之培护，按照花木生态习性和景观艺术布局要求搭配种植，可使居所四季风景不断。

【卷三】 水石

此卷为水石布局之用。园林造景，妙在以少胜多，效仿自然山水，而又能将自然山水凝练、浓缩于一方小园之内。

【卷四】 禽鱼

此卷为饲养赏玩禽鱼之用。罗列适宜家中饲养赏玩禽鱼多种，讲其特征、习性，并细述品赏禽鱼调养心性之法。

【卷五】 书画

此卷为收藏和品评书画之用。详细叙述书画类别区分、装裱制作、鉴别真伪、收藏维护、品评优劣等级之法。

【卷六】 几榻

此卷为室内家具鉴赏之用。逐一列举常用家具之形制、装饰、功用等，同时兼顾实用与舒适。此卷所言条法对现代家具发展有重要影响。

【卷七】 器具

此卷为熟识文人文房、卧室用具之用。上到钟鼎、刀剑，下到笔墨、纸张，制器皆以精良为乐，气韵清雅，赏心悦目，藏玩皆宜。

【卷八】 衣饰

此卷为了解古人日常服饰之用。衣冠服装样式规格要合于时宜，既合于季节时令，也合于身份场合；不追求过分华丽，也不刻意衣衫褴褛，方为雅士风范。

【卷九】　舟车

此卷为文人日常所用交通工具。古人出行，陆多车轿水多舟，无论舟车，皆要遵循严格等级制度，在名称、规格、颜色等方面均有明确规定。

【卷十】　位置

此卷为居所布局之用。屋室空间规划方法，繁简不同，冬夏各异，高堂广榭，各有所宜。室内家具陈设讲究方位、层次合理；院落装点亦要雅致精细，不可繁杂媚俗。

【卷十一】　蔬果

此卷为日常饮食养生之用。翔实介绍日常食用二十八种蔬果之产地、口味、品食注意事项以及养生功效。

【卷十二】 香茗

此卷为雅士焚香品茗之用。文氏列举当时流行的香、茗之类巨细，并说明茶道煎煮之法，给今人留下净心领悟香茗之宝贵借鉴。

序

　　夫标榜[1]林壑，品题酒茗，收藏位置图史、杯铛[2]之属，于世为闲事，于身为长物[3]，而品人者，于此观韵焉，才与情焉，何也？挹[4]古今清华美妙之气于耳目之前，供我呼吸；罗天地琐杂碎细之物于几席之上，听我指挥；挟日用寒不可衣、饥不可食之器，尊逾拱璧[5]，享轻千金，以寄我之慷慨不平，非有真韵、真才与真情以胜之，其调弗同也。

　　近来富贵家儿与一二庸奴[6]、钝汉[7]，沾沾以好事自命，每经赏鉴，出口便俗，入手便粗，纵极其摩娑护持之情状，其污辱弥甚，遂使真韵、真才、真情之士，相戒不谈风雅。嘻！亦过矣！司马相如携卓文君，卖车骑，买酒舍，文君当垆涤器，映带犊鼻裈[8]边；陶渊明方宅十余亩，草屋八九间，丛菊孤松，有酒便饮，境地两截，要归一致；右丞[9]茶铛药臼[10]，经案绳床[11]；香山[12]名姬骏马，攫石洞庭，结堂庐阜[13]；长公[14]声伎[15]酣适于西湖，烟舫翩跹乎赤壁，禅人酒伴，休息夫雪堂[16]，丰俭不同，总不碍道，其韵致才情，政自不可掩耳。

　　予向持此论告人，独余友启美氏[17]绝颔之。春来将出其所纂《长物志》十二卷公之艺林[18]且属余序。予观启美是编，室庐有制，贵其爽而倩、古而洁也；花木、水石、禽鱼有经，贵其秀而远、宜而趣也；书画有目，贵其奇而逸、隽而永也；几榻有度，器具有式，位置有定，贵其精而便、简而裁、巧而自然也；衣饰有王、谢之风[19]，舟车有武陵、蜀道之想，蔬果有仙家瓜枣之味，香茗有荀令、玉川[20]之癖，贵其幽而暗、淡而可思也。法律指归，大都游戏点缀中一往，删繁去奢之意存焉。岂唯庸奴、钝汉不能窥其崖略，即世有真韵致、真才情之士，角异猎奇，自不得不降心以奉启美为金汤[21]。诚宇内一快书，而吾党一快事矣！

余因语启美："君家先严征仲太史[22]，以醇古风流，冠冕吴趋者[23]，几满百岁，递传而家声香远。诗中之画，画中之诗，穷吴人巧心妙手，总不出君家谱牒[24]，即余日者过子，盘礴累日，婵娟为堂，玉局为斋，令人不胜描画，则斯编常在子衣履襟带间，弄笔费纸，又无乃多事耶？"启美曰："不然。吾正惧吴人心手日变，如子所云，小小闲事长物，将来有滥觞[25]而不可知者，聊以是编堤防之。"有是哉！删繁去奢之一言，足以序是编也。予遂述前语相谂[26]，令世睹是编，不徒占启美之韵之才之情，可以知其用意深矣。

沈春泽[27]谨序

【注释】

〔1〕标榜：宣扬，称道，吹嘘。

〔2〕杯铛：杯，酒器；铛，温器。

〔3〕长物：原指多余的东西，后也指像样的东西。

〔4〕挹：舀，把液体盛出来。《珠丛》载："凡以器斟酌于水谓之挹。"

〔5〕拱璧：古代一种大型玉璧，用于祭祀，天子礼天之器，因其须双手拱执，故名。孔颖达疏："拱，谓合两手也，此璧两手拱抱之，故为大璧。"

〔6〕庸奴：见识浅陋之人，含有鄙夷之意。

〔7〕钝汉：蠢人。

〔8〕犊鼻裈：亦作"犊鼻裩"，意为短裤，一说围裙。《汉书·司马相如传》："相如身自着犊鼻裈与佣保杂作，涤器于市中。"《史记·司马相如列传》裴骃集解引韦昭曰："犊鼻裈，今三尺布作，形如犊鼻。"

〔9〕右丞：王维，唐朝著名诗人、画家。

〔10〕茶铛药臼：茶铛，煮茶器皿；药臼，捣药石臼。

〔11〕经案绳床：经案，放置经书的案；绳床，胡床。

〔12〕香山：白居易，字乐天，号香山居士，唐代三大诗人之一。

〔13〕结堂庐阜：白居易在溢城时曾立隐舍于庐山遗爱寺。

〔14〕长公：苏轼，字子瞻，号东坡居士，世称苏仙。

〔15〕声伎：亦作"声妓"。旧时宫廷及贵族家中的歌姬舞女。唐宋旧制，郡守等官员均可召官妓侍酒。

〔16〕雪堂：苏轼在黄州时寓居临皋亭，就东坡筑雪堂，故址在今湖北省黄州市。苏轼《雪堂记》："苏子得废圃于东坡之胁，筑而垣之，作堂焉，号其正曰'雪堂'。"

〔17〕启美氏：文震亨，字启美。古人多是既有名又有字，字多是名的解释和补充，与名互为表里，又称"表字"。《疏》云："始生三月而始加名，故云幼名，年二十有为父之道，朋友等类不可复呼其名，故冠而加字。"女子未嫁叫"未字"，亦可叫"待字"。

〔18〕艺林：典籍荟集或文艺荟萃之地。

〔19〕王、谢之风：王氏、谢氏为晋朝贵族集团，把持朝政，地位在皇权之上。王、谢之风泛指高门贵族中世代出有影响的人物并有功业传世。此典故出自唐诗："会稽王谢两风流，王子沉沦谢女愁。归思若随文字在，路傍空为感千秋。"

〔20〕荀令、玉川：荀令，指东汉末年曹操的谋士荀彧，其生前担任尚书令，嗜好香；玉川，指唐代人卢仝，善品茶。

〔21〕金汤：金城汤池的略语，是指金属造的城，沸水流淌的护城河。形容城池险固。

〔22〕征仲太史：文征明，原名壁，字征明。四十二岁起，以字行，更字征仲。

〔23〕冠冕吴趋：为吴中人士之表率。

〔24〕谱牒：记载某一宗族主要成员世系及其事迹的档案。主要有三种形式：家传、家谱、簿状谱牒。

〔25〕滥觞：指江河发源处水很小，仅可浮起酒杯。比喻事物的起源、发端。

〔26〕谂：告诉。

〔27〕沈春泽：明代苏州府常熟人，字雨若。才情焕发，能诗善画，是文震亨的好友，同为明代名士。

【译文】

有些人性喜山林幽泉之地，热爱品酒赏茶，喜好收藏图文史志、古玩器皿，对社会来说这是娴雅之事，于己而言是多余之物，而那些惜才识人者却能借此考察一个人的格调、才智和性情，所为何故？这就好比有人汲取古今水木清华之气供自己呼吸，搜罗天下奇珍异玩之物任自己把玩；手里拿着那些穿不挡寒、食不疗饥、琐杂碎细之物，却珍贵胜过锦衣玉食、拱璧轻裘，视为连城美玉，不惜一掷千金，以寄托自己慷慨不平的豪情壮志，其实他并没有韵、才、情，不能驭物，格调自然也就不同。

近来有些纨绔子弟和一些庸人俗汉轻狂无知，自诩赏玩行家，每有鉴赏器物时，出口便俗，入手便粗，夸张地摩挲呵护器物，矫揉造作之态，有辱斯文，以致真正的气韵才情之士避而不谈风雅了。唉，这也太过分了！司马相如与卓文君卖掉车马，买下酒铺，卓文君身着酒保围裙亲自在柜台卖酒；陶渊明有方圆十几亩宅邸，草屋八九间，菊花遍地，松树挺拔，有酒就喝，虽然各处境地不同，心胸之旷达却是一致的；王维煮茶捣药，读诗说佛，书籍经文遍地；白居易拥名姬养宝马，洞庭采石，庐山造屋；苏轼携歌妓游西湖，乘船访赤壁，与好友佛印和尚畅饮，自筑雪堂，以雪明志。虽然这些人中有的奢侈，有的节俭，却无伤大雅，其真性情、真才子之风不减。

我一向宣扬这种观点，却只有好友文震亨对此完全赞同。明年春天震亨将要出版他编纂的《长物志》十二卷，亮相艺林，并嘱托我为他作序。我觉得震亨这部书，室庐规矩，贵在清爽秀丽、古朴纯净；花木、水石、禽鱼生动逼真，贵在秀美而悠远、和谐有趣；书画章法错落有致，贵在奇特飘逸、隽永俊美；几榻合规有度，器具有形有式，位置合适固定，贵在精致实用、简单自然；衣饰有两晋名士之风，舟车有武陵蜀道的意境，蔬果有仙境瓜果的风味，香茗有荀令、玉川的癖性，贵在悠远清淡，回味绵长。典章规制，大都画龙点睛般穿插点缀文中，以凸显删繁就简、去奢存俭之意。不只是凡夫俗子之流无法了解其中深意，就是那些有真韵致、真才情，喜欢求新猎奇的文人雅士，也不得不对震亨佩服之至，并把他文中的观点奉为圭臬。这的确是天下大快人心的一本好书，也是文人之间的一件幸事。

正因如此，我对震亨说："你先祖文征明，淳古风流，引领吴地风尚近百年，声名远扬。别人说诗中之画，画中之诗，穷尽吴地文人的丹心墨手，都无法超越你们文家的风格流派。我以前来拜访，亲眼所见你家的婵娟堂、玉局斋，景色之美难以描述，而你仍然孜孜不倦地劳笔动墨，执笔不辍，这不是多此一举吗？"
震亨说："不多余。我正是担心吴人的意趣技艺以后会渐渐生变，如你所说，这等
闲暇小事，身外之物，后人可能会不知道它的源流，特编此书，以作防备。"此言
甚是，"删繁去奢"这四个字，足以为这本书的总序了。于是我把这些写下来告诉
世人，让人们阅读此书时，不只是感受到震亨的韵致才情，还要领悟他的良苦用心。

沈春泽谨序

室 庐

此卷为居住环境营造之用。对宅居建筑布局、门窗设置及居室内部陈列布置，都有细致安排及描述。

居山水间者为上，村居次之，郊居又次之。吾侪^[1]纵不能栖岩止谷，追绮园^[2]之踪，而混迹廛市^[3]，要须门庭雅洁，室庐清靓，亭台具旷士之怀，斋阁^[4]有幽人之致。又当种佳木怪箨^[5]，陈金石图书，令居之者忘老，寓之者忘归，游之者忘倦。蕴隆^[6]则飒然而寒，凛冽则煦然而燠^[7]。若徒侈土木，尚丹垩^[8]，真同桎梏樊槛^[9]而已。志《室庐第一》。

【注释】

〔1〕吾侪：吾辈，我辈。

〔2〕绮园：指秦汉之际的隐士绮里季、东园公，因避秦乱世而隐居商山，与夏黄公、用里合称"商山四皓"。

〔3〕廛市：商肆集中之处，闹市区。

〔4〕斋阁：书房。

〔5〕箨：指竹笋外层的皮、笋壳。

〔6〕蕴隆：暑气郁结而隆盛。

〔7〕燠：热。

〔8〕丹垩：涂红刷白，泛指油漆粉刷。垩，一种白色土。

〔9〕樊槛：樊，鸟笼；槛，兽圈。此处喻指囚笼。

【译文】

居住于山水之间为上选，居住于村中稍逊，居住于郊外则又差一些。我辈纵然不能栖居岩洞，住于山谷，追慕绮里季、东园公这样的高人隐士之踪迹，但即使混迹于红尘闹市之中，也要门庭雅洁，房舍清雅安静，亭台楼阁具有旷达之士的情怀，书斋富有幽隐之士的情致。又应当种植佳木怪竹，陈列金石书画，使得居住其中的人不觉岁月流逝，客居此处的人乐不思归，前来游玩的人乐此不疲。夏季暑气升腾时，让人感觉清凉寒冽，冬天寒风凛冽时，则让人觉得温暖和煦。如果只是大兴土木，崇尚粉刷装饰，真如同被束缚在鸟笼兽圈中了。记《室庐第一》。

【延伸阅读】

文震亨用"室庐"统称房屋建筑。"室"指房室，古建筑是"前堂后室"，前面为堂，后面为室。"庐"则常指临时建的简陋居室，也泛指隐居之所，如陶渊明的诗句"结庐在人境，而无车马喧"。

明代人崇尚山野乡居，追求"雪满山中高士卧，月明林下美人来"的境界。莫是龙在《笔麈》中写道："人居城市，无论贵贱贫富，未免尘俗嚣喧……我愿去郭数里，择山溪清嘉、林木丛秀处，结庐三亩，置田一区，往返郡邑，则策蹇从之……"在山间林下结庐而居，是名士最理想的居住方式。

【名家杂论】

文震亨出身于江南书香世家，文氏家族如同《红楼梦》中的贾府，是苏州的旧家大族，世代居于诗礼繁盛之乡，讲究生活情调，喜好造园。文震亨的曾祖父文征明扩建了停云馆，父亲文元发营造了衡山草堂、兰雪斋、云敬阁、桐花院，长兄文震孟建造了生云墅、世纶堂。

文震亨自己也是一个园林艺术的践行者，曾在冯氏废园的基础上，构筑了香草堂，园内建有婵娟堂、绣铗堂、笼鹅阁、游月楼、鹤栖、鹿柴、鱼床、燕幕、啸台、曲沼、方池等景观。香草堂建得十分齐整，正如他所说："令居之者忘老，寓之者忘归，游之者忘倦。"

江南园林的繁盛，是自明代开始。明代的造园业出现过两个高潮，一是成化、弘治、正德年间，另一个是嘉靖、万历年间。尤其是嘉靖末年，天下太平，于是士大夫中有富厚者，皆来治园亭。江南一带，则私家宅院林立，亭台楼阁不可胜数。不只是苏州，杭州、南京、昆山、绍兴、上海松江等地，也都是亭馆布列，繁盛无比。建造园林的耗资之巨，可想而知。乃至有学者认为，明代资本主义萌芽之所以生长缓慢，是因钱都花到造园中去了，被园林消耗殆尽。

当时的高雅之士，喜欢去山水绝佳处建园。如苏州的范长倩，居住于天平山的精舍，他在山中耗费巨资疏凿池沼，建亭榭堂庑，植嘉树美竹，尽享山林之乐，声色之娱，在吴中一代颇为轰动。

但不是人人都能去山中建园，山中交通既不便利，花费又高昂。造园家计成便倡导因地制宜，城里也可以建造园林。文氏家族是"大隐隐于市"，世代居于苏州城，故而文震亨开篇便讲，虽然他也仰慕归隐山林的"商山四皓"，但即便居于闹市，也要拾掇一番，使门庭雅洁，居住惬意。

园林主人须得有深厚的美学功底，高超的艺术匠心，才能建造出一座花木扶疏、亭榭翼然，充满诗情画意的园林。而文震亨生在艺术世家，艺术修养固然不在话下，其审美品味也卓然超群。对于只知道砸钱而不懂情调的土豪，他是不屑的。造园这事，真不是光有钱就行。

门

用木为格，以湘妃竹横斜钉之，或四或二，不可用六。两旁用板为春帖[1]，必随意取唐联[2]佳者刻于上。若用石梱[3]，必须板扉。石用方厚浑朴，庶不涉俗。门环得古青绿蝴蝶兽面[4]，或天鸡饕餮之属，钉于上为佳，不则用紫铜或精铁，如旧式铸成亦可，黄白铜俱不可用也。漆惟朱、紫、黑三色，余不可用。

【注释】

〔1〕春帖：又称春帖子，自宋代开始流行的一种风俗，立春日在门帐上贴写有诗句的帖子。宋代的翰林，一年八节要撰作帖子词，诗体近于宫词，多为五言、七言绝句，贴于宫苑中的门帐。明代，这一风俗开始在民间兴起，立春日贴的称为春帖子，端午日贴的称为端午帖子。

〔2〕唐联：唐诗中的联句。

〔3〕石梱：石门槛。

〔4〕古青绿蝴蝶兽面：门钹兽面的一种花式。

【译文】

用木作为门框的横格，横斜着钉上湘妃竹，只能用四根或者两根，不能用六根。门的两旁，用木板做春帖，一定要根据自己的喜好选取唐代的联句中绝佳的，刻于春帖上。如果用石头做门槛，必须用木板门。所选石材要方厚浑朴，才不俗气。门环选用古青绿蝴蝶兽面，或天鸡、饕餮之类钉在上面为佳，不然，就用紫铜或精铁，按照旧时的式样铸成也可以。黄铜、白铜都不能用。木门上漆，只能用朱、紫、黑三种颜色，其余颜色不能用。

【延伸阅读】

门上的拉手称门钹，有的门钹做成兽头形，称兽面。明代初期对门钹有严格的规定，官员府邸按照官阶来决定用哪一种门钹。据《明会典》记载，洪武二十六年（1393 年）规定："王府、公侯、一品、二品府第大门可用兽面及摆锡环；三品至五品官大门不可用兽面，只许用摆锡环；六品至九品官大门只许用铁环。"但到了明代中后期，天下升平日久，江南富庶之家云集，大门用兽面已经很普遍。

【名家杂论】

《阳宅十书》中说："大门吉，则全家皆吉矣，房门吉，则满屋皆吉矣。"宅院的大门很重要，处处细节都有讲究，但凡世家大族，绝不能在大门上出错。

门开几扇？常见的为双扇，也有四扇，但不能弄出六扇大门。开六扇的是官衙，故而衙门又称"六扇门"，谚语曰："衙门六扇开，有理无钱莫进来。"如果民宅开六扇门，那便有僭越之嫌，要惹祸上身了。

门漆的颜色也有讲究。黄色是不能用的，那是皇室的专用色，"人主宜黄，人臣宜朱"，黄色之门极为高贵，只有皇宫才能用。朱漆大门也是至尊至贵的标志。据《礼记》记载，古时天子对诸侯、大臣的最高礼遇，是赐"九锡"，即九种特用物，包括：车马、衣服、乐县、朱户、纳陛、虎贲、斧钺、弓矢、秬鬯。这里面的"朱户"，就是朱漆大门。到明代，朱漆大门仍然是宅院主人身份高贵的标志，但已经用得很普遍，乃至没有官位的普通富户，也可以用。

用青色也犯忌，要避讳"青楼"。原本朱门、青楼都是指豪门高户，如《晋书·麹允传》称"南开朱门，北望青楼"。但后来，"青楼"逐渐成为妓院的雅称，以至正经人家连青色的漆都不用了。

黑色大门古时很普遍，是非官宦人家的门色。如济南旧城民居四合院，大门漆黑色，门楼色调是深灰的瓦顶搭配灰白的台阶，门上衬以红底对联，黑、灰、红三色的搭配，非常经典。

由门延伸出来的一个词语——门第，旧时指家庭在社会上的地位等级和家庭成员的文化程度。民国美女作家凌叔华，被称为"高门巨族里的兰花"，"高门巨族"这四个字，传神地描绘出了凌叔华显赫的家世背景。民国大约是旧式世家大族最后的繁盛时期，民国之后，所谓的"高门巨族"则风流云散。但"门第"的观念从未在中国人的脑海中消失，而是余音袅袅，时有回响……

阶

自三级以至十级，愈高愈古，须以文石剥成；种绣墩[1]或草花数茎于内，枝叶纷披，映阶傍砌。以太湖石叠成者，曰"涩浪"[2]，其制更奇，然不易就。复室[3]须内高于外，取顽石具苔斑者嵌之，方有岩阿[4]之致。

【注释】

〔1〕绣墩：指绣墩草，又称沿阶草，一种常绿草本植物，常种于庭院阴凉处。

〔2〕涩浪：古代宫墙基垒石凹入，作水纹状。

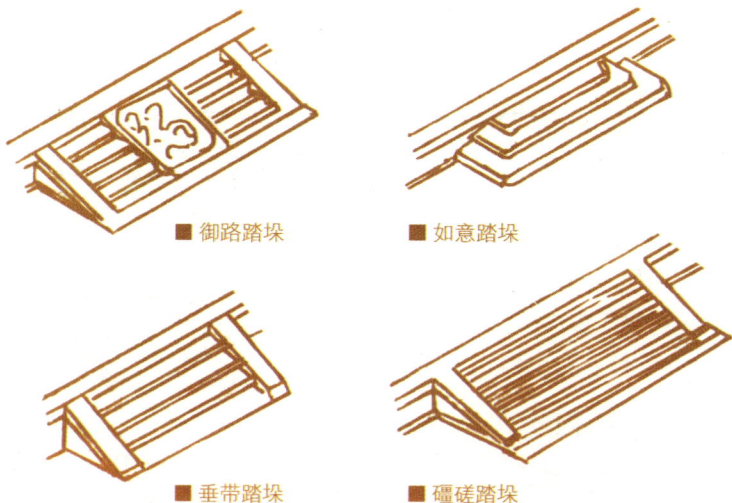

■ 御路踏垛　　■ 如意踏垛

■ 垂带踏垛　　■ 礓磋踏垛

〔3〕复室：指复屋，是具有双重橼、栋、轩版、垂檐等建筑结构的屋宇。

〔4〕岩阿：指山的曲折处。汉代王粲《七哀》："山岗有余映，岩阿增重阴。"

【译文】

门前台阶从三级到十级，越高越显得古雅，要用有纹理的石头削成。在里面种上绣墩草或几株草花，枝叶随风摆动，映照着台阶。用太湖石砌成的台阶，称为"涩浪"，它的形制更加奇特，但是不容易做好。复屋的里面要高于外面，用未经开凿的带有苔藓斑痕的石头镶嵌台阶，才有山间的风致。

【延伸阅读】

古建筑有平屋、重屋、复屋之分。平屋指单层的平房。重屋指带双重屋顶的建筑，也指带楼阁的建筑，最早出现于殷商时期，《周礼·考工记》记载："殷人重屋，堂修七寻，堂崇三尺，四阿重屋。"《宋史·礼志四》说："三代之制不相袭，夏曰世室，商曰重屋，周曰明堂，则知皆室也。"夏、商、周三代的礼制建筑都不同，夏朝是世室，殷商是重屋，周代是明堂。

至于复屋，清代学者俞樾云："复屋者，于栋之下，复为一栋以列橼，亦称重橼……《作雒》之重亢、复格，亦似皆复屋之制。"文震亨说"复室须内高于外"，复屋的建造，里面的建筑，台基要高于外面，这样有高度的落差，有利于日照、采光，建筑外观也显得庄严大气。

【名家杂论】

台阶，是中国古代建筑最明显的外观特征之一，在一定程度上可以体现出礼制思想和严密的等级观念。文震亨说台阶"愈高愈古"，这话极有道理。台阶越高，越有古意，这种古意，可以直追秦汉时期。

秦汉时期的宫殿，都是基台崇伟，建在高台之上，铺着长长的台阶，极具崇高威仪之感，朝觐者要一步步登台阶而上，仰视大殿，而大殿建筑高得让人头晕。梁思成在《中国建筑史》中引用元代某人的记述，说"予至长安，亲见汉宫故址，皆因高为基，突兀峻峙，崒然山出，如未央、神明、井干之基皆然，望之使人神志不觉森竦"。从汉代宫殿的旧址看，台基非常高，如同山一样耸立，看着都让人悚然而惊。可知当年汉武帝站在高高的大殿之上，宫娥珠翠环绕，武士威严而立，文武百官则伏地山呼万岁，那场面该是何等地震撼，诚可谓"大汉雄风"。

登台阶也有规矩。《礼记·曲礼上》中记载，登台阶时，"主人与客让登，主人先登，客从之，拾级聚足，连步以上"。迈步之前，主人和宾客要谦让一番，然后主人先登，客人紧随其后。不能单脚迈，每上一层台阶，一只脚踏上时，另一只脚也必须跟着踏上，等两脚并齐，然后再上第二层台阶。

江南宅院毕竟是婉约旖旎的，没有秦汉宫阙那样的壮阔之美，故而台阶能建几级就可以了，太高也吃不消。台阶要装饰得漂亮一些，种点沿阶草或者鸢尾、虞美人之类的草花，还须用碧青的苔藓点缀几许诗情。古人提到台阶，多半会想到青苔，台阶上长着苔藓，便带着一种古雅的诗意。刘禹锡在《陋室铭》中说"苔痕上阶绿，草色入帘青"，而李白的《长干行》是"门前迟行迹，一一生绿苔"。杜牧《题扬州禅智寺》则为"青苔满阶砌，白鸟故迟留"。台阶若无青苔的映衬，该是多么枯燥无味。

窗

用木为粗格，中设细条三眼[1]，眼方二寸，不可过大。窗下填板尺许。佛楼禅室，间用菱花[2]及象眼[3]者。窗忌用六，或二或三或四，随宜用之。室高，上可用横窗一扇，下用低槛承之。俱钉明瓦[4]，或以纸糊，不可用绛素纱及梅花簟。冬月欲承日，制大眼风窗[5]，眼径尺许，中以线经其上，庶纸不为风雪所破，其制亦雅，然仅可用之小斋丈室。漆用金漆，或朱、黑二色，雕花彩漆，俱不可用。

【注释】

〔1〕眼：指窗上的格子。

〔2〕菱花：指菱花纹，古代常用的一种装饰花纹，用菱花棂格的窗户称菱花窗。

〔3〕象眼：指做成三角形图案的窗格。

〔4〕明瓦：透光的瓦片，以提升室内的亮度。明代多用蚌壳制作明瓦，把蚌壳磨成薄片，可以透光。

〔5〕风窗：窗户的一种，可拆卸，用以开关通风。

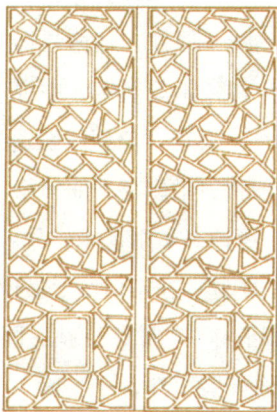
■ 象眼窗格

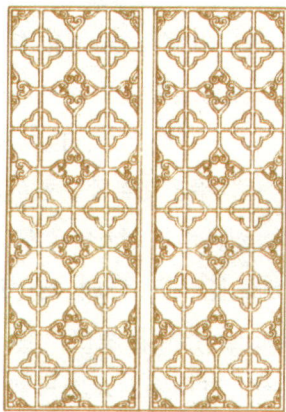
■ 如意菱花窗格

【译文】

窗户用木板做成大格子，中间加细木条，隔成三个小孔格，每小格二寸见方，尺寸不能过大。窗户下面填板一尺左右，供佛的楼阁禅室，夹杂使用菱花窗格和象眼窗格。窗户忌用六扇，根据实际情况采用两扇、三扇或四扇。室内空间高的，上面可以开一扇横窗，下面用低的栏杆承接。窗户都要钉明瓦，或者用纸糊窗户，不能用绛红色绉纱及梅花纹的竹帘。冬天想要多接收太阳光，需制作孔格大的风窗，孔格直径一尺左右，中间用线竖着缠在上面，这样窗户纸不会被风雪刮破，这种形制也很雅观，然而仅可用于小屋斗室。窗户的漆用金漆，或者朱红色、黑色两种颜色，在窗格上雕花或做彩漆，都不能采用。

【延伸阅读】

"象眼"一词是由象棋中的术语衍生而来。"象"走田字格的斜对角，如果把田字格的中间堵上，令"象"无路可走，称之为"堵象眼"。棋盘格的田字可以拆分为三角形，因此"象眼"也成为古建筑中的专有名词。在古建筑中，三角形的空间叫"象眼"，长方形的空间叫"山花"，两者统称"五花象眼"。

建筑结构中，经常会有三面交叉组成的部分，而不同位置的象眼名称也各异，如：门廊象眼、门洞内山墙上的五花象眼、垂带式台阶的垂带象眼等。文震亨提到的象眼窗格，在明代的窗格装饰中较为常见。

【名家杂论】

古代木结构的建筑，分为"大木作"和"小木作"。大木作指木建筑的承重部分，如柱、梁、枋、檩等，小木作指门、窗、隔断、栏杆、外檐装饰等。明清两代的园林建筑，极为重视窗格的装饰作用。李渔在《闲情偶寄》中说"予往往自制窗栏之格，口授工匠使为之，以为极新极异矣"。又说"窗棂以明透为先，栏杆以玲珑为主"，并列举了几种他喜欢的窗格：纵横格、欹斜格、屈体格。

窗户是江南园林中最令人印象深刻的物件，可谓是木雕艺术作品。这种窗户，又称花窗，种类颇多。有一种叫"空窗"，又称"月洞"，在空白墙上做成满月形状，使外面的景色如画一般镶嵌在窗户上。如苏州狮子林"立雪堂"南墙，即有数个"月洞"空窗。还有一种叫半窗，墙只砌一半，上面安装窗户，一半墙，一半窗。如苏州沧浪亭内的"翠玲珑"，是以观翠竹为主题的建筑，透过一排半窗往外看，窗外是满院翠竹，令人赏心悦目。

窗格的图案也很繁复。几何形的图案，一般用直线、弧线和圆形组成，如文震亨提到的象眼、菱花，都是用直线。用弧线的有鱼鳞、钱纹、球纹、秋叶、海棠、葵花、如意、波纹等。用几种线条组合的，有寿字、夔纹、卍字海棠、六角穿梅等。

有的花窗还雕刻图画，即文震亨所说的"雕花"，花卉图案如松、柏、牡丹、竹、兰、梅、菊、芭蕉、荷花等，鸟兽图案如狮、虎、云龙、凤凰、喜鹊、蝙蝠……更有松鹤图、柏鹿图，乃至还有表现戏剧人物和故事的图案。

园林中那些雕花的窗户，是江南建筑里最为旖旎的风景。古人谓"浓绿锁窗闲院静，照人明月团团"，在云淡风轻之夏夜，想那半窗斜月，映着满园幽景，恰有笛声悠悠飘来，笛声含情，而闺中佳人抚琴以对，此情此景，又何似在人间。

栏杆

　　石栏最古，第近于琳宫[1]、梵宇[2]及人家冢墓。傍池或可用，然不如用石莲柱二，木栏为雅。柱不可过高，亦不可雕鸟兽形。亭榭廊庑[3]，可用朱栏及鹅颈承坐[4]，堂中须以巨木雕如石栏，而空其中。顶用柿顶，朱饰，中用荷叶宝瓶，绿饰。卍字者，宜闺阁中，不甚古雅。取画图中有可用者，以意成之可也。三横木最便，第太朴，不可多用。更须每楹一扇，不可中竖一木，分为二三。若斋中则竟不必用矣。

【注释】

　　〔1〕琳宫：仙宫，此处为道观的雅称。

　　〔2〕梵宇：指佛寺。

　　〔3〕廊庑：堂下四周的廊屋。古建筑的廊是没有壁的，仅作为通道；庑则有壁，还可以建小屋住人。

　　〔4〕鹅颈承坐：亭榭在临水的方向设置木制曲栏座椅，带有形如鹅颈、曲线柔美的靠背形式，称鹅颈靠。

【译文】

　　石栏杆最古朴，只是多用于道观、佛寺及坟墓。池塘旁边或许可以用，然而不如用两个石莲柱在两端，中间用木栏杆为雅致。柱子不能过高，也不能雕成鸟兽的形状。亭台、水榭、过道、廊屋可以用朱红栏杆以及鹅颈靠背。正堂中，要用大木料雕成如石栏杆一样，中间挖空，顶上用柿子状装饰，漆成朱红色，中间做成荷叶宝瓶形状，漆成绿色。饰有卍字图案的栏杆适宜用在闺阁中，但不太古雅。选取书画中可以用的图案，按自己的想法来做即可。用三条横木做成的栏杆最简便，但太朴素，不能用得太多。栏杆要以一根楹柱为一扇，不能在中间立木头将其分成两三格。如果在室内就完全不必这样了。

【延伸阅读】

　　《园冶》中记载了明代栏杆的几种式样，有笔管式、锦葵式、波纹式、梅花式、波纹式、联瓣葵花式、尺栏式、短栏式等。计成说："栏杆信画化而成，减便为雅。古之回文万字（即卍字图案），一概屏去，少留凉床佛座之用，园屋间一不可制也。

予历数年，存式百状，有工而精，有减而文，依次序变幻，式之于左，便为摘用。"计成耗费几年时间，收集了百余种栏杆的样式，且他认为卍字栏杆多用于佛寺中，园林里不必用。文震亨则认为卍字栏杆适宜用于闺阁，此处似有待商榷。

【名家杂论】

栏杆是古典园林中随处可见的构件，亭榭、楼阁、池岸、小桥等处，往往都有栏杆的设置。栏杆的作用，或为拦护，或为分隔空间。栏杆的材料以木、石为主，有时也用竹子，形式繁多，极富装饰性。

在园林中，石栏杆主要是沿水面的护栏及桥栏，苑囿石栏的栏板及望柱，与园中山水景致和谐搭配。园林中还有一种木石并用的栏杆，以石为望柱，柱身开有卯眼，用横木两三条架于柱间，木石刚柔相称，在形式上也显得玲珑轻巧。

木栏杆在园林中用得更为普遍，且式样繁多。临水的亭榭、水阁或楼上的坐栏，为安全起见，其外缘另装靠背，形成了靠栏，有鹅颈靠、美人靠等名称，颇为形象，且极生动。

栏杆往往与美人相衬。李白《清平调词·其三》云："名花倾国两相欢，常得君王带笑看。解释春风无限恨，沉香亭北倚阑干。"唐宫中赏牡丹，贵妃以风华绝代之姿，倚着沉香亭畔的栏杆，欣赏花栏内的牡丹，粉面含春，令君王含笑的目光始终追随。人倚栏杆，花在栏外，多么风流！栏杆设的座椅，也称"美人靠"，也许便是源于此。

而在亡国之君看来，昔日宫殿里的栏杆，亦是美好回忆的一部分。李煜写道："小楼昨夜又东风，故国不堪回首月明中。雕栏玉砌应犹在，只是朱颜改。问君能有几多愁，恰似一江春水向东流。"李后主词中的栏杆，为雕花石栏杆，是皇宫中最为常见的景观。如今在北京故宫，处处可见到汉白玉栏杆，雕镂精细，常见龙、凤、水浪云纹等，是皇权至高无上的象征。

照壁

得文木如豆瓣楠[1]之类为之，华而复雅，不则竟用素染，或金漆亦可。青、紫及洒金描画，俱所最忌。亦不可用六，堂中可用一带，斋中则止中楹用之。有以夹纱窗或细格[2]代之者，俱称俗品。

【注释】

〔1〕豆瓣楠：即雅楠，又称"斗柏楠""骰柏楠木"，属樟科。树干端直，材质优美，是明清时期高档家具的用材之一。

〔2〕细格：指细格扇，又称纱橱。

【译文】

选用如豆瓣楠之类有纹理的木料做照壁，华丽而又古雅；不然，则用素染或金漆的也可以。青色、紫色及洒金描画的照壁，都是最忌讳的。照壁也不能用六扇。堂屋中可用长幅的，内室就只在中间的楹柱处用照壁。有的以夹纱窗或细格门来代替，都流于低俗了。

【延伸阅读】

照壁一般为大门口的屏蔽物，也称"影壁"或"屏风墙"。照壁最初具有极强的礼制象征，此后则成为风水思想在阳宅中的体现。风水讲究导气，气不能直冲厅堂或卧室，否则不吉。避免气冲的方法，便在大门前面置一堵墙，为了保持"气畅"，这堵墙不能封闭，故形成照壁这种形式。明代建照壁尤为盛行，且木制照壁的功用已经与屏风趋同。

【名家杂论】

照壁原本是一种礼制建筑，建造有严格的礼制规定。春秋时，齐桓公任用管仲为宰相，使齐国终成"春秋五霸"之一。管仲要在门前建一座照壁，却遭到反对，因为当时，只有君王才有资格建。孔子评论此事，说道："邦君树塞门，管氏亦树塞门……管氏而知礼，孰不知礼？"孔子据此严肃批评管仲，说如果管氏知礼，那么天下还有谁不知礼呢？管仲就为建一座照壁，惹出这么大的麻烦。

唐宋时，官衙、寺庙、祠堂中都开始建照壁。至明代，民间建照壁尤其盛行，且照壁的种类很多，有砖雕照壁、石材照壁、木制照壁等。上海方塔园内有一块明代的砖雕照壁，建于明洪武三年（1370年），原为松江府城隍庙门前的屏风墙，宽6.1米，高4.7米，约30平方米，至今保存完好，充分展现了明代照壁的精湛工艺。

文震亨在文中提到的照壁，都为木制照壁，且放置于室内，类似于屏风。屏风是由照壁衍生出来的室内家具，大约出现于西周，与床、案、几一样，是我国最古老的家具。最初不叫"屏风"，称"黼依"，跟照壁一样，是天子的专用品，陈设在御座后面，象征着皇权的至高无上。

楠木雕刻而成的照壁，极为珍贵，一般多见于皇宫中。楠木被称为"帝王之木"，如今在北京故宫还存有许多楠木胎的屏风和照壁，大都雕刻龙首，气势雄伟，装饰华丽，风格鲜明，是明清时代皇权至上的实物载体。

与尊贵的照壁、屏风相比，纱橱就显得很不上档次了。但纱橱颇有居家的诗意，常出现在诗文中。李清照在《醉花阴》中有"佳节又重阳，玉枕纱橱，半夜凉初透"，可谓是写纱橱的经典佳句。

堂

堂之制，宜宏敞精丽，前后须层轩[1]广庭，廊庑俱可容一席。四壁用细砖砌者佳，不则竟用粉壁[2]。梁用球门[3]，高广相称。层阶俱以文石为之，小堂可不设窗槛。

【注释】

〔1〕层轩：指重轩，多层的带有长廊的敞厅。

〔2〕粉壁：指白色的墙壁。

〔3〕球门：建筑用语，指拱形的梁。

【译文】

　　堂屋的规格，应当宏阔宽敞，精致华丽。堂前屋后，要有多层的轩廊，庭院宽阔，走廊应能容纳一桌宴席。堂屋四面墙壁，用细砖砌成最佳，不然就完全做成白墙壁。屋梁做成拱形，高度和宽度要相称。台阶用带纹理的石料砌成，小堂屋可以不设窗下的栏杆。

【延伸阅读】

　　堂是宅院的礼制性建筑，是正房、大屋。《说文解字》称"堂，殿也"，段玉裁注解为："古曰堂，汉以后曰殿。古上下皆称堂，汉上下皆称殿。至唐以后，人臣无有称殿者矣。"上古时称"堂"，汉以后称"殿"，而唐代以后，只有帝王居所才能称"殿",大臣的居所只能称"堂"。

堂要建得轩敞华丽,古人有"白玉堂"之说,以白玉装饰堂屋,黄金砌成台阶,极言建筑之奢华。卢照邻《长安古意》中说"昔时金阶白玉堂,即今唯见青松在"。一些老字号的中医药店,也多以"堂"相称,如"济生堂""同仁堂""长春堂""四知堂"等。

【名家杂论】

我国古典建筑的空间组合,称为"门堂之制",即在轴线主导下,依次排列门屋和正堂,再配以两厢,以横轴线贯之。由此可见,"堂"在古建筑中的重要地位。

门堂之制,最初是礼制的一部分。它规定了宫廷建筑的内容和布局,并作为一项国家制度确定下来。随着"门堂之制"的发展,门和堂也随之分化,门逐渐发展成建筑物的外表,堂则成为建筑主体。门成为区分建筑的内与外,划分空间的节点;堂,则成为院落的中心。这种建筑思想出现之后,中国的建筑,就没有再出现过单独的"单体建筑",而都是院落建筑。

按"门堂之制"来组织建筑空间,就形成了以院落为中心的基本平面格局。屋宇为阳(实),而院落为阴(虚),这种阴阳相成、虚实相间的空间序列,不仅协调了人与自然的关系,且较好地解决了日照、通风、保温、隔热、反光和防噪等问题。

堂要建在高出地面的台基之上,台基根据主人地位的尊卑,有高低的不同,所以堂有前阶。要进入堂室必须升阶,这就是古人常说的"升堂"。堂具有极强的礼仪象征,是宅院中最庄严肃穆的场所,因此不及"室"更和蔼可亲。室是起居生活的地方,如寝室是睡觉的地方。堂和室通常是建在一起,堂大于室,堂在前,室在后,堂室之间以墙相隔。

古人在堂屋做什么呢?主要是议事、行礼、交际的场所,用来接待客人,商议正事。如果主人风流多致,也常有娱乐活动。如孟郊"堂上陈美酒,堂下列清歌",他在堂屋与人把酒言欢,还有歌舞助兴。王维说"堂上青弦动,堂前绮席陈",也是一幅管弦歌舞、酒席宴饮的场景。李白说"高堂明镜悲白发",讲那些做官的人,在官衙之中,虽然高居堂上,但是整日为公事烦忧,连头发都愁白了。

山斋

宜明净，不可太敞。明净可
爽心神，太敞则费目力。或傍檐
置窗槛，或由廊以入，俱随地所
宜。中庭亦须稍广，可种花木，
列盆景。夏日去北扉，前后洞空。
庭际沃以饭瀋[1]，雨渍苔生，绿
褥可爱。绕砌可种翠云草[2]令遍，
茂则青葱欲浮。前垣宜矮，有取
薜荔根[3]瘗[4]墙下，洒鱼腥水
于墙上引蔓者。虽有幽致，然不
如粉壁为佳。

【注释】

〔1〕饭瀋：指饭食汤汁。

〔2〕翠云草：多年生草本植物，羽叶细密，姿态秀丽，是常用的地被植物。

〔3〕薜荔根：指藤蔓植物薜荔的根部。薜荔又名木莲，枝条细软，叶片青绿，常用来作为爬墙植物。

〔4〕瘗：掩埋、埋藏。

【译文】

山中屋舍应该明亮洁净，不要太宽阔。明净可以让人心神爽快，过度宽阔则费人眼睛。或者在靠屋檐的地方设置窗下栏杆，或者由走廊进入室内，依据实际的地势来布置。中堂前的庭院要稍微宽广一些，可以种植花木，陈列盆景。夏天拿掉北面的门扇，院落前后贯通，便于通风。庭边浇灌一些饭食汤汁，雨后就会生出苔藓，绿茸茸的，非常可爱。环绕着台阶种满翠云草，长到茂盛时就青翠葱茏，像浮在水面一样。房前的墙应该矮一点，有的人把薜荔根埋在墙下，洒鱼腥水在墙上引藤蔓爬上去，这样做虽然有幽静之景致，然而不如用白墙壁更好。

【延伸阅读】

山斋如同古人的度假别墅，只是小巧精致，且富有山林幽致之趣。闲暇时居于山中，静赏山水，与三五知己好友把酒清谈，是古代名士的雅好。《陈书·孙玚传》有"常于山斋设讲肆，集玄儒之士，冬夏资奉，为学者所称"。孙玚聘请高人在山斋中讲课，还奉上资费，为当时学者所称道。

【名家杂论】

同为有钱人，土豪与世家子弟的区别在于，土豪只知花钱炫富，世家子弟却自有一种名士做派，风雅蕴藉，这是用钱买不来的。

古代的名士有一种消遣，叫"居于山斋"，隔三岔五，去山间小屋做隐士。山斋中乃高士所居，须得读书、弹琴、静坐参禅，方不辜负这一方清雅天地。

庾信有《山斋》一诗："石影横临水，山云半绕峰。遥想山中店，悬知春酒浓。"石影临水，白云绕峰，可知山中景色之幽静。赏美景，还须美酒做伴，遥想山野客店的春酒，是否也正香味浓郁？一首朴实清新的小诗，却写尽了山斋的乐趣。

隋代的杨素有一首诗《山斋独坐赠薛内史》，写得更直白："岩壑澄清景，景清岩壑深。白云飞暮色，绿水激清音。涧户散余彩，山窗凝宿阴。花草共萦映，树石相陵临。独坐对陈榻，无客有鸣琴。寂寂幽山里，谁知无闷心。"他在山斋中观岩赏景，望白云飞暮色，听流水之清音，还有花草相伴，绿树、怪石毗邻，山中虽寂寞，但只觉内心清净，并不憋闷。

建造山斋有讲究，不求奢华富丽，而须得清雅别致，与山林景致相衬。房舍不可建得太敞，小巧精致则可，庭院里要种些花草，摆放盆景，台阶上更要有蔓草铺地，一望如绿毯，墙壁可以藤萝环绕，也可以一带粉墙，清爽悦目。从对山斋的布置中，也可见文震亨极高的艺术修养与深厚的文化积淀。

丈室

丈室[1]宜隆冬寒夜，略仿北地暖房之制，中可置卧榻及禅椅之属。前庭须广，以承日色，留西窗以受斜阳，不必开北牖[2]也。

【注释】

〔1〕丈室：指斗室，小房间。

〔2〕北牖：北窗。

【译文】

斗室用于隆冬寒夜，规格有些像北方的暖房，室内可以放置卧榻以及禅椅之类的家具。屋子前面的庭院要宽广，便于接受阳光，留西面的窗户接受斜阳照射，北面不必开窗户。

【延伸阅读】

"丈室"一词，源自佛教用语。相传维摩诘大士称病时，与前来问疾的文殊菩萨等讨论佛法，其卧疾之室虽仅有一丈见方，而能容纳无数听众。唐代显庆年间，王玄策奉旨出使印度，路过维摩诘的故宅，他以手板纵横量，室内的长和宽仅有十手板，因此号称"方丈""丈室"。

【名家杂论】

丈室，可以理解为是深宅大院中，建于僻静处的一间小巧精致的屋子，为主人闲暇时静养禅修之所。在许多留存至今的古建筑群中，都建有狭小的斗室，可知文震亨所说的"丈室"确实曾经颇为盛行。

这间小房子的布置，关键是取暖，前庭要宽广，日照充分，以免太阴冷。古代的建筑设计非常尊崇自然，讲究充分利用自然界的日光、风等，来提升居住的舒适度。房前的庭院开阔，可以保证日照充足，冬天室内较为温暖。窗户的设计有讲究，开西窗，不开北窗。西窗能见到斜阳，既采光，又有诗意；北窗则冬日易受北风吹，不如不开。

既然是静修之处，里面的家具布置，也要充满禅意。丈室里面要设卧榻，卧榻之上可以放置一些书籍，随时供取阅。就如李清照说"惟有书画砚墨可五七簏，更不忍置他所，常在卧榻下，手自开阖"。她常在卧榻上翻阅珍藏的书画，这一爱好，大抵旧时的文人都有。

文氏家族的人，可能有在禅椅上打坐的习惯。佛教讲究静坐，写字、作画的人，都忌讳心气浮躁，讲究修身养性。所谓"若人静坐一须臾，胜造恒沙七宝塔"，坐在宽大的椅子上，双腿一盘，静坐参禅，让意念集中，把浮躁的心安定下来。心念笃定、清净，神清气爽，对于书画艺术境界的提升，有诸多裨益。

佛堂

筑基高五尺余，列级而上，前为小轩[1]及左右俱设欢门[2]，后通三楹[3]供佛。庭中以石子砌地，列幡幢[4]之属。另建一门，后为小室，可置卧榻。

【注释】

〔1〕小轩：指有窗槛的小屋或长廊。

〔2〕欢门：宋代酒肆食肆所用的店面装饰，在店铺门口用彩帛、彩纸等所扎的门楼。后来也指建筑中用木雕饰的门楼，具有较强的装饰性。此处指侧门、耳门。

〔3〕三楹：指建筑的面阔为三列。"楹"在这里是计量单位，一列为一楹。明清时的佛堂，常为三楹。

〔4〕幡幢：佛堂用品，用以象征佛菩萨的大德。幢，通常是以丝帛接成圆筒状，下边再缀以数条丝帛。幡，旌旗类的总称。

【译文】

佛堂建台基约五尺高，台阶一级一级地朝上，佛堂前面为小轩，左右两侧都设欢门，后面连通三楹佛堂来供佛。厅堂用石子铺设地面，悬挂幡幢之类的佛事用具。另外开设一扇门通往后面的小屋，屋内可以放置卧榻。

【延伸阅读】

佛堂用品有佛像、佛龛、供桌、香炉、果盘、烛台等，供佛讲究用品精致，且要洁净庄严。幡幢是一种极具仪式感的供佛饰物，能烘托堂内的庄严氛围，一般多为寺庙中悬挂，家庭佛堂较少见。如果佛堂悬挂幡幢，则可知该户人家供佛极其虔诚，且佛堂的布置非常讲究。

【名家杂论】

明代江南一带佛教兴盛，且呈现世俗化趋势，佛堂建在民宅中，是明代佛教走向世俗化的标志之一。杜牧说"南朝四百八十寺，多少楼台烟雨中"，极言南朝时江南佛教之兴盛。实际上，不仅南朝，明代也是如此。当时，苏州有著名的虎丘寺、寒山寺，还有灵岩寺、开元寺、文山寺等，寺庙众多，堪称佛乡。万历年间，吴江名士周永年著有《吴都法乘》，记述了当时佛教兴盛的情况。

明清两代的大宅院中，一般都设有佛堂。世家巨族还建有家庙，即建一座自家的庙，如《红楼梦》中，大观园里建有栊翠庵。栊翠庵虽然是一所小巧的庵堂，也设有山门、东禅堂、耳房等建筑，可谓小巧精致。庵中景致幽雅，尤其是里面种的红梅，在大雪中绽放，美不胜收。

文震亨没有提到佛堂建筑里另辟地方祭祀先祖，或许当时的苏州，尚没有把佛堂与祖宗祠堂建在一起的习惯。清代，大宅院里的佛堂，往往跟供奉祖宗的祠堂连在一起。如清朝末年，淮军领袖张树声的张氏家族，在合肥城里兴建的宅院，里面的佛堂不仅供佛，也辟有地方来供奉家族先亡者的灵位。

宅院中佛堂的功能，不仅是供奉佛像的地方，更是信佛的家庭成员念佛的地方。在佛堂内，可以做早课、晚课，早起念经、拜忏，晚间亦同。遇到斋戒日、佛诞日等，还可以延请僧尼到家中讲经，乃至做法会。文震亨讲"三楹供佛"，"三楹"一词用得极其准确，明清两代的佛教建筑中，经常出现"三楹"一词，如：正殿三楹、三楹佛阁。连圆明园四十景中的"慈云普护"，即园中的寺庙园林，前殿亦是"欢喜佛场"三楹。

文氏家族世代信佛，文征明还有恭敬抄写佛经的习惯。现存于台北"故宫博物院"的《文征明书金刚经仇英画佛轴》，便是证明。这幅作品作于明世宗嘉靖三十五年（1556年），堪称书法精品。

桥

广池巨浸〔1〕，须用文石为桥，雕镂云物〔2〕，极其精工，不可入俗。小溪曲涧，用石子砌者佳，四傍可种绣墩草。板桥须三折，一木为栏，忌平板作朱卍字栏。有以太湖石为之，亦俗。石桥忌三环，板桥忌四方磬折〔3〕，尤忌桥上置亭子。

【注释】

〔1〕巨浸：大水，大的河流、湖泊，文中指园林中的大池沼。

〔2〕云物：这是"诗家语"，即诗文中特有的词，指云气、云彩，或指景色、景物。

〔3〕磬折：指形态曲折如磬。磬是打击乐器，多用玉、石制成，形状像曲尺，中间是折的。

【译文】

宽阔的池塘，要用带纹理的石料来架桥，石桥上雕刻的云气、景物等纹饰要做工精致工整，不可流俗。小溪泉水，用石子砌成小桥为佳，桥的四周可以种绣墩草。板桥要有三折，用一根木料为栏杆，忌用平板做成朱红色的卍字栏。有人用太湖石做装饰，也很俗气。石桥忌讳三个转折，板桥忌用直角转折，尤其忌讳在桥上建亭子。

【延伸阅读】

古代石桥的桥栏杆上，大都有精美的雕饰花纹，常作云纹，所谓"雕镂云物"即是此意。古人对于云纹图像有着强烈而持久的喜好，这一审美偏好的时间跨度极大，从商周时期一直延续到明清两代。最初的云纹，称为"云雷纹"，商代白陶器、商周印纹硬陶、原始青瓷上，都以云雷纹作为主要的纹饰。卷云纹是青铜器的纹

饰，起源于战国时期，在秦、汉、魏晋时盛行。汉代还流行云气纹、云气鸟兽纹，云纹饰与鸟兽纹饰组合在一起，展现出一种想象中的仙界场景。隋唐时流行"朵云纹""如意纹"，其造型雍容华贵，圆润饱满。明清两代继承了前人对云纹的喜爱，且图案更复杂，广泛用于服饰、陶器、建筑、雕塑上。

【名家杂论】

江南园林里的桥，是真正的"小桥流水人家"，建得小巧精致，与其说是连接交通，不如说是为了造景。

苏州园林里的水池都不大，或许只有建在天平山麓的高义园，园内的大湖称得上是"广池巨浸"，湖上架的是石板桥，折如曲尺。

石板桥在园林里极常见，沧浪亭、环秀山庄、拙政园、狮子林，都以石板桥居多。许多板桥，确实如文震亨所说，建成三折，好像是折尺铺在水面上。

曲涧上建小拱桥的挺多。那水沟很窄，抬脚一迈就能迈过去，却为了好看，须得造一座小桥，弯拱的，带一点弧度，颇像精雕细刻的工艺品。网师园的引静桥，被认为是中国园林里最短最小的拱形桥，这座桥全长只有两米多，游人只需三四步即可跨过。引静桥为柔婉的弧形，桥面两侧均有石栏，桥面正中，则刻以圆花形浅浮雕纹饰。可见桥虽小，亦要精雕细刻，不能马虎。

用太湖石做桥栏装饰的，敦睦园、耕乐堂、狮子林等，都有用到。文震亨认为这种做法很俗气，以园林中的实景来看，倒也颇有情致，有江南特色。

桥上建亭子的也有，狮子林的石板桥，折了几道，桥中间建一座飞檐翘角的凉亭，映着湖中碧水、岸边翠柳，造景极具匠心。还有在桥上加顶，把桥建成一条长长的走廊的，拙政园有一座桥就是如此，池边两岸是亭台水榭，一座桥做成长廊状，连接两岸，游人走在桥上，却不觉得是桥，只以为是一道长廊。甚至还有把桥栏杆做成高高的花架，花架顶上爬满紫藤的，如退思园的桥。春天紫藤花开，游人在桥上走，抬头一望，头顶竟是一串串的紫藤花。夏天紫藤浓荫满盖，遮天蔽日，凉爽宜人。

可见造桥无定式，只要有心，皆可成景。

宋代李石的《临江仙》，词中有"粉墙东畔小桥横"之句。粉墙畔，小桥横，可谓江南宅院中的典型造景。陆游重游沈园时，写下"伤心桥下春波绿，曾是惊鸿照影来"之句，想来当年的娇美佳人，曾翩然过桥，在水中留下惊鸿照影。

茶寮

构一斗室，相傍山斋，内设茶具，教一童专主茶役，以供长日清谈，寒宵兀坐[1]。幽人首务，不可少废者。

【注释】

〔1〕兀坐：独自端坐。

【译文】

建造一间小室，邻近山斋，里面陈设茶具，令一童子专事烹茶，用来供应白日清谈、寒夜独坐所需的茶水。这是幽居之士的首要事务，不可或缺。

■〔明〕文征明 品茶图（局部）

【延伸阅读】

茶寮在明代多指寺庙里的品茶小斋,如明代杨慎在《艺林伐山·茶寮》中记:"僧寺茗所曰茶寮。""寮"的本意是长排房,僧人住的房舍,佛教中称为"寮房",因为是长排房,里面或为大通铺,或隔为简陋的小间。茶寮也指街市中的茶馆,如孔尚任《桃花扇·访翠》:"一带板桥长。闲指点、茶寮酒舫。"茶寮与酒舫连用,形容街市之繁华。

在私家园林中,茶寮为烹茶之所,要单独分开建,因为明代建筑多为木结构,而茶寮内设有火炉,还要堆放火炭、干燥的树枝等燃料,为防火患,需要建在主体建筑之外。明代的名士,屠隆和许次纾的茶寮盖在书斋旁,而文震亨的茶寮盖在山斋旁,显得更高雅。屠、文两位都用茶童,许次纾可能家中窘迫一些,没用茶童。

【名家杂论】

文震亨出生在富贵温柔之乡,不但饱读诗书,且心细如发,深谙生活之道。比如建一所小茶房,这样的建筑设计细节,他能用心留意。

山斋之旁,如果不建一间小茶房,来客人怎么招待?想那长日漫漫,若有几位知己好友前来做客,大家都是富贵闲人,不愁生计,聚首便是畅快闲聊,如此场合,岂能少了清茶一杯?故而首要事务,是建一间小茶舍,里面备好精致的茶具,还有新一年采下的上好茶叶。更要调教一个乖巧、手脚伶俐的童子,把端茶送水的差事办得妥妥当当的。主人命童子,别的事一概不做,专管茶事,务必做得精湛。要每日去山间取来清澈的泉水,以清寒的泉水煮茶,浓香扑鼻。客人来了,只须招呼一声,碧青的茶汤就添上了。众人聊天时,若一时没了话题,还能以童子取笑。这位专管添茶的小童,可以取个好听的名字,譬如叫"茗烟","茗"就是指茶叶,这个名字也十分应景。

又或者寒冬腊月,夜里无聊,一个人在房里独坐发呆,就算没有佳人添香,总归要有一个小童送杯茶来。堂堂的世家大族,锦衣玉食的,倘若夜里独坐时,连个在旁伺候茶水的人都没有,这成何体统?故而幽人之务,要过得舒服,首先得把宅院里的建筑规划好,许多关键的细节,是不能遗漏的。

琴室

　　古人有于平屋中埋一缸，缸悬铜钟，以发琴声者。然不如层楼之下，盖上有板，则声不散；下空旷，则声透彻。或于乔松、修竹、岩洞、石室之下，地清境绝，更为雅称耳。

【译文】

　　古代有人在平房中埋一口缸，缸中悬挂铜钟，用以与琴音产生共鸣。然而这不如在阁楼的底层弹琴，由于上面楼板封闭，琴声就不会散；下面很空旷，琴声就很透彻。或者把琴室设在挺拔的松树下，茂林修竹间，山间的岩洞、石屋里，这些地方清净雅洁，风景绝妙，更具风雅。

【延伸阅读】

■〔清〕郎世宁 弘历观荷抚琴图

　　弹琴很有讲究，《文会堂琴谱》中归纳了"五不弹""十四不弹"及"十四宜弹"。"五不弹"为："疾风甚雨不弹，尘市不弹，对俗子不弹，不坐不弹，不衣冠不弹。""十四不弹"为："风雷阴雨，日月交蚀，在法司中，在市尘，对夷狄，对俗子，对商贾，对娼妓，酒醉后，夜事后，毁形异服，腋气臊臭，鼓动喧嚷，不盥手漱口。""十四宜弹"为："遇知音，逢可人，对道士，处高堂，升楼阁，在宫观，坐石上，登山埠，憩空谷，游水湄，居舟中，息林下，值二气清朗，当清风明月。"

【名家杂论】

　　在"琴棋书画"四大艺术修养中，琴居首位。在清风明月、夜雨蓬窗、山水坐卧、清流泛舟之时，操琴一曲，更是高雅之极。自古隐士高人都善弹琴，如陶渊明是"少学琴书，偶爱闲静"，王维是"独坐幽篁里，弹琴复长啸"。

　　今人能从传世绘画中看到古人弹琴的环境，大都在风景清嘉处操琴：或是空阔的水边空地，或孤松下的巨石，远处有崇山峻岭，近处伴着茂林修竹，清流激湍映带左右。这样的场景，完全符合"地清境绝"的要求。琴士之旁，绝无闲杂人等，除了一两位风姿高迈的雅人在旁作知音聆听状，便是烹茶煮酒的童子。往往是石边水畔，古松虬曲，一位高士潜心抚琴，一位知音端坐聆听，悠然神会。

善操琴者，大都洁身自好，风骨高洁。东晋名士戴逵弹得一手好琴，但他有高蹈出世之志，不谄媚权贵。太宰司马请他弹琴，戴逵把琴摔碎，表示不愿为王门伶人。

弹奏古琴，并非以高明琴技炫耀于众，而是追求一种高洁淡泊的精神境界。

范仲淹曾问琴理于崔遵度，崔答曰："清丽而静，和润而远。"他认为弹琴之道，在于清丽又宁静，音色和润而悠远。琴音要不染浊气，清雅悦耳，所谓"弹琴不清，不如弹筝"。这是一种经过艺术陶冶的澄净精纯的境界。

焚琴煮鹤是最令幽人高士痛心疾首之事。宋代人讲，最煞风景的，有这几件事：清泉濯足，花下晒裈，背山起楼，烧琴煮鹤，对花啜茶，松下喝道……在山间清泉里洗脚；在纷繁花枝上晾晒内衣裤；背着山盖一座楼，以致山间的风景都看不到；有人把古琴当柴火去烧，把仙鹤煮了当肉吃；还有人含一口茶，对着花直喷过去；清幽的松树之下，有官轿路过，官差大声吆喝着让行人避道……

浴室

前后二室，以墙隔之，前砌铁锅，后燃薪以俟[1]。更须密室，不为风寒所侵。近墙凿井，具辘轳，为窍引水以入。后为沟，引水以出。澡具巾帨[2]咸具其中。

【注释】

〔1〕俟：等待。
〔2〕巾帨：手巾。

【译文】

浴室是前、后两间，用墙隔开，前室砌有铁锅，后室烧柴火以待用。浴室得是密封的，不让冷风寒气侵入。靠近墙的地方凿井并安装辘轳提水，在墙上凿孔引水进来。在浴室后面挖一条小沟，把水排出去。洗澡的毛巾之类用具都置备其中。

【延伸阅读】

古人极重视盥洗沐浴，这不仅是卫生习惯，更是礼制的一部分。古代的盥洗沐浴分得很细致，《说文解字》云："沐，濯发也；浴，洒身也；洗，洒足也；澡，洒手也。"洗头、洗身、洗脚、净手，都有不同的讲法。《礼记·内则》记载："男女夙兴，沐浴衣服，具视朔食。"每逢重要日子，家中男女主人要早起，沐浴更衣，准备丰盛的膳食。

殷商时已经有"斋戒之礼"，到西周则成为定制。斋戒之礼是一种沐浴礼仪，举行隆重的祭祀典礼之前，要沐浴净身，以示虔诚。周代有一种制度，称"汤沐邑"，是指诸侯朝见天子，天子赐以王畿以内的土地作为封邑，以供住宿和斋戒沐浴。此后，皇族中的公主、郡主等收取赋税的私人领地，也称"汤沐邑"。

【名家杂论】

明清两代的浴室很发达，有官中设的澡堂，有私家浴室，还有公共澡堂。

明代官中的澡堂称"混堂"，并设有混堂司，属内监二十四衙门中的四司之一，负责宫内沐浴之事。社会上的公共澡堂则收费低廉，服务周到，有的公共浴池还通宵营业。南京城里的明代澡堂称"瓮堂"，使用了600多年，至2014年才宣告停业。

明代的私家浴室，其建造正如同文震亨所说，有前后两间，一间生火烧热水，另一间用来洗浴。浴室是密闭的，以防风吹受寒，可见当时的人，天寒时也都洗浴。明代已有蒸汽浴，沈德符在《万历野获编》中记载："日必再浴，不设浴锅，但置密室。高设木格，人坐格上，其下炽火沸汤蒸之，肌热垢浮，令童子擦去。"沐浴的人坐在木架上，下面蒸汽升腾，蒸热之后，还有专门的童子侍候擦洗。

清代的浴室更盛行。特别在江浙一带，盛况空前。《扬州画舫录》记载，当时扬州浴室遍布，许多浴室设计细致，服务周到。有的砌白石为大方池，中间分数格，大格水较烫，中格次之，小格水不甚热，供儿童洗浴，称为"娃娃池"。

江南一带还流行花瓣浴，称"花浴堂"。据《夜航船》记载，浙江兰溪一带，许多农家以种花、贩花为生，种茉莉、秋兰、洋茶、鹿葱、夜来香、水木樨、素馨、红蕉等花，一年四季都有鲜花上市。因此当地人便以花来供澡堂洗浴。浴室内，用白石砌成大池子，池子很大，有三四亩。有的池子隔成小间，一人一间，里面的水中都放鲜花。有专门的人在外面伺候，里面备有竹筒，写着"上温""中温""微温""退""加"等字。洗浴的人在格子间里面，如果觉得水凉了，就敲竹筒让侍者加热水，如果觉得热了，就让侍者加冷水。浴室有窗户，窗户上装风轮，把花的香气送进去，跟热水的蒸汽混合，香气氤氲，十分享受。洗浴间还有许多名号，叫"瑶岛蓬山""蕊宫璇源""雪香馥海""涤烦洗心"等，令人听着都醉了。去一次澡堂，出来整个人焕然一新，如同脱胎换骨。

街径 庭除

驰道[1]广庭，以武康石[2]皮砌者最华整。花间岸侧，以石子砌成，或以碎瓦片斜砌者，雨久生苔，自然古色。宁必金钱作垾[3]，乃称胜地哉？

【注释】

[1]驰道：秦代开创的官道，这里指宅院中的大路。

[2]武康石：产自浙江武康镇，质地坚硬，磨损性较低，颜色为深赭色，是园林建设中的上等石材。

[3]垾：矮墙。

【译文】

园中的大道和开阔的庭院，用武康石皮来砌地，最为华丽整齐。花丛间，池岸之畔，用石子铺地，或者用碎瓦片斜着铺砌，雨淋久了生出苔藓，自然而古雅。难道一定要耗费巨资打造才称得上名胜之地吗？

【延伸阅读】

"黄金埒"是一个有名的典故,出自《晋书·王浑列传》所载的王济的故事:"性豪侈,丽服玉食。时洛京地甚贵,济买地为马埒,编钱满之,时人谓为'金沟'。"王济性喜奢侈,当时地价贵,他买地耗费的钱,竟然可以堆满一堵墙,故当时的人称为"金沟"。清代赵翼有《青山庄歌》:"已编钱埒买堂成,拼倒金籯将地布。"把钱垒成墙来买屋,形容耗费巨资。

【名家杂论】

苏州园林的路面铺装非常讲究,常有的材料有:石块、方砖、卵石、石板及砖石碎片等。铺装不在于用料奢侈,而在于设计的独具匠心,正如文震亨所说,只要有心,就能营造出"自然古意",并非是要用钱去堆砌。园林属于风雅文人的居所,整体的营造要体现出主人优雅的审美情趣,土豪做派是会被鄙视的。

路面铺装有诸多形制,如常见的花街铺地。这是以砖瓦为界组成图案,图案内镶以各色卵石、碎石、碎缸片、碎瓷片,组成各种纹样,形如织锦,颇为美观。其铺地色彩大多淡雅,有黄、棕褐、墨黑色等,风格圆润细腻,与园林所表达的意境十分协调。铺地图案多以传统题材或民间喜闻乐见的形象为主题。

有用雕砖卵石铺地,称为"石子画",是选用精雕细刻的砖、细磨的瓦和经过严格挑选的各色卵石拼凑而成的路面。做成的图案很丰富,有以三国戏《古城会》《回荆州》等为题材的图案,也有以花鸟鱼虫等为题材的图案。

卵石铺地也较常见。卵石铺成的路面,耐磨性好、防滑,风格也较为活泼、轻快。用方砖、条石铺地,则园路平坦、整洁明净。有时也会在路边用卵石或碎石镶边,形成主次分明、富有变化的地面装饰。还有嵌草铺地,在铺筑的石料间留一些缝隙,植入土,种上草,形成草石相间的景象。

青苔是路面上很受欢迎的点缀。古人有一种独特的苔藓情结,必得见到路上生青苔,才觉得有诗情画意可以抒发。故而以碎瓦片斜铺花坛,静候雨季到来,池畔悄然生出绿苔……有这种癖好的人,在明代的苏州一定不鲜见。

楼阁

楼阁作房闼[1]者,须回环窈窕;供登眺者,须轩敞弘丽;藏书画者,须爽垲[2]高深;此其大略也。楼作四面窗者,前楹用窗,后及两傍用板。阁作方样者,四面一式。楼前忌有露台、卷蓬[3],楼板忌用砖铺。盖既名楼阁,必有定式,若复铺砖,与平屋何异?高阁作三层者最俗。楼下柱稍高,上可设平顶。

【注释】

〔1〕房闼:此处指寝室,闺房。

〔2〕爽垲:指高爽干燥。

〔3〕卷蓬:指卷棚顶,由瓦垄直接卷过屋顶,形成自然的弧形。

【译文】

楼阁用作寝室的,应该前后环绕,深邃幽美;用来登高望远的,应该宽敞华丽;用来收藏书画的,应该明亮干燥,楼高且深。这是建造楼阁的大致原则。楼建成四面开窗的,前面的楹廊用窗户,后面及两旁用板窗。阁建成方形的,四面要用统一的样式。楼前忌讳设露台、卷蓬,楼板不能用砖铺设。既然名叫"楼阁",就要有楼阁专门的式样,如果还是铺砖,与普通的平房有什么差异呢?楼阁建成三层,最俗气。楼下立柱要稍微高,上面可以建平顶。

■ 楼

■ 阁

【延伸阅读】

楼与阁，在古代是有区别的，楼是指重屋，阁是指下部架空、底层高悬的建筑。阁的平面，一般是近似方形，两层，有平坐。与阁相比，楼的平面更狭一些，但建筑总体更高，显得修长有致。佛寺中，一般以阁为主体，楼为辅，如天津蓟县独乐寺的观音阁，就是以阁为主来组织建筑群。楼一般为藏经楼、后楼、厢楼等，处于建筑组群的最后一列或左右厢的位置，属于深藏不露的，可以用作女眷的闺房、寝室。

【名家杂论】

楼阁是古建筑中的多层建筑物，在建筑群中往往具有标志性。《后汉书·吕强传》记载："造起馆舍，凡有万数，楼阁连接，丹青素垩，雕刻之饰，不可单言。"

古代，楼阁有多种建筑形式和用途。比如城楼，是军事防御设施，在战国时期就已出现,汉代城楼已高达三层。汉代的楼阁建筑很兴盛,有阙楼、市楼、望楼等,楼阁的建造与崇信神仙方术有关。汉代的皇帝认为，建造高峻楼阁，可以见到仙人，故而许多高楼拔地而起。即便到了唐代，诗人依然认为，楼阁是与仙人相关的。白居易《长恨歌》中有"楼阁玲珑五云起，其中绰约多仙子"，可知蓬莱仙子的住处，是在楼阁之中，周围有五色祥云笼罩。

藏书的楼阁，是古代供藏书和阅览图书用的建筑。最早的藏书建筑建于宫廷，如汉朝的天禄阁、石渠阁。宋朝以后，随着造纸术的普及和印书的推广，民间也建造藏书楼。宁波天一阁是现存最古老的私人藏书楼，为面宽六间的两层楼房，楼上按经、史、子、集分类列柜藏书，楼下为阅览图书和收藏石刻之用。建筑南北开窗，空气流通。书橱两面设门，既可前后取书，又可透风防霉。北京故宫文渊阁是专为收藏四库全书而建的藏书楼，其房屋制度、书架款式都仿效天一阁。

可以登高望远的观景建筑，也用楼阁为名，如黄鹤楼、滕王阁等。王勃的《滕王阁序》，描述这一经典景观建筑是"层峦耸翠，上出重霄；飞阁流丹，下临无地"，而登临楼阁，极目远眺的情景，是"披绣闼，俯雕甍，山原旷其盈视，川泽纡其骇瞩"。

旖旎秀丽的楼阁，正是中国古建筑的代表。无论是"楼阁玲珑五云起"，还是"荫花楼阁谩斜晖"，抑或"楼阁朦胧细雨中"，在风景清嘉之处，点缀一座楼阁，如同画龙点睛，是神来之笔。

台

筑台忌六角，随地大小为之。若筑于土冈之上，四周用粗木，作朱阑亦雅。

【译文】

建造台，忌建成六角形式，要根据地面大小来决定建筑。如果建在土岗上，四周用粗木做成朱红色的栏杆，也很雅致。

【延伸阅读】

明清家具中，六角台式的木桌很常见，当时大约是六角式器物太多，令人有泛滥之感，故而文震亨认为筑台忌用六角形。

《园冶》中说："园林之台，或掇石而高上平者；或木架高而版平无屋者；或

■〔清〕袁耀 春台明月

楼阁前出一步而敞者，俱为台。"作为园林建筑，台可以是用石头砌成高而平坦的，也可以是用木材架起来的，或者在楼阁前建也可以。

【名家杂论】

台是古建筑中很常见的类型，且一般为宫殿建筑，如周文王的灵台。曹操的铜雀台可能是最著名的一座台。据说曹操消灭袁氏兄弟后，夜宿邺城，半夜见到金光由地而起，隔日掘之，得铜雀一只。有谋士进言，说得铜雀是吉祥之兆。曹操大喜，于是决定建铜雀台于漳水之上，以彰显自己平定四海的功德。

铜雀台初建于建安十五年（210年），后赵、东魏、北齐屡有扩建。这是以邺北城城墙为基础而建的大型台式建筑。当时共建有三台，前为金凤台、中为铜雀台、后为冰井台。铜雀台最盛时台高十丈，台上又建五层楼，离地共 27 丈。在楼顶又置铜雀高一丈五，舒翼若飞，神态逼真。在台下引漳河水经暗道穿铜雀台流入玄武池，用以操练水军，可以想见景象之盛。

铜雀台建成之日，曹操在台上大宴群臣，慷慨陈述自己匡复天下的决心，又命武将比武，文官作文，以助酒兴。一时间，曹氏父子与文武百官觥筹交错，对酒高歌，大殿上鼓乐喧天，歌舞拂地，盛况空前。

据说曹操有一个心愿，把江东的两位绝色美女——大乔、小乔抢夺来，安置在铜雀台。《三国演义》中写，曹操大军压境，诸葛亮用激将法，说周瑜只要献出夫人小乔，就可保全自身。周瑜被激怒，由此联刘抗曹。孙刘联军巧妙地利用风力，烧了曹营战船，打退曹军，从而避免了江东二乔被曹操掳走的悲剧。杜牧的名句"东风不与周郎便，铜雀春深锁二乔"，说的便是这个故事。

海论[1]

忌用"承尘"[2]，俗所称天花板是也，此仅可用之廓宇[3]中。地屏[4]则间可用之。暖室不可加簟[5]。或用氍毹[6]为地衣亦可，然总不如细砖之雅。南方卑湿，空铺最宜，略多费耳。室忌五柱，忌有两厢。前后堂相承，忌工字体，亦以近官廨也，退居则间可用。忌傍无避弄[7]。庭较屋东偏稍广，则西日不逼。忌长而狭，忌矮而宽。亭忌上锐下狭，忌小六角，忌用葫芦，忌以茆盖[8]，忌如钟鼓及城楼式。楼梯须从后影壁上，忌置两旁，砖者作数曲更雅。临水亭榭，可用蓝绢为幔，以蔽日色；紫绢为帐，以蔽风雪，外此俱不可用，尤忌用布，以类酒舫[9]及市药设帐[10]也。小室忌中隔，若有北窗者，则分为二室，忌纸糊，忌作雪洞[11]，此与混堂[12]无异，而俗子绝好之，俱不可解。忌为卍字窗旁填板。忌墙角画各色花鸟，古人最重题壁，今即使顾陆点染[13]，钟王濡笔[14]，俱不如素壁为佳。忌长廊一式，或更互其制，庶不入俗。忌竹木屏及竹篱之属，忌黄白铜为屈戍[15]。庭际不可铺细方砖，为承露台则可。忌两楹而中置一梁，上设叉手笆[16]。此皆元制而不甚雅。忌用板隔，隔必以砖。忌梁椽画罗纹及金方胜，如古屋岁久，木色已旧，未免绘饰，必须高手为之。凡入门处，必小委曲，忌太直。斋必三楹，傍更作一室，可置卧榻。面北小庭，不可太广，以北风甚厉也。忌中楹设栏楯，如今拔步床式[17]。忌穴壁为橱，忌以瓦为墙，有作金钱梅花式者，此俱当付之一击。又鸱吻好望[18]，其名最古，今所用者，不知何物。须如古式为之，不则亦仿画中室宇之制。檐瓦不可用粉刷，得巨枡桐[19]擘为承溜，最雅，否则用竹，不可用木及锡。忌有卷棚，此官府设以听两造[20]者，于人家不知何用。忌用梅花簝[21]。堂帘惟温州湘竹者佳，忌中有花如绣补[22]，忌有字如寿山、福海之类。总之，随方制象，各有所宜，宁古无时，宁朴无巧，宁俭无俗。至于萧疏雅洁，又本性生，非强作解事者所得轻议矣。

【注释】

〔1〕海论：总论。

〔2〕承尘：唐代以前的建筑，没有天花板，房梁横木上用遮布挡灰，名曰"承尘"。

〔3〕廨宇：指官舍建筑。

〔4〕地屏：指地屏风，屏风的一种，又分为座屏和落地屏。地屏形体大，多设在厅堂，一般不会移动。

〔5〕簟：指竹席或苇席。

〔6〕氍毹：用毛织成的地毯。

〔7〕避弄：指宅内正屋旁侧的通行小巷，为女眷仆婢行走之道，以避男宾和主人。

〔8〕茆盖：用茅草来覆盖。"茆"通"茅"，指茅草。

〔9〕酒舫：酒船，供客人饮酒游乐的船。

〔10〕市药设帐：卖药的设馆授徒，泛指江湖营生。

〔11〕雪洞：假山中的石洞。明代擅长叠石的工匠，能在假山中堆出可供人通行的洞窟，雅称"雪洞"。此处形容室内装饰太素，枯燥无味，如同假山石洞一样。

〔12〕混堂：澡堂。

〔13〕顾陆点染：请顾恺之和陆探微来画画。顾陆二人是师徒，皆是丹青名家，擅画肖像画。点染，指绘画时点缀景物和着色。

〔14〕钟王濡笔：请钟繇和王羲之来题字。濡笔，蘸笔书写。

〔15〕屈戌：即屈戌，门窗、屏风、橱柜上的环扣。

〔16〕叉手苞：横梁与脊梁之间的斜撑。

〔17〕拔步床式：八步床的式样。八步床是明清时期流行的一种大型床，下有

地坪，带门栏杆，结构复杂，如同一间小木屋。

〔18〕鸱吻好望：指建筑屋脊上装饰的兽形雕饰。鸱吻是龙的九子之一，性好望，口润嗓粗而好吞，因此被用来作为殿脊两端的吞脊兽，取其灭火消灾之意。

〔19〕栟榈：棕榈。

〔20〕两造：指原告和被告。

〔21〕牖：窗户。

〔22〕秀补：补子，补缀于品官补服前胸后背之上的一块织物，为明代品官服饰制度的重要特征。

【译文】

建造室庐忌用"承尘"，就是俗称的天花板，"承尘"只能用在官署之中。地屏风则间或可以用。有取暖设备的房间不能加竹席。有的人用毛编的毯子为地上的铺设也可以，然而总不如用细砖铺地雅致。南方低湿，地面采用架空的铺法最适宜，略微多些花费罢了。室内忌用五根柱子，忌设有两个厢房。前堂后堂忌用工字体相互承接，因为这种结构类似官衙的建筑，休息室偶尔可以用这种结构。忌正房旁没有设供女眷通行的小巷。庭院比房屋往东偏稍宽一些，这样西晒就不会太厉害。庭院忌长而窄，矮而宽。亭子忌上尖下窄，忌小六角形，忌用葫芦，忌以茅草覆盖，忌建得如钟鼓及城楼的样式。楼梯要从后庭影壁后面上去，忌建在两旁，砖砌成几种弯曲的图案更雅致。临水的亭榭，可以用蓝色的绢布为帷幔，遮蔽日光；用紫色的绢为帐子，遮蔽风雪。此外，都不可以用，尤其忌讳用布，那就如同游船和江湖药铺的招幡。小房间忌从中间隔开，如果北边有窗户的，可分为两间。忌用纸糊墙，忌布置得如雪洞一般枯燥，这与澡堂没有区别，而普通俗众特别喜欢这样做，不可理解。忌在卍字窗旁做填板，忌在墙角画各种花鸟图案。古人最看重在墙上题诗作画，如今，即使顾恺之、陆探微这样的丹青大师来落笔，钟繇、王羲之这样的书法家来题词，都不如用素白的墙壁佳。忌长廊建成同一样式，应该变换样式，才不落俗套。忌用竹木屏风及竹篱之类，忌用黄铜、白铜为门窗家具上的环扣。庭院边际不能铺设细方砖，屋顶露台则可以。忌在两根楹柱中的横梁与脊梁之间，镶嵌斜向的支撑木柱，这种都是过去的做法，不太雅致。忌用木板隔墙，隔墙一定要用砖，忌在梁椽上绘罗纹及金方胜的图案。如果是年岁已久的老屋，木头的颜色旧了，不得不做绘画装饰，必须请高手来画。但凡进门的地方，一定要稍有曲折，忌太过直冲。厅内要设三根楹柱，旁边还要建一间房舍，可以放置卧榻。朝北的小庭院，不能太宽大，因为北风猛烈。忌中柱设栏杆，如同今天的八步床式样。忌在墙上凿壁作为橱柜，忌用瓦来隔墙，有人用瓦做成铜钱、梅花图案，这些做法都该去除。还有屋脊两端的"鸱吻好望"，历史久远，今天所制作的，不知道是什么物事，应该按照古代的式样来做，不然也应仿照古画中的房屋样式制作。屋檐下的瓦，不能用白灰粉刷，用巨大的棕榈叶掰开作为承接雨水的檐溜，最为雅致，不然则用竹筒，不能用木和锡接水。屋前忌有卷棚，这是官府建造用来听原告、被告陈述的设施，在普通人家不知做什么用。忌做梅花式的窗户。堂上的帘子，数温州产的湘妃竹帘最好，忌帘中有花鸟图案，如官服上的补子，忌帘上有"寿山""福海"之类的字。总之，应该根据物品的类别制作不同的式样。宁愿古拙，不追求时髦；宁愿朴素，不要工巧；宁愿简朴，不要媚俗。至于清丽雅洁这种境界，是本性所生，不是强为求解的人所能随便说清的。

【延伸阅读】

题壁文化历史悠久，始于两汉，盛于唐宋。唐宋时期，由于是诗歌的创作高峰期，题壁诗骤然大增，形成一种文化潮流。所谓"壁间俱是断肠诗"，言题壁创作之繁盛。苏轼的"不识庐山真面目，只缘身在此山中"，这首诗便是题壁诗。

但在明代，题壁文化受到了江南名士的排斥。文震亨说："今即使顾陆点染，钟王濡笔，俱不如素壁为佳。"文家为丹青世家，尚且有如此言论，可知当时的风气，但凡有品位的人家，决计不会在墙壁上涂鸦，书画必是在纸上渲染，墙壁则以素白粉壁为最好。这是一种崇尚朴拙、清雅、含蓄的审美导向。

【名家杂论】

明代中期以后，士大夫阶层掀起了文化复古思潮，江南一带更是好古之风盛行。文震亨说"宁古无时，宁朴无巧，宁俭无俗"，可谓是这种思潮的代表。

好古的风气，体现在思想界，是对汉唐盛世的追慕；体现在学术界，是汉学的复兴、诗文复古和考据学的兴起；体现在艺术上，则是以古为美的审美心理趋向。

明代是一个极注重传统的时代，与汉代颇为相似。汉代的知识分子注重传统，大力整理经典，是因为秦朝的焚书坑儒，造成了文化传统的断裂。明代的复古，则是因为元朝统治所形成的传统中断。元朝毕竟是异族统治，令知识分子阶层备感精神压抑，在文化上有一种"以夷变夏"的羞辱感。因此，朱元璋一推翻元朝，马上下令，"悉命复衣冠如唐制"，禁止胡语、胡服、胡姓。

整个明代，士大夫阶级都有一种怀古情结，一种汉唐之思，复兴汉唐盛世的梦想极为强烈，一旦经济条件许可，复古之风便勃然而发。文震亨说大门前的春帖，必须要寻觅唐联中的佳句，要从唐诗里面找出好的句子来，贴在大门口，才有意境。这是明代文人发自内心的对汉唐盛世的向往。

但文人往往动口不动手，空喊口号，却无实际践行之力。文震亨的妙处在于，他是一个始终立足于生活实际的人，而非高谈阔论者。他讲的道理，总是结合具体的事例来讲，比如建筑要怎样布局，窗户怎么开，房间里要怎么布置，都有细致的安排。他能把当时先进的美学思潮落实到实际的技术操作层面，可谓非常难得。这表明他不仅对于江南的园林建筑艺术有着深入的思考，有很深的心得体会，而且有过长期与工匠磨合的经验，实际参与过许多建筑的设计、施工过程，才会讲得如此娴熟、老练，而又细节丰富。

卷二
花　木

此卷为花木培植观赏之用。涉及适宜居家养殖花木三十九种及瓶花、盆玩之培护，按照花木生态习性和景观艺术布局要求搭配种植，可使居所四季风景不断。

弄花一岁，看花十日。故帏箔^[1]映蔽，铃索护持^[2]，非徒富贵容也。第繁花杂木，宜以亩计。乃若庭除槛畔，必以虬枝古干，异种奇名，枝叶扶疏，位置疏密。或水边石际，横偃斜披；或一望成林；或孤枝独秀。草木不可繁杂，随处植之，取其四时不断，皆入图画。又如桃、李不可植于庭除，似宜远望；红梅、绛桃，俱借以点缀林中，不宜多植。梅生山中，有苔藓者，移置药栏，最古。杏花差不耐久，开时多值风雨，仅可作片时玩。蜡梅冬月最不可少。他如豆棚、菜圃，山家风味，固自不恶，然必辟隙地数顷，别为一区；若于庭除种植，便非韵事。更有石磉^[3]木柱，架缚精整者，愈入恶道。至于艺兰栽菊，古各有方。时取以课园丁，考职事，亦幽人之务也。志《花木第二》。

【注释】

〔1〕帏箔：指帷幕和帘子。

〔2〕铃索护持：指用铃铛来惊吓鸟雀，以保护花木。

〔3〕石磉：木柱下的石墩，指搭建花架的材料。

【译文】

伺弄花木一年，赏花十天。故而用帷幕、帘子来遮蔽日光，用金铃系绳来护持，并非仅仅为了花开时的富贵容貌。种植繁花杂木，应当以亩来计算。至于庭院边、栏槛之畔，必当用虬劲的枝条，古意盎然的树干，品种奇异，名字奇特，枝叶茂盛，疏密有致。要么在水边石旁，横卧斜披；要么一望成林；要么孤植一棵，有一枝独秀之景。草木不能种得太繁杂，随处种植，使其四季风景不断，都可以入画境。又比如桃树、李树不可以种植在庭院，只宜远望；红梅、绛桃都是用来点缀树林的，不宜多种。梅花生长在山里，将其中有苔藓的移植到花栏里，最有古意。杏花花期不长，花开时节，风雨正多，只能短暂观赏。蜡梅于冬天最不可缺少。其他如豆棚、菜圃，山野风味，固然也不差，然而必须要单独辟出数顷空地，使其自成一区；如果在庭院里种植，有失风雅。更有石墩、木柱，精心搭架绑缚的，愈加恶俗了。至于种植兰花、菊花，古时都有方法。现今用来培训园丁，考核技艺，也是幽娴之士的事务。记《花木第二》。

【延伸阅读】

五代时的王仁裕在《开元天宝遗事》中记载了"花上金铃"的故事："天宝初，宁王日侍，好声乐，风流蕴藉，诸王弗如也。至春时，于后园中，纫红丝为绳，密缀金铃，系于花梢之上。每有鸟雀翔集，则令园吏掣铃索以惊之，盖惜花之故也。诸宫皆效之。"天宝初年，宁王风流多致，春天花盛开时，他命人制作了红丝绳，上面缀上很多黄金做成的铃铛，系在花枝上。鸟群一来，就让园丁摇绳子，铃铛叮叮作响，令鸟惊起而飞。这个故事说明爱花成痴的人，可以到何种程度。

【名家杂论】

这篇是文震亨写在花木卷篇首的序言，或曰纲要，陈述了他关于种植花木的总体思想。种花不易，精心侍弄一年，观赏花开的时间，往往不过十余天，故而古人赏花有用帏箔映蔽、铃索护持的，这是因为种花不易，花开难得。真正的种花人，会懂得种花的辛劳，从而对于赏花时的种种铺张排场，他认为并非过分，乃是情之所至，爱之所钟。

文震亨认为，庭院中花木的种植，须得古雅，有意趣，且枝叶修剪得疏密有致，位置也要安排得宜。花木要种得有情趣，映照成景，比如在池边、石间，做一疏影横斜的造景。明清时期的江南园林，对于花木的种植非常讲究。如苏州园林，叶圣陶评其"讲究花草树木的映衬，讲究近景远景的层次"。园中景点，如一幅幅图画，人游其中，如同入画里。

植物造景是园林规划设计的重要环节。按照花木生态习性和园林艺术布局的要求来配置优美景观。首先是植物间的搭配，如种类的选择，树丛的组合，平面和立面的构图、色彩、季相及意境的创造等；其次还有花木与山石、水体、建筑、园路等的配置。

明清时期的古典园林，花木种植主要采取自然式配置，具有活泼、愉悦、幽雅的自然情调，如孤植、丛植、群植树木等等。文震亨的曾祖父文征明，在苏州拙政园的若墅堂前，题了一副对联："绝怜人境无车马，信有山林在市城。"意指拙政园的造园艺术，有着山野的自然意趣，虽在城市，宛如置身山林。

文震亨提到的"草木不可繁杂，随处植之，取其四时不断，皆入图画"，指花木的季相搭配，一年四季都要有景可赏：春季赏的花，如玉兰、茶花、桃、李、杏；夏日赏的花，如紫薇、萱草；秋季赏的花，如芙蓉、菊花；冬日赏的花，如蜡梅。这些常用庭院花木的种植，应该按照季节来搭配好，四季皆有花可赏，有景可观。

牡丹 芍药

牡丹称花王，芍药称花相，俱花中贵裔。栽植赏玩，不可毫涉酸气。用文石为栏，参差数级，以次列种。花时设宴，用木为架，张碧油幄于上，以蔽日色，夜则悬灯以照。忌二种并列，忌置木桶及盆盎[1]中。

【注释】

〔1〕盎：原指腹大口小的盛物洗物的瓦盆，后来泛指盆这一类的容器。

■ 牡丹　　■ 芍药

【译文】

牡丹被称作花王，芍药被称为花相，皆是花中的贵族。栽种观赏，不能有丝毫的寒酸之气。用带纹理的石材做栏杆，参差排列，按照次序种植。花开时节设置宴会，用木料搭起架子，上面铺着碧色的帷幔，以遮蔽日光，夜晚则悬挂灯烛来照明。忌将牡丹和芍药并列同排，忌将这两种花放置在木桶和大盆中。

【延伸阅读】

李格非在《洛阳名园记》中记载："花园子洛中花甚多种，而独名牡丹曰花王。凡园皆植牡丹，而独名此院曰花园子，盖无他亭，独有牡丹数十万本。凡城中赖花以生者，毕家于此。至花时张幞幄，列市肆，管弦其中，城中士女，绝烟火游之。"可见赏牡丹确实要有富贵做派。北宋时，洛阳城中雅士赏牡丹，就是"张幞幄，列市肆，管弦其中"，不但铺着帷幔，还有歌舞管弦，丝竹之乐。

牡丹和芍药，都为艳冠群芳的名花，谁列第一呢？北宋陆佃在《埤雅》中说："今群芳中牡丹品第一，芍药第二，故世谓牡丹为花王，芍药为花相，又或以为花王之副也。"可见牡丹第一，芍药第二，前人早有定论。

【名家杂论】

牡丹和芍药都是我国特有的名贵花卉，有着悠久的栽培历史和深厚的文化内涵。两者区别在于，牡丹为木本，芍药为草本，且牡丹的花期略早于芍药。文震亨认为不应将两种花并列种植，或许有这方面的考虑。作为花中富贵者，种植玩赏之道，也须得有富贵做派，不能寒酸。栽种要雕栏玉砌，观赏则应帷幔低垂，夜里还要以灯烛映照，这样隆重而雅致的做派，才配得上"花王""花相"的尊贵气度。

牡丹原产于长江流域与黄河流域诸省的山间、丘陵中，在东汉早期的墓葬中，有关于牡丹治疗血瘀病的记载。牡丹作为观赏植物栽培，则始于南北朝，据《太平御览》记载：南朝宋时，永嘉水际竹间多牡丹。唐朝时，无论宫廷还是佛寺道观，乃至普通人家的宅院，种植牡丹都已十分普遍。洛阳是中国历史上最早的牡丹栽培中心。欧阳修的《洛阳牡丹记》称："自唐则天已后，洛阳牡丹始盛。"他描述当时洛阳人喜爱牡丹的风俗："洛阳之俗，大抵好花。春时，城中无贵贱皆插花，虽负担者亦然。花开时，士庶竞为游遨，往往于古寺废宅有池台处为市井，张幄帘，笙歌之声相闻。"

芍药的栽培历史则更为悠久。据宋代虞汝明的《古琴疏》载："帝相元年，条谷贡桐、芍药。帝命羿植桐于云和,命武罗伯植芍药于后苑。"帝相是夏代的君王,若以此来算,芍药距今已有 3000 多年的栽培历史了。

芍药以扬州最负盛名,宋代王观在《扬州芍药谱》中说:"今洛阳之牡丹、维扬之芍药,受天地之气以生,而小大浅深,一随人力之工拙,而移其天地所生之性,故奇容异色,间出于人间。"

芍药的文化意象与牡丹不同,牡丹雍容华贵,芍药则旖旎多情。《诗经·郑风·溱洧》中有"维士与女,伊其相谑,赠之以勺药"的诗句。上巳节时,溱洧河畔,青年男女游春相戏,赠芍药以表达绵绵情意。李清照的《庆清朝·禁幄低张》,则将芍药喻作风姿绰约的佳人:"禁幄低张,彤阑巧护,就中独占残春。容华淡伫,绰约俱见天真。"

姜夔在《扬州慢》中,则用芍药的盛开来反衬扬州城经历战火后的破落。他写道:"二十四桥仍在,波心荡,冷月无声。念桥边红药,年年知为谁生?"二十四桥又名红药桥,原本以红芍药闻名,而如今,花开依旧,冷月无声,人事却已面目全非。

牡丹芍药,同是富贵之花,却被寄寓了不同的文化情怀。

玉兰

玉兰,宜种厅事[1]前。对列数株,花时如玉圃琼林,最称绝胜。别有一种紫者,名木笔,不堪与玉兰作婢,古人称辛夷,即此花。然辋川[2]辛夷坞木兰柴,不应复名,当是二种。

■ 玉兰　　■ 辛夷

【注释】

〔1〕厅事：指正厅、堂屋。

〔2〕辋川：唐代诗人王维归隐田园的居所，名"辋川别业"，其中有景点名辛夷坞和木兰柴。

【译文】

玉兰宜栽种于堂屋之前，排列数株。花开时，一片洁白，如白玉雕琢之园圃，又如披雪之琼林，堪称景致绝胜。另外有一种紫色的玉兰花，名为木笔，忍受不了给玉兰做奴婢，古人称之为"辛夷"的，就是这种花。然而辋川别业中的辛夷坞和木兰柴里种植的应该不是同花异名，而是两种花。

【延伸阅读】

"木末芙蓉花，山中发红萼。涧户寂无人，纷纷开且落。"这是王维《辋川集》中的《辛夷坞》诗，一首五言绝句，寥寥数语，却成描写玉兰的千古绝唱。

《木兰柴》则是《辋川集》中的另一首诗，描写山居景象："秋山敛余照，飞鸟逐前侣。彩翠时分明，夕岚无处所。"秋日的山顶衔着半轮残阳，只留一抹余晖，夕照中，倦飞的鸟儿鼓动着翠羽，互相追逐遁入山林，没入薄薄的山岚之中。

【名家杂论】

文徵明的印章中，有一方是"玉兰堂"，又有一方是"辛夷馆"，可见玉兰和辛夷是文氏家族世代喜爱的花木，并且王维《辋川集》中的山水诗也很受文家的爱重。

玉兰是木兰科落叶乔木，别名白玉兰、望春、玉兰花，我国特产名花，种类颇多，有广玉兰、紫玉兰、白玉兰、二乔玉兰等品种。其中，白玉兰色白微碧，莹洁清丽；紫玉兰花开呈淡紫色，其花初出时尖如笔锥，故又称木笔。白、紫两种皆在早春盛开，花先于叶，妍丽多姿，为著名的庭院观赏花卉。

玉兰在我国的栽培历史悠久，早在春秋战国时代，就有了培育玉兰花的记载。自唐代开始，玉兰、海棠、迎春、牡丹合缀成了"玉堂春富贵"，营造出皇家园林的富贵景象。

紫玉兰在诗文中，多被称为"辛夷"，其名雅致而有古意，自唐以来，备受诗人钟爱，花名与诗篇皆得广为流传。故而文震亨以为，此花"不堪与玉兰作婢"。

揣摩他的意思，盖以为辛夷花在文坛声名颇盛，似乎不堪居于玉兰之下，应当别立门户。按王维《辛夷坞》中的意境：在深山幽谷之中，紫玉兰灿然绽放枝头，花朵硕大，色泽艳丽如荷花，望之若云蒸霞蔚。繁花正盛，韶光正好，山林之中皆涌动着勃勃生机，可见生气勃勃的生命力。然而如此繁花，却在幽寂山谷中，自开自落，花开如霞，花落似锦，映照着诗人心中之落寞。

玉兰若种植于庭院中，却不再是王维诗中空谷幽兰、遗世独立之景象，而是用以衬托正厅堂屋，是"高大上"的花卉。盖因玉兰早春可赏花，花落叶繁茂，树形也优美，高贵典雅，故而文震亨提笔即言：玉兰"宜种厅事前"。在富丽堂皇的正厅之前，可以种植几株玉兰，树要种得整齐，成行成对，有仪式感。可见玉兰不是一般的小巧娇媚之花，而是能压得住场的花中君子，既雅洁又不失大气，且有文化底蕴，是符合世家庭院气度的花。

海棠

昌州海棠有香，今不可得；其次西府[1]为上，贴梗[2]次之，垂丝[3]又次之。余以垂丝娇媚，真如妃子醉态，较二种尤胜。木瓜花似海棠，故亦有木瓜海棠。但木瓜花在叶先，海棠花在叶后，为差别耳！别有一种曰"秋海棠"，性喜阴湿，宜种背阴阶砌，秋花中此为最艳，亦宜多植。

【注释】

〔1〕西府：西府海棠，蔷薇科苹果属，落叶小乔木，树枝直立性强，为中国的特有植物，因生长于西府（今陕西省宝鸡市）而得名，在北方干燥地带生长良好。

〔2〕贴梗：贴梗海棠，蔷薇科木瓜属，落叶灌木，果实可入药。

〔3〕垂丝：垂丝海棠，蔷薇科苹果属，落叶小乔木，树姿优美，叶茂花繁，是著名的庭院观赏植物。

【译文】

昌州有有香味的海棠，如今已经无处可觅；其次以西府海棠为上品，贴梗海棠次之，垂丝海棠又次之。但我认为垂丝海棠娇艳妩媚，真如贵妃醉酒之态，比西府海棠和贴梗海棠更有情致。木瓜花类似海棠，故而也有"木瓜海棠"的叫法。但木瓜是先开花，后长叶，海棠是先长叶，再开花，这是二者的差别。另有一种秋海棠，喜欢阴凉湿润之地，适合种在背阴的台阶处，秋季花卉中，这种花最娇艳，也适合多种植。

【延伸阅读】

昌州古称海棠香国。昌州海棠独香，在唐代已盛名远播，贾耽的《百花谱》记载："海棠为花中神仙，色甚丽，但花无香无实。西蜀昌州产者，有香有实，土人珍为佳果。"宋代汪元量有诗云："我到昌州看海棠，恰逢时节近重阳。人言好种亦难得，只有州衙一树香。"宋代地理学家王象之的《舆地纪胜》记载："昌居万山间，地独宜海棠，邦人以其有香，颇敬重之，号海棠香国。"

宋代有个典故叫"恨海棠无香"，语出彭乘的《墨客挥犀》，记载了其堂弟彭渊材的逸事。彭渊材擅长乐律，曾向朝中献乐书，官至协律郎，他曾说，平生所恨者有五事：一恨鲥鱼多骨，二恨金橘带酸，三恨莼菜性冷，四恨海棠无香，五恨曾子固不能诗。后来得知昌州海棠独香，他的憾事少了一桩，喜不自禁。

【名家杂论】

苏轼的诗作《海棠》："东风袅袅泛崇光，香雾空蒙月转廊。只恐夜深花睡去，故烧高烛照红妆。"其中"只恐夜深花睡去，故烧高烛照红妆"一句，广为流传，是描写海棠最为经典的诗篇。

海棠的品种较多，故而也有优劣之分，在文震亨的时代，海棠中最上品为传说中的昌州海棠，然而此种神品早已在人间绝迹。退而求其次，则是西府海棠为佳。再次，是贴梗海棠，垂丝海棠排在最末位。然而文震亨自己倒认为，垂丝海棠别有韵味，值得玩赏。这与现代人的审美观颇为一致，现在的南方庭院绿化花卉，以海棠而言，首选是垂丝海棠。

海棠花姿潇洒，花开似锦，是雅俗共赏的名花。《红楼梦》文中对海棠颇为推崇，种在怡红院的那株西府海棠，让人尤为印象深刻。大观园初建成时，怡红院的景观是：院中点衬几块山石，一边种着数本芭蕉，那一边乃是一株西府海棠。正因这"数本芭蕉，一株海棠"，贾宝玉才为这个院落题名为"红香绿玉"。后来元妃在省亲时改为"怡红快绿"，并赐名"怡红院"。怡红，指的就是海棠。到第三十七回"秋爽斋偶结海棠社，蘅芜苑夜拟菊花题"，探春提议在大观园中成立诗社，正逢贾芸送来两盆白海棠，一众佳丽就以白海棠为题，即兴赋诗。薛宝钗形容白海棠是"胭脂洗出秋阶影，冰雪招来露砌魂"，林黛玉则称其是"偷来梨蕊三分白，借得梅花一缕魂"。李纨评论，林诗风流别致，薛诗含蓄浑厚，终归还是薛宝钗更胜一筹。

文震亨提到的秋海棠，其实跟海棠不是同一种类。海棠为蔷薇科苹果属，是落叶小乔木，秋海棠是秋海棠科、秋海棠属的草本植物。民间通称"海棠"，实际差异很大。秋海棠象征苦恋，别名叫"断肠花"，古人爱情遇到波折时，常以秋海棠花自喻。《采兰杂志》载："昔有妇人，思所欢不见，辄涕泣，恒洒泪于北墙之下。后洒处生草，其花甚媚，色如妇面，其叶正绿反红，秋开，名曰断肠花，又名八月春，即今秋海棠也。"秋海棠可盆栽，置于室内观赏，也可在花坛内成片种植，形成花繁叶茂的地被。

山茶

蜀茶、滇茶俱贵，黄者尤不易得。人家多以配玉兰，以其花同时，而红白烂然，差俗。又有一种名醉杨妃[1]，开向雪中，更自可爱。

【注释】

[1]醉杨妃：蜀茶的一种变种，花粉红色，《二如亭群芳谱》记载："杨妃茶叶单，花开早，桃红色。"

【译文】

巴蜀和云南产的山茶花都很名贵，黄色的尤其不容易得到。普通人家大多用山茶和

玉兰搭配，因为二者花期相同，且花色红白相衬，分外灿烂，但有些俗气。还有一种名为"醉杨妃"的山茶花，在雪中开放，更加可爱。

【延伸阅读】

巴蜀与云南是茶花的著名产地。唐代的段成式在《酉阳杂俎》中记载："山茶似海石榴，出桂州，蜀地亦有。山茶花叶似茶树，高者丈余，花大盈寸，色如绯，十二月开。"可知山茶在蜀地是冬季初开，且花朵繁丽，观赏性极佳。

徐霞客的《滇中花木记》载："滇中花木皆奇，而山茶、山鹃杜鹃为最。山茶花大逾碗，攒合成球，有分心、卷边、软枝者为第一。省城推重者，城外太华寺。城中张石夫所居'朵红楼'楼前，一株挺立三丈余，一株盘垂几及半亩。垂者丛枝密干，下覆及地，所谓柔枝也；又为分心大红，遂为滇城冠。"此处记载了昆明最负盛名的两株山茶树，树冠巨大，花开时节蔚为壮观。

【名家杂论】

茶花品种繁多，可能是中国传统名花中品种最多的，据称世界范围内登记注册的茶花品种超过 2 万个，而我国的山茶品种有 800 多个。茶花的花色，有红、黄、白、粉四大类，最常见的是红色，文震亨说"黄者尤不易得"，可见在明代，黄色茶花颇为稀有。

在三国时代，茶花已有人工栽培。但直至南北朝及隋代，帝王宫廷、贵族庭院里栽种的，仍是野生原始种茶花，花朵是单瓣、红色。当时有关茶花的文献及文人吟咏的诗，均未涉及品种名。宋代记载了茶花品种 15 个，包括：越丹、玉茗、都胜、鹤顶红、黄香、粉红、玉环、红白叶、月丹、吐丝、玉磬、桃叶、馨口茶、玉茶、千叶茶。明代记载的山茶新品种有 27 个：宝珠、海榴茶、石榴茶、踯躅茶、宫粉茶、串珠茶、一捻红、千叶红、千叶白、杨妃茶、玛瑙茶、焦萼白宝珠、茉莉茶、宁珠茶、照殿红、钱茶、溪圃、正宫粉、赛宫粉、菜榴茶、真珠茶、云茶、邑口花、笔管茶、玉鳞茶、水红茶、五魁茶等。

蜀地茶花的栽培历史，文献上最早可见的，是在张翊所著的《花经》中，茶花被列为"七品三命"。在蜀地的深丘及山林中，山茶属多种树木遍布各地。四川盆地长年湿润多雨，湿度大，日照不多，山茶花各品种在这种特殊的地理环境的孕育下，形成了节间较短、叶片密集、叶色光洁青翠、叶脉隐平、花瓣润厚、花期较长等特点，故四川的茶花品种群被称为"川茶花"，这便是文震亨所称的"蜀茶"。

产自云南的山茶花，也称滇山茶，其树体较高大，荫浓叶阔，花朵硕大。徐霞客在《滇中花木记》中所记载的两株茶花，一株挺立有三丈多高（相当于十余米），一株浓荫覆盖有将近半亩地……如此大的山茶树，可以想见开花时的盛况。

山茶最宜庭院绿化，以文化内涵而言，是一种传统的瑞花嘉木，有祥瑞、吉祥之意。从植物特性来看，山茶四季常青，树形适中，地栽、盆栽、花坛种植均相宜。而云南的山茶是乔木型，需要较大的庭院空间方能地栽，古时在寺院、书院中种植较多。

桃

桃为仙木，能制百鬼，种之成林，如入武陵桃源，亦自有致，第非盆盎及庭除物。桃性早实，十年辄枯，故称"短命花"。碧桃、人面桃差之，较凡桃更美，池边宜多植。若桃柳相间，便俗。

■ 单瓣桃

■ 千叶桃

【译文】

桃树是仙木，能镇百鬼，种植成林，就像进入了武陵桃源，也别有风情，但不适宜盆盎和庭院栽种。桃树的习性是结果实早，但十年就枯竭了，故而称为"短命花"。碧桃、人面桃成熟晚一些，但比一般的桃花更美，水池边适宜多种植。若把桃树、柳树相间而植，就显得俗气。

【延伸阅读】

《太平御览》引《典术》记载："桃者，五木之精也，故压伏邪气者也。桃之精，生在鬼门，制百鬼，故令作桃人、梗著门以压邪，此仙木也。"

关于桃树镇鬼的记载，可以追溯到先秦时期。《山海经》载："东海度溯山有大桃树，蟠屈三千里，其卑枝东北曰鬼门，万鬼出入也。有二神，一曰神荼，一曰郁垒，主阅领众鬼之害人者。"

武陵桃源的典故，众所周知，是出自陶渊明的《桃花源记》："晋太元中，武陵人捕鱼为业。缘溪行，忘路之远近。忽逢桃花林，夹岸数百步，中无杂树，芳草鲜美，落英缤纷，渔人甚异之。"

【名家杂论】

桃树分为果桃和花桃两大类，果桃以结果为主，花桃以赏花为主。文震亨提到的碧桃和人面桃，都属于观赏品种，因此"较凡桃更美"。人面桃的名字，源于崔护的诗："去年今日此门中，人面桃花相映红。人面不知何处去，桃花依旧笑春风。"这一场才子佳人在桃花盛开时的浪漫邂逅，可惜竟无下文，徒留千古嗟叹。

最早记载桃树品种的古籍，是《尔雅·释木》："旄，冬桃；榹，山桃。"《西京杂记》载：汉武帝建上林苑，群臣贡献的异果中有秦桃、榹桃、缃核桃、金城桃、绮蒂桃、柴文桃、霜桃等品种。贾思勰《齐民要术》中记载的桃树品种有近20个；宋代周师厚《洛阳花木记》中，仅洛阳一地，就有桃树品种30多个；明代王象晋著《二如亭群芳谱》中，桃树品种有40多个。据统计，起源于中国的桃树品种达上千个。

中国还有着源远流长的桃文化。这种文化传统，又有民俗文化和隐逸文化的区分。民俗文化指桃文化在民俗中的展现，比如挂桃符、蒸寿桃。据《山海经》的描述，东海某处有一棵覆盖3000里的大桃树，树枝东北面是鬼门，每日有万鬼出入。还有两位神仙神荼和郁垒，善于降鬼。根据这一传说，人们便在桃木上刻两个神像，题上神荼、郁垒的名字，除夕时挂在门旁，以压邪驱鬼。后来，逐渐演变成民间挂桃符的风俗。在民俗文化中，桃也是长寿的象征。老百姓过生日做寿时，要蒸桃形的馒头：馒头顶部捏出桃尖，染成红色，上笼蒸熟，便是寿桃。寿桃通常敬献老人，以祝福老人健康长寿。年画上的老寿星，手里总是拿着寿桃。

桃林象征着隐逸文化，《桃花源记》虚构了一个隐士的乐土：在溪水边盛开着桃花，芳草鲜美、落英缤纷，林尽水源，隐着一个"黄发垂髫并怡然自乐"的世外家园……历朝历代都有许多士人，出于某种原因，选择了游离于主流文化之外，超然出世，走向山野，寻找属于自己的桃花源。

李

桃花如丽姝[1]，歌舞场中，定不可少。李如女道士，宜置烟霞泉石间，但不必多种耳。别有一种名郁李子[2]，更美。

■ 郁李花

【注释】

〔1〕丽姝：美女。

〔2〕郁李子：蔷薇科樱属灌木，春末开花，花朵繁密，郁李根和郁李仁有较好的药用价值。

【译文】

桃花如美女，歌舞场中，必不能缺。李花则如同女道士，适宜种植在水气萦绕、云蒸霞蔚的泉流山石之间，但不必种太多。还有一种名叫郁李子的，更美丽。

【延伸阅读】

郁李，又名常棣，《诗经·小雅》中有《常棣》篇："常棣之华，鄂不韡韡。凡今之人，莫如兄弟。"翻译为：常棣花开朵朵，花儿光灿鲜明。凡今天下之人，莫如兄弟更亲。

李树的品种，据《西京杂记》载："初修上林苑，群臣远方，各献名果异树，亦有制为美名，以标奇丽……李十五：紫李、绿李、朱李、黄李、青绮李、青房李、同心李、车下李、含枝李、金枝李、颜渊李、羌李、燕李、蛮李、侯李。"

【名家杂论】

桃、李常被相提并论，如白居易《长恨歌》中的名句"春风桃李花开日，秋雨梧桐叶落时。"正因如此，文震亨才着力强调二者的区别：如果说桃如同歌舞场中的艳姬，李则如同飘逸的女道士，有出尘脱俗之姿。在植物造景上，李树不宜多种，点缀几棵在山石流泉间即可。烟霞泉石，再加上淡淡绽放的李花，构成了一幅道家的修仙图。

李树在现代的园林造景上极少提及，但在古典园林中较为常见，尤其在唐代，因为唐朝皇帝姓李，故而李树受到非同一般的礼遇。在长安城中以及皇宫里，都种了许多李树，而李唐王朝同时也是尊奉道教的。或许正是受此启发，文震亨提起李树，会想到女道士，这一句"李如女道士，宜置烟霞泉石间"，可谓神来之笔。

植物造景有孤植、丛植、群植之分，孤植指植物以一株种植或两株对植，在景观中起到画龙点睛的作用。桃、梅、杏，都是适宜群植，成为桃林、梅林、杏林，但李树适宜孤植。花木与山石、水体的配置，也是园林造景的考虑要素。李树与泉石相衬，这种搭配，文震亨以为是飘逸脱俗的。也有一些植物景观的配置让他觉得很不屑，如玉兰和茶花搭配形成"红白烂然"的效果，他评论：差俗。

唐朝诗人描写李花的也不少。如李峤的诗："潘岳闲居日，王戎戏陌辰。蝶游芳径馥，莺啭弱枝新。叶暗青房晚，花明玉井春。方知有灵干，特用表真人。"李峤也认为李树是跟道家的"真人"相联系的。李商隐则写道："李径独来数，愁情相与悬。自明无月夜，强笑欲风天。减粉与园筹，分香沾渚莲。徐妃久已嫁，犹自玉为钿。"李花在他笔下是一副愁云惨淡的模样，不堪看。

杏

杏与朱李〔1〕、蟠桃皆堪鼎足，花亦柔媚。宜筑一台，杂植数十本。

【注释】

〔1〕朱李：李树的一种，《西京杂记》载："初修上林苑，群臣远方各献名果异树……李十五：紫李、绿李、朱李、黄李……"

【译文】

杏与朱李、蟠桃，堪称三足鼎立，杏花也很柔媚。适宜建造一座亭台，混种数十棵杏、朱李和蟠桃树。

【延伸阅读】

《庄子·渔父》载："孔子游于缁帷之林，休坐乎杏坛之上。弟子读书，孔子弦歌鼓琴。"这便是"杏坛"典故之由来。孔子悠游于茂林之中，坐于杏坛上休息，在弟子们的琅琅书声中弦歌鼓琴，可谓"真名士，自风流"。

《西京杂记》中记汉武帝时的上林苑："东海都尉干吉，献杏一株，花杂五色，六出，云仙人所食。"上林苑的五色杏花，传说是仙人所食，可知其珍贵。

《扬州府志》则谈到，开元中，扬州太平园里栽有杏树数十株，每逢盛开时，太守大张筵席，召妓数十人，站在每一株杏树旁，立一馆，名曰"争春"。宴罢，有人听得杏花有叹息之声。如此堕落腐化，无格调，无节操，难怪杏花都忍不住叹息了。

【名家杂论】

杏树耐寒而不耐热，原产于中国北方，所谓"南梅北杏"，意为南方多梅花，北方多杏花。杏树寿命长，各地常见百年以上大树，仍花繁叶茂。

文震亨说杏花柔媚，此言不假，但杏花的名声几经起落。在传统花木中，再没有比杏花的遭遇更富有戏剧性的了。

相传孔子在杏坛设教，收弟子三千，授六艺之学，自古传为美谈，为士林所称颂。遥想孔夫子讲学的杏坛，应当是杏树环绕，花香馥郁，群弟子列其间，书声琅琅，孔夫子在花影中抚琴而歌，风吹花落如香雪。杏花的形象，在这里，是神圣而飘逸的。

西汉的农学著作《氾胜之书》，则把杏花的开落作为判断农时的标准："杏始华荣，辄耕轻土、弱土。望杏花落，复耕；耕辄劳之。"杏花刚绽放，应当轻耕弱土；望见杏花落，再一次耕种，深耕。在这里，杏花如同乡间的农作物，朴实又清新。

但是演变到后来，杏花竟然成了风流、淫荡的代称。晚唐诗人薛能把杏花比喻成借春卖笑的娼妓："活色生香第一流，手中移得近青楼。谁知艳性终相负，乱向春风笑不休。"而南宋叶绍翁的诗句"春色满园关不住，一枝红杏出墙来"，原本是描写春光的佳句，后来"红杏出墙"一词，竟演变为女子出轨的雅称。李渔在《闲情偶寄》中称"树性淫者，莫过于杏"，称它为"风流树"。

旧时有一部禁书《杏花天》，四卷十四回，现存清康熙年间啸花轩刊本，题"古堂天放道人编次，曲水白云山人批评"。书中写道，有维扬少年名封悦生，年少风流，颇爱寻花问柳，偶遇全真道人，自称精通房中术。悦生得道人传授秘术，自此便精于此道，风流成性，有诸多艳遇。故事的结尾，悦生做梦，梦到一仙境，名曰"杏花洞天"，有一老翁劝他弃恶从善，乃可得道成仙。悦生幡然醒悟，后来乐善好施，居然也福寿绵延。

难能可贵的是，文震亨不受这些成见的束缚，他从园林造景的角度，认为杏花适宜和朱李、蟠桃杂然而种，种植在亭台边，定然是赏心悦目。

梅

幽人花伴，梅实专房。取苔护藓封，枝稍古者，移植石岩或庭际，最古。另种数亩，花时坐卧其中，令神骨俱清。绿萼[1]更胜，红梅差俗；更有虬枝屈曲，置盆盎中者，极奇。蜡梅磬口[2]为上，荷花[3]次之，九英[4]最下，寒月庭际，亦不可无。

【注释】

〔1〕绿萼：绿萼梅，梅花中的名贵品种，萼绿花白、小枝青绿。

〔2〕磬口：磬口梅，蜡梅中的名贵品种，花盛开时也如同半含，因此称为"磬口"，花瓣较圆，香气浓。

〔3〕荷花：荷花梅，素心蜡梅的变种，因其花开时状如荷花而得名，花瓣金黄，花蕊洁白，味清香，是蜡梅中的传统名品之一。

〔4〕九英：九英梅，蜡梅的一种。《广群芳谱·花谱二十·蜡梅》引《梅谱》云："子种，不经接，花小香淡，其品最下，谓之狗蝇，后讹为九英。"

【译文】

幽雅之人，以花为伴，梅花最得偏爱。取附有地衣苔藓、枝干稍古的梅树，移植到岩石或庭院间，最为古雅。另外种植几亩，花开时或坐或卧于梅林中，令

■ 蜡梅

■ 红梅

人神清气爽。绿萼梅最好，红梅稍俗气一点；有种植在盆盎中枝干虬劲的，极为奇丽。蜡梅以磬口梅为上品，荷花梅居其次，九英为最下品，然而寒冬腊月，庭院里也不能没有。

【延伸阅读】

宋代张功甫撰有《梅品》，他说"梅花为天下神奇，而诗人尤所酷好"。淳熙年间，张功甫得到一处荒废的园圃，在南湖之滨，园中有古梅数十棵，地有十亩。他于是将古梅移种成列，又移植了西湖北山别圃的红梅，合计共有梅花 300 余株，遂在园中建筑房屋数间，东边种植千叶缃梅，西边种植红梅，花开时居住在园中，环洁辉映，夜晚如同对着月亮一般，清辉明照，因此取名叫"玉照"。其后，他又命人开凿曲涧环绕梅林，赏梅时还可以坐小舟往来，风雅之极。如此这般，在梅林里盘桓半个月，方才依依不舍地离去。

【名家杂论】

梅是蔷薇科杏属小乔木，品种较多，如以树形来分，有直枝梅类（枝条直上）、垂枝梅类（枝条下垂）、龙游梅类（枝条扭曲）。文震亨说"有虬枝屈曲，置盆盎中者，极奇"，应当是指龙游梅类，枝干自然扭曲，树冠散曲自然，宛若游龙，适宜作为盆景。

梅花乃花中君子，品性高洁。赏梅有赏梅的讲究。如果说赏牡丹芍药要有富贵做派，赏梅就要有名士的风雅做派。宋代张功甫认为，与赏梅相称的景色，应当是澹阴晓日、薄寒细雨、轻烟佳月、夕阳微雪；与梅花相伴的鸟兽，应该有珍禽，有孤鹤；梅树周边，应有清溪、小桥、松竹；赏梅的人，应当是林间吹笛、膝上横琴、石枰下棋、扫雪煎茶……苏州光福是赏梅胜地，有"香雪海"之称，梅花盛开时，漫山遍野，如同香雪海，可见其景致之绝胜。

古人有折梅相送的传统。司马光《梅花三首》云："驿使何时发，凭君寄一枝。"到民国时，还有这样的风雅。印顺法师曾言，1947 年初，他由上海去杭州，临行前向太虚大师告假，太虚大师说："回来时，折几枝梅花来吧！"几天后，印顺法师在杭州得知太虚大师逝世的消息，折了几枝灵峰的梅花返回上海。他在《太虚大师年谱》中，写道：奉梅花为最后的供养。就这么简单的一句，却传递出了无限的哀思。

蜡梅是蜡梅科蜡梅属，分为野生蜡梅和园艺蜡梅两大类，文震亨提到的磬口梅、荷花梅，都属于园艺蜡梅，色、香、形俱佳，观赏性强。九英（狗英）梅，可能是野生品种，虽然不及磬口梅、荷花梅名贵，但冬天的庭院里有这么几株，寒月之下，香气浓郁，也是蛮好的。清代陈淏子的《花镜》写蜡梅："蜡梅俗作腊梅，一名黄梅，本非梅类，因其与梅同放，其香又相近，色似蜜腊，且腊月开，故有是名。树不甚大而枝丛。叶如桃，阔而厚，有磬口、荷花、狗英三种。惟圆瓣深黄，形似白梅，虽盛开如半含者名磬口，最为世珍。若瓶供一枝，香可盈室。狗英亦香，而形色不及。"

瑞香

相传庐山有比丘昼寝[1]，梦中闻花香，寤而求得之，故名"睡香"。四方奇异，谓"花中祥瑞"，故又名"瑞香"，别名"麝囊"。又有一种金边[2]者，人特重之。枝既粗俗，香复酷烈，能损群花，称为花贼，信不虚也。

【注释】

〔1〕昼寝：白天睡觉，一般指午睡。

〔2〕金边：指金边瑞香，瑞香的变种，花色紫红鲜艳，香味浓郁。

【译文】

传说庐山有位和尚白天睡觉时，梦中闻到花香，醒来后找到了这种花，故而得名"睡香"。这件事让周遭人感到奇异，认为这种花是花中的祥瑞，因此又名为"瑞香"，别名叫"麝囊"。还有一种叫金边瑞香，人们尤其喜爱。枝叶粗野，香味浓烈，气盖群花，称为"花贼"，相信不是虚言。

【延伸阅读】

宋《清异录》记载："庐山瑞香花，始缘一比丘，昼寝磐石上，梦中闻花香酷烈，及觉求得之，因名睡香。四方奇之，谓为花中祥瑞，遂名瑞香。"这段记载，便是文震亨引文的源头。

明代程羽文的《花小名》中记："瑞香曰麝囊。"麝囊是瑞香的别名，但这个名字过于晦涩，是故不得流传。清代的《广群芳谱·花谱二十·瑞香》中，也称："此花名麝囊，能损花，宜另种。"这是沿袭了文震亨的说法，认为瑞香花的香气过于浓烈，其他花闻到会枯萎而死。

【名家杂论】

世间什么花最香？桂花？不是。也许瑞香是最香的，被称为"千里香"。其香味浓烈，飘散甚远。瑞香别名"花贼"，说它偷得百花之香集于一身，花香袭人、香飘千里，且其他花闻到瑞香的香味会枯萎。

古人有一种说法，认为瑞香产于庐山的幽谷之中。据李时珍的《本草纲目》记载："瑞香始出江西庐山，原名睡香。"宋代的《容斋三笔》云："庐山瑞香花，古所未有，亦不产他处。"宋代王十朋咏瑞香的诗："真是花中瑞，本朝名始闻。江南一梦后，天下仰清芬。"按照宋代文人的说法，这种花是到了宋代才为人所知，如《清异录》所言，是庐山中的僧人偶然间发现的。

实际上，瑞香古称"露甲"，始见屈原的《楚辞·离骚》。在屈原的时代，瑞香就已经作为一种香草而受到关注了，且一定不只庐山才有，屈原在荆楚大地的山河间漫游时，多半是见过的。唐代陈子高《九日瑞香盛开有诗》云："宣和殿里春风早，红锦熏笼二月时。流落人间真善事，九秋霜露却相宜。"可见唐朝人对瑞香也比较喜爱。

庐山确乎是瑞香的重要产地。庐山瑞香不仅有"睡香"之称，还有瑞兰、千里香、蓬莱花、风流树等别名，为常绿小灌木，枝干婆娑，叶片深绿，花香似丁香。瑞香可以盆栽，置于室内，芳香四溢，为名贵观赏花卉。

金边瑞香是瑞香中的珍稀品种。在近代园艺史上，它与长春和尚君子兰、日本五针松一同被推崇为世界园艺三宝。金边瑞香以"色、香、姿、韵"四绝著称于世。如今金边瑞香主产于江西赣州的大余县，是江西省传统的特色花卉，有1000多年栽培历史。金边瑞香也是南昌、瑞金两市的市花。

瑞香的花期，正当春节期间，可谓瑞气临门，吉祥如意，"瑞香"之名，名副其实。

蔷薇 木香

尝见人家园林中，必以竹为屏，牵五色蔷薇于上。木香架木为轩，名"木香棚"。花时杂坐其下，此何异酒食肆中？然二种非屏架不堪植，或移着闺阁，供士女采撷，差可。别有一种名"黄蔷薇"，最贵，花亦烂漫悦目。更有野外丛生者，名"野蔷薇"，香更浓郁，可比玫瑰。他如宝相[1]、金沙罗[2]、金钵盂[3]、佛见笑[4]、七姊妹[5]、十姊妹[6]、刺桐[7]、月桂[8]等花，姿态相似，种法亦同。

■ 木香

■ 蔷薇

■ 野蔷薇

【注释】

〔1〕宝相：蔷薇花的一种。

〔2〕金沙罗：似蔷薇，而花单瓣，颜色更红艳夺目。

〔3〕金钵盂：似沙罗而花较小。

〔4〕佛见笑：荼蘼花的别名。荼蘼属于蔷薇科，又名"悬钩子蔷薇"，落叶或半常绿蔓生灌木。

〔5〕七姊妹：蔷薇科小灌木，花重瓣，深粉红色，常7~10朵簇生在一起，故有此名。

〔6〕十姊妹：蔷薇科小灌木，花朵较小，白色，重瓣丛簇，多朵聚生，一蓓十花左右，故有此名。

〔7〕刺桐：原产热带、亚热带的落叶乔木。文中可能是指蔷薇某个品种的别名。

〔8〕月桂：樟科月桂属的一种常绿小乔木，为亚热带树种。文中指的可能是月季花。

【译文】

曾经见到人家园林中，用竹编为篱笆，牵引五色蔷薇到篱笆上。架起木架作为亭子，名叫"木香棚"。花开时，众人坐于花架下，这与酒楼饭馆有什么区别呢？然而这两种花不依附篱笆、木架就不能种植，或者移植于闺阁之中，供仕女采摘，勉强可以。更有一种名叫黄蔷薇的，最珍贵，花也烂漫多姿，让人悦目。还有在野外丛生的，名叫野蔷薇，香味更浓郁，堪比玫瑰的香气。其他的花，如宝相、金沙罗、金钵盂、佛见笑、七姊妹、十姊妹、刺桐、月桂等，跟蔷薇的姿态相类似，种法也相同。

【延伸阅读】

五色蔷薇的记载，宋词中可以见到，如宋代张林的词《柳梢青·灯花》中有"半颗安榴，一枝秋杏，五色蔷薇"的句子。

蔷薇是蔓生藤本植物，需要依附他物而向上攀缘，因此种植蔷薇需要竹篱笆、木架子，《本草纲目》把蔷薇称为"墙蘼"，李时珍说："草蔓柔靡，依墙援而生，故名墙蘼。"

黄蔷薇是名贵品种。明代俞允文曾作《黄蔷薇赋》，形容黄蔷薇是"解轻黄于绿苞兮，乃夭矫乎朱明；润琼膏于夕露兮，濑金牙于朝阳。缀雨丝之霏微兮，淡浮霭而委倾，送遥芬于柔飙兮，敛绰态于弱茎……"

【名家杂论】

蔷薇是著名的观赏植物，品种繁多，蔷薇科的植物有 3000 多种，广泛分布于全球各地。蔷薇在我国有着悠久的栽种历史，据文献记载，汉武帝的上林苑中栽有蔷薇，武帝曾与妃嫔赏花，并说："此花绝胜佳人笑也。"但是蔷薇在中国文化传统中是不占据重要地位的，与牡丹、梅、兰、菊等传统名花相比，极逊色。

应该讲，蔷薇在中国文化中的影响，远不及在西方。热爱蔷薇的传统深深根植于西方的文化当中，几乎每个欧洲国家都有着饰以蔷薇图案的硬币、铠甲、旗帜、印章、绘画和石刻。希腊神话中，蔷薇是爱神和快乐之神的象征，代表女性的完美和爱的神秘。在伊甸园、巴比伦的空中花园和古波斯的花园，蔷薇都是重要的花卉。在文艺复兴后的欧洲，无论是世俗还是宗教，蔷薇都扮演了非同一般的角色。

从园林造景的角度而言，蔷薇在初夏开花，花繁叶茂，芳香清幽，花形千姿百态，且适应性极强，栽培范围较广，易繁殖，是上佳的园林绿化植物。可植于溪畔、路旁及园边、地角等处，或用于花柱、花门、篱垣与栅栏绿化、墙面绿化、山石绿化等，往往密集丛生，满枝灿烂，景色颇佳。文震亨提到的"七姊妹"，在庭院造景时可布置成花柱、花架、花廊、墙垣等造型，开花时，远看锦绣一片，红花遍地，近看花团锦簇，非常美丽。

木香是蔷薇科蔷薇属的攀缘藤本植物，也称木香藤、锦棚花，枝条可伸展 6 米以上，开花时，清香远溢。木香花在园林造景中，多半是攀缘于棚架，也可作垂直绿化，攀缘于墙垣或花篱。春末夏初，洁白或米黄色的花朵镶嵌于绿叶之中，散发出浓郁芳香，令人回味无穷；而到了夏季，其茂密的枝叶又有极好的遮阳效果。

玫瑰

玫瑰一名"徘徊花"，以结为香囊，芬氲[1]不绝，然实非幽人所宜佩。嫩条丛刺，不甚雅观，花色亦微俗，宜充食品，不宜簪带。吴中[2]有以亩计者，花时获利甚夥[3]。

【注释】

〔1〕芬氲：芬芳而氤氲的香味。
〔2〕吴中：今江苏苏州南部。
〔3〕夥：多。

【译文】

玫瑰又叫"徘徊花"，用来做香囊，香气不断，然而实在不适合雅士佩戴。玫瑰枝条嫩，丛生多刺，不太雅观，花色也有点俗气，适宜做食品，不适合佩戴。吴中一带有种植玫瑰数亩的，开花时获利颇丰。

【延伸阅读】

在我国古代，玫瑰花常被当作药品，也被做成食品。《本草正文》中道："玫瑰花，清而不浊，和而不猛，柔肝醒胃，疏气活血，宣通窒滞而绝无辛温刚燥之弊，断推气分药之中，最有捷效而最驯良，芳香诸品，殆无其匹。"

明代卢和在《食物本草》中说："玫瑰花食之芳香甘美，令人神爽。"玫瑰花可制作各种茶点，如玫瑰糖、玫瑰糕、玫瑰茶、玫瑰酒、玫瑰酱菜、玫瑰膏等。

【名家杂论】

在欧洲诸语言中，蔷薇、玫瑰、月季都是使用同一个词，因欧洲并非玫瑰的原产地，最初欧洲人并不能分辨这些蔷薇属植物的不同。有一种说法是，玫瑰是从中国传到欧洲的。但可能从中国传过去的，只是其中的一个品种。早在汉代通西域以前，西亚各国已经有了玫瑰，在 2000 多年前，巴比伦的"空中花园"里，玫瑰就已经闻名遐迩。

中国是玫瑰的原产地之一，玫瑰在我国的栽培历史悠久。但和蔷薇一样，玫瑰在中国本土文化中是不受待见的。文人士大夫可能从来不曾真心欣赏过这种带刺的花。

文震亨认为玫瑰"宜充食品，不宜簪带"，这代表了当时多数文人的意见：玫瑰并无幽人情致，而是一种实用的经济作物。实际上，玫瑰在我国古代大量种植，从来就不只用于观赏，还有特殊的药用、食用价值。《红楼梦》里讲到，宝玉挨了父亲的毒打，王夫人赶紧让人给他吃玫瑰露，说可以"心中爽快，头目清凉"。

中国人食用玫瑰的历史很悠久，在宋代，百姓就在春季用玫瑰花浸酒、做糕点、入肴馔，做玫瑰花粥、玫瑰肴肉、玫瑰豆腐等养颜菜。到了冬天，还用腌制好的玫瑰花酱来做甜品点心。明代用玫瑰花制酱、酿酒、窨茶，明万历年间《续修平阴县志》载："隙地生来千万枝，恰似红豆寄相思。玫瑰花开香如海，正是家家酒熟时。"说明当时玫瑰的种植规模已经很大，到了"花开香如海"的程度了。

文震亨提到吴中一带盛产玫瑰，但吴中并非玫瑰的唯一主产地，山东平阴种玫瑰也很有名。平阴一带的玫瑰产业，到清末已形成生产规模，民国初年的《平阴乡土志》载："清光绪三十三年（1907 年）摘花季节，京、津、徐、济客商云集平阴，争相购花，年收花三十万斤，值银五千两。"

葵花

葵花种类莫定，初夏，花繁叶茂，最为可观。一曰"戎葵"，奇态百出，宜种旷处；一曰"锦葵"，其小如钱，文采可玩，宜种阶除；一曰"向日"，别名"西番莲"，最恶。秋时一种，叶如龙爪，花作鹅黄者，名"秋葵"，最佳。

■ 蜀葵

■ 秋葵

■ 向日葵

【译文】

葵花的种类不确定,初夏时花繁叶茂,最具观赏性。有一种叫"戎葵",千姿百态,适宜种在开阔空旷处;有一种叫"锦葵",小如铜钱,色彩缤纷,可供玩赏,适宜种在庭前阶下;有一种叫"向日葵",别名"西番莲",最差。秋天时盛开的一种,叶子像龙爪,花开为鹅黄色,名叫"秋葵",是最好的。

【延伸阅读】

戎葵(即蜀葵),是在古诗词中偶尔会出现的一种花木。唐五代的徐寅曾写有一首《蜀葵》,曰:"剑门南面树,移向会仙亭。锦水饶花艳,岷山带叶青。文君惭婉娩,神女让娉婷。烂熳红兼紫,飘香入绣扃。"

锦葵,古名"荍",始载于《诗经》。《诗经·陈风·东门之枌》中有"视尔如荍,贻我握椒"。"视尔如荍"的意思是:在我眼里,你就如锦葵花一样美丽。这是一首情诗,所谓"情人眼里出西施",在有情人看来,怀春的女子,面容如花般绽开,缤纷又明丽。

【名家杂论】

在古代,葵花的诸多品种中,蜀葵可能是知名度最高的。《西墅杂记》记载了一个故事,讲明代成化甲午年间,日本使者来到中国,见栏前蜀葵花不识,问后才明白,遂题诗云:"花如木槿花相似,叶比芙蓉叶一般。五尺栏杆遮不尽,尚留一半与人看。"

文震亨认为,蜀葵和锦葵都颇有情致,有可观之处,只有向日葵是最难看的。这里面有一个缘故,中国并不是向日葵的原产地,向日葵原产于北美洲南部、西部及秘鲁和墨西哥北部地区。哥伦布发现新大陆后，航行到美洲的西班牙人把向日葵带到欧洲，后来逐渐传播开来。据考证，向日葵大致是明朝传入中国的。到文震亨的时代，向日葵已经不稀罕了，至少他是见过的。

向日葵有一种独特的美洲风情，在美国，向日葵的一些品种，被命名为阳光明亮、阳光光束、充满阳光的柠檬……从名字也可以看出，这是一种充满阳光和野性的花，与美洲大陆那种广阔而生机勃勃的氛围非常相宜。但中国传统的知识分子，最初是欣赏不了这种异域美的。文震亨评价向日葵，用了两个字：最恶！这可以看出中西方的审美差异。

凡·高创作了十多幅《向日葵》，油画中的向日葵堪称是凡·高的化身。凡·高认为黄色代表太阳的颜色，阳光又象征爱情，他以《向日葵》中的各种花姿来表达自我。但凡·高的画，出身书画世家的文震亨，也一定是欣赏不了的。文震亨的曾祖文征明，是明代最著名的画家，如果将他的画与凡·高的画放在一起，那会是怎样的场景？

罂粟

以重台千叶[1]者为佳，然单叶者子必满，取供清味[2]亦不恶，药栏[3]中不可缺此一种。

【注释】

〔1〕重台千叶：指花瓣多重繁复。

〔2〕清味：清淡的菜肴。

〔3〕药栏：种芍药的花栏，后来泛指花栏。

【译文】

罂粟以花瓣多重繁复的为佳品，然而花瓣单叶的，种子一定很多，取来做成清淡的菜肴，也不错。花栏中不能缺了这一种花。

【延伸阅读】

罂粟花在我国古代，最初是作为一种观赏植物而种植，古人在诗词中多有吟咏。唐代关于罂粟花的记载颇多。陈藏器在《本草拾遗》中，引述前人之言说："罂粟

花有四叶，红白色，上有浅红晕子，其囊形如箭头，中有细米。"对如何种好罂粟花，唐人也有一定的研究，郭橐驼在《种树书》中说："莺粟九月九日及中秋夜种之，花必大，子必满。"

【名家杂论】

罂粟的种类颇多，可以通称罂粟属的近180种植物，能提炼鸦片的，特指鸦片罂粟。最恶的鸦片贸易是西方人发明的，中国的文化传统，对于花木的认识，主流文化都是停留在观赏性上，即便食用，也如文震亨所说，剥几颗罂粟籽来炖汤、做菜，聊以充作调料，取一点味道。

鸦片罂粟是改变了中国历史的花，是让一个文明古国因此而沦丧的花。但是在中国人眼里，原本，它只是一种种在花栏里供观赏的花。

最初，罂粟从西亚一带传入中国，这种植物花开绚烂，五彩缤纷，与虞美人很类似，因此很快就博得了文人的喜爱。罂粟在唐代有个别称叫"芙蓉花"，李白有诗云："昔日芙蓉花，今为断根草。以色事他人，能得几时好。"

直到明朝末年，罂粟花仍是庭院里的观赏花木。万历年间，王世懋在《花疏》中写道："芍药之后，罂粟花最繁华，加意灌植，妍好千态。"崇祯年间，徐霞客在贵州看到了一片红得似火的罂粟花，叹为观止。他在《徐霞客游记》中写道："莺粟花殷红，千叶簇，朵甚巨而密，丰艳不减丹药。"

中国人也注意到了罂粟还有特别的功效。从宋朝开始，罂粟被医生当作治痢疾的良药。王璆在《是斋百一选方》中记载，把罂粟子和壳炒熟，研末，加蜜制成药丸，患者服食后，痢疾就能治愈。宋代还把罂粟当作滋补品，认为有养胃、调肺、便口利喉等功效。苏东坡三兄弟都喜欢服用罂粟汤、罂粟粥来养生。

元朝已有人服用鸦片，是从境外购入。明朝鸦片已不鲜见。李时珍在《本草纲目·谷二·阿芙蓉》写道："阿芙蓉前代罕闻，近方有用者，云是罂粟花之津液也。罂粟结青苞时，午后以大针刺其外面青皮，勿损里面硬皮，或三五处。次早津出，以竹刀刮，收入瓷器，阴干用之。"

据《明会典》记载，东南亚之暹罗、爪哇等地多产鸦片，并不时作为贡品进献给明朝皇帝。后来，鸦片进口逐渐增加，到万历年间，明朝开始对鸦片征收药材税。

清中期以后，西方殖民者以鸦片贸易来打开中国的大门，林则徐等有识之士掀起了轰轰烈烈的禁烟运动，罂粟从此也不再是单纯的观赏植物，而与毒品联系在一起，成为"恶之花"。其实，罂粟本身从未改变过，它从来都只是一种植物，花开花落，所有的罪恶，都是人类强加给它的。

紫薇

薇花四种：紫色之外，白色者曰"白薇"，红色者曰"红薇"，紫带蓝色者曰"翠薇"。此花四月开九月歇，俗称"百日红"。山园植之，可称"耐久朋"[1]。然花但宜远望，北人呼"猴郎达树"，以树无皮，猴不能捷也。其名亦奇。

【注释】

〔1〕耐久朋：指保持长久的友谊。

【译文】

紫薇花有四种，除紫色以外，白色的，称"白薇"；红色的，称"红薇"；紫中带蓝的，称"翠薇"。紫薇花四月开九月谢，俗称"百日红"。山野种植此花，可称为"耐久朋"。然而紫薇花只适宜远观，北方人称之为"猴郎达树"，因紫薇树没有树皮，猴子不能攀爬。这个名字也很奇特。

【延伸阅读】

按文献记载，北方人对紫薇最深的印象，乃是此树无皮，树身太滑，猴子都爬不上去。段成式在《酉阳杂俎》中写道："紫薇，北人呼为猴郎达树，谓其无皮，猿不能捷也。北地其树绝大，有环数夫臂者。"

紫薇的花期长，也为古人所看重。明代杨慎在《百日红》诗中说："李径桃蹊与杏丛，春来二十四番风。朝开暮落浑堪惜，何似雕阑百日红。"

【名家杂论】

紫薇是一种神奇的花木。年轻的紫薇树干，年年生表皮，而后自行脱落，表皮脱落以后，树干显得新鲜而光滑。老年的紫薇树，树身不复生表皮，筋脉挺露，莹滑光洁，如果被人触摸，会枝摇叶动，浑身颤抖，如同怕痒一样。因此紫薇又称痒痒树。这是一种典型的植物神经系统反应。

紫薇花开夏日，清雅而富有古韵，是炎夏最典雅的一道风景。而在唐时，紫薇花原本是花中贵族，栽种在宫苑、官衙之中。唐代中书省内种植的紫薇特别多，玉堂及西掖厅前，皆种紫薇。据《唐书·百官志》记载：唐朝开元元年（713年），改中书省为紫薇省，中书令（右丞相）为紫薇令。中书省是掌管文秘机要、发布政令的重要官署，以花名作官署名，在中国历史上是绝无仅有的。这是因为，紫薇花在道教中，有压邪扶正之妙用，唐玄宗笃信这一点，故而将中书省改为紫薇省。从此，紫薇便成了中书令和中书侍郎官职的代名词。

白居易任中书郎时，曾写有紫薇诗："丝纶阁下文章静，钟鼓楼中刻漏长。独坐黄昏谁是伴？紫薇花对紫薇郎。"诗中，"丝纶"即帝王的诏书，"丝纶阁"，意为中书省，是颁布诏书执行帝王命令的地方。此诗写白居易在中书省任职时，偶尔泛起的孤独之情。"钟鼓楼"是古时击鼓报时的地方，采用漏斗滴水计时，"刻漏长"嫌时间过得漫长。诗人独自静坐写文稿，无人陪伴，只有紫薇花伴着紫薇郎。

宋代陆游《紫薇》诗："钟鼓楼前官样花，谁令流落到天涯。少年妄想今除尽，但爱清樽浸晚霞。"诗中的"官样花"，指紫薇花，原本在官署禁苑栽植，现种植在钟鼓楼前了。陆游青年时期被皇帝召进京城，赐进士出身，但后来被贬出京师。流落天涯的紫薇花，正是诗人自己遭遇的缩影。最后两句是说，早年的理想抱负已销蚀殆尽，赏花时，只是喜欢酒杯里晃动着的晚霞般花影。

芙蓉

宜植池岸，临水为佳，若他处植之，绝无丰致。有以靛纸[1]蘸花蕊上，仍裹其尖，花开碧色，以为佳，此甚无谓。

【注释】

〔1〕靛纸：用靛蓝染成的纸。靛蓝是一种具有悠久历史的天然染料，在秦汉以前就已经普遍应用。

【译文】

芙蓉适宜种植在水池岸边，临水而种最好，如果在其他地方种植，绝对没有别致丰韵。有人用靛水调纸蘸在花蕊上，裹住花尖，花开时呈碧蓝色，以为好看，这么做其实没什么意思。

【延伸阅读】

种芙蓉应该是临水照花，王安石诗云："水边无数木芙蓉，露染胭脂色未浓。正似美人初醉着，强抬青镜欲妆慵。"郑板桥诗中的芙蓉花，也是种在水边："最怜红粉几条痕，水外桥边小竹门。照影自惊还自惜，西施原住苎萝村。"水边的芙蓉，如绝世佳人临水而照，波光花影，是古典园林造景中的一绝。

给芙蓉花染色是宋朝就有的花痴怪癖。南宋吴怿在《种艺必用》中写道："隔夜以靛水调纸，蘸花蕊上，以纸裹，来日开成碧色花，五色花皆可染。"

【名家杂论】

芙蓉花是隋唐盛世的象征。隋朝皇家的禁苑称芙蓉园，位于曲江池南岸，紧靠长安城外郭城，周围筑有高墙。花园占地30顷，周回17里，建成后，当时的宰相高颎以曲江中莲花盛开，莲花雅称芙蓉，故命名为"芙蓉园"。唐代，在隋朝芙蓉园的基础上，又扩大了曲江园林的建设规模和文化内涵，芙蓉园中修建了紫云楼、彩霞亭、凉堂与蓬莱山，还开凿了黄渠，以扩大芙蓉池与曲江池水面，使此地成为长安城贵族与百姓的汇聚盛游之地，成为古代历史上著名的公共园林。

芙蓉园不仅意味着隋唐时期的园林艺术，更代表了一个时代的文化精神。曲江流饮、杏园关宴、雁塔题名、乐游登高等在中国古代文化史上脍炙人口的佳话，均发生在这里。大唐盛世，在芙蓉花临水而开的园林里，宫殿连绵，楼亭起伏，人文荟萃，俊采星驰，可谓一时之盛景。这样的盛世景象，不仅在唐代是空前绝后的，在整个中国古代的历史中，也是绝无仅有的。

这便可以理解为什么常在唐诗中邂逅芙蓉花。王维在临湖亭游玩时，写下"当轩对尊酒，四面芙蓉开"。柳宗元到友人处做客，赞叹院里的一座亭子，说："新亭俯朱槛，嘉木开芙蓉。"韩愈认为芙蓉花比水中的莲花好看，说"新开寒露丛，远比水间红"。白居易写《长恨歌》，用芙蓉花代指杨贵妃的美貌，令失去贵妃的玄宗思念不已："芙蓉如面柳如眉，对此如何不泪垂。"

芙蓉花的精魂在盛唐，自唐以后，文人造园的传统，都是将芙蓉种在水边。为什么要种水边？因为盛唐时，芙蓉园是在曲江边。尽管那个朝代已经远去，但是诗篇还留存，芙蓉花临水而照的意境，永远留在唐诗里。

萱花

萱草忘忧，亦名"宜男"，更可供食品，岩间墙角，最宜此种。又有金萱，色淡黄，香甚烈，义兴山谷遍满，吴中甚少。他如紫白蛱蝶、春罗、秋罗、鹿葱[1]、洛阳石竹，皆此花之附庸也。

【注释】

〔1〕鹿葱：又名夏水仙、紫花石蒜，为石蒜科石蒜属的多年生草本植物，多生于山沟以及溪边的阴湿处，盛夏时开淡紫红色或淡粉色花朵。《二如亭群芳谱》记载"鹿喜食之，故以命名"，这是"鹿葱"一名的由来。

■ 萱草

■ 金萱

【译文】

萱草是忘忧草,也名叫"宜男",可作食品,岩石墙角,最适合种植。又有金萱花,花开淡黄色,香味浓郁,义兴一带山谷漫山遍野都是,吴中地区很少见。其他的花,如紫白蛱蝶、春罗、秋罗、鹿葱、洛阳石竹,都是萱草的附庸。

【延伸阅读】

萱草在中国有几千年栽培历史。萱草又名谖草,"谖"就是忘的意思。最早的文字记载见之于《诗经·卫风·伯兮》:"焉得谖草,言树之背"。朱熹注曰:"谖草,令人忘忧;背,北堂也。"《诗经疏》称:"北堂幽暗,可以种萱"。北堂即代表母亲之意,故而萱草是中国的母亲花。

萱草又名"宜男草",周处的《风土记》云:"妊妇佩其草则生男",故称此名。

【名家杂论】

萱草是古代的"母亲花"。萱草初夏开花,寄托着远方游子对母亲的思念。孟郊诗云:"萱草生堂阶,游子行天涯;慈母倚堂门,不见萱草花。"出游的儿子行走天涯,留守在家中的母亲倚门翘首盼望,不见儿子回来,只有院中的萱草开满台阶,直到凋谢。

萱草的花朵,笑意盈盈地绽放在长长的花茎上,花开六瓣,橘红色或金黄色,温暖而宁静,端庄又典雅。每一片花瓣中都有一条淡黄的直线,花朵底端收成一个金黄的漏斗,像百合,只花蕊更长。每茎生数朵花,从夏开到秋,叶翠花秀,焕发出一种端庄雅致的风采,很像母亲的笑脸。苏东坡曾赋诗曰:"萱草虽微花,孤秀能自拔,亭亭乱叶中,一一芳心插。"

萱草的花朵,色泽明丽,宛如笑靥,给人以欢愉、愉悦之感,像无忧无虑的仙子,故而称"忘忧"。若有轻风拂动,碧草丛中,花枝摇曳,见之令人忘记忧愁,喜笑颜开。故白居易诗云:"杜康能散闷,萱草解忘忧。"

在庭院造景中,萱草可以种植在僻静角落里,点缀墙角、山石间,一样的摇曳多姿。如果从造景的角度,其他的一些草本花卉,跟萱草有类似之处,故而文震亨说紫白蛱蝶、春罗、秋罗、鹿葱、洛阳石竹等花,都是萱草的附庸。但他提到的这些花,大都是石竹科,石竹跟萱草不是一类,石竹是石竹科石竹属,萱草是百合科萱草属。

石竹在古代也是传统名花。唐代司空曙在《云阳寺石竹花》中写道："一自幽山别，相逢此寺中。高低俱出叶，深浅不分丛。野蝶难争白，庭榴暗让红。谁怜芳最久，春露到秋风。"

鹿葱是石蒜科，可作为地面植被或盆栽，是一种非常优美的观赏植物，花色秀丽淡雅，是很好的切花材料。石蒜科是一个大科，约 90 属 1300 多种，种类繁多，水仙、葱莲都属于这一科目。鹿葱是其中的一种，常用在江南的古典园林中。

薝卜〔1〕

一名"越桃"，一名"林兰"，俗名"栀子"，古称"禅友"〔2〕，出自西域，宜种佛室中。其花不宜近嗅，有微细虫入人鼻孔，斋阁可无种也。

【注释】

〔1〕薝卜：文震亨所写薝卜即为栀子花，但今有学者认为薝卜应是木兰科的黄兰，而不是茜草科的栀子。本书遵循文氏原著。

〔2〕禅友：宋代诗人曾端伯以十种花各题名目，称为"十友"，其中栀子花称"禅友"。

【译文】

薝卜有一别名叫"越桃"，还有一别名叫"林兰"，俗名"栀子"，古人称为"禅友"，原产自西域，适宜种在供佛的房室中。这种花不宜靠近闻，会有小虫子钻入鼻孔，书房可以不种。

【延伸阅读】

栀子花与佛教颇有渊源。《维摩诘所说经·观众生品》："天曰：'舍利弗如人入薝卜林，唯嗅薝卜，不嗅余香。如是若入此室，但闻佛功德之香，不乐闻声闻辟支佛功德香也。'"

宋代王十朋诗云："禅友何时到，远从毗舍园。妙香通鼻观，应悟佛根源。"

栀子花有六个花瓣，段成式《酉阳杂俎·广动植之三》云："栀子，诸花少六出者，唯栀子花六出。陶真白言，栀子剪花六出，刻房七道，其花香甚。相传即西域薝卜花也。"

【名家杂论】

栀子花是我国传统的花木，其栽培记载，最早见于《史记·货殖列传》中的"千亩卮茜"。早在西汉时期，每逢初夏时节，中原大地上，千亩栀子花开，望如积雪，香闻百里，可知其景象之壮观。

栀子花谢后，会结出绿色果实，像一只注满美酒的酒杯，而酒杯古称"卮"，故这种花就叫"卮子"，后来演化为"栀子"。栀子花是常绿小灌木，四季常青，秀美翠色，花朵洁白玲珑，犹如玉琢琼雕，弥漫着沁人心脾的芳香，格外清丽可爱，是南方庭院常见的绿化花卉。苏颂编撰的《图经本草》曰："今南方及西蜀州郡皆有之。木高七八尺，叶似李而厚硬。又似樗蒲子，二三月生白花，花皆六出，甚芬香，俗说即西域薝卜也。夏秋结实如诃子状，生青熟黄，中仁深红，南人竞种以售利。"

明代画家沈周，与唐寅、仇英，以及文震亨的祖父文征明，并称"明四家"。沈周擅长山水、花鸟，他很喜欢栀子花，曾赋《栀子花诗》："雪魄冰花凉气清，曲栏深处艳精神。一钩新月风牵影，暗送娇香入画庭。"初夏之夜，微微泛着凉气，他在画室作画，窗外一钩新月，风摇影动，清风送来栀子花的娇香，此情此景，此夜此花，皆堪入画。

古人有卖花的传统，栀子花如杏花一样，属于能在街巷中沽售的花。每到端午节临近时，江南小镇细雨蒙蒙，栀子花常和一夜急雨一起到来。"栀子花哟！"遥遥传来的卖花声，打破了深深庭院的沉寂，悠长的心绪，伴着栀子花的清香，在绿肥红瘦的暮春，渐渐泛起……

玉簪

洁白如玉，有微香，秋花中亦不恶。但宜墙边连种一带，花时一望成雪，若植盆石中，最俗。紫者名紫萼，不佳。

【译文】

玉簪花洁白如玉，有微香，在秋季的花卉中也不算差。但是适宜沿墙边连种一片，花开时一眼望去像雪一样，如果种在盆中，最俗气。紫色的玉簪名叫紫萼，不好看。

【延伸阅读】

玉簪花似女子头上的发簪，故而王安石形容玉簪是："瑶池仙子宴流霞，醉里遗簪幻作花。万斛浓香山麝馥，随风吹落到君家。"他将玉簪比喻为瑶池仙子遗落的发簪，到人间幻化为花。

明代李东阳的诗云："昨夜花神出蕊宫，绿云袅袅不禁风。妆成试照池边影，只恐搔头落水中。"在他的诗中，花神出游，头上发髻如绿云般不禁风，装扮之后到池边照影，却又担心发簪落入水中。花神的发簪，就是玉簪花。

【名家杂论】

发簪，是古人用来固定和装饰头发的一种首饰。《史记·滑稽列传》里说："前有堕珥，后有遗簪。"玉簪，顾名思义，指玉做的发簪。明代的发簪花色繁多，《天水冰山录》中关于发簪名就有"金桃花顶簪""金梅花宝顶簪""金菊花宝顶簪""金宝石顶簪""金厢倒垂莲簪""金厢猫睛顶簪"等名称。

玉簪花洁白而细长，花蕊淡黄色，整朵花的形状，恰似二八佳人头上的发簪。试想一位二八佳人，将长发松松挽起，插上一枚别致的发簪，再配上鹅黄粉嫩的长裙，其形象该何等动人。

玉簪的花语是：脱俗、冰清玉洁。其花冰姿雪魄，又有袅袅绿云般的叶丛相衬，那份雅致动人，难以言喻。将它装点庭院，或放置窗前案几，花色洁白，芳香袭人。

在园林造景中，玉簪有独特的功用，因这种植物为喜阴性植物，不耐强烈光照直射，常种在庭院的阴凉处，如墙角、廊下、岩石间，正是"玉簪香好在，墙角几枝开"。尤其是夏季，玉簪如果受到强光直射，轻者叶片由厚变薄，叶色由翠绿变为黄白色，故而在园林应用中多植于林下或建筑物庇阴处以衬托建筑。也可三两成丛点缀于花境中，因花在夜间开放，芳香浓郁，是夜花园中不可缺少的花卉。

　　文震亨认为玉簪适宜连片种植，其实一丛一丛地种也可。他认为种在花盆中和山石间都太俗，但园林造景中，常与山石点缀，相映成趣。花盆中也常有栽种。可见种花但看各人喜好，不必拘于前人成见。

　　玉簪中的一种，花开紫色，称紫玉簪，文震亨说这种花不好看，其实未必如此。紫玉簪叶片墨绿色，花瓣紫色，园艺品种较多，有花边紫萼或花叶紫萼，适宜配植于花坛、花径和岩石园，颇有观赏价值和绿化功能。

藕花

　　藕花池塘最胜，或种五色官缸，供庭除赏玩犹可。缸上忌设小朱栏。花亦当取异种，如并头、重台、品字、四面观音、碧莲、金边等乃佳。白者藕胜，红者房胜。不可种七石酒缸[1]及花缸内。

【注释】

〔1〕七石酒缸：旧时苏州一带常用的一种尺寸很大的陶缸。

■ 白色系藕花

■ 红色系藕花

【译文】

　　荷花种植于池塘最好，或者种在五色官窑瓷缸内，作为庭院观赏之物也可以。缸上忌搭建朱红小栏杆。花也应当选取奇异的品种，比如并头、重台、品字、四面观音、碧莲、金边等才好。白色系的荷花莲藕好，红色系的荷花花托好。不可以把荷花种在七石酒缸和花缸里面。

【延伸阅读】

荷花也许是最富江南水乡韵味的花卉。汉乐府《江南》云："江南可采莲，莲叶何田田。鱼戏莲叶间。鱼戏莲叶东，鱼戏莲叶西，鱼戏莲叶南，鱼戏莲叶北。"古人称未开的荷花为菡萏，已开的称为芙蓉，《神农本草经》云："其叶名荷，其华未发为菡萏，已发为芙蓉。"曹植在《芙蓉赋》中称赞荷花"览百卉之英茂，无斯华之独灵"。

苏州人自古爱莲。据《北梦琐言》记载：唐代元和年间，苏昌远居吴中，邂逅一位素衣粉脸女郎，赠给他一枚玉环，不久，他发现自己庭院的水池中有荷花盛开，花蕊中也有一枚同样的玉环，但"折之乃绝"，后人由此又称荷花为玉环。

【名家杂论】

荷花是最负盛名的水生花卉，在山水园林中常作为主题水景植物，如西湖就遍植荷花，形成了"接天莲叶无穷碧，映日荷花别样红"的夏日景观。

西湖十景之"曲院风荷"，是赏荷花最绝胜处。宁静的湖面上，分布着红莲、白莲、重台莲、洒金莲、并蒂莲等荷花品种，夏日清风徐来，莲叶田田，荷香飘逸，令游人身心俱爽。

不只是西湖，江南的名园，大多设有欣赏荷花风景的建筑。扬州的瘦西湖在堤上建有"荷花桥"，桥上玉亭高低错落，造型古朴淡雅，精美别致，与湖中荷花相映成趣。

柳荷并栽是古典园林中常用的造景手法。历史上文人曾用"四面荷花三面柳，一城山色半城湖"来描绘济南大明湖。柳树与荷花的搭配，非常富有意趣：春季，岸边柳絮纷飞，水中小荷露尖；夏日，水中荷花盛开，岸上柳丝翠绿；秋日风吹柳叶黄，留得残荷听雨声；冬天柳丝披雪，残荷挂霜……如此，则四季之景俱全。

苏州人有爱莲的传统，而且有为荷花过生日的习俗。相传每年农历六月二十四为荷花生日，苏州人都要全家出动，到东门葑门外黄天荡赏荷。文震亨是苏州人，他自然是深谙苏州人的爱莲之心。苏州人把缸作为日用器物，因此就有用缸来种莲的风俗。拙政园里的荷花，有许多珍异的品种，种植在水缸中。拙政园的缸莲，就有千瓣莲、并蒂莲、品字莲、变异并蒂莲等珍品。故而文震亨提到赏荷花，着墨最多的，不是池塘中"接天莲叶无穷碧"的场景，而是种在缸中的各种珍异的荷花。

如今，拙政园每年夏季还举办荷花旅游节，展出 200 余个品种、约 5000 株缸荷、碗莲。可见苏州人种植缸莲的传统，代代相传，至今不衰。

水仙

水仙二种，花高叶短，单瓣者佳。冬月宜多植，但其性不耐寒，取极佳者移盆盎，置几案间。次者杂植松竹之下，或古梅奇石间，更雅。冯夷[1]服花八石，得为水仙，其名最雅，六朝人乃呼为"雅蒜"，大可轩渠[2]。

【注释】

〔1〕冯夷：神话中的黄河水神。

〔2〕轩渠：指欢悦、欢笑。

【译文】

水仙花有两种，花高叶短的单瓣水仙最好。冬天适宜多种植，但水仙性不耐寒，选取非常好的，移植到盆盎里，放置于几案上。品相较次的杂种于松树竹林之下，或者种在古梅奇石之间，更为雅致。冯夷服食了八石这种花，因此成为水仙，此名最雅，六朝人却称呼为"雅蒜"，非常可笑。

【延伸阅读】

水仙的别名很多，一名"雅蒜"，文震亨认为这个名字颇好笑。陈继儒在《太平清话》中记载："宝庆人呼水仙为雅蒜。"龚自珍的《水仙花赋》也称："时则艳雪铺峦，懿芳兰其未蕊；玄冰荐月，感雅蒜而先花。"

水仙还有一个名字叫"天葱"。宋代赵湘在《南阳诗注》中说："此花外白中黄、香美如仙，茎干虚通如葱，本生武当山谷间，土人谓之天葱。"

古人也称水仙为"金盏银台"。宋代周师厚的《洛阳花木记》记载："水仙生

下湿地，根似蒜头，外有薄赤皮，冬生叶如萱草，色绿如厚，春初于叶中抽一茎，茎头开花数朵，大如簪头，色白圆如酒杯，上有五尖，中承黄心，宛如盏样，故有金盏银台之名。"

【名家杂论】

水仙，指中国水仙，是多花水仙的一个变种，石蒜科多年生草本植物，独具天然丽质，芬芳清新，素洁幽雅，超凡脱俗。自古以来，水仙就与兰花、菊花、菖蒲并列为花中"四雅"。

水仙花是最能营造气氛的花卉，只要一碟清水、几粒卵石，置于案头几榻，就能在万花凋零的寒冬腊月展翠吐芳，春意盎然，在室内营造出一种恬静舒适的气氛。如果置于书房，能使整个书房显得文雅清静。

关于水仙的故事传说，非常浪漫，广为人知的是冯夷与水仙的故事。传说上古时，有个叫冯夷的人，一心想成仙。他听说喝一百天水仙花的汁液，就可化为仙体，于是四处找水仙花。冯夷为了寻找水仙花，常渡黄河。有一回蹚水过河，到了河中间，突然河水涨了，他不幸淹死了。冯夷死后，含着冤屈，到玉帝那里去告状。玉帝听说黄河没人管教，就任命冯夷为黄河水神，治理黄河。

除了冯夷的故事，水仙花还有其他的神话传说。王嘉的《拾遗记·洞庭山》记载："屈原以忠见斥，隐于沅湖，披蓁茹草，混同禽兽，不交世务，采柏叶以合桂膏，用养心神，被王逼逐，乃赴清冷之水，楚人思慕，谓之水仙。"原来屈原也曾被认为是水仙的化身。

曹植《洛神赋》描绘了传说中的洛水女神"宓妃"，翩若惊鸿，婉若游龙，成为古典美人的经典形象。后人也常以洛神之为典故，来比喻水仙花。

周邦彦有《花犯·赋水仙》一曲：

楚江湄，湘娥乍见，无言洒清泪。淡然春意。空独倚东风，芳思谁寄。凌波路冷秋无际，香云随步起。谩记得、汉宫仙掌，亭亭明月底。

冰弦写怨更多情，骚人恨，枉赋芳兰幽芷。春思远，谁叹赏、国香风味。相将共、岁寒伴侣，小窗净、沈烟熏以袂。幽梦觉，涓涓清露，一枝灯影里。

这是南宋咏物词中的佳作，用词清远，格调幽雅，也是歌咏水仙的经典之作。

凤仙

号"金凤花"，宋避李后[1]讳，改为"好儿女花"。其种易生，花叶俱无可观。更有以五色种子同纳竹筒，花开五色，以为奇，甚无谓。花红，能染指甲，然亦非美人所宜。

【注释】

〔1〕李后：指宋光宗皇后李凤娘。

【译文】

凤仙名号"金凤花"，南宋时为了避李后的名讳，改为"好儿女花"。凤仙花很容易成活，花和叶子都没有观赏性。有人将五种花色的种子一同放入竹筒中，开出五彩花朵，以之为奇异，实在是没意思。凤仙花的红色花瓣能染指甲，然而也不是美人所适宜的。

【延伸阅读】

凤仙花颇受文人钟爱。宋代杨万里有一首《凤仙花》："细看金凤小花丛，费尽司花染作工；雪色白边袍色紫，更饶深浅四般红。"凤仙花虽是小花，却精巧无比，最宜细看，越来越有味，连花中的红色调，都有深浅不同的好几种。

元代陆琇卿的《醉花阴》，也写出了凤仙花的情态："曲阑凤子花开后，捣入金盆瘦。银甲暂教除，染上春纤，一夜深红透。绛点轻襦笼翠袖，数颗相思豆。晓起试新妆，画到眉弯，红雨春心逗。"想那闺中佳人，待凤仙花开后，取来捣碎，染上纤纤玉指，第二天，便见指甲上透着嫣红。又起来化妆描眉，如此精心妆扮，渲染的，正是少女怀春的情思。

【名家杂论】

凤仙花在文震亨看来，并无多少可取之处，但却是闺阁中常种的花。就观赏而言，凤仙花小巧玲珑，香气甜腻，颇有一种闺阁小儿女的情致，是须眉男子所体会不到的。凤仙花别名叫指甲花，用来染指甲的。旧时的闺阁中，长日漫漫，小姐丫鬟们闲得无聊，用凤仙花来染指甲是一种消遣之趣。

《红楼梦》第五十一回，晴雯生病，贾宝玉便请医生来看。晴雯从幔帐中单伸出手去，那大夫见这只手上有两根指甲足有二三寸长，尚有金凤仙花染得通红的痕迹，连忙别过脸去不敢看。

南宋年间，凤仙花曾因避光宗皇后李氏的名讳而改为"好儿女花"。这位令凤仙花改名的皇后，就是宋史上大名鼎鼎的一代悍后李凤娘。

李凤娘是河南安阳人，父亲李道，官至庆远军节度使。李氏生于宋高宗年间，姿色艳丽，相士皇甫坦看她的面相，惊讶地说："此女当母仪天下。"后来，高宗命其皇孙赵惇（后来的宋光宗）聘李凤娘为妃。

李凤娘虽然姿色艳丽，却骄恣凶悍，更以善妒闻名。有一次，光宗见给他端水的宫女的手生得嫩白，颇为喜欢。第二天，李后给光宗送来了一盒点心，揭开盖子一看，里面装的是那位宫女的手，吓得光宗旧病复发。李后还挑拨孝宗与光宗的父子关系。孝宗临死前，欲见光宗最后一面，懦弱的光宗得不到皇后的同意，竟不敢前去探望。大臣上书要求光宗去看望孝宗，光宗也不予理睬，至孝宗大殓之日，也不理不闻。这种不孝的行为激起朝野公愤，大殓当日，群臣奉立赵扩为帝，光宗与李凤娘从此失势。

所谓"花开花落，天上人间"，凤仙花依旧在，而当年那个骄悍的贵妇人，早已化为黄土，只在青史中徒留一声叹息。

茉莉 素馨 夜合

夏夜最宜多置，风轮[1]一鼓，满室清芬，章江[2]编篱插棘，俱用茉莉，花时，千艘俱集虎丘[3]，故花市初夏最盛。培养得法，亦能隔岁发花，第枝叶非几案物，不若夜合，可供瓶玩。

【注释】

〔1〕风轮：古代夏天取凉用的机械装置。

〔2〕章江：为赣江的古称。

〔3〕虎丘：位于苏州城西北郊，景点众多，为苏州民间重要的集会场所。

■茉莉

■ 素馨

■ 夜合

【译文】

　　夏夜里最适宜多放置茉莉，风轮一吹，满室清香。赣江一带编篱笆都用茉莉枝条。茉莉花开时，无数船只聚集虎丘，因此虎丘的花市初夏最繁盛。培育得当，还能隔年开花，但花的枝叶较多，不宜作为几案观赏之物，不像夜合，可以置于瓶里观赏。

【延伸阅读】

　　虎丘一带长途跋涉的花卉交易，在明朝已具相当规模。明人王稚登有诗句生动地描绘了虎丘花市情况："章江茉莉贡江兰，夹竹桃花不耐寒。三种尽非吴地有，一年一度买来看。"这时候茉莉花还是远道而来，并非吴中当地出产。茉莉花刚运来时，价格十分昂贵，王稚登有诗云："赣州船子两头尖，茉莉初来价便添。公子豪华不惜钱，买花只拣齐屋檐。"

　　后来茉莉在江浙一带广为栽种，也到了"家家茉莉尽编篱"的程度，价格自然也降下来了。发源于江苏六合一带的民歌《好一朵茉莉花》，在清朝乾隆年间出版的扬州戏曲剧本集《缀白裘》中，就刊载了它的歌词。由此可知，这一时期，茉莉花已广泛种植，且融入当地民俗了。

【名家杂论】

　　提到茉莉花，文震亨首先想到了初夏的虎丘花市，茉莉花盛开时，有成千艘花船聚集在虎丘一带。虎丘花市自古有名。清代名臣何桂馨在给苏州文士顾禄的《清嘉录》题词中，说："一种生涯天下绝，虎丘不断四时花。"可见花市的盛况。

苏州阊门外的山塘、虎丘以及通往枫桥的十里水路，帆樯云集，米船主要泊汇在上津桥、枫桥一线，而花船则舣塞在山塘河，所谓"花船尽泊虎丘山"。蒋宝龄《吴门竹枝词》也说："苹末风微六月凉，画船衔尾泊山塘。广南花到江南卖，帘内珠兰茉莉香。"

茉莉花虽然不是苏州特产，但因其市场需求巨大，苏州人迅速将之移栽成功，成为苏州著名的地方特产。清代石韫玉的《山塘种花人歌》描绘了苏州种花人的生涯："江南三月花如烟，艺花人家花里眠。翠竹织篱门一扇，红裙入市花双鬟。"

唐代苏州有一名妓，名真娘，出身长安书香门第，擅长歌舞，工于琴棋，精于书画。为了逃避安史之乱，流落苏州，被诱骗到山塘街的妓院，但卖艺不卖身。其时，苏州城有一富家公子叫王荫祥，爱上真娘，想娶她为妻，真娘婉言拒绝。王荫祥用重金买通老鸨，想留宿于真娘处。真娘为保贞节，悬梁自尽。王荫祥得知后，悲痛至极，厚葬真娘于虎丘，并刻碑纪念，种花树于墓上，人称"花冢"。传说茉莉花在真娘死前没有香味，死后其魂魄附于花上，从此就有了香味，所以茉莉花又称"香魂"，茉莉花茶称"香魂茶"。

虎丘附近有花神庙，其中一座在虎丘山寺东面，为乾隆年间建，祭祀的是当地人陈维秀。《花神庙记》记载了立庙的缘由："乾隆庚子春高宗南巡，台使者檄取'唐花'备进，吴市莫测其术。郡人陈维秀善植花木，得众卉性，乃仿燕京窨窨熏花法为之，花乃大盛。甲辰岁华六幸江南，进唐花如前例。繁葩异艳，四时花果，靡不争奇吐馥。群效灵于一月之前，以奉宸游。郡人神之，乃度地立庙，连楹曲廊，有庭有堂，并莳杂花，荫以秀石。"陈维秀以独创的种花技术，令百花盛开，乾隆皇帝龙心大悦，因此苏州人奉他为花神。

杜鹃

花极烂漫，性喜阴畏热，宜置树下阴处。花时，移置几案间。别有一种名"映山红"，宜种石岩之上，又名羊踯躅[1]。

【注释】

〔1〕羊踯躅：指黄花杜鹃，杜鹃的一个品种，有毒，可治疗风湿性关节炎，跌打损伤。民间通常称"闹羊花"，植物体各部含有闹羊花毒素和马醉木毒素等成分，

羊食时往往踯躅而死亡，故得名。此处疑似有误，应为山踯躅，羊踯躅花为黄色，李时珍《本草纲目》中记载："映山红亦称山踯躅。"

【译文】

杜鹃花十分烂漫，喜阴凉怕炎热，适宜放置在树下的阴凉处。花开时移来放置几案上。另有一种名叫"映山红"，适合种植在山石之上，又叫"羊踯躅"。

【延伸阅读】

成书于汉代的《神农本草经》，将"羊踯躅"列为有毒植物，这是关于杜鹃的最早文献记录。杜鹃是唐代的诗人白居易最喜欢的花，他有十余首诗是描写杜鹃的。在一首咏杜鹃的诗中写道："玉泉南涧花奇怪，不似花丛似火堆。今日多情唯我到，每年无故为谁开。宁辞辛苦行三里，更与留连饮两杯。犹有一般辜负事，不将歌舞管弦来。"

【名家杂论】

全世界的杜鹃属植物有900多种，而杜鹃的园艺品种都是由杜鹃原种通过杂交或芽变不断选育出来的后代。近一个多世纪来，世界上已有园艺品种近万个。

在我国，杜鹃花在唐代就已经成为园艺的栽培品种。比如白居易就曾经千里移植杜鹃，并写下多首关于杜鹃的诗文。明代关于杜鹃花的文献记载颇为丰富，《本草纲目》《徐霞客游记》等文献中都有不同程度关于杜鹃花的品种、习性、分布、应用、育种、盆栽等记载。

杜鹃很受西方人的喜爱，欧洲诸国对杜鹃的兴趣尤其浓厚。从19世纪初开始，荷兰人与比利时人就醉心于培育杜鹃的杂交品种，但是所有的常绿杜鹃最初都来自亚洲。有部分品种从日本引进到了荷兰，因日本园艺师喜用杜鹃做园林植物造景，这引起了荷兰人的兴趣，将日式园艺中的相关植物带去了荷兰。

英国对杜鹃花的引进主要是在19世纪中期。英国人很快意识到中国出产的杜鹃品种远比日本多。到19世纪末，欧洲诸国都多次派人前往云南，采走了大量的杜鹃花标本和种苗。其中英国人傅利斯曾先后七八次，采走了309种杜鹃新种，引入英国爱丁堡皇家植物园。爱丁堡皇家植物园夸耀于世的几百种杜鹃，多来自云南。1919 年，傅利斯在云南发现了"杜鹃巨人"——大树杜鹃。他将一棵高 25 米、树龄高达 280 年的大树砍倒，锯了一个圆盘状的木材标本带回国，陈列在伦敦大英博物馆里，公开展出，轰动世界。傅利斯最后一次到云南，期望采集更多的生物标本，然而很不幸，他死在了腾冲，死后埋葬于腾冲县城后面的来凤山上。

1982 年，我国的科学工作者深入高黎贡山腹地考察，发现了世界罕见的大树杜鹃群落：在面积为 0.25 平方公里的范围内，有 40 多棵大树杜鹃，其中最大的一棵，高 28 米，树冠 61 平方米，树龄 500 多岁，是当今世界最大的一棵大树杜鹃，被誉为"大树杜鹃王"。

松

松、柏古虽并称，然最高贵者，必以松为首。天目[1]最上，然不易种。取栝子松[2]植堂前广庭，或广台之上，不妨对偶。斋中宜植一株，下用文石为台，或太湖石为栏俱可。水仙、兰蕙、萱草之属，杂莳其下。山松宜植土冈之上，龙鳞[3]既成，涛水相应，何减五株九里[4]哉？

【注释】

〔1〕天目：指天目松，常绿乔木，因在浙皖交界处的天目山区分布较广而得名。其树皮红褐，深灰相间呈龟纹状或鳞状，针叶两根一束，粗硬短而苍翠，适合做盆景。

〔2〕栝子松：古人称白皮松为"栝子松"。

〔3〕龙鳞：指松树，因松树皮像龙鳞。

〔4〕五株九里：这里化用了两个典故。五株指泰山上的五大夫松，九里指西湖九里松。

【译文】

松、柏，虽自古并称，但最高贵的，一定是松列首位。天目松最上等，但不容易种。取栝子松种植在堂前庭院，或种在开阔的亭台上，不妨对偶而种。屋舍中可种一棵，下面用带纹理的石材砌成台，或者用太湖石做栏杆，都可以。水仙、兰蕙、萱草之类，杂种于树下。山松适宜种植在土岗之上，松树成林后，松涛阵阵，回荡山谷，岂会不如五株、九里雄壮呢？

【延伸阅读】

关于松树的两个典故，首先是泰山的五大夫松：据《史记》记载，秦始皇登封泰山时，中途遇雨，避于一棵大松树之下，因此树护驾有功，遂封该树为"五大夫"爵位，后来，这棵树被雷雨所毁。清雍正年间，钦差丁皂奉诏重修泰山时，补植五株，今存两株，拳曲古拙，苍劲葱郁，被誉为"秦松挺秀"。

西湖九里松，是唐代刺史袁仁敬镇守杭州时，于行春桥至灵隐、三天竺间植松树，路的左右各种三行，共九里，苍翠夹道，人称"九里松"。

【名家杂论】

松是极神秀的一种树，树形高大挺拔，丰神蕴秀，傲然独立。《乐府诗集·艳歌行》中，描绘松树为：

> 南山石嵬嵬，松柏何离离。上枝拂青云，中心十数围。洛阳发中梁，松树窃自悲。斧锯截是松，松树东西摧。特作四轮车，载至洛阳宫。观者莫不叹，问是何山材。谁能刻镂此？公输与鲁班。被之用丹漆，薰用苏合香。本自南山松，今为宫殿梁。

松树树姿雄伟、苍劲，树形多变，生长在肥沃平地的松树高大茂盛，高入云际；生长在山石空隙的，蜿蜒曲折，盘地如苍龙，极富观赏性。松树是诸多风景区的重要景观，如辽宁千山、山东泰山、江西庐山都以松树景色而驰名。安徽黄山，松、云、石号称"三绝"，而以松为首，清代黄山慈光寺的僧人海岳在《黄山赋》中写道："黄山奇松多矣！有负石绝出，干大如胫，而根盘以亩计者；有以石为土，其身与皮干皆石者；有卧而起，起而复卧者；有横而断，断面复横者；有曲者如盖，直者如幢，立者如人，卧者如虬，不一而足。"

松树十分长寿。以黄山十大名松为例，迎客松位列黄山奇松之首，地处海拔1680米，树龄约800多年；竖琴松树龄约550年；麒麟松、探海松树龄约500年；望客松、送客松、黑虎松的树龄约450年；团结松、连理松树龄约400年；蒲团松树龄约350年；卧龙松树龄约300年。

松树也是山水画中应用最多的树木之一，古人的画作，多以松石点缀山水。画松，在唐代就已形成了一种风气。唐代张璪擅长画松，传说他能双手分别执笔画松，朱景玄评价他画松"手提双管，一时齐下，一为生枝，一为枯枝，气傲烟霞，势凌风雨，槎枒之形，鳞皴之状，随意纵横，应手间出，生枝则润含春泽，枯枝则惨同秋色。"北宋郭熙在《林泉高致·山水训》中说"长松亭亭为众木之表"。郭熙落笔雄健，常于高堂素壁作长松巨木、回溪断崖、岩岫巉绝、峰峦秀起、云烟变幻之景。这是画家师法造化，将人生感受与松的自然形态结合，赋予松以人的品格和风骨，使作品的意境丰富而深远。

木槿

花中最贱，然古称"舜华"，其名最远，又名"朝菌"。编篱野岸，不妨间植，必称林园佳友，未之敢许也。

【译文】

木槿花在花中最低贱，然而古时称为"舜华"，这个名字历史最为久远，又名"朝菌"。做篱笆或野地的岸边，不妨间或种一些，如果一定要称其为林园佳友，我就不敢赞同了。

【延伸阅读】

《诗经·国风·郑风》中说："有女同车，颜如舜华。将翱将翔，佩玉琼琚。彼美孟姜，洵美且都。有女同行，颜如舜英。将翱将翔，佩玉将将。彼美孟姜，德音不忘。"翻译为现代文是：我同姑娘乘一车，她的容貌美如木槿花。步态轻盈如鸟飞，佩戴美玉闪光华。美丽姑娘她姓姜，真

是漂亮又端庄。我同姑娘一道行，容貌美如木槿花。步态轻盈如鸟飞，佩戴美玉响叮当。美丽姑娘她姓姜，德行高尚人难忘。

【名家杂论】

文震亨品评花木的主观色彩很强，比如木槿花，他认为最多作为篱笆，或者在野地里种一点绿化堤岸，谈不上是园林中的上佳花木。实际上，木槿是一种非常美丽的庭院花卉，是韩国的国花。

韩国人称木槿为"无穷花"，因木槿树枝上会生出许多花苞，一朵花凋落后，其他的花苞会连续不断地开，无穷无尽，象征生生不息的民族精神。韩国人还在花的中央配以传统的太极图案，弘扬独具特色的韩国民族风格。

在朝鲜半岛有关"无穷花"的最早的记录，从《山海经》上可以找到，在该书第九卷《海外东经》中载有"君子之国在其北……有薰花草朝生暮死"之句，其中的"君子国"指朝鲜半岛，"薰花草"指木槿花。在《古今注》中也有"君子之国地方千里，多木槿花"之句。公元897年，新罗的孝恭王向唐光宗发出国书，自称新罗为"槿花乡"。自新罗时代起，韩国就被称为"槿城"。1990年，韩国将木槿花中的单瓣红心系列品种定为韩国国花。

木槿是锦葵科木槿属植物的总称。马来西亚国花也是木槿的一种，称"朱槿"，又称"扶桑"，也是锦葵科木槿属的植物，花色艳丽，且品种很多，目前全世界有3000多个品种。

对于花木的品鉴，不同的人，可能会有截然不同的评判标准。比如，文震亨认为木槿是"花中最贱"，这一个"贱"字从何说起？也许是因为这种花的花期短，早晨才开，傍晚已经凋落。但恰是这种特性，在韩国人看来，却象征着民族精神"生生不息"。

桂

丛桂开时，真称"香窟"[1]，宜辟地二亩，取各种并植，结亭其中，不得颜以"天香"[2]"小山"[3]等语，更勿以他树杂之。树下地平如掌，洁不容唾，花落地即取以充食品。

【注释】

〔1〕香窟：香之所生处。

〔2〕天香：语出宋之问的名句"桂子月中落，天香云外飘"，特指桂、梅、牡丹等花香。

〔3〕小山：语出庾信《枯树赋》"小山则丛桂留人"，特指桂树。

【译文】

桂花丛丛盛开时，真称得上是"香窟"，适宜腾出两亩地，种上各种桂树，在树丛中建一座亭子，不能取"天香""小山"这一类名字，更不要种其他树夹杂其中。树下土地要平整如手掌，干净清洁，不容唾液溅落，桂花坠落于地，就可以取来做食品。

【延伸阅读】

古人种桂花，不喜夹杂其他种类的树。晋代嵇含《南方草木状》记载："桂出合浦，生必以高山之巅，冬夏常青，其类自为林，间无杂树。"

江南有食用桂花的传统，将桂花收集起来，加盐或糖腌渍封存，煮在酒酿圆子里，或用来制桂花糖藕。清代的《花镜》中说桂花的食用："花以盐卤浸之，经年色香自在，以糖春作饼，点茶香美。"

【名家杂论】

桂树在我国的栽培历史悠久。《山海经》中的"南山经"提到，招摇之山多桂，而"西山经"则提到皋涂之山多桂木。《楚辞·九歌·东君》中有"援北斗兮酌桂浆"。《吕氏春秋》中盛赞："物之美者，招摇之桂"。可见，自古以来，桂花就受到关注和喜爱。

自汉代至魏晋南北朝时期，桂花成为名贵的花卉与贡品。公元前 111 年，汉武帝破南越，接着在上林苑中兴建扶荔宫，广植奇花异木，其中有桂树 100 株。当时栽种的植物，如甘蕉、密香、指甲花、龙眼、荔枝、橄榄、柑橘等，大多枯死，而桂花有幸活了下来，司马相如的《上林赋》中也提到桂花，当时桂花引种宫苑初获成功，并具一定规模。

南京是桂花的主要观赏地之一。南朝齐武帝时，湖南湘州送桂树植芳林苑中。《南部烟花记》记载，陈后主为爱妃张丽华造"桂宫"于庭院中，植桂一株，树下置药杵臼，并使张妃驯养一白兔，时独步于中，谓之月宫。现在南京的中山陵、灵谷寺一带，依然以赏桂而闻名。

唐代文人引种桂花十分普遍，吟桂蔚然成风。李白在《咏桂》诗中则有"安知南山桂，绿叶垂芳根。清阴亦可托，何惜树君园"，表明诗人要植桂园中，既可时时观赏，又可时时自勉。此后，园中栽培桂花日渐普遍，如柳宗元自湖南衡阳移桂花十余株，栽植零陵。白居易曾为杭州、苏州刺史，他在《忆江南》中写道："江南忆，最忆是杭州：山寺月中寻桂子，郡亭枕上看潮头，何日更重游？"他曾将杭州天竺寺的桂子带到苏州城中种植。晚唐名相李德裕在二十年间收集了大量花木，包括剡溪之红桂、钟山之月桂、曲阿之山桂、永嘉之紫桂、剡中之真红桂，先后引种到洛阳郊外的别墅中。

柳

顺插为杨[1]，倒插为柳，更须临池种之。柔条拂水，弄绿搓黄，大有逸致；且其种不生虫，更可贵也。西湖柳亦佳，颇涉脂粉气。白杨、风杨[2]，俱不入品。

【注释】

〔1〕杨：此处指蒲柳，又名水杨，柳树的一种。

〔2〕风杨：指枫杨，又称"水麻柳"，胡桃科枫杨属，高大乔木，根系发达，较耐水湿，常种水边。

【译文】

枝叶朝上的是蒲柳，下垂的是垂柳，柳树要临池水种植。柔枝拂过水面，绿叶、黄叶在风中飘舞，颇有闲情逸致；而且这种树不生虫，更为可贵。西湖垂柳也不错，颇有脂粉气。白杨、风杨都不入品。

【延伸阅读】

西湖堤岸以遍植垂柳而闻名。张岱的《西湖梦寻》中说到西湖的柳洲亭："柳洲亭，宋初为丰乐楼。高宗移汴民居杭地嘉、湖诸郡，时岁丰稔，建此楼以与民同乐，故名。门以左，孙东瀛建问水亭。"这座楼亭原来是宋高宗时建的。后来，旁边又建了问水亭。"高柳长堤，楼船画舫会合亭前，雁次相缀。朝则解维，暮则收缆。车马喧阗，驺从嘈杂，一派人声，扰嚷不已。"当时西湖堤岸，游人如织，车水马龙，一派富贵温柔之乡的景象，难怪南宋君臣唯愿偏安一隅，无匡复中原之志。

【名家杂论】

西湖柳颇负盛名，依依垂柳是湖畔最美的风景。自唐朝起，白堤上就已柳树成荫，成为富有标志性的景色。西湖白堤、苏堤上，桃树与垂柳间种，一株杨柳一株桃，树树桃花间柳条，湖光晨起，红翠相隔，产生了极有层次的景观效果。晨曦中的湖堤烟柳笼纱，桃花盛开在堤岸，游人如织熙熙攘攘。夹堤映水的桃柳，在溶溶漾漾的湖上，桃红柳绿显得分外艳丽。西湖边的"柳浪闻莺"，是以"柳"为主题的公园。园内碧绿摇空，林外莺声听不尽。绿柳笼烟时节，万树柳丝迎风飘舞，宛若翠浪翻空。

在折柳的诗词中，有一首宋代名妓聂胜琼的《鹧鸪天》：

> 玉惨花愁出凤城，莲花楼下柳青青。尊前一唱阳关曲，别个人儿第几程。寻好梦，梦难成，有谁知我此时情。枕前泪共阶前雨，隔个窗儿滴到明。

关于这首词，有个传说故事：礼部属官李之问，爱上了名妓聂胜琼。李生将回原籍时，聂姬为之送别，饮于莲花楼，唱了一首词，为此，李之问又留下来住了一个月。后来因夫人催促太紧，他不得不怅然离去。人还在归途中，就收到聂胜琼写的这首《鹧鸪天》。他藏在箱子里，归家后被夫人发现，只得以实相告。李夫人读了《鹧鸪天》，见其语句清健，非常高兴，不但没有阻止这段情缘，反而拿出私房钱让李之问去都城迎娶佳人。

芭蕉

绿窗分映，但取短者为佳，盖高则叶为风所碎耳。冬月有去梗以稻草覆之者，过三年，即生花结甘露，亦甚不必。又作盆玩者，更可笑。不如棕榈为雅，且为塵尾[1]蒲团，更适用也。

【注释】

〔1〕塵尾：一种于手柄前端附上兽毛或丝状麻布的器物，一般用作扫除尘迹或驱赶蚊蝇之用。

【译文】

芭蕉植于窗下，绿色映衬窗户，但以矮小的为好，因为长得太高叶子会被风刮碎。冬天有人去掉芭蕉的梗茎，用稻草覆盖，三年后，就开花结出甘露，这是没必要的做法。又有人把芭蕉栽作盆景，更为可笑。芭蕉不如棕榈雅致，用来做成尘尾、蒲团等日用器物，更为实用。

【延伸阅读】

芭蕉叶美，青翠浓绿，平滑光亮，具有丝织品般的质感，自古为文士所赞赏。唐代徐寅《蕉叶》曰："绿绮新裁织女机，摆风摇日影离披"，把芭蕉叶比作"绿绮"。唐代钱珝《未展芭蕉》曰："冷烛无烟绿蜡干，芳心犹卷怯春寒。一缄书札藏何事，会被东风暗拆看。"未展蕉叶娇怯不耐春寒，似少女的芳心，也似一封私密的书信，一缄书札，藏着许多心事，一不留神，却被东风拆开偷看了。大观园起诗社时，探春笑道："我最喜芭蕉，就称'蕉下客'罢。"她为自己取笔名为"蕉下客"，这个笔名没有丝毫闺中女儿的忸怩之态，倒类似于一位士大夫的名号，可知探春这一番"巾帼不让须眉"的气度。

【名家杂论】

芭蕉是传统园林造景的上佳之选，常与太湖石、黄石等配置一起，多置于凉亭畔、院墙角落等处。芭蕉柔和流畅、轻盈灵动，怪石嶙峋突兀，蕉石搭配，颇有刚柔相济之道。明代高启《题芭蕉》说："丛蕉倚孤石，绿映闲庭宇。"

江南园林的窗外，往往植修竹、芭蕉，置奇石，成为"尺幅窗"。芭蕉当窗，成为名副其实的"蕉窗"，计成《园冶·城市地》中说"窗虚蕉影玲珑"。所谓"蕉影玲珑"，就是芭蕉绿映小窗的意境。李渔在《闲情偶寄》中记道："幽斋但有隙地，即宜种蕉。蕉能韵人而免于俗，与竹同功。"

蕉叶题诗是文人的雅俗。唐代诗人韦应物有《闲居寄诸弟》一诗："秋草生庭白露时，故园诸弟益相思。尽日高斋无一事，芭蕉叶上独题诗。"这便是蕉叶题诗的典故出处。明代私家园林兴盛，蕉叶题诗也是闺阁中的消遣。桂林博物馆珍藏有一尊明宣德青花仕女蕉叶题诗图梅瓶，瓶上的主题图案为"青花仕女蕉叶题诗图"。园林中，栅栏雕砌，危石耸立，古松婆娑，蕉林婀娜，花草点缀景色。蕉林下，一位纤纤闺秀，正手握笔管在蕉叶上题诗，旁边有侍女捧砚墨侍立。

雨打芭蕉是另一种文学意境。白居易诗《夜雨》云："隔窗知夜雨，芭蕉先有声。"杜牧有诗《芭蕉》："芭蕉为雨移，故向窗前种。"雨滴到芭蕉叶上，淅淅沥沥，不免勾起无限愁思。于是，芭蕉夜雨便幻化成诗人笔下难言的愁绪。杜牧《雨》云："连云接塞添迢递，洒幕侵灯送寂寥。一夜不眠孤客耳，主人窗外有芭蕉。"元人徐再思《水仙子·夜雨》："一声梧叶一声秋，一点芭蕉一点愁，三更归梦三更后。"雨打芭蕉，声声如诉如泣，最令人触目伤怀，抛不尽的相思泪，俱在这夜雨沉吟中涌上心头，使人不忍听闻。蒋坦在《秋灯琐忆》中言"秋芙所种芭蕉，已叶大成荫，隐蔽帘幕。秋来风雨滴沥，枕上闻之，心与俱碎"。

故而芭蕉是幽雅且风流的，文震亨认为芭蕉不如棕榈雅致，这一评论，想必诸多文人都不会赞同。

槐 榆

宜植门庭，板扉绿映，真如翠幄[1]。槐有一种天然樛屈枝[2]，枝叶皆倒垂蒙密，名"盘槐"，亦可观。他如石楠、冬青、杉柏，皆丘垅间物，非园林所尚也。

【注释】

〔1〕翠幄：翠色的帐幔。

〔2〕樛屈枝：向下弯曲的树枝。

【译文】

槐树和榆树适宜种植在门庭外，门户绿荫掩映，犹如青翠帐幔。槐树有一个品种，树枝天然向下弯曲，叶子也都倒垂茂密，名叫"盘槐"，也很值得观赏。其他的树，如石楠、冬青、杉树、柏树，都是荒地上的杂树，不适合园林种植。

【延伸阅读】

槐树种在大门前，有特殊的含义。周代朝廷种三槐、九棘，公卿大夫分坐其下，以定三公九卿之位。《周礼·秋官·朝士》中说"面三槐，三公位焉"，郑玄注释为："槐之言怀也，怀来人于此，欲与之谋。"后世便以"槐府"称三公的官署或宅第。

宋代姜夔的《石湖仙·寿石湖居士》词："玉友金蕉，玉人金缕。缓移筝柱。闻好语，明年定在槐府。"此处的石湖居士，指范成大。范成大曾官至参知政事，这时已经归隐，在姜夔的笔下，范成大虽然归隐了，依然是富贵气象，儒雅风流。"闻好语，明年定在槐府"，是对范成大的祝愿之词，望其东山再起，官运亨通。

【名家杂论】

古汉语中，槐与官位相连。槐是三公宰辅之位的象征，如槐鼎，比喻三公或三公之位，亦泛指执政大臣；槐位，指三公之位；槐卿，指三公九卿；槐宸，指皇帝的宫殿；槐掖，指宫廷；槐望，指有声誉的公卿；槐绶，指三公的印绶；槐岳，喻指朝廷高官；槐府，指三公的官署或宅第；槐第，是指三公的宅第。

槐树还是科第吉兆的象征。从唐代开始，科举考试关乎读书士子的功名利禄、荣华富贵，能借此阶梯而上，博得三公之位，是他们的最高理想。因此，常以槐指代科考，考试的年头称槐秋，举子赴考称踏槐，考试的月份称槐黄。此外，槐树还具有作为古代迁民怀祖的寄托、吉祥和祥瑞的象征等文化意义。

槐花则非常富有诗意。汪国真曾有诗句："走吧，你看，槐花正香，月色正明。"槐花盛开的景象，芬芳灿烂，令人难忘。季羡林曾在一篇散文《槐花》中写道：

自从移家朗润园，每年在春夏之交的时候，我一出门向西走，总是清香飘拂，溢满鼻官。抬眼一看，在流满了绿水的荷塘岸边，在高高低低的土山上面，就能看到成片的洋槐，满树繁花，闪着银光；花朵缀满高树枝头，开上去，开上去，一直开到高空，让我立刻想到在新疆天池上看到的白皑皑的万古雪峰。

槐花也可以作为食品，味道清香甘甜，富含维生素和多种矿物质，同时还具有清热解毒、凉血润肺、降血压、预防中风的功效。槐花采摘后可以做汤、拌菜、焖饭，亦可做槐花糕、包饺子。

梧桐

青桐[1]有佳荫，株绿如翠玉，宜种广庭中。当日令人洗拭，且取枝梗如画者，若直上而旁无他枝，如拳如盖，及生棉[2]者，皆所不取。其子亦可点茶。生于山冈者曰"冈桐"[3]，子可作油。

【注释】

〔1〕青桐：梧桐，因其皮青而得名。

〔2〕生棉：指生出飞絮。

〔3〕冈桐：此处指油桐，大戟科油桐属落叶乔木，种子可榨桐油。

【译文】

梧桐的树荫极佳，梧桐一树青绿如同翠玉，适宜种植在开阔的庭院里。种树的当天就让人将枝干擦拭干净，选取枝干如图画般优美的，不选直上而没有旁枝的、枝叶像拳头和伞盖的以及生出飞絮的。梧桐的种子可以沏茶。生长于山冈上的称"冈桐"，桐子可以榨油。

【延伸阅读】

梧桐与油桐不是同一物种。梧桐是梧桐科梧桐属的植物，油桐是巴豆亚科油桐属植物，两者差异甚大。油桐是我国特有的经济林木，它与油茶、核桃、乌桕并称中国四大木本油料植物。文震亨说桐子可作油，古代捡桐子是一项农闲时的营生，捡来桐子可卖钱，收购的桐子则用来榨油。

桐油可以做漆，古代的漆大都是桐油漆，干燥快且光泽度好。用桐油点灯，是古人的照明方式，桐油灯是伴随旧时文人读书的必备生活物件。

【名家杂论】

梧桐有青桐、碧梧、青玉、庭梧、井桐之称。古人传说，种梧桐能引来凤凰，因而"凤栖梧"是古代神话中最具有代表性的意象图景。《诗经·大雅》中有"凤凰鸣矣，于彼高岗。梧桐生矣，于彼朝阳。"这是"凤栖梧"传说的最早来历。其后的《尚书》《庄子》《吕氏春秋》等文献均提及梧桐树。春秋时，吴王夫差建梧桐园，南朝梁的《述异记》载："梧桐园在吴宫，本吴王夫差旧园也，一名琴川。"

北宋学者陈翥写过一部《桐谱》，被认为是世界上最早记述桐树栽培的科学技术著作。《桐谱》的内容，一部分来自农业实践的经验总结，另一部分则是广博征引的文献资料。在《桐谱》的开篇，陈翥说："梧桐，柔木也。"他解释道："梧桐，柔软之木也，皮理细腻而脆，枝干扶疏而软，故凤凰非梧桐而不栖也。"他还写了一篇《桐赋》，称："伊梧桐之柔木，生崇绝之高冈，盗天地之淳气，吐春冬之奇芳。"

梧桐在诗词中，常被称为"井桐"，因梧桐树大多栽种在井边，这体现出了民间自古就有的一种龙凤呈祥的民俗观念：古人认为井中有龙，而在井边栽种梧桐可以招来凤凰，这样水井中有龙，井边梧桐树上有凤，龙凤呈现的图景，就在自家的水井旁呈现出来了。

尽管民间对于梧桐树寄寓的是一种吉祥的祈盼，而从唐代开始，梧桐树在诗词里，却呈现出一种清冷、萧条的意象。如白居易在《长恨歌》中的名句"春风桃李花开日，秋雨梧桐叶落时"。在孤独的寒夜，秋雨淅沥，梧桐树上黄叶飘落，呈现出的是一种多么凄凉的场景！到宋代，李清照的"梧桐更兼细雨，到黄昏，点点滴滴"，更是将"梧桐夜雨"的清冷、惆怅、凄凉意境发挥到了极致。欧阳修的《井桐》写道："檐欹碧瓦拂倾梧，玉井声高转辘轳。肠断西楼惊稳梦，半留残月照啼乌。"在这里，栽种在井边的梧桐树，丝毫没有招引凤凰的喜庆，而是一种让人肝肠寸断的凄凉境地。

椿

椿树高耸而枝叶疏，与樗不异，香曰"椿"，臭曰"樗"。圃中沿墙，宜多植以供食。

【译文】

香椿树树形高耸，枝叶疏朗，与樗树相似，气味香的是椿树，臭的是樗树。园圃中，沿着围墙，可以多种一些供食用。

【延伸阅读】

椿树被视为是父亲树。《庄子·逍遥游》中说："上古有大椿者，以八千岁为春，八千岁为秋。"由此典故，古人认为椿有寿考之征，所以世称父为椿庭，"椿萱"则指父母双亲。

《庄子·逍遥游》还记载，惠子谓庄子曰："吾有大树，人谓之樗。其大本拥肿而不中绳墨，其小枝卷曲而不中规矩。立之涂，匠者不顾。今子之言大而无用，众所同去也。"这里的"樗"也是大树，只是大而无用，不及椿树的形象美好。

【名家杂论】

古人用椿树和萱草代指父亲、母亲，寄托对父母的思念。唐代牟融在《送徐浩》中说："知君此去情偏切，堂上椿萱雪满头。"游子一去千里，家中只留白发苍苍的老父老母，这样的场景，如何不令人揪心。

香椿与樗树都是江南地区的乡土树种，属于不同的科，但两者的形态比较相像，容易混淆。怎样区分呢？文震亨说"香曰椿，臭曰樗"，有香味的是香椿，有

臭味的是樗树。不仅气味有别，这两种树还有其他的差异，如树干不同，樗树干表面较光滑，不裂，香椿树干则常呈条块状剥落。

香椿芽被称为"树上蔬菜"，叶厚芽嫩，绿叶红边，犹如玛瑙、翡翠，香味浓郁，味美可口，营养丰富，除了含有蛋白质、脂肪、碳水化合物外，还有丰富的维生素、胡萝卜素、铁、磷、钙等多种营养成分。香椿还具有较高的药用价值，中医认为，香椿芽味苦、性平、无毒，有开胃爽神、祛风除湿、止血利气、消火解毒的功效，故民间有"常食香椿芽不染病"的说法。香椿芽在谷雨前后上市最佳，故各地皆有谷雨食香椿的习俗，所谓"雨前香椿嫩如丝"。清代人称春天采摘、食用香椿的嫩叶为"吃春"，有迎接新春之意。

香椿还寄托了思乡之情。被誉为"民国最后一位闺秀"的张充和女士，在美国的宅院，后院里就种着一大片从南京中山陵带去的香椿。张充和婚后随夫婿去美国，在耶鲁大学教授昆曲和书法，她是合肥张氏家族的后人，一位按照传统书香文化教养熏陶出来的大家闺秀。尽管定居美国，她仍然按照自己的方式来生活，连吃香椿的习惯，都一直保留着。

银杏

银杏株叶扶疏，新绿时最可爱。吴中刹宇及旧家名园，大有合抱者，新植似不必。

【译文】

银杏树枝叶扶疏，新叶绿时最为可爱。吴中一带的古刹庙宇以及旧时大家名园里，多有长成合抱之木的银杏古树，没必要新种。

【延伸阅读】

李时珍在《本草纲目》中记载："银杏生江南，以宣城者为胜。树高二三丈。叶薄纵理，俨如鸭掌形，有刻缺，面绿背淡。二月开花成簇，青白色，二更开花，随即卸落，人罕见之。一枝结子百十，

状如楝子，经霜乃熟烂，去肉取核为果。"

银杏结的果子称白果，是一味上佳的中药，含有丰富的蛋白质、脂肪以及各种微量元素，有较高的食用和药用价值。

【名家杂论】

银杏是现存种子植物中最古老的，是第四纪冰川运动后遗留下来的古老的裸子植物，和它同纲的其他植物皆已灭绝，故号称"植物活化石"。

银杏寿命极长，从栽种到结果要 20 多年，40 年后才大量结果，因此别名"公孙树"，有"公种而孙得食"的含义，是树中的老寿星。文震亨说苏州当地的旧家名园，大都有长得很大的银杏树，因此不必再新栽。这话绝非虚言，银杏确实能存活许多代，一旦栽种，只要园子还在，这棵树就会一直长下去。

苏州人有种植银杏的传统。苏州文庙里有四棵老银杏，名字分别是：连理杏、福杏、寿杏和三元杏。连理杏种植于明洪武七年（1374 年），寿杏则种植于南宋淳熙元年（1174 年）。苏州东山是著名的银杏产地，东山的山坞、庙宇、湖岛中分布着众多的古银杏，成为古镇历史的见证。东山北芒村还有一棵树龄达 2000 年的银杏，老当益壮，长势依然旺盛。

目前还有树龄在 4000 年以上的古银杏存活。2009 年，在贵州长顺县广顺镇的村寨里，发现了一棵古银杏树，据林业专家鉴定，树龄有 4000 多年的历史。一棵生长了 4000 多年的古树，该是怎样的？在广顺镇发现的这棵古银杏，周长有 16.8 米，树高 50 余米，要 13 名成年人伸展双臂方能合围，树冠遮地 3 余亩，可谓"独木成林"。这棵树每年结果 3000 多斤，掉在地上的银杏叶有千余斤，树上还居住了成群的鸟。一树参天，云冠巍峨，葱茏庄重，绿荫满地，如同神话中的景象，故而被当地人视为"神树"。常有人到树下许愿、祈祷、祭祀、祈求风调雨顺。

竹

种竹宜筑土为垅[1]，环水为溪，小桥斜渡，陟级而登，上留平台，以供坐卧，科头散发，俨如万竹林中人也。否则辟地数亩，尽去杂树，四周石垒令稍高，以石柱朱栏围之，竹下不留纤尘片叶，可席地而坐，或留石台、石凳之属。竹取长枝巨干，以毛竹为第一，然宜山不宜城；城中则护基笋最佳，竹不甚雅。粉筋斑紫^{〔2〕}，四种俱可，燕竹最下。慈姥竹即桃枝竹，不入品。又有木竹、黄菰竹、箸竹、方竹、黄金间碧玉、观音、凤尾、金银诸竹。忌种花栏之上，及庭中平植；一带墙头，直立数竿。至如小竹丛生，曰"潇湘竹"，宜于石岩小池之畔，留植数枝，亦有幽致。种竹有"疏种""密种""浅种""深种"之法；疏种谓"三四尺地方种一棵，欲其土虚行鞭"；密种谓"竹种虽疏，然每棵却种四五竿，欲其根密"；浅种谓"种时入土不深"；深种谓"入土，虽不深，上以田泥壅之"。如法，无不茂盛。又棕竹三等：曰筋头，曰短柄，二种枝短叶垂，堪植盆盎；曰朴竹，节稀叶硬，全欠温雅，但可作扇骨料及画义柄耳。

【注释】

〔1〕垅：指田地分界处高起的埂子。

〔2〕粉筋斑紫：指粉竹、筋竹、斑竹、紫竹，都是观赏竹品种。

【译文】

竹子宜种在高埂上，四面环水作为溪流，修一小桥斜跨溪水之上，拾阶登高，高处留一座平台用以坐卧，披头散发，俨然万竹林中之人。若不然，则辟出几亩地，将杂树悉数去除，四周用石头垒得稍微高一点，用石柱子、朱红栏杆围起来，竹子下不留一点尘埃、一片落叶，可以席地而坐，或者留置石台、石凳之类。竹子选取枝长杆粗的种类，以毛竹为首选，然而毛竹适宜山野不适宜城里栽种；城里种护基笋最佳，竹子不太雅致。粉筋斑紫四种都行，燕竹最差。慈姥竹即桃枝竹，是不入流的品种。还有木竹、黄菰竹、箸竹、方竹、黄金间碧玉、观音、凤尾、金银等诸多品种的竹子。竹子忌种在花栏上以及庭院平地中，应该沿着墙边，直立一排。至于丛生的小竹潇湘竹，适宜在石岩小池边种数株，也还幽雅别致。种竹有疏种、密种、浅种、深种四种方法：疏种是所谓"每隔三四尺种一棵，空出地方让竹根延伸"，密种是"虽然种得稀疏，然而每棵却种有四五株，使竹根很紧密",浅种是所谓"种时入土不深",深种为"入土虽然不深,但上面要用泥土培植"。按照这样的方法,竹子没有不长得茂盛的。还有棕竹三等:筋头和短柄,枝短叶垂,可以种植在盆盎里;朴竹,竹节稀叶子硬,完全没有温雅之态,但可以用来做扇骨和画轴。

【延伸阅读】

古代文人歌咏最多的一种竹,是斑竹,又名湘妃竹。晋代张华在《博物志·史补》中记载:"尧之二女,舜之二妃,曰湘夫人,帝崩,二妃啼,以泪挥竹,竹尽斑。"

文震亨提到的慈姥竹,李白有一首诗《慈姥竹》,诗云:"野竹攒石生,含烟映江岛。翠色落波深,虚声带寒早。龙吟曾未听,凤曲吹应好。不学蒲柳凋,贞心尝自保。"

棕竹并不是竹子,而是一种棕榈科的观叶植物。据清代的《花镜·藤蔓类考·棕竹》记载:"棕竹有三种:上曰筋头,梗短叶垂,可以书几;次曰短栖,可列庭阶;再次朴竹,节稀叶梗,但可削作扇骨。"

【名家杂论】

竹林自古被视为幽闲隐逸之地。王维《竹里馆》诗云:"独坐幽篁里,弹琴复长啸。深林人不知,明月来相照。"

竹林七贤是文学史上一则著名的典故。魏晋之际,在古山阳(今河南修武县)之地的嵇公竹林里,聚集着一群文士,他们谈玄清议,吟咏唱和,纵酒昏酣,遗落世事,以其鲜明的人生态度和独特的处世方式引起了广泛关注,成为中国文化史上一个广受争议的群体,也成为魏晋时期的一个文化符号。他们就是被称为竹林七贤的嵇康、阮籍、山涛、向秀、刘伶、阮咸和王戎。《世说新语·任诞》:"陈留阮籍、谯国嵇康、河内山涛,三人年皆相比,康年少亚之。预此契者:沛国刘伶、陈留阮咸、河内向秀、琅邪王戎。七人常集于竹林之下,肆意酣畅,故世谓'竹林七贤'。"

《红楼梦》中,林黛玉所住潇湘馆,种了一片湘妃竹。书中描写贾政等走到潇湘馆前:"忽抬头看见前面一带粉垣,里面数楹修舍,有千百竿翠竹遮映。众人都道:'好个所在!'于是大家进入,只见入门便是曲折游廊,阶下石子漫成甬路。上面小小两三房舍,一明两暗,里面都是合着地步打就的床几椅案。从里间房内又得一小门,出去则是后院,有大株梨花兼着芭蕉。又有两间小小退步。后院墙下忽开一隙，清泉一派，开沟仅尺许，灌入墙内，绕阶缘屋至前院，盘旋竹下而出。"

在元妃省亲期间，贾宝玉为此处题对额为：宝鼎茶闲烟尚绿，幽窗棋罢指犹凉。黛玉自己选居所时，因"爱那几竿竹子，隐着一道曲栏，比别处更觉得幽静"。她在这里伴随着修竹与诗书，幽怨地度过了一生。潇湘馆中以竹子最盛，"凤尾森森，龙吟细细，一片翠竹环绕"。黛玉诗号"潇湘妃子"，有着高雅而脱俗的气质。

菊

　　吴中菊盛时，好事家必取数百本，五色相间，高下次列，以供赏玩，此以夸富贵容则可。若真能赏花者，必觅异种，用古盆盎植一枝两枝，茎挺而秀，叶密而肥，至花发时，置几榻间，坐卧把玩，乃为得花之性情。甘菊惟荡口[1]有一种，枝曲如偃盖，花密如铺锦者，最奇，余仅可收花以供服食。野菊宜着篱落间。菊有六要二防之法，谓胎养、土宜、扶植、雨旸[2]、修葺、灌溉、防虫，及雀作窠时，必来摘叶，此皆园丁所宜知，又非吾辈事也。至如瓦料盆及合两瓦为盆者，不如无花为愈矣。

【注释】

〔1〕荡口：无锡古镇，因位于无锡东南的鹅湖和南青荡而得名。

〔2〕雨旸：指雨天和晴天。

【译文】

　　吴中一带菊花盛开时，好事之人一定会采集几百株菊花，五颜六色，高低排列，以供观赏游玩，以此来夸耀富贵而已。如果是真正会赏花的人，必定寻觅珍贵奇异的品种，用古雅的花盆种植一株两株，茎干挺拔秀丽，叶子浓密肥厚，待到花开时节，置于几案卧榻间，坐卧把玩，才叫领悟花之真性情。荡口特有一种甘菊，菊枝弯曲如伞盖，花朵密如锦缎铺陈，最奇异，其余品种的甘菊只能收集花朵以供食用。野菊适宜种在篱笆间。种菊有"六要二防"之法：育苗培养、土壤适宜、扶持栽培、雨露阳光、修剪枝叶、灌溉、防虫及防鸟雀啄衔枝叶做窝，这些都是园丁所应该知道的，不是我们做的事。至于用瓦料做花盆以及把两片瓦合起来作为盆的，不如不种花为好。

【延伸阅读】

赏菊是古人在秋日里的盛事。宋代孟元老的《东京梦华录》记载："九月重阳，都下赏菊，有数种：其黄白色蕊若莲房，曰万龄菊；粉红色曰桃花菊；白而檀心曰木香菊，黄色而圆者曰金铃菊；纯白而大者曰喜容菊，无处无之。"

甘菊被用来当茶饮的历史悠久。明末清初的著名学者、农学家张履祥著有《补农书》，书中记载："甘菊性甘温，久服最有益。古人春食苗、夏食英、冬食根，有以也。每地棱头中一二株，取其花，可以减茶之半。茶性寒苦，与甘菊同泡，有相济之用。"

【名家杂论】

菊花起源于我国，为世所公认，早在《礼记》中就有"季秋之月，菊有黄花"的记载。唐代元稹《菊花》诗云："秋丛绕舍似陶家，遍绕篱边日渐斜。不是花中偏爱菊，此花开尽更无花。"

菊花为多年生宿根草本植物，通过人工栽培、杂交育种和自然变异，从原始的黄色小菊，演进为五彩缤纷的著名花卉。汉代已将菊花作为药用植物栽培，魏晋时期已大量栽培，以后逐步发展为观赏花卉。宋代是菊花发展的鼎盛时期，宋代刘蒙泉所著的《菊谱》收有菊花品种百种，这是中国最早的菊花专著。明代王象晋所著的《二如亭群芳谱》收录菊花品种200多个。

目前我国拥有3000多个菊花品种，从花色上分，有黄、白、紫、绿等色，并有双色种；从花形上分，有单瓣、复瓣、扁球、球形、外翻、龙爪、毛刺、松针等形；从栽培方式上分，有立菊、独本菊、大立菊、悬崖菊、花坛菊、嫁接菊等；从花期上分，有春、夏、秋、冬、四季菊等。

自汉魏以来，重阳节有登山、佩茱萸、饮菊花酒之俗。晋代诗人陶渊明尤爱菊花。至唐宋时，重阳赏菊成为风俗。宋代，菊之名种培植繁多，盛况超越前代，成为当时城市居民的一大活动。南宋宫廷为颂扬"太平盛世"，创办了一年一度的

"菊花灯会"，朝廷要求把各地的菊花送至都城临安展出。灯会期间，都城白天观花，夜里观灯、品菊，热闹非凡。明、清时期，江南一带继续发展了赏菊的传统，有堆菊花山等项目，菊花品种展览，其名目多至千种。苏州等地的菊花展览，达到相当大的规模。

如今，每到秋天，苏州园林里依然菊花盛开，拙政园、虎丘、留园、沧浪亭等园林里，假山、厅堂、楼阁，每一处景致中，都错落点缀着菊花，赏菊与观景交融。

兰

兰出自闽中^[1]者为上，叶如剑芒，花高于叶，《离骚》所谓"秋兰兮青青，绿叶兮紫茎"者是也。次则赣州者亦佳，此俱山斋所不可少，然每处仅可置一盆，多则类虎丘花市。盆盎须觅旧龙泉^[2]、钧州^[3]、内府^[4]、供春^[5]绝大者，忌用花缸、牛腿^[6]诸俗制。四时培植，春日叶芽已发，盆土已肥，不可沃肥水，常以尘帚拂拭其叶，勿令尘垢；夏日花开叶嫩，勿以手摇动，待其长茂，然后拂拭；秋则微拨开根土，以米泔水少许注根下，勿渍污叶上；冬则安顿向阳暖室，天晴无风异出^[7]，时时以盆转动，四面令匀，午后即收入，勿令霜雪侵之。若叶黑无花，则阴多故也。治蚁虱，惟以大盆或缸盛水，浸逼花盆，则蚁自去。又治叶虱如白点，以水一盆，滴香油少许于内，用棉蘸水拂拭，亦自去矣。此艺兰简便法也。又有一种出杭州者，曰"杭兰"；出阳羡^[8]山中者，名"兴兰"；一干数花者，曰蕙，此皆可移植石岩之下，须得彼中原土，则岁岁发花。珍珠、风兰，俱不入品。箬兰，其叶如箬，似兰无馨，草花奇种。金粟兰名"赛兰"，香特甚。

【注释】

〔1〕闽中：指福建。唐朝中期以前，"闽中"即"闽"的称呼。

〔2〕龙泉：指龙泉窑出产的陶器。龙泉窑是宋代著名的瓷窑，因其主要产区在浙江省龙泉市而得名。

〔3〕钧州：指钧窑瓷器。钧窑地处河南禹县古均台和神镇一带。

〔4〕内府：指内府款瓷器。多见于元代磁州窑系梅瓶。明代永乐、宣德年间，内府在景德镇烧制官窑瓷器，永宣以后极少再题"内府"款。

〔5〕供春：指"供春壶"，是宜兴紫砂壶中的精品。供春是做紫砂壶的鼻祖，为明正德、嘉靖年间的人，他烧制出了名闻遐迩的紫砂茶壶。

〔6〕牛腿：牛腿盆，指带四足的长方形花盆。

〔7〕舁出：抬出来。

〔8〕阳羡：今宜兴一带，宜兴古称"阳羡"。

【译文】

产于福建的兰花为上品，叶如剑锋，花高于叶，《离骚》所谓"秋兰兮青青，绿叶兮紫茎"，就是这种兰花。其次，江西赣州出产的兰花，也不错，这两种都是山中书房所必不可少的，然而每处只可以放置一盆，多了就像虎丘的花市。花盆要选龙泉、钧州、内府、供春等民窑出产的最大号花盆，忌用花缸、牛腿盆等俗气的花盆。四季培植，春天兰花发芽，花盆中的土已经很肥，不可以再施肥水，常常用尘帚来拂拭兰花的叶子，不能积存灰尘污垢；夏天兰花绽放，叶子娇嫩，切勿以手摇动花株，等待花叶长得茂盛，然后拂拭灰尘；秋天则轻轻松开根部的土，用淘米水少许浇灌根下，不要渍污到叶子上；冬天则将花盆安顿在向阳的暖室内，晴朗无风天就搬到室外，不时转动花盆，让花的四面均匀受光照，午后即收回室内，避免发生霜冻。如果叶子黑，不开花，则是缺少阳光的缘故。要治花上长的蚁虱，用大盆或缸装上水，把花盆浸入其中，则虫蚁自然离去；治像白点一样的叶虱，准备一盆水，滴入少许香油，用棉花蘸水来擦拭，叶虱也自然除去。这些是种兰花的简便方法。又有一种产自杭州的兰花，称"杭兰"；产自宜兴阳羡山中的，名为"兴兰"；一枝开数朵花的称"蕙兰"，这些都可以移植到石岩下，只要使用原土，就会年年开花。珍珠、风兰都是不入流的品种。箬兰的叶子像竹叶，像兰花而无馨香，是草花中的奇异品种。金粟兰名为"赛兰"，香味特别浓郁。

【延伸阅读】

南宋赵时庚在《金漳兰谱》中，记述自己年幼时，"赵翁书院"初见兰花的惊艳之情："回峰转向，依山叠石，尽植花木，丛杂其间。繁阴之地，环列兰花，掩映左右，以为游憩养疴之地。于时尚少，日在其中，每见其花好之。艳丽之状，清香之复，目不能舍，手不能释，即询其名，默而识之，是以酷爱之心，殆几成癖。"赵时庚为南宋宗室成员，自幼生活条件优越，常在花园中观赏兰花。他家花园内，有一片繁阴之地，环境幽雅，兰花掩映，被作为优游疗养之地。兰花的馨香美好，在这位少年心中留下了难以磨灭的记忆，从此爱兰成癖，被后世称为"兰花鼻祖"。

【名家杂论】

兰花是兰属植物的总称，这类植物至少有 750 多属，超过 20000 种，广泛分布于全球，主要在热带和亚热带地区。中国有近 200 属，1200 多种，以及许多亚种、变种和变型。

中国的兰花文化源远流长。孔子赏兰于幽谷，曰："芝兰生幽谷，不以无人而不芳，君子修道立德，不为穷困而改节。"

古人起初以采集野生兰花为主，人工栽培兰花则从宫廷开始。魏晋以后，士大夫阶层的私家园林中，开始以兰花点缀庭园。直至唐代，兰蕙的栽培才发展到一般庭园和花农培植。宋代的艺兰业颇发达，有关艺兰的书籍及描述众多。如宋代罗愿的《尔雅翼》有"兰之叶如莎，首春则发。花甚芳香，大抵生于森林之中，微风过之，其香蔼然达于外，故曰芝兰。江南兰只在春劳、荆楚及闽中者秋夏再芳"之说。

南宋的赵时庚撰写的《金漳兰谱》，是世界上第一部兰花专著。书中对紫兰和白兰的 30 多个品种做了简述,并论及兰花的品位。王贵学写了《王氏兰谱》一书,对兰花做了更详细的描述。宋代赵时庚写《兰谱奥法》一书,以栽培法描述为主,分为分种法、栽花法、安顿浇灌法、浇水法、种花肥泥法、去除蚁虱法和杂法等。

明、清两代,兰艺又进入了昌盛时期。随着兰花品种的不断增加,栽培经验的日益丰富,此时有关兰花的书籍、画册数目较多,如张应民的《罗篱斋兰谱》,高濂的《遵生八笺》,书中都有关于兰花的记述。李时珍的《本草纲目》也对兰花的释名、品类及用途都有论述。

清代艺兰专著更多,如浙江嘉兴人许龚梅的《兰蕙同心录》,袁世俊的《兰言述略》,杜文澜的《艺兰四说》,冒襄的《兰言》,朱克柔的《第一香笔记》,屠用宁的《兰蕙镜》,张光照的《兴兰谱略》,岳梁的《养兰说》,汪灏的《广群芳谱》,吴其浚的《植物名实图考》,欧金策的《岭海兰言》等。民国时,浙江杭县人吴恩元出版了《兰蕙小史》,对当时的兰花品种和栽培方法做了介绍,共记述浙江兰蕙名品百余种,并配有照片和插图多幅,图文并茂,引人入胜。

瓶花

堂供〔1〕必高瓶大枝,方快人意。忌繁杂如缚,忌花瘦于瓶,忌香、烟、灯煤熏触,忌油手拈弄,忌井水贮瓶,味咸不宜于花,忌以插花水入口,梅花、秋海棠二种,其毒尤甚。冬月入硫黄于瓶中,则不冻。

【注释】

〔1〕堂供:指放置在堂屋正厅。我国古代的插花艺术源于佛前供花,故有"堂供"一说。

【译文】

厅堂陈列的瓶花,一定要高瓶大枝才赏心悦目。忌繁杂束缚,忌花小瓶空,忌香、烟、灯煤熏染,忌油手拈弄,忌将瓶里装井水,井水味道咸,不适宜插花,忌把插花用过的水误入口中,梅花、秋海棠两种花毒性很大。冬天把硫磺放入花瓶中,水就不会结冰。

【延伸阅读】

张谦德在《瓶花谱》中,指出花器的讲究:"小瓶插花,宜瘦巧,不宜繁杂……瓶花虽忌繁冗,尤忌花瘦于瓶"。他还讲到"花忌":"瓶花之忌,大概有六:一者井水插贮,二者久不换水,三者油手拈弄,四者猫鼠伤残,五者香烟灯煤熏触,六者密室闭藏,不沾风露。有一于此,俱为瓶花之病。"文震亨多处援引了他的观点,但不及他论述得详尽。从中也可以看出《长物志》这部书对于前人著述的继承。

【名家杂论】

中国插花艺术大概起始于魏晋、南北朝时的佛前供花,隋唐后又由宫廷插花转入民间,宋元时插花已经较为普遍,明代则进入繁荣期。宋代插花艺术精雅缛丽,明代在前人的基础上建立了系统和完整的插花理论,把插花艺术推向顶峰。明代的插花著作十分丰富,如《花史左编》《瓶花三说》《瓶花谱》《瓶史》等,将中国画和中国古典园林的表现技法运用于插花之中。

明代初期,受宋代理学影响,以中立式厅堂插花为主,造型丰满,寓意深邃。中期插花追求简洁清新,色彩淡雅,疏枝散点,朴实生动,不喜豪华富贵,常用如意、灵芝、珊瑚等装点插花。到了明代晚期,花道发展到了中国历史上的鼎盛时期。这时的插花艺术追求参差不伦,意态天然;讲究俯仰高下,疏密斜正,各具意态,得画家写生折枝之妙,方有天趣;构图严谨,注意花材同容器的比例关系。

明代中晚期,有许多插花艺术专著相继问世。如袁宏道的《瓶史》和张谦德的《瓶花谱》。《瓶史》对构图、采花、保养、品第、花器、配置、环境、修养、欣赏、花性等诸多方面,在理论上和技术上做了系统论述。《瓶花谱》分品瓶、品花、折枝、插贮、滋养、事宜、花忌、护瓶等八节。该书认为,花器的选择十分重要。花器乃花之金屋、精舍,一件好的插花作品必赖精当花器与之相匹配。

明代人对花器的选择,可谓十分精心。花器的材质上,以瓷器、铜瓶器为重,以金、银瓶器为轻，崇尚清雅风格。时节上，春、冬两季用铜器；秋、夏两季用瓷器。放置的场所，在厅堂适宜大瓶，书房适宜小瓶。

明代人之喜欢用古铜瓶、古陶器做花器，是认为这类古物曾长年累月沉埋在地底，深受土中物质和湿气的磨蚀渗透，拿来养花，花的颜色鲜妍明丽，比得上枝梢上的鲜花，花开得早凋谢得晚。

袁宏道在苏州时，写有一篇《戏题黄道元瓶花斋》，诗曰："朝看一瓶花，暮看一瓶花。花枝虽浅淡，幸可托贫家。一枝两枝正，三枝四枝斜。宜直不宜曲，斗清不斗奢。傍拂杨枝水，入碗酪奴茶。以此颜君斋，一倍添妍华。"

盆玩

盆玩，时尚以列几案间者为第一，列庭榭中者次之，余持论则反。是最古者以天目松为第一，高不过二尺，短不过尺许，其本如臂，其针若簇，结为马远[1]之"欹斜诘曲"，郭熙[2]之"露顶张拳"，刘松年[3]之"偃亚层叠"，盛子昭[4]之"拖拽轩翥"等状，栽以佳器，槎牙可观。又有古梅，苍藓鳞皱，苔须垂满，含花吐叶，历久不败者，亦古。若如时尚作沉香片者，甚无谓。盖木片生花，有何趣味？真所谓以"耳食"者矣。又有枸杞及水冬青、野榆、桧柏之属，根若龙蛇，不露束缚锯截痕者，俱高品也。其次则闽之水竹，杭之虎刺[5]，尚在雅俗间。乃若菖蒲九节，神仙所珍，见石则细，见土则粗，极难培养。吴人洗根浇水，竹翦修净，谓朝取叶间垂露，可以润眼，意极珍之。余谓此宜以石子铺一小庭，遍种其上，雨过青翠，自然生香；若盆中栽植，列几案间，殊为无谓，此与蟠桃、双果之类，俱未敢随俗作好也。他如春之兰蕙，夏

之夜合、黄香萱、夹竹桃花；秋之黄密矮菊；冬之短叶水仙及美人蕉诸种，俱可随时供玩。盆以青绿古铜、白定、官哥[6]等窑为第一，新制者五色内窑[7]及供春粗料可用，余不入品。盆宜圆，不宜方，尤忌长狭。石以灵璧、英石、西山佐之，余亦不入品。斋中亦仅可置一二盆，不可多列。小者忌架于朱几，大者忌置于官砖，得旧石凳或古石莲磉为座，乃佳。

【注释】

〔1〕马远：南宋画家，与李唐、刘松年、夏圭并称"南宋四家"。

〔2〕郭熙：北宋画家，存世作品有《早春图》《关山春雪图》等，其子郭思集其画论为《林泉高致集》。

〔3〕刘松年：南宋宫廷画家，代表作有《四景山水图》卷及《天女献花图》卷。

〔4〕盛子昭：即盛懋，字子昭，元代富有盛名的民间画家。

〔5〕虎刺：茜草科虎刺属常绿小灌木，枝条屈曲，寿命长，地栽和盆栽都能活到百年之久，因此，又被赞为"寿庭木"。

〔6〕白定、官哥：指定窑白瓷和官窑、哥窑出产的瓷器。北宋五大名窑为"定汝官哥钧"。

〔7〕内窑：南宋青瓷器名窑之一。

【译文】

盆景，当今时尚以陈列几案之上为第一，放置在庭院台榭中的次之。我的观点恰好相反。最古雅的，天目松盆景为第一，它高不过两尺，矮不低于一尺，树干如手臂，松叶如簇，形态如同马远画中的"倾斜弯曲"，郭熙画中的"豪放粗犷"，刘松年画中的"交错层叠"，盛子昭画中的"低拽高飞"等形状，栽种在上好的花盆里，参差错落，十分可观。另有古梅盆景，苔藓斑驳，树皮皴皱，含花吐叶，花朵长久不败，也很古雅。如果像时尚那样，弄沉香片做盆景，就没意思。木片生花，有什么趣味？不过徒信传闻而已。又有枸杞及水冬青、野榆、桧柏等盆景，根部如龙蛇虬曲，不露出束缚锯截痕迹的，都是珍品。其次，福建产的水竹盆景，杭州的虎刺盆景，处于雅俗之间。至于九节菖蒲，神仙所珍爱，栽于石间则变细，种入泥土则变粗，培植养护非常难。吴人给盆景洗根浇水，修剪干净，认为取清晨叶子上的露珠，可以润眼，极其珍贵。我认为应该用石子铺设庭院，种满菖蒲，雨后枝叶青翠，自然生香；如果盆中培植，放置在几案间，很没意趣，它与蟠桃、双果类一样，都不能趋时随俗。其他花卉，如春天的兰蕙，夏天的夜合、黄香萱、夹竹桃花，秋天的黄密矮菊，冬天的短叶水仙及美人蕉等，都可以随时赏玩。花盆以青绿古铜、定窑白瓷、官窑哥窑等出产的瓷器为首选，新窑产五彩官窑及供春粗料两种瓷器可以用，其余的都不入流。花盆宜圆不宜方，尤其忌用狭长的盆。盆中用灵璧、英石、西山石来点缀，其余石头都不入品。室内可以放置一两盆，不可多放。小盆景忌放到朱红的几案上，大的盆景忌置于官窑砖上，觅得旧的石凳或古时的石莲磉为盆景的座架，才算上佳。

【延伸阅读】

天目松中有一种生长在悬崖峭壁之上的小矮松，疏影苍髯，枯枝蟠虬，葱郁苍翠，蓬勃向阳。明代屠隆在《考槃馀事》中记载："盆景以几案可置者为佳，最古雅者，如天目之松，高不盈尺，针毛短簇，结对双本者，似八松林深处，令人六月忘暑。"可见天目松自古就是众多盆景爱好者所喜欢的优秀树种。

【名家杂论】

盆景起源于中国，这是世所公认的。盆景在唐代就已经颇具雏形，陕西乾陵发掘的唐代章怀太子李贤（武则天之子）墓的甬道东壁上，有侍女手捧盆景的壁画，所绘的盆景和现代盆景非常近似。故宫博物院内存有一幅唐代画家阎立本绘的《职贡图》。图中，有一个侍者手托浅盆，盆中立着造型优美的山石，和现代山水盆景十分相似。

宋代盆景之丰富，是前所未有的。盆艺与文人、画家相结合，把诗画作品所描绘的意境情趣，引用到盆景创作上，逐渐把盆景艺术从自然山水阶段，推进到写意山水阶段。宋代盆景的名称有：盆玩、盆山、假山、假山小池、盆池、盆花、盆中花、盆草、盘松、盆窠、盆梅、盆榴花、盆木犀、盆兰等。

明清时期关于盆景的著述很多，如吴初泰《盆景》、林有麟《素园石谱》、王象晋《二如亭群芳谱》等。苏州虎丘山塘一带的盆景很兴盛，盆景中有一个派别，叫"苏派"，即指苏州的盆景。清代诗人沈朝初在《忆江南》里说："苏州好，小树种山塘。半寸青松虬干古，一拳文石藓苔苍，盆里画潇湘。"苏派盆景以古雅拙朴见长。几十年乃至上百年的虬干老枝，培植于小盆之中，竟能高不盈尺，自然成态，或悬或垂、或俯或仰，配以古盆和苏式几架，古趣盎然。

卷三

水 石

此卷为水石布局之用。园林造景，妙在以少胜多，效仿自然山水，而又能将自然山水凝练、浓缩于一方小园之内。

石令人古，水令人远，园林水石，最不可无。要须回环峭拔，安插得宜。一峰则太华[1]千寻，一勺则江湖万里。又须修竹、老木、怪藤、丑树，交覆角立[2]，苍崖碧涧，奔泉汛流，如入深岩绝壑之中，乃为名区胜地。约略其名，匪一端矣。志《水石第三》。

【注释】

〔1〕太华：指华山。据《山海经》记载："又西六十里，太华之山，削成而四方，其高五千仞，其广十里。"

〔2〕角立：卓然特立、超群出众。

【译文】

石令人发幽古之思，水给人宁静致远之感，园林之中，水、石最不可缺少。水、石要设计得回环峭拔，布局得当。造一山则有华山壁立千寻的险峻，设一水则有江湖万里之浩渺。还要有修竹、老木、怪藤、丑树，交相掩映，卓然而立，崖壁深涧、飞泉奔涌，似入深岩绝壑之中，才算得上名区胜地。这里粗略列举，并非都要如此。记录《水石第三》。

【延伸阅读】

"一峰则太华千寻，一勺则江湖万里"，是研究古典园林的学者经常引用的经典名言，展现出了江南园林造景的特点：小中见大，芥子而纳须弥。江南园林因空间范围狭小，需要将有限的元素，经过独具匠心的概括和凝练，唤起人们对更广阔的自然山水的联想，游于其中而恍若置身于真山水中，这是园林建筑"以有限寓无限"的基本特征。

【名家杂论】

计成《园冶》中写道:"轩楹高爽,窗户虚邻;纳千顷之汪洋,收四时之烂漫。梧荫匝地,槐荫当庭;插柳沿堤,栽梅绕屋;结茅竹里,浚一派之长源;障锦山屏,列千寻之耸翠,虽由人作,宛自天开。"园林造景,妙在以少胜多,效仿自然山水,而又能将自然山水凝练、浓缩于一方小园之内。

江南园林的水石造景,极具典型性和寓意性。用石堆砌的一座假山,要极尽崎岖险峻之能事,如同华山千仞险峰的缩影。一湾池水,曲折回环,水波跌宕,使人联想起烟波浩渺的大江大湖……掇石理水(理水是中国园林中的一个主题,有时又称作水体)之时,还要有植物造景,以青翠的修竹、古朴的老木、奇异的藤蔓、丑怪的树,各种造景元素和谐搭配,相互映衬,形成一种美轮美奂的景象,使人如同进入风景胜地。

古人造园时,对掇石、理水有着浓厚的兴趣。秦汉以来的宫苑,都是"一池三山"的形式。秦始皇"引渭水为池,筑为蓬、瀛",把渭水引到皇家园林中,形成一个大水池,而后建两座山,比拟为传说中的仙山——蓬莱、瀛洲。汉武帝的建章宫"其北治大池,渐台高二十余丈,名曰太液池,中有蓬莱、方丈、瀛洲"。一言以蔽之,就是一座太液池加三座山。

北宋时,宋徽宗对奇石的喜好,可谓到了偏执的程度,他为宫苑取名"艮岳",搜罗天下奇石。为造这座园子,朝廷组织了专门从南方运送花木奇石的船队,每十船编为一纲,沿淮、汴而上,舳舻相接,络绎不绝,称"花石纲"。如此兴师动众,艮岳建得确实不同凡响,"腾山赴壑,穷深探险……遂忘尘俗之缤纷,飘然有凌云之志,终可乐也"。

然而,乐极生悲。艮岳完工未久,金兵挥师南下,包围了开封城,宋钦宗命人把艮岳中饲养的野禽水鸟十万多只,全部投入汴河,杀大鹿数千头,以酬劳将士。那些从江南运来的奇石,则被凿碎当炮用。不久,开封被攻陷,北宋宗室皆沦为金人的阶下囚,艮岳也毁于战火。北宋灭亡后,未及启运和沿途散失的奇石,流落各处,有的至今还保存在江南古园中。

广池

　　凿池自亩以及顷，愈广愈胜。最广者，中可置台榭之属，或长堤横隔，汀蒲、岸苇杂植其中，一望无际，乃称巨浸。若须华整，以文石为岸，朱栏回绕，忌中留土，如俗名战鱼墩[1]，或拟金焦[2]之类。池傍植垂柳，忌桃杏间种。中畜凫雁，须十数为群，方有生意。最广处可置水阁，必如图画中者佳。忌置簰舍[3]。于岸侧植藕花，削竹为阑，勿令蔓衍。忌荷叶满池，不见水色。

【注释】

〔1〕战鱼墩：水中的土墩，用来捕鱼。

〔2〕金焦：金山与焦山的合称。

〔3〕簰舍：在竹排或木排上搭建的小屋。簰，指水中漂浮的竹排、木排。

【译文】

开凿池塘，由几亩到几顷，水面越广阔越好。最广阔的，池中可以建造亭台水榭之类，或者修堤坝横隔，堤岸种上菖蒲、芦苇等，水面一望无际，才称得上大泽。如果想要华美齐整，用有纹理的石头砌岸，朱栏环绕，忌水中留土堆，就像俗称的"战鱼墩"，或模仿金山、焦山之类的。水池边种植垂柳，忌桃树、杏树夹杂而种。水中蓄养野鸭、大雁，须得十多只成群养，才有生气。水面最开阔处，可以建造水阁，照画中样式修建最好。忌放置木排搭建小屋。在岸边种植荷花，削竹子做栏杆，不让荷花蔓延开。忌荷叶长满一池，看不到水色。

【延伸阅读】

北宋的孟元老在《东京梦华录》中，回忆都城汴京的景物风光，写到朱雀门外的街巷："近东即迎祥池，夹岸垂杨、菰蒲、莲荷，凫雁游泳其间。"这是一幅水中浮游的禽鸟与水生植物共同组成的水岸景观。

计成《园冶》中提及在水池中叠山："池上理山，园中第一胜也。若大若小，更有妙境。就水点其步石，从巅架以飞梁；洞穴潜藏，穿岩径水；风峦飘渺，漏月招云；莫言世上无仙，斯住世之瀛壶也。"以水中假山比喻神话中的仙岛，这是古典园林一贯的传统。

【名家杂论】

古典园林中的广池，最广的，当属皇家园林。只有帝王家，才有财力与气魄开凿烟波浩渺的广阔水面。其中较为著名的，有汉代的昆明池、太液池，唐代的曲江，明清的昆明湖。

汉代的昆明池在长安城西的沣水、滈水之间，上林苑之南，建于汉武帝元狩四年（前119年），当时引沣水而筑成池，水面广阔，周围十里。原本是为了练习水战之用，后来变成了泛舟游玩的场所。《西南夷传》中记载，汉武帝遣使到身毒国去求市竹，受阻于昆明而未能到达，于是想征伐昆明。昆明国有滇池，方圆三百里，因此比照着开凿一池，以练习水战，称为"昆明池"。

太液池是引昆明池水形成的人工湖，位于建章宫的西北面。池岸有人工雕刻的石鲸、石鳖；池中建有20丈高的渐台，还筑有象征仙山的瀛洲、蓬莱、方壶等假山。秋日里，汉成帝常同赵飞燕在池上游玩，以沙棠木制成船，以云母装饰，又刻桐木为虬龙,雕饰如同真龙一般,夹云舟而行。成帝怕船行轻荡而使飞燕受惊,命人以金锁缆云舟于波涛之上。清风吹过,赵飞燕几乎随风入水,成帝遂用翠缕把飞燕的衣裾结起来,赵飞燕说:"妾微贱,何复得预结缨裾之游。"

曲江池位于唐代长安城东南隅,因水流曲折得名。唐玄宗时引浐水注入曲江,使水面更为开阔,水岸曲折,可以荡舟。池中种植荷花、菖蒲等水生植物,亭楼殿阁隐现于花木之间。曲江池定期开放,百姓均可游玩,以中和(农历二月初一)、上巳(三月初三)最盛;中元(七月十五日)、重阳(九月初九)和每月晦日(月末)也很热闹。

北京的昆明湖,原是一处天然湖泊,元代郭守敬开挖通惠河,引流水及西山一带泉水汇入湖中,成为元大都的水库。明代,湖中植荷花,湖畔有寺院、亭台之胜,酷似江南风景,当时人称有"西湖十景"。明武宗、明神宗都曾在此泛舟钓鱼取乐。至清朝乾隆年间,乾隆皇帝兴建清漪园,将湖开拓,成为现在的规模,并依汉武帝故事,命名昆明湖。乾隆皇帝有诗称:"何处燕山最畅情,无双风月属昆明。"

小池

阶前石畔凿一小池,必须湖石四围,泉清可见底。中畜朱鱼[1]、翠藻,游泳可玩。四周树野藤、细竹,能掘地稍深,引泉脉[2]者更佳。忌方圆八角诸式。

【注释】

〔1〕朱鱼:指园林中饲养的名贵观赏鱼类。清代有著作《朱鱼谱》。

〔2〕泉脉:泉水。出自《黄帝内经》中的《灵枢》:"地有泉脉,人有卫气。"

【译文】

在阶前石旁凿一方小水池,一定要用太湖石砌四边,池水清澈可见底。水中饲养金鱼、翠藻,鱼游其间,可供赏玩。四周种植野藤、细竹,如果能挖地稍深,引山泉入池则更好。水池忌建成方的、圆的、八角等形状。

【延伸阅读】

江南园林为自然山水式造景,与西方园林的规整式造景有着迥然不同的风格。规则的方圆八角等水池样式,在江南园林中极为罕见。长方形、正方形、圆形、三角形的水池，在西方古典园林中是常见的，如法国凡尔赛宫的圆形水池，浑圆如日，像在地上用圆规画出来的。但是江南古园的水池，都没有勾勒几何图形的概念，而是随着地势而布局，乃至故意做成曲折回环、幽深蜿蜒的水系。水岸多为驳岸，以太湖石砌成装饰，曲折起伏，凹凸不平，更以花木点缀，亭台掩映，形成一派自然婉约的江南风景。

【名家杂论】

苏州园林的理水，是一大妙趣。园林大都占地不算很大，空间有限，故而广池不多见，小池却处处皆有。陈从周说"园之佳者如诗之绝句，词之小令，皆以少胜多，有不尽之意，寥寥几句，弦外之音犹绕梁间"，小池亦是如此。

水池虽小，却很讲究，细节耐人寻味。池的四周用玲珑的太湖石砌边，形成驳岸的效果，小而精巧。池水须得清澈，最好与地下水相通。水中要有生趣，须养几尾漂亮的金鱼，游曳于翠藻间，鱼游水中，人可站在池边观赏。池畔的植物造景也要有意趣，不妨种些藤蔓和几竿竹子，粗枝大叶的不好，须得挑选枝干纤细的品种，比如湘妃竹，种小池边最好。园林即便面积不大，有水池，便显得活泼有趣。

《园冶》指出："约十亩之基，须开池者三，曲折有情，疏源正可，余七分之地，为垒土者四，高卑无论。"从苏州人的造园实践来看，几乎每座园中，皆挖水池。池有大小之分，但即便是广池，也不会很大。整个园以水池为中心，沿水池四周，环列建筑，从而形成一种向心、内聚的格局。这种格局形式，可使空间具有开朗、宽阔之感，如苏州畅园、鹤园、网师园等。水池和建筑之间的空间，以花木、假山掩隐，水面倒影依依，扩大了空间的视觉、听觉范围，使空间更有自然情趣。

用藤蔓植物来造景，在苏州园林中较为常见。尤其是一带粉墙，往往种一墙藤萝，夏日取其葱绿，冬天叶子落尽，虬曲缠绕的藤蔓，更有古意。如吴江静思园，沿院墙种着爬山虎，在冬日暖阳中，满满一墙的缠绕藤枝，极有意趣。

瀑布

山居引泉，从高而下，为瀑布稍易，园林中欲作此，须截竹长短不一，尽承檐溜[1]，暗接藏石罅[2]中，以斧劈石叠高，下凿小池承水，置石林立其下，雨中能令飞泉溃薄[3]，潺潺有声，亦一奇也。尤宜竹间松下，青葱掩映，更自可观。亦有蓄水于山顶，客至去闸，水从空直注者，终不如雨中承溜为雅。盖总属人为，此尤近自然耳。

【注释】

〔1〕檐溜：指檐沟流下的水。

〔2〕石罅：石头裂缝。

〔3〕溃薄：冲荡、激荡。

【译文】

居于山中，引泉水从高处流下形成瀑布比较容易。在园林中造瀑布，需要截取长短不一的竹子，承接檐沟流水，隐蔽地引入石头缝隙中，用斧劈石重叠垒高，下面凿出小池接水。池中放置石头，下雨时能令飞泉激荡而下，水声潺潺，也是一大奇观。尤其适宜在竹间松下，青翠掩映，更加美观。也有人在山顶蓄水，客人来的时候开闸放水，水从空中直流而下，但终究不如雨中接檐沟水来得雅致。因为山顶蓄水终归是人工所为，而承接雨水更贴近自然。

【延伸阅读】

明代的园林已广泛采用假山瀑布的造景技法。计成《园冶》中写道："瀑布如峭壁山理也。先观有高楼檐水，可涧至墙顶作天沟，行壁山顶，留小坑，突出石口，泛漫而下，才如瀑布。不然，随流散漫不成，斯谓：'作雨观泉'之意。"要收集檐溜之水，且通过一定的技术手段，使水流能够喷涌而下，有水声、水势，不然则水流散漫，如同雨中观泉，堪为乏味。

【名家杂论】

在园林中听水声，是文人的一大雅好，曹雪芹借林黛玉之口，说最喜欢李商隐的一句"留得残荷听雨声"。而明清时的江南士人，已不满足于听荷叶上的雨滴声，更期待能于园林中听到瀑布声。

瀑布，在园林中，属于动态的水体设计。苏州园林擅长"理水"，水体设计手法是多样的，园中之水，可以是宁静平缓的荷塘曲水，也可以是流动喷涌的飞泉流瀑。然而，建在城市中的园林，没有山野之中天然的流水飞泻，怎样才能造出瀑布呢？造园者自有妙招。

园林中的假山，大都巧妙收集屋檐上的雨水，汇集起来，从假山上倾泻而下，形成小型的人工瀑布。如环秀山庄西北角的假山，利用屋顶雨水流注池中，略存瀑布之意。承接屋檐水并不是唯一的技法，环秀山庄东南角的假山，则在山石后设小槽承受雨水，由石隙婉转下泻，形成小瀑布景观。苏州狮子林的"听瀑亭"，则利用水柜蓄水，山涧中出湖石三叠，下临深潭，水闸一开，形成三叠瀑布。

狮子林的"听瀑亭"名闻遐迩。这座亭子筑于假山的最高处，亭子一侧，即有人工瀑布，机关一开，水流经湖石三叠直泻而下，波影茫茫，水声涛涛，如同一曲交响乐。据亭中屏刻的《飞瀑亭记》记载，因园主人久客海上，建此亭，听到昼夜不停的瀑布声音，如闻涛声，有思旧之意，也有居安思危之意。

凿井

井水味浊，不可供烹煮；然浇花洗竹，涤砚拭几，俱不可缺。凿井须于竹树之下，深见泉脉，上置辘轳引汲，不则盖一小亭覆之。石栏古号"银床"，取旧制最大而古朴者置其上。井有神，井傍可置顽石，凿一小龛，遇岁时奠以清泉一杯，亦自有致。

【译文】

井水有异味，不能用来烹饪煮茶，但浇花洗竹器，洗砚台擦几案，都不可缺少。凿井须得在竹林树下，深挖引泉，在井上放置辘轳取水，也可以盖一座小亭子遮盖。石栏杆古称"银床"，选取旧式最大而又古朴的石栏杆，安放在井台上。井有井神，旁边可以放置石头凿的小神龛，祭祀时节，祭奠一杯清泉，也自有一番情致。

■〔明〕文征明 惠山茶会图（局部）

【延伸阅读】

井栏杆在古代多称为"井床"，这是诗家语，诗人喜欢用的词语。如陆游家的水井旁种着梧桐树，故而他写了诸多关于梧桐叶落到井栏杆上的诗句，夏天是"细绠铜缾落井床"，秋夜为"梧桐落井床"，初冬是"桐落井床多槁叶"。

井床又有雅称，叫"银床"，形容居家用度之奢华，连井栏杆都以银做成。"银床"在诗文中往往是表达一种略带夸张的意境，或者是为了跟"玉"对仗使用，如"玉醴吹岩菊，银床落井桐"，又如"风筝吹玉柱，露井冻银床"。

【名家杂论】

陆羽《茶经》中，说泡茶用水，"山水上，江水中，井水下"。以井水来烹饪，自然不是古人的首选。文震亨认为井水只适合浇花、擦洗用，那么问题来了：煮饭烹茶用什么水呢？这一问题的答案，可参考《红楼梦》中的大观园。比如宝玉、黛玉、宝钗到妙玉的栊翠庵做客，喝着妙玉泡的茶，觉得清醇无比，原来是泡茶的水非同一般。妙玉说："这是五年前我在玄墓蟠香寺住着收的梅花上的雪，共得了那一鬼脸青的花瓮一瓮，总舍不得吃，埋在地下，今年夏天才开了。我只吃过一回，这是第二回了。"可见对于风雅人士，井水是不能入眼的。

但普通老百姓还是吃井水的多，且对水井异常重视。井有井神的说法，古来已有，《白虎通·五祀》中说："户以羊，灶以雉，中溜以豚，门以犬，井以豕。"可见汉代就已经将井神作为家神来祭祀。

天泉[1]

秋水[2]为上，梅水[3]次之。秋水白而冽，梅水白而甘。春冬二水，春胜于冬，盖以和风甘雨，故夏月暴雨不宜，或因风雷蛟龙所致，最足伤人。雪为五谷之精，取以煎茶，最为幽况，然新者有土气，稍陈乃佳。承水用布，于中庭受之，不可用檐溜。

【注释】

〔1〕天泉：天上所落下的水，即雨水、雪水。

〔2〕秋水：指秋天的雨水。

〔3〕梅水：指梅雨季节的雨水。

【译文】

天上降的水，以秋天的雨水最好，梅雨季节的雨水次之。秋天的雨洁净清澈，梅雨季节的雨水洁净甘甜。就春冬两季的雨水而言，春水胜于冬水，因为春季风和雨润，而夏季暴雨的水不适宜饮用，也许是因为风雷蛟龙所导致，对身体伤害最大。雪为五谷的精华，取来煎茶，最是清冽，然而新取的雪水带土腥气，稍微放置一段时间才好喝。雨水要用布在庭院中露天承接，不能用屋檐取水。

【延伸阅读】

古人认为，夏季的暴雨，如同天地之怒气，不宜食用。明代屠隆在《茶说·择水》中记道："春冬二水，春胜于冬，皆以和风甘雨得天地之正施者为妙，唯夏月暴雨不宜。或因风雪所致，实天地之流怒也。龙行之水，暴而淫者，早而冻者，腥而墨者，皆不可食。"文震亨说"故夏月暴雨不宜，或因风雷蛟龙所致，最足伤人"，是沿袭了屠隆的说法，只是行文更为简洁，没有在"龙行之水"上纠缠过多。屠隆的，则发挥得更深入，讲夏日的暴雨，是天地之流怒，夹杂冰雹的，腥臭墨黑的，都不能食用。

【名家杂论】

古人对于秋水的偏好，或许是源于庄子。《庄子·秋水》为秋天的水赋予了无与伦比的诗意。此后有许多与秋水相关的词语，皆是动情、痴情的意象，如"望穿秋水"，《西厢记》中唱："你若不去啊，望穿他盈盈秋水，蹙损他淡淡春山。"

夏天，暴雨季节的水，最不适宜食用，因为是蛟龙行雨，龙最暴躁之时布洒的水，食之伤人身体。这些叙述，并非文震亨的原创，他也是抄录前人，将屠隆《茶说·择水》中的句子几乎照搬过来。好在明代尚无《著作权法》，借鉴有理，抄袭无罪，不会被原作者告到法院去。

雪水被视为是五谷之精魂的凝结。《氾胜之书》中记载："取雪汁渍原蚕屎五六日，待释，手挼之，和谷种之，能御旱，故谓雪为'五谷精'也。"贾思勰的《齐民要术·种谷》也说："雪汁者，五谷之精也，使稼耐旱。"种地时施以雪水，可以令庄稼耐寒，这是古人总结出来的农耕之经验。

雪水烹茶最受幽人雅士的喜爱。旧时，有一副绝佳的对联，上联为：雪水烹茶天上味，下联为：桂花作酒月中香。雪水烹茶乃天上之清味，桂花酿酒是月宫里的芳香。可知雪水烹茶的做派，风雅已极，出尘脱俗，只有天上的仙人可以比拟。故而《红楼梦》中，妙玉是用雪水烹茶来款待林黛玉和薛宝钗。采集雪水也有讲究，首选梅花上、松枝上的雪。须得纤纤素手，将花枝上的积雪一一采来，雪中带着花的馨香，方是上佳。采集花上积雪，是很费功夫，心清的人自然有这份耐心，有这份意趣。若是拿着铲子往雪地里一铲，一铲一大坨，那可是太煞风景了……新采集的雪会有一些土气，放置一段时间，风味更佳。妙玉采来梅花上的雪，而后封罐储存，埋在地下存放五年。清人吴我鸥《雪水煎茶》诗云："绝胜江心水，飞花注满瓯。纤芽排夜试，古瓮隔年留。"

在古人看来，雪水烹茶，桂花酿酒，都是世间难得的雅趣，既美味，又风雅。这一雅好的前提是，古代的生态环境好，天上飘下来的雪花不至于夹杂 PM2.5，雪花融化后，纯净又甘冽……

地泉

　　乳泉漫流如惠山泉为最胜，次取清寒者。泉不难于清，而难于寒。土多沙腻泥凝者，必不清寒。又有香而甘者，然甘易而香难，未有香而不甘者也。瀑涌湍急者勿食，食久令人有头疾。如庐山水帘、天台瀑布，以供耳目则可，入水品则不宜。温泉下生硫黄，亦非食品。

【译文】

　　地下涌出的泉水，像惠山泉那样的，为最好。其次是水质清凉的。泉水清澈不难，难的是清凉。水中土多沙腻、挟带泥土凝滞的，必然不清凉。又有味道清香而甘甜的泉水，然而甘甜容易，清香则难，没有泉只是清香而不甘甜的。喷涌湍急的泉水，不要饮用，饮用久了会头疼。比如庐山水帘水、天台山瀑布，用来观赏听水声可以，用来饮用就不行。温泉水富含硫磺，也不能饮用。

【延伸阅读】

　　乳泉，指钟乳石上的滴水，亦指涓涓细流的泉水。"乳泉漫流"一语有出处，陆羽的《茶经》中说"其山水，拣乳泉，石池漫流者上；其瀑涌湍漱勿食之。"乳泉之水甘美而清洌，水质优良。惠山泉是乳泉中的上品，有"天下第二泉"之称，中唐诗人李绅曾赞扬道："惠山书堂前，松竹之下，有泉甘爽，乃人间灵液，清鉴肌骨。漱开神虑，茶得此水，皆尽芳味也。"以惠山泉来沏茶，茶水都尽得芬芳之味。

【名家杂论】

　　品泉的雅趣，源于唐代的茶圣陆羽。相传陆羽当年游历名山大川，品鉴天下名泉佳水时，曾登临江西庐山，品评诸泉，将庐山谷帘泉评为"天下第一名泉"，并为该泉题写了气势雄浑的联句："泻从千仞石，寄逐九江船。"

　　无锡惠山泉则被陆羽列为天下第二泉。随后，刘伯刍、张又新等唐代著名茶人，均推惠山泉为天下第二泉，故而惠山泉又称"二泉"。惠山泉名重天下，历代以来，四方茶客们不远千里前来汲取泉水。唐武宗时，宰相李德裕嗜饮二泉水，便责令地方官派人通过"递铺"（类似驿站的专门运输机构），把泉水送到千里之遥的长安，供他煎茗。北宋时，京城显贵和名士也不惜千里之遥，以舟车载运惠山泉水至开封。为了防止长途跋涉，水味变质，还摸索出"折洗惠山泉"的办法。惠山泉水运到汴州后，用细沙淋过，去掉其尘污杂味，便像新汲的一样。惠山泉水也是当时人们相互馈赠的礼品。欧阳修曾以多年之功撰《集古录》十卷，请茶艺家蔡襄写序，为了酬谢蔡襄，他精心准备了4件珍贵的礼品：鼠须栗毛笔、铜渌笔格、大小龙团茶，和一瓶惠山泉水。

元代书法家赵孟頫专为惠山泉书写了"天下第二泉"5个大字，至今仍完好地保存在泉亭后壁上。赵孟頫还吟了一首咏此泉的诗："南朝古寺惠山泉，裹名来寻第二泉，贪恋君恩当北去，野花啼鸟漫留连。"

到了清朝光绪年间，无锡雷尊殿道观出了个小道士，名叫阿炳，学名华彦钧。阿炳双目失明，而酷爱音乐，在其父华清和的传授下，二胡演奏技艺渐臻圆熟精深，最后达到深高造诣。他常在夜深人静之时，摸到惠山泉畔，聆听叮咚泉声，手掬清凉的泉水，神接皎洁的月光，幻想自由幸福的生活。他作出了许多二胡演奏曲，其中以惠山泉为素材的名曲《二泉映月》最为经典。此曲旋律清越动人，和名泉一样清新流畅，发人幽思。

丹泉

名山大川，仙翁修炼之处，水中有丹，其味异常，能延年却病，此自然之丹液[1]，不易得也。

【注释】

〔1〕丹液：道教称长生不老之药。

【译文】

丹泉在名山大川，仙翁修炼的地方，水中有丹药，味道特别，喝了能延年祛病，这是天然的丹液，不易得到。

【延伸阅读】

丹泉带着浓郁的道教印记，出自道家真人修炼之地。唐代道教文化兴盛，丹泉水在唐诗中被称为"丹液"。李白《古风五十九首》之中，有"绿酒哂丹液，青娥凋素颜。"意谓诗人只贪美酒佳肴，瞧不起神仙丹药。王维《过太乙观贾生房》

诗云："常恐丹液就，先我紫阳宾。"而曹唐在《汉武帝于宫中宴王母》中，描述汉武大帝在宫中宴请西王母的场景："长生碧字期亲署，延寿丹泉许细看。"喝了丹泉水可以延年益寿，故称"延寿丹泉"，可见丹泉在古人的想象中，是仙家之珍品。

【名家杂论】

关于丹泉的论述，也非文震亨的原创。万历年间，屠隆在《茶说》中说："丹泉，名山大川，仙翁修炼之处，水中有丹，其味异常，能延年祛病，尤不易得。"这跟文震亨的论述几乎一样。屠隆比文震亨年长约 40 岁，自然不会是屠隆抄文震亨的。

文震亨如此照搬引前人的话，只能理解为，他对这一个条目并无多少心得，但又希望尽可能多地写内容，以保持全书的完整性，故而不吝抄袭，拾人牙慧亦无妨。但从另一面也可以看出，他家中藏书很多，阅读面颇广，许多江南名士所著的书，他都有阅览。实际上，文氏家族经历几代经营，在明末，已经是苏州久负盛名的世家大族。他的曾祖父文征明，官职翰林待诏，享年 90 岁，可谓名满天下。文震亨的父亲、兄长也都是名士，他家是典型的书香世家，家中读书风气浓郁，藏书丰富。古时书籍不易得，儒林士子往往只读四书五经，儒家经典总归容易得到，但一些消遣类的书、怡情养性的书，那真是只有世家大族才能藏有，寒门学子往往无缘见到。

丹泉，即便在古人看来，也只存在于传说中。连见识广博的文震亨都没亲眼见过，自己无心得，只能照搬前人。这种泉水，可以视为道教神话的产物。传说中，在名山大川，有道家仙人修炼，附近的水也受熏染，水中有长生不老之丹药，饮用了能延年益寿，百病不生。这种情形，可以参见《西游记》，仙人住仙山炼丹，有各种灵异之宝，不仅有丹泉，还有人参果、灵芝草、还魂丹等等。

英石

出英州[1]倒生岩下，以锯取之，故底平起峰，高有至三尺及寸余者，小斋之前，叠一小山，最为清贵，然道远不易致。

【注释】

〔1〕英州：今广东英德。

【译文】

英石产于英州的倒生岩之下，从岩石上锯下，所以呈底部平坦的峰峦状，高的有三尺长，小的只有一寸长。在小屋前用英石堆一座小山，最为清雅，但因为产地遥远，不容易运来。

【延伸阅读】

宋代赵希鹄的《洞天清录集》中，将灵璧、英石、太湖等怪石列入"文房四玩"。计成所著的《园冶》中说："英州含光、真阳县之间，石产溪水中，（有）数种：一微青色，间有（通）白脉笼络；一微灰黑，一浅绿，各有峰、峦、嵌空穿眼，宛转相通。其质稍润，扣之微有声。可置几案，亦可点盆，亦可掇小景。有一种色白，四面峰峦耸拔，多棱角，稍莹彻，面面有光，可监物，扣之无声。采人就水中度奇巧处凿取，只可置几案。"

【名家杂论】

英石具有悠久的开采和玩赏历史。这种石料属沉积岩中的石灰岩，主产于广东北江中游的英德山间。该地岩溶地貌发育较好，山石较易溶蚀风化，形成嶙峋褶皱之状，崩落山谷溪流中，经酸性土壤腐蚀后，呈现嵌空玲珑之态。

英石本色为白色，因风化及富含矿物杂质而出现多种色泽，有黑色、青灰、灰黑、浅绿等色，观赏以黝黑如漆为佳。石质坚而脆，扣之有金属声，材质以略带清润者为贵。英石轮廓变化大，常见窥孔石眼，玲珑曲折。石表褶皱深密，是山石中"皱"表现最为突出的一种，有蔗渣、巢状、大皱、小皱等形状，精巧多姿。

由于英石具有"皱、瘦、漏、透"等特点，极具观赏和收藏价值，是中国四大园林名石之一。《云林石谱》记载，英石在宋代已被列为皇家贡品。清朝陈淏子所著《花镜》中，山水盆景制作用石的原料，主要是"昆山白石或广东英石"，表明英石是当时制作假山盆景的上乘材料。文震亨则以为，在书房外用英石叠一座小山，是最清贵雅致的。

古代交通不发达，文震亨在欣赏英石时，不免遗憾地说，这种石头不容易运来。确实江南园林所用的奇石，一般都产自江南一带，便于就地取材。石材本来就沉重，如果产地太远，实在多有不便。

太湖石

石在水中者为贵，岁久为波涛冲击，皆成空石，面面玲珑。在山上者名"旱石"，枯而不润，赝作弹窝[1]，若历年岁久，斧痕已尽，亦为雅观。吴中所尚假山皆用此石。又有小石久沉湖中，渔人网得之，与灵璧、英石亦颇相类，第声不清响。

【注释】

〔1〕弹窝：指太湖石上的孔洞。中国画有一种笔法叫"弹窝皴"，就是用来画太湖石的皴法。

【译文】

太湖石生在水中最珍贵，长年被波涛冲击侵蚀，形成许多孔洞，面面玲珑多致。生在山上的叫旱石，石头枯燥不润泽，人工做出一些孔洞，经历的年月久了，凿痕消尽，也算雅观。吴中一带所崇尚的假山，都用这种石头。又有小石头久沉湖中，被渔人打捞上来，与灵璧石、英石也颇为类似，只是声音不清亮。

【延伸阅读】

太湖石是江南园林的标志性景观，石上的弹窝，尤为经典，在清代的装饰画上，但凡描绘园林仕女图，几乎都能看到图中有太湖石，石上弹窝玲珑有致。宋代范

成大的《太湖石志》记载："石出西洞庭，多因波涛激湍而为嵌空，浸濯而为光莹。或缜润为珪瓒、廉刿如剑戟、蕴如峰峦、列如屏障，或滑如肪，或黝为漆，或如人如禽鸟。好事者取之以充囷庭除之玩。石生水中者艮岁久浸，波涛冲击成嵌空。石面鳞鳞作靥名曰弹窝，亦水痕也。扣之铿然声如磬。"

【名家杂论】

太湖石的故事，充满了传奇。北宋时，苏州造园业已经颇为兴盛，太湖石被用于园林中。至宋徽宗时，苏州人朱勔，擅长造园，号称"花园子"，朱氏后结识了蔡京，并得到皇帝的赏识，被派往南方征调各地奇花异石，运往汴京，建造"艮岳"。朱勔在苏州设"应奉局"，以船运载江南异花、珍木、奇石，役夫数以千计，将民间异品掠夺一空，百姓苦不堪言，这便是臭名昭著的"花石纲"。

由于采办花石纲，西山的太湖石佳品已基本采尽，大、小谢姑山被采成与湖面相平。朱勔在两座山各采得巨型太湖石峰，名为"大谢姑""小谢姑"。"大谢姑"先运往汴京，置于艮岳，称"昭功神运石"。而运载"小谢姑"的船则不幸沉于太湖，当时只捞得石峰，底座却未捞得，所以未及时北运。不久，北宋灭亡，"小谢姑"石峰被弃于荒野，成为著名的"艮岳遗石"。

明代弘治年间，"小谢姑"石归吴县人王鏊，他将此石置于东山陆巷文恪公祠。嘉靖年间，吴兴富豪董份购得此石，移至南浔。后董氏与苏州的徐泰时联姻，徐在苏州阊门外筑有东、西二园，且性爱石，董遂以"小谢姑"作为女儿的陪嫁。婚礼之前，董家联舟运石，不料风狂浪涌，船被浸毁，石峰再次沉入太湖。徐家广募渔人，编巨筏，设绞车，千夫竞曳，终于捞回这座奇石，运至苏州，置于其东园土阜上，改名"瑞云峰"。名园奇峰，轰动苏州城。以石为嫁妆，可谓前无古人，后无来者。

到清代，乾隆皇帝南巡，驻织造署，织造太监将瑞云峰迁到织造署西行宫的西花园内。这座经历坎坷的奇石，从此安住此地，历二百多年风雨沧桑，一直巍峨峻拔。清代有诗记其事："闻说凌波大谢姑，妆成艮岳一峰孤。瑞云飞入西园去，谁写浔阳载石图。"

然而，艮岳遗石远不止这一座。苏州留园内的"冠云峰"，上海豫园的镇园之宝"玉玲珑"，苏州常熟公园的"沁雪石"，都是当年"花石纲"的遗珠。《红楼梦》中写女娲补天遗下顽石一块，窃以为就是受艮岳遗石故事的启发。

尧峰石

近时始出，苔藓丛生，古朴可爱。以未经采凿，山中甚多，但不玲珑故耳。然正以不玲珑，故佳。

【译文】

尧峰石是近年才发现的，石头上苔藓丛生，古朴可爱。因为前代没有入山凿采，山中石头很多但都不精巧玲珑。但正是不精致，才好。

【延伸阅读】

苏州近郊的尧峰山，有"奇丽甲吴下"之美誉。相传帝尧时，洪水泛滥淹没诸山，唯此山不没，吴人得以避居存活，故名尧峰，又名尧封山。尧峰山产的尧峰石，计成评价"其质坚，不入斧凿，其文古拙"。尧峰石质地坚硬，且纹理古朴，自有其独特的美感。

尧峰石是从明朝中后期才开始用于造园的。北宋时，主要开采太湖周边的太湖石，以至大小谢姑山的石头被开采殆尽，对当地的生态环境造成了毁灭性的伤害。石材属于不可再生资源，太湖石被开采殆尽之后，亟须另觅其他石料作为替代品，故而尧峰石应运而生，在明代中晚期，被大量应用到造园叠山中。

【名家杂论】

尧峰石在石材中属于黄石，线条厚重、质朴，叠山效果雄浑大气。尧峰石的使用，是造园叠山史上的大事，原因有二：

其一，尧峰石的使用，使得苏州一带的造园业更趋于务实。唐宋以后，赏石、拜石、宴石的癖好成风，江南一带犹甚。凡是从事叠山造园的人，必须先深谙石性，遂到处寻访佳石，以供叠山之用。选石发展到极致，不仅导致了北宋"花石纲"那种祸国殃民的闹剧，对于明代的士人而言，为追逐奇石而付出的代价也是很大的。《古文观止·张南垣传》中记道："百余年来，为此技者类学崭岩嵌特，好事之家罗取一二异石，标之曰峰，皆从他邑辇致，决城闉，坏道路，人牛喘汗，仅得而至。"当时江南一带造园的风气，有人为了运一两块奇石，不惜拆了城门、损坏道路，把牛都累得气喘流汗，耗费极大的人力物力，只为了运几块石头。

在这种风气下，也有人开始反思，认为没必要舍近求远。文震亨赞同这种观点，明末的造园家张南垣也如此。苏州近郊尧峰山出产的尧峰石，因地利之便，就成为一种非常适合造园用的石材。

其二，尧峰石标志着造园史上一个新的假山流派——黄石假山流派的兴起。与太湖石假山的阴柔之美迥然不同，黄石假山创造出了一种新的叠山风格：棱角分明、苍劲古拙，呈现出质朴雄浑的阳刚之美。所以文震亨说"但不玲珑故耳。然正以不玲珑，故佳"。尧峰石没有太湖石的玲珑剔透，然而正是这种雄浑之美，在园林中大放异彩。

明代人造园，喜将太湖石、尧峰石假山都含纳其中，形成相互映衬、对比的效果。如苏州耦园、东花园是以尧峰石叠山，西花园用太湖石叠山。东花园的叠山之法，沿用了造园大师张南垣的技法，取竖向的岩层结构，使黄石叠成峰状，形成悬崖陡立、峭壁惊险的奇势，成为黄石假山的经典案例。

明末王心一在《归田园居记》中，描述拙政园的叠山之法："东南诸山采用者，湖石，玲珑细润，白质藓苔，其法宜用巧，是赵松雪之宗派也。西北诸山采用者，尧峰，黄而带青，古而近顽，其法宜用拙，是黄子久之风轨也。"拙政园东南部的假山，用太湖石，工巧秀润，如同元代大画家赵松雪（即赵孟頫）所画山水的风格；而西北部的尧峰石假山，则古拙质朴，如黄子久（即黄公望）的画作风格。

昆山石

出昆山马鞍山[1]下，生于山中，掘之乃得，以色白者为贵。有鸡骨片[2]、胡桃块[3]二种，然亦俗尚，非雅物也。间有高七八尺者，置之古大石盆中，亦可。此山皆火石，火气暖，故栽菖蒲等物于上，最茂。惟不可置几案及盆盎中。

【注释】

〔1〕马鞍山：在今昆山市西北，因形状如马鞍，俗称"马鞍山"，新

中国成立后改名为"玉峰山"。

〔2〕鸡骨片：昆山石中的名贵品种，今称"鸡骨峰"。

〔3〕胡桃块：昆山石中的名贵品种，今称"胡桃峰"。

【译文】

昆山石产于昆山的马鞍山下，在山中掘开泥土就可得到，以白色的为贵重。昆山石有鸡骨片、胡桃块两种，但都俗气，非雅致之物。偶尔会有七八尺高的昆山石，放置在大石盆中，也可以。马鞍山上都是火石，火气暖，故而栽种其上的菖蒲，长势茂盛。只是这样就不能将石头放在几案上及盆盎中了。

【延伸阅读】

昆山石在园林中主要用来装点盆景。明代人喜欢在石上种花木，种菖蒲花及小松柏等，长势茂盛。计成在《园冶》中说昆山石"其质磊块，巉岩透空，无耸拔峰峦势，扣之无声。其色洁白，或植小木，或种溪荪于奇巧处，或置器中，宜点盆景，不成大用也"。林有麟的《素园石谱》说"种石菖蒲花树及小松柏"。曹昭也说"好栽菖蒲等物，最佳，茂盛，盖火暖故也"。或许是大家相互借鉴，前面有人说了某用途，后来者沿袭之。

【名家杂论】

昆石与太湖石、雨花石并称为"江苏三大名石"，开采历史已逾千年。昆山石又名"玲珑石"，天然多窍，色泽白如雪、黄似玉，晶莹剔透，形状无一相同，又因产出少，被视为供石中的佳品。喜爱者都视为珍奇，竞相重价购买，如偶然得一精品，更是深藏不肯轻易出示。

马鞍山是平原地带的一座小山头，方圆仅三里路，主峰仅高80.8米，这一座小山所产的石头，有部分是晶莹洁白、玲珑剔透的石英晶簇，这便是名闻遐迩的昆山石。昆山石的毛坯外部，有红山泥包裹，须除去酸碱，从开采到加工成品需要一段时日。

宋代名典《云林石谱》中介绍了昆山石的开采过程：将山洞中的白云岩毛坯采下，先在太阳光下曝晒五六天，使其黏附在外表的红泥发硬剥落，再用碱水反复冲刷，并仔细剔除石孔内的泥屑石粒；然后，用一定浓度的草酸洗去石上的黄渍，并晒干。经过一道道的工序，昆山石才成为洁白如雪、晶莹似玉的观赏精品。

宋代以来,屡有奇石爱好者邮书乞取昆山石的记载。昆山石也很受文人的喜爱。宋代诗人陆游有"雁山菖蒲昆山石,陈叟持来慰幽寂。寸根蹙密九节瘦,一拳突兀千金值"之句。元代诗人张雨在《得昆山石》一诗中,写道:"昆丘尺璧惊人眼,眼底都无蒿华苍。隐若途环脱仙骨,重于沉水辟寒香。"

昆山石的小品种很丰富,除了文震亨提到的鸡骨峰、胡桃峰两个品种,还有杨梅峰、荔枝峰、海蜇峰等,但每个品种的数量都十分稀少。

如今,在马鞍山麓的亭林公园内,陈列着的目前最大的两座昆山石,一座名曰"春云出岫",一座名曰"秋水横波",都是嶙峋冰清、体态飘逸。

锦川 将乐 采羊肚[1]

石品中惟此三种最下,锦川尤恶。每见人家石假山,辄置数峰于上,不知何味?斧劈[2]以大而顽者为雅,若直立一片,亦最可厌。

【注释】

〔1〕锦川、将乐、采羊肚:即锦川石、将乐石、采羊肚石。锦川石是一种假山石;将乐石产于福建将乐县;采羊肚石,可能为羊肚石,又名浮海石,为火山喷出的岩浆形成的多孔状石块。

〔2〕斧劈:即斧劈石,一种假山石,以江苏武进、丹阳所产最为有名。

■ 锦川石

■ 采羊肚石

【译文】

石头的品级，以锦川石、将乐石、采羊肚石这三种最为下品，其中锦川石尤其差。每回见到有的人家假山上放置几块这类石头，不知道是什么趣味？斧劈石以大而坚硬的为雅致，如果直立一片，最难看。

【延伸阅读】

古典园林中选石最为讲究，只有精通石材的人，才能造园。石的品质有高下之分，文震亨认为锦川石、将乐石、采羊肚石是最次品的。《园冶》中提到的选石标准不一样，计成认为石材宜旧，以旧为美，如锦川石，应该选取年代久的，"旧者纹眼嵌空，色质清润，可以花间树下，插立可观"。旧的石料，纹眼嵌空，石头的质地也清朗温润，可以作为花木间的景观。

【名家杂论】

文震亨提到的这几种奇石，都是产自南方，也是明代园林中常见的用于造景的观赏石。

宜兴锦川石，又名松皮石、石笋石，产于江苏宜兴。锦川石外表似锦川、松皮，状如砥柱，带有眼窠状凹陷，颜色较多，有淡灰绿、土红、黄、赭等色，有纯绿色，也亦有五色兼备的。一般只一丈左右，也有大块的，则属于名贵石料。

将乐石产于福建，属黑色泥板岩，颜色黑，质地坚硬，内部及表面依稀可见银色闪光点。真正使将乐石富于盛名的，是用来制作砚台。将乐龙池砚是我国著名古砚之一。龙池砚的原材料，是埋藏在深山岩层中的天然泥质板岩，选颜色纯青、质地松结适度、柔中带刚的上好石料，精心雕刻成砚台。制作的成品，光泽明亮、温滑，以物击之，声音铿锵悦耳，发墨细腻，墨色光亮。

斧劈石多用作盆景，以武进、丹阳一带出产的最为有名。苏派盆景中有一类，称"水石盆景"，石材就以用斧劈石为多。因斧劈石属硬质石材，其表面皴纹与中国画中"斧劈皴"相似，形状修长、刚劲，造景时，适合做剑峰绝壁景观，形态雄秀，色泽自然。但文震亨认为，如果简单地把斧劈石堆砌一片，单调而没有变化，这种造景效果是很不好的。

土玛瑙

出山东兖州府[1]沂州，花纹如玛瑙，红多而细润者佳。有红丝石，白地上有赤红纹。有竹叶玛瑙，花斑与竹叶相类，故名。此俱可锯板，嵌几榻屏风之类，非贵品也。石子五色，或大如拳，或小如豆，中有禽鱼、鸟兽、人物、方胜[2]、回纹[3]之形，置青绿小盆，或宣窑[4]白盆内，斑然可玩，其价甚贵，亦不易得，然斋中不可多置。近见人家环列数盆，竟如买肆。新都[5]人有名"醉石斋"者，闻其藏石甚富且奇。其地深涧中，另有纯红纯绿者，亦可爱玩。

【注释】

〔1〕兖州府：今山东兖州市，明洪武十八年（1385年）设为兖州府。沂州为兖州府辖区。

〔2〕方胜：一种首饰，由两个斜方形一部分重叠相连而成，后也泛指这种形状。

〔3〕回纹：由横竖短线折绕组成的方形或圆形的回环状花纹，形如"回"字。

〔4〕宣窑：即宣德窑，明宣宗宣德年间的景德镇官窑，代表了明代瓷器的最高水平。

〔5〕新都：指安徽徽州。汉代在徽州设立"新都郡"，隶属扬州，故而徽州又称"新都"。

【译文】

土玛瑙出产于山东兖州府沂州，花纹像玛瑙，红色多并且质地细润的为好。有红丝石，白色的质地上有赤红色花纹。有竹叶玛瑙，纹理与竹叶相似，因而得名。这两种都可以锯成薄板，镶嵌在几案、卧榻、屏风之类的家具上面，不是名贵的品种。有一种无色的土玛瑙石子，有的大如拳头，有的小如豆，石上有游鱼、飞鸟、走兽、人物，以及方胜、回纹这样的形状，放到青绿色小盆中，或在宣德窑的白盆内，色彩斑斓，值得赏玩。这类石子的价格昂贵，不易得到，但书房里也不能多放。最近看见有人在家里环列一圈,摆了好几盆,完全像店铺一样。徽州有个"醉石斋",听说主人收藏的石头丰富并且奇绝。沂州的山涧溪流中,另外有纯红、纯绿色的石头,也作为玩赏之物。

【延伸阅读】

关于沂州出产的土玛瑙,文献记载颇多。《本草纲目》记载:"土玛瑙出山东沂州,亦有红色,云头、缠丝、胡桃花者"。《临沂县志》记载了土玛瑙的种类:"产玛瑙有胡桃纹、苔纹、云雾纹、缠丝数种,颜色有红、白、灰。"

《聊斋杂记·石谱》则记载了对这种奇石的鉴赏及用途:"红多,细润,不搭粗石者,佳;胡桃花者佳;大云头及缠丝者,次之;红、白粗花,又次之。可锯板,嵌桌面、床屏。"

【名家杂论】

土玛瑙是一种用来赏玩的小石头。从文震亨的记载来看,当时苏州一带,将五彩斑斓的小石子放在盆中观赏的风气,颇为流行。南京的雨花石也属于这一类观赏小石,如今在南京诸多旅游景点,还能见店铺门口摆放一圈水盆,盆中放着五颜六色的雨花石。文震亨所说"近见人家环列数盆,竟如买肆"的景象,仍然处处可以见到。可见赏石的传统,即便经历了几百年的岁月流逝,许多习惯依然没有改变。

土玛瑙还可以镶嵌到桌面、屏风中。文震亨提到的一个品种,叫红丝石,其外有表皮,或白或赤,纹理如同林木之状,红黄相间,有的如同山石尖峰,有的如同禽鱼、云霞、花卉,纹彩不一,资质润美。红丝石最经典的用途是做砚台。在唐朝,红丝石做的砚台位居四大名砚之首。柳公权在《砚论》中说:"蓄砚以青州为第一,绛州次之,后始论端、歙。"砚台以山东青州出产的红丝砚为第一,绛州次之,再往后排,才有端砚、歙砚。但红丝砚数量稀少,在宋朝末年,石料资源逐渐枯竭,故而红丝砚数量稀少,流传到现在的,堪为至宝。

文震亨还提到一则见闻,讲新都有个"醉石斋",主人收藏的石头很多。对于文中的"新都"指何地,学者看法不一。有人说"新都"指现在的成都市新都区。但文震亨世居江南,能娴熟地了解成都某地收藏故事的可能性不大,且明朝末年,成都平原兵戈四起,哀鸿遍野,以致人口锐减,千里无人烟,有闲情逸致收藏石头的人,当属罕见。

笔者认为，"新都"应该指安徽徽州。徽州在文献中就常被称为"新都"，如徽州商人也常称"新都商人"。旧时，徽州经济发达，文化昌盛，堪称与江南媲美的另一个文化中心。当时的"徽学"，由徽商、徽剧、徽菜、徽雕和新安理学、新安医学、新安画派、徽派篆刻、徽派建筑、徽派盆景等文化艺术形式共同构成。明清时期，徽州一带世家大族较多，民间有大量的收藏家，因此出现奇石收藏者，且名闻江南的情形，是说得通的。

大理石

出滇中，白若玉、黑若墨为贵。白微带青、黑微带灰者，皆下品。但得旧石，天成山水云烟，如米家山[1]，此为无上佳品。古人以镶屏风，近始作几榻，终为非古。近京口[2]一种，与大理相似，但花色不清，石药[3]填之为山云泉石，亦可得高价。然真伪亦易辨，真者更以旧为贵。

【注释】

〔1〕米家山：宋代画家米芾，独创水墨山水法，人称"米家山"。

〔2〕京口：今江苏镇江。

〔3〕石药：古人服用的某些经过淬炼的矿物质，如五石散、寒石散。

【译文】

大理石产自云南，白如玉、黑如墨的品种最为珍贵，白色中微带青色、黑色中微带灰的，都是下品。如果能得到一种老料的大理石，天然形成山水云烟的画面，如米芾的山水画，这是无价珍品。古人用大理石来镶嵌屏风，近年才开始用来制作几案卧榻，终究不是古法。最近京口有一种石头，与大理石相似，只是花色不清，用石药填充在空隙里，做成山云泉石的画面，也可以卖到高价。然而真假也容易分辨，真品更以旧石为珍贵。

【延伸阅读】

大理石，顾名思义，指产自云南大理的石头。这种石头的原料为石灰岩，剖面可以形成一幅天然的水墨山水画，古人常选取具有成型的花纹的大理石，用来制作画屏或镶嵌画。后来，大理石这一名称发展为指有各种颜色花纹的，用来做建筑装饰材料的石灰岩。

大理石的品种较多。若以花纹和颜色命名，有雪花白、艾叶青；以花纹形状命名，如秋景、海浪。白色大理石通常被称为汉白玉，西方制作雕像的白色石料，也称为大理石。

【名家杂论】

大理石的开采是一部血泪史。云南大理地区自唐代就开始采石，开采方式主要是洞穴式的手工开凿，如今还可以看到一些古老的矿洞遗迹，如官厅洞、老虎洞、燕子洞、龙王庙洞和"七十二股花线洞"等。有的矿洞十分狭小，采石工人要弓腰或蹲着劳作，条件艰苦异常，遇到矿洞崩塌，则死伤无数。

明朝时，发生了一桩围绕大理石的朝廷斗争。嘉靖年间，云南巡抚欧阳重，弹劾镇守云南的黔国公沐绍勋等人擅自征发民间工匠入山采石，导致压死者不计其数。欧阳重上疏曰："大理府太和苍山，故产奇石，可作石屏、石床。黔国公沐绍勋，镇守太监杜唐，知府刘守绪，去任副使邵有道，擅发民匠，攻山取石，土崩压死不可胜计。请求为封闭，不许复开。"

沐绍勋是沐英的六世孙，明代自洪武年间起，就由沐英留镇云南，沐氏子孙世代承袭云南王，在云南势力很大。欧阳重敢于弹劾这位土皇帝，结局必然不妙。沐绍勋贿赂了权臣，混淆视听，明世宗则听信谗言，罢免了欧阳重的官职，对大理石的野蛮开采也未加禁止。

此后，大理石的开采更加泛滥，以致造成"积尸山道"的惨状，当地百姓苦不堪言。万历年间，云南提学签事邓元岳在《点苍山石歌》中写道："朝凿馨解苦不休，诏书昨下仍苛求。前运后运相结束，道旁叹息声啾啾。耳目之玩岂少此，十夫供役九夫死。"清代的冯延在《滇考珍玩》中也写道："万历二十一年两宫铺地，诏取凤凰石百余，求之益艰，供役者十死八九。"这里的凤凰石，即大理石。万历年间皇宫用大理石铺地，下诏开采，工匠死者无数。也不断有官员上书弹劾，但于事无补。

可见多少内府珍玩，都饱含着劳动者的血泪。儒家提倡节俭的美德，在古时确实有极强的现实意义，奢侈品不仅价格昂贵，更是劳民伤财。

永石

即祁阳石，出楚中。石不坚，色好者有山水、日月、人物之象。紫花者稍胜，然多是刀刮成，非自然者，以手摸之，凸凹者可验。大者以制屏，亦雅。

■ 永石屏风

【译文】

永石即祁阳石，产自楚地。石质不硬，成色好的，有山水、日月、人物的图像。紫色花纹的稍好一些，但多数是用刀刻成的，并非自然形成，用手摸石，表面凸凹不平。不过大块的永石用来制屏风，也还雅致。

【延伸阅读】

祁阳石属黏土质板岩，石料产自湖南永州祁阳县下奥世地层中，矿物含量多，颜色有浅绿、灰绿、朱紫、褐色等色。其中有一个品种，古人称"紫袍玉带"，通体为紫色，中间夹有青绿石纹，如绿色玉带缠腰，紫绿相映，浑然天成，状似官至极品所佩戴的蟒袍玉带。另一种为页层岩质彩石，剖开后，颜色层次丰富，有紫艳、黄褐、乳白等颜色，也有黑色层。

【名家杂论】

清朝同治年版的《祁阳县志》记载："石产邑之东隅，工人采择，取其石之有纹者，随其石之大小，凿锯成板，彩质黑文如云烟状，俗称花石板，以镶器皿亦颇不俗。无纹者有紫、绿两种，可以为砚。"祁阳石中有黑色云烟状花纹的，可以镶嵌器皿，或镶嵌屏风；没有花纹的紫色、绿色品种，则可以作为砚台。

用祁阳石制作的砚台，称祁阳砚，是湖南的顶级石砚。紫袍玉带的品种尤其受到皇家的喜爱，因符合帝王身份，也有"紫气东来"的吉祥寓意。据记载，乾隆皇帝的御书桌上，就有一方祁阳石制作的"紫袍玉带龙砚"。这方砚台，据说是祁阳籍的大臣陈大受作为珍宝进献的，乾隆皇帝十分喜爱，加以珍藏，并要求照例朝贡。从此，祁阳砚就作为贡品上献朝廷，祁阳石也被大规模开采。如今依然存在的两个祁阳石采石老坑——"花石板槽坑"和"哑巴岩坑"，就是当时开发的。

湖南籍的名人大都喜爱祁阳石，曾国藩便是一例，他收藏有祁阳石砚，秘不示人，视为珍宝。毛泽东也十分推崇祁阳石，其祖父、外祖父的墓碑，均用祁阳石雕刻而成。

但祁阳石在民国时期几乎开采殆尽，石料资源奇缺，祁阳石砚也存世不多。故宫博物院收藏有数方祁阳石古砚及多件石屏风，品质上乘，系历代之御用精品。

禽 鱼

此卷为饲养赏玩禽鱼之用。
罗列适宜家中饲养赏玩禽鱼
多种，讲其特征、习性，并
细述品赏禽鱼调养心性之法。

语鸟[1]拂阁以低飞，游鱼排荇[2]而径度[3]，幽人会心，辄令竟日忘倦。顾声音颜色，饮啄态度，远而巢居穴处，眠沙泳浦，戏广浮深，近而穿屋贺厦[4]，知岁司晨啼春噪晚者，品类不可胜纪。丹林绿水，岂令凡俗之品，阑入[5]其中。故必疏其雅洁，可供清玩者数种，令童子爱养饵饲，得其性情，庶几[6]驯鸟雀，狎凫鱼，亦山林之经济也。志《禽鱼第四》。

【注释】

〔1〕语鸟：会说话的鸟，这里指鸣禽。

〔2〕荇：多年生草本植物，叶略呈圆形，浮在水面，根生水底。

〔3〕径度：径直渡过。

〔4〕穿屋贺厦：指鸟雀逐人而栖。"穿屋"指黄雀，"贺厦"指燕子。

〔5〕阑入：擅自闯入，这里指掺杂进去。

〔6〕庶几：或许可以。

【译文】

啼鸟掠檐低飞，游鱼穿荇畅游，幽雅之人能领会飞鸟游鱼之真意，则整日观赏，不觉疲倦。观赏禽鱼的声音、色泽，饮水啄食的神态，远的，有栖息巢穴的飞禽，浮沉嬉戏的游鱼；近的，有燕雀、鹊鸟、雄鸡、黄莺、乌鸦等，品种类别不计其数。丹红之林、碧青之水，岂能让凡品俗物掺杂其中？故而必须挑选雅致高洁、可供玩赏的几种，命童子精心饲养，谙熟其性情，或许可以驯化鸟雀，亲近戏弄野鸭游鱼，也是隐居山林者所应具备的技艺。记《禽鱼第四》。

【延伸阅读】

对与人亲近的鸟，古人有着特别的情感。黄雀是能穿屋的，唐代庄南杰的《黄雀行》："穿屋穿墙不知止，争树争巢入营死。"新房建成，燕子成群飞来庆贺，故而有"燕雀贺屋"之说。

这一典故，出自《淮南子·说林训》："汤沐具而虮虱相吊，大厦成而燕雀相贺，忧乐别也。"燕子飞来庆贺的原因在于，有新建的房舍，燕子也有了新的栖居之地，这跟"城门失火，殃及池鱼"是同样的道理。

【名家杂论】

文震亨认为驯鸟雀、狎凫鱼是"山林之经济"，是园林里的一项正事。可见当时，江南一带的游乐之风是多么盛行。

"经济"一词，在古人眼中，多指正当堂皇之事。如《红楼梦》里，史湘云劝贾宝玉，说："如今大了，你就不愿读书去考举人进士的，也该常常的会会这些为官做宰的人们，谈谈讲讲些仕途经济的学问，也好将来应酬世务，日后也有个朋友。没见你成年家只在我们队里搅些什么？"宝玉听了不高兴。袭人赶来圆场，说上回薛宝钗也说"仕途经济"，宝玉抬脚就走，让宝钗下不了台。

可知清代的风气，较晚明，已经收敛很多，即便如贾宝玉这样的贵家子弟，要扎在姐妹堆里游玩，总归也是心虚的。但是文震亨就能堂而皇之地著书，说养鸟养鱼是"山林之经济"。

明代的士大夫阶层，是追求赏心乐事的。宋代"存天理，灭人欲"的理学风气，到晚明已经非常弱化，社会总体是倾向于享乐的，只是享乐有高雅和低俗之分。文震亨这样造园赏景，属于高雅的享乐；像《金瓶梅》那种贪恋床笫之欢，属于低级的享乐。

贾宝玉给自己的丫鬟取个名字叫"袭人"，贾政听了都不痛快，斥责他不务正业。文震亨却能从容地说，园子里要养哪些鸟、哪些鱼，要挑选哪些清雅的品种……可见宝玉生不逢时，如果他生在明代，会快乐得多。

鹤

华亭[1]鹤窠村所出，具体高俊，绿足龟文，最为可爱。江陵[2]鹤津、维扬[3]俱有之。相鹤但取标格奇俊，喉声清亮，颈欲细而长，足欲瘦而节，身欲人立，背欲直削。蓄之者当筑广台，或高冈土垅之上，居以茅庵，邻以池沼，饲以鱼谷。欲教以舞，俟其饥，置食于空野，使童子拊掌顿足以诱之。习之既熟，一闻拊掌，即便起舞，谓之食化。空林别墅，白石青松，惟此君最宜。其余羽族，俱未入品。

【注释】

〔1〕华亭：今上海松江。唐代天宝年间，划昆山南境、嘉兴东境、海盐北境置华亭县，治所在今松江区。

〔2〕江陵：今湖北荆州。

〔3〕维扬：今扬州。

【译文】

华亭鹤窠村的鹤，体态高大俊秀，绿足龟纹，最为可爱。江陵鹤津、扬州都有鹤。选鹤要挑体格奇俊、喉声清远嘹亮、脖颈细长、足瘦有力、鹤身如人直立、直挺瘦削的。养鹤的人，应当建造开阔的平台，或者在高岗土坡之上，搭建茅草供鹤居，要毗邻池塘、沼泽，用鱼和稻谷饲养鹤。想要教鹤起舞，等到鹤饿时，把吃食放置在空旷的野外，让童子拍手顿足来逗引它们。练习熟练了，鹤一听拍手，就会翩翩起舞，这就是所谓的"食物驯化"。旷野山居，岩石青松间，只有仙鹤最适宜。其他的禽类都不入品。

【延伸阅读】

《诗经·小雅·鹤鸣》中有"鹤鸣于九皋，声闻于野""鹤鸣于九皋，声闻于天"的诗句，描写在广袤的荒野里，鹤鸣之声震动四野，高入云霄，其境界十分高迈、清越。由《诗经》开始，"鹤鸣九皋"成为传统的吉祥图案。在明代，仙鹤是仅次于凤凰的吉祥之鸟。凤凰是皇后的象征，仙鹤则是官居一品的象征。明代官员的补服上，一品文官的补服，绘着一只翱翔鸣叫的仙鹤。为官者，能以鹤为装饰，则表示可以奏对天子，位极人臣。

【名家杂论】

鹤的仪表脱俗，有很高的审美价值。除了鸣叫声响亮，被古人形容为"鹤鸣""鹤唳"，鹤的飞翔、舞动姿态也十分动人，有"鹤翔""鹤舞"之说。丹顶鹤在求偶时翩然起舞，嬉戏时起舞，连驱赶入侵者都是舞动的姿势，时而跳跃，时而展翅，时而昂首，时而翘尾，美不胜收。陈子昂的"独舞纷如雪，孤飞暖似云"，刘禹锡的"双舞庭中花落处，数声池上月明时"，鲍照的"叠霜毛而弄影，振玉羽而临霞"，都是写鹤的翩翩舞姿。

明代的宫廷画家边景昭善画禽鸟，他画的《竹鹤图》和《双鹤图》，都是传世之宝。可见明代贵族阶层有养鹤、赏鹤的风气，宫廷亦如此。

鹤文化有着久远的历史。远古时候就产生了鹤的图腾，商族则继承了这一图腾文化。《诗经》说商朝的起源是"天命玄鸟，降而生商"，这里的"玄鸟"指的是玄鹤。古人认为，鹤虽是白色，寿过千年则变苍，又两千岁则变黑，所以称为玄鹤。

春秋时，卫国国君卫懿公好养鹤，封鹤官位，出游时带着鹤同行。后来狄人伐卫，因卫懿公养鹤失了民心，兵士不愿为他卖命，让他用鹤去打仗，说"使鹤，鹤实有禄位，余焉能战！"后来卫国被灭，留下一个"好鹤亡国"的典故。

上海松江一带，古称"华亭"，以鹤闻名。因吴淞江入海口有大片湿地，两岸芦苇丛生，是丹顶鹤的越冬地，丹顶鹤成群结队飞来，聚集于此，古人认为这里是丹顶鹤的故乡。西晋时，文学家陆机是华亭人，"八王之乱"爆发后，他被任命为大都督，统率 20 万人马攻打洛阳。但陆机是文官，不善用兵，指挥不当，几乎导致全军覆没，后来被处死。临刑前，陆机叹道："欲闻华亭鹤唳，可复得乎！"意思是，故乡华亭鹤的鸣叫声，难道就再也听不到了吗？寥寥数语，将陆机临死前的思乡之情，表达得淋漓尽致。"华亭鹤唳"的典故由此而生。

溲鶒〔1〕

溲鶒能敕水〔2〕，故水族不能害。蓄之者宜于广池巨浸，十百为群，翠毛朱喙，灿然水中。他如乌喙白鸭〔3〕，亦可蓄一二，以代鹅群，曲栏垂柳之下，游泳可玩。

【注释】

〔1〕溲鶒：一种水鸟，属于雁形目鸭科鸳鸯属，体形大于鸳鸯，俗称"紫鸳鸯"，栖息于内陆湖泊和溪流边，为我国著名特产珍禽。

〔2〕敕水：道教中的一种修炼法术，用以祷告神灵，荡除邪秽，消灾免难。

〔3〕乌喙白鸭：指凤头鸭中的珍品——乌嘴白羽鸭，是著名的观赏鸭品种，明代文献中常见，至清代已经绝迹。近年，经过科研发掘，又有培育。

【译文】

溲鶒有敕水的神通，故而水里的动物不能伤害它。溲鶒适宜饲养在广阔的水域，成群结队，翠毛朱嘴，灿然浮于水中。其他的水鸟，比如乌嘴白羽鸭，也可以养蓄几只，用来代替鹅群。曲栏环绕，垂柳依依，一群水鸟游水嬉戏，可供赏玩。

【延伸阅读】

三国时代吴国沈莹著的《临海异物志》，里面记载："溲鶒，水鸟，毛有五采色，食短狐，其中溪中无毒气。"这里所说的"短狐"，指"蜮"，又名射工，是一种被神话的甲虫，传说能含沙射影。蜮藏在水中，当有人经过的时候，用嘴巴含取沙子射向人在水中的影像，凡是影子被蜮射中的人，都会发病，严重者甚至死亡。溲鶒能猎食这种怪物，故而是吉祥之鸟，养于溪水中，能辟邪。

【名家杂论】

有一种说法，称"溲鶒乱点成鸳鸯"，认为在宋代以前，人们形容水中成双成对的游禽，是指溲鶒，而不是鸳鸯。但由于"溲鶒"这两个字太生僻，不及"鸳鸯"

朗朗上口，此后，民间逐渐用"鸳鸯"替换了"鸂鶒"。

在明、清两代，七品文官官服补子上，绣的就是鸂鶒。明代文官补服上的禽鸟，按官阶次序为：一品仙鹤，二品锦鸡，三品孔雀，四品云雁，五品白鹇，六品鹭鸶，七品鸂鶒，八品黄鹂，九品鹌鹑。

鸂鶒是一种非常有诗情画意的水鸟，常见于诗文中。杜甫住在成都浣花溪畔时，见水中鸂鶒浮游，故而写诗《卜居》道："浣花流水水西头，主人为卜林塘幽。已知出郭少尘事，更有澄江销客愁。无数蜻蜓齐上下，一双鸂鶒对沉浮。东行万里堪乘兴，须向山阴上小舟。"宋代朱敦儒还特地创了个词牌叫《双鸂鶒》："拂破秋江烟碧，一对双飞鸂鶒。应是远来无力，相偎梢下沙碛。小艇谁吹横笛，惊起不知消息。悔不当时描得，如今何处寻觅。"

唐代宫苑中养着鸂鶒做观赏水禽，《开元天宝遗事》记载："五月五日，明皇避暑游兴庆池，与妃子昼寝于水殿中。宫嫔辈凭栏倚槛，争看雌雄二鸂鶒戏于水中。帝时拥贵妃于绡帐内，谓宫嫔曰：'尔等爱水中鸂鶒，争如我被底鸳鸯？'"

这里记载的事很香艳，乃至是放荡的场景。唐宫中，一群宫嫔在曲栏之畔看鸂鶒戏水，唐玄宗拥着贵妃坐在床帐中，对众人讲："你们只知道看水中的鸂鶒，哪里比得上我们这一对被子里的鸳鸯呢？"身为一国之君，在众目睽睽之下，这话说得放荡不堪。由此可知，当时的宫廷，风气已经是奢靡淫乱。唐以后，再没人当众说"被底鸳鸯"这样的话了。

鹦鹉

鹦鹉能言，然须教以小诗及韵语，不可令闻市井鄙俚之谈，聒然盈耳。铜架食缸，俱须精巧。然此鸟及锦鸡、孔雀、倒挂[1]、吐绶[2]诸种，皆断为闺合中物，非幽人所需也。

【注释】

〔1〕倒挂：指倒挂鸟，一种原产于南洋一带的海外珍禽。

〔2〕吐绶：指黄腹角雉，又称角鸡，为我国特产禽类。

【译文】

鹦鹉能学人说话，然而须得教它简短的诗及韵语，不能让它听到市井俚语，聒噪吵人。鸟架和食缸，都须精巧别致。然而鹦鹉、锦鸡、孔雀、倒挂鸟、吐绶鸟等诸多种类，都被列为闺阁中的玩物，不是幽雅隐士所需要的。

【延伸阅读】

东汉末年，名士祢衡写有《鹦鹉赋》，序中说："时黄祖太子射，宾客大会。有献鹦鹉者，举酒于衡前曰：'祢处士，今日无用娱宾，窃以此鸟自远而至，明彗聪善，羽族之可贵，愿先生为之赋，使四座咸共荣观，不亦可乎？'衡因为赋，笔不停缀，文不加点。"

祢衡才华超群，然而为人放旷，恃才傲物，他曾经裸身击鼓而羞辱曹操，曹操把他遣送给刘表，刘表又把他送去给江夏太守黄祖，最后终于因为和黄祖发生语言冲突而被杀害。

【名家杂论】

养鹦鹉有讲究，养鸟的器物需要精巧一点，最要紧的，不能让鹦鹉学一口粗话、脏话。就如林黛玉养的鹦鹉，会学着主人长叹一声，然后念诗："侬今葬花人笑痴，他年葬侬知是谁？试看春残花渐落，便是红颜老死时。一朝春尽红颜老，花落人亡两不知！"鹦鹉能背诗，便很雅致。如果这鸟忽然来一句市井骂人话，那就太煞风景了。

中国人驯养鹦鹉的历史很悠久。《礼记》中说"鹦鹉能言，不离飞鸟，猩猩能言，不离禽兽"。可知西汉时代，养鹦鹉就已经颇为普遍。

唐代崔颢的名句"晴川历历汉阳树，芳草萋萋鹦鹉洲"，登黄鹤楼可远眺芳草丰美的鹦鹉洲。鹦鹉洲是因祢衡写《鹦鹉赋》而得名，祢衡被杀后，也葬在此处。李白写了一首《望鹦鹉洲怀祢衡》，说"吴江赋鹦鹉，落笔超群英。锵锵振金玉，

句句欲飞鸣。鸷鹗啄孤凤，千春伤我情"。李白与祢衡同为有傲骨之人，对于祢衡因性格桀骜而被杀害，李白自然是十分痛惜，且触目感怀，感伤自己的怀才不遇。

但鹦鹉只是古人养来取乐的鸟，养在闺阁中，供仕女们嬉戏逗弄。高洁脱俗的隐士是不养鹦鹉的。如宋代林逋隐居杭州孤山时，植梅养鹤，清高自适。一位隐士，在梅林中，与几只鹤相伴，吟诗作画，此种场景，是何等高雅。倘若他养几只鹦鹉挂在门廊上，没事逗弄几句，那场面就不堪看了。

文震亨提到的倒挂鸟，宋代也有记载。《苏轼诗集》中注说："岭南珍禽有倒挂子，绿毛红喙，如鹦鹉而小。自东海来，非尘埃中物也。"宋代庄绰《鸡肋编》中也记载："广南有绿羽丹嘴禽，其大如雀，状类鹦鹉，栖集皆倒悬于枝上，土人呼为倒挂子。"

百舌 画眉 鸲鹆[1]

饲养驯熟，绵蛮软语，百种杂出，俱极可听，然亦非幽斋所宜。或于曲廊之下，雕笼画槛，点缀景色则可，吴中最尚此鸟。余谓有禽癖者，当觅茂林高树，听其自然弄声，尤觉可爱。更有小鸟名"黄头"，好斗，形既不雅，尤属无谓。

【注释】

〔1〕鸲鹆：八哥。

■ 百舌

【译文】

百舌鸟、画眉、八哥，饲养驯熟之后，能温软鸣唱，百种叫声夹杂而出，都极为悦耳动听，但也非幽静之室所适宜。或者在曲径回廊之下，雕镂的鸟笼，描画的栏杆，用以点缀景色也可以，吴中一带最喜欢这种鸟。我认为有养鸟癖好的人，应当寻觅茂密树林中的高大树木，听鸟在林间自然啼鸣，尤为可爱有趣。更有一种小鸟，名叫"黄头"，习性好斗，外形也不雅观，更加无趣。

【延伸阅读】

　　苏州人有斗鸟的传统，每年春秋两季要斗画眉、斗黄头，这一习俗，从明代一直延续到民国。

　　黄头最善斗。民国时，苏州人斗黄头，集中于桐春园茶馆。每隔五天或十天为一期，养鸟人纷纷持着鸟笼，群集一堂，捉对儿厮打。一开始斗鸟，不过是取乐子，赌注很小，如土偶（烂泥娃娃）、耍货（小木玩具、虎丘玻璃"小景"）等。后来上海的职业斗鸟人结帮来苏州斗鸟，赌注就扩大了。众人在拙政园开赌局，在大厅当中搭一座平台，鸟主互征同意，便下注，一对一打斗，也可擂台打斗。最后的获胜者，除了赌资，还能赢得一块银盾纪念牌。

■ 画眉

■ 鹊鸰

【名家杂论】

　　明代笼养鸣禽之风盛行。冯梦龙改编的话本故事《喻世明言》中，有一则《沈小官一鸟害七命》，讲的是为画眉闹出人命的事。当时的城中，形成了固定的养鸟人群，每天早晨到树林里遛鸟、斗鸟。斗鸟成为一种娱乐活动，胜者还能赢点银子。

　　明代宫廷里有专门养鸟的御用监禽鸟房，有专管养鸟的校尉。开国皇帝朱元璋喜欢养画眉。这一爱好，极可能是他在凤阳做农民时便有，当皇帝后，癖好依旧。他还作了一首《画眉赋》，在序中说"朕务少暇分刻，略盘桓于左右，见内臣所豢画眉置于栏下，斯鸟感淑气之浮游，呼群之意，啭声冷然而美听，故为之辞"。他喜欢在闲暇之时，听一听画眉叫，以放松身心，专为此作赋一首，以表明自己也颇通文墨，并不是传说中的那么没文化。

清宫中养鸟的风气更盛，负责养鸟的部门是"养生处"。圆明园、颐和园都养着很多鸟。慈禧喜欢看鸟，以至于在颐和园内，由耶律楚材墓往南，知春亭以北一带，柳荫下，桃坞中，皆是太监们养架鸟和笼鸟的地方，几百个架，几百个笼子，成行成串地摆在那里，用长竹竿搭成长架。

清代养鸟有讲究，称"文百灵，武画眉"。文人养百灵，武官养画眉。玩鸟人请安，也分"文式安"和"武架子安"。这是因为，清代的画眉笼子很特别，很大，很沉，拎这样的笼子去遛鸟，需要极好的体力，文弱书生吃不消，故而文人不养画眉，练武的人方能养。拎画眉笼子也有讲究，叫"画眉笼子大亮底"，手握画眉笼，左晃右晃，越摆越高，终于摆到笼底儿几乎朝天的程度。可见，养鸟也是一门练身手的功夫。鸟笼也分流派，当时有几大派别，如：京笼，指北方的平顶高笼；方笼，指上海一带的板笼、四亮笼、手提笼；还有川笼和贵阳笼，指四川、贵州的鸟笼……

朱鱼

朱鱼独盛吴中，以色如辰州[1]朱砂故名。此种最宜盆蓄，有红而带黄色者，仅可点缀陂池[2]。

【注释】

〔1〕辰州：今湘西沅陵一带，是著名的朱砂产地，出产的朱砂称"辰砂"。

〔2〕陂池：指池塘、池沼。

【译文】

养朱鱼唯独在吴中一带盛行，因为鱼的颜色如同辰州出产的朱砂，故而得名。这种鱼最适宜养在盆里，有一种鱼鳞红中带黄的，只可以点缀池塘而已。

【延伸阅读】

明代养金鱼之风在苏州盛行，当时的名贵品种，因色如朱砂，称"朱砂鱼"。张德谦在《朱砂鱼谱》中，记载："朱砂鱼独盛吴中，大都以色如辰州朱砂故名之云尔。此种最宜盆蓄，极为鉴赏家所珍有。等红而带黄色者，即人间所谓金鲫，乃其别种，仅可点缀陂池，不能当朱砂鱼之十一，切勿蓄。"朱砂鱼是在盆中娇养的，为鉴赏家所珍爱。而草金鱼，当时称"金鲫鱼"，只能养在池塘里。

【名家杂论】

生于万历初年的昆山人张德谦，著作颇丰，其中有一部《朱砂鱼谱》，详细记载了养朱砂鱼的心得。昆山毗邻苏州，且张家也是书香世家，与文氏家族想必颇有交情。张德谦算是文震亨的前辈，他所著的书，文震亨大抵看过，不仅看了，还择其精要，略作删减，就编入自己的书中。

张德谦养朱砂鱼的心得，首先是家里养得多。他的家族，前后一共养了数十万头朱砂鱼，可以媲美现代的养鱼专业户。张家养鱼十分讲究，对于特别出类拔萃的鱼，还命画工画了鱼的肖像画，以流传后世。

张家养的珍品，有鱼身雪白，但头顶朱砂"王"字的；有鱼头、鱼尾都是朱红色腰围玉带的；有鱼身两侧一边是朱红色，另一边是雪白的；有满身朱砂点缀图画，如七星图案、波浪纹的……品种繁多，琳琅满目，美不胜收。

张德谦爱怜地说："鱼相忘于江湖，是鱼乐也。朱砂鱼不幸为庭斋间物，涓涓一勺水之积也，不厚故。"他讲，鱼的乐趣，是在江河之中自由游曳，但朱砂鱼不幸被养在庭院里，只能在小盆里游来游去，为了补偿它们，需要勤换水。养鱼的水也有讲究，最好是取江中、湖中的水，其次是取清凉的井水，千万不能用城里河中的水。不是朱砂鱼的品种，其价值不及朱砂鱼的十分之一，最多只能放到池塘里点缀，不必在盆中珍养。

养金鱼在我国历史久远，中国是金鱼的原产地。江南一带有许多世家，有的家族从明朝开始养鱼，代代延续至今。

清代的许之祯在《南洋见闻录》中，记载了一件事。他到南洋的安汶岛，遇到一位在此谋生的中国人，此人自称是明朝皇室后裔，明亡后，逃到海外谋生，到他已经是第八代。他家中也是明代的风格："但见方楼两座，门临一池，水中荷莲，鱼群漫游。室内古色古香，壁悬古剑，案上古书数卷，临窗一宣德瓷缸，缸高三尺阔二尺余，金鱼游弋其中。少时主妇侍茶，其紫砂壶也，壶上之银饰，铮铮放光，朱姓谈及此壶曰已三百年矣，系家传世之宝，泛海时与瓷缸并鱼同舟至此，金鱼亦代代相传。视缸中之鱼皆佳品也。"这位皇族逃到海外后，还以卖金鱼来获利。

鱼类

初尚纯红、纯白，继尚金盔、金鞍、锦被，及印头红、裹头红、连腮红、首尾红、鹤顶红，继又尚墨眼、雪眼、朱眼、紫眼、玛瑙眼、琥珀眼、金管、银管，时尚极以为贵。又有堆金砌玉、落花流水、莲台八瓣、隔断红尘、玉带围、梅花片、波浪纹、七星纹种种变态，难以尽述，然亦随意定名，无定式也。

【译文】

鱼类，人们最初尊崇纯红、纯白，继而又尊崇金盔、金鞍、锦被、印头红、裹头红、连腮红、首尾红、鹤顶红等，此后又尊崇墨眼、雪眼、朱眼、紫眼、玛瑙眼、琥珀眼、金管、银管等，流行时异常珍贵。又有堆金砌玉、落花流水、莲台八瓣、隔断红尘、玉带围、梅花片、波浪纹、七星纹等变异品种，名目难以说尽，然而也不过是随意取名，没有固定的模式。

【延伸阅读】

张德谦的《朱砂鱼谱》，对朱砂鱼的品类，也有记载："有白身头顶朱砂王字者，首尾俱朱腰围玉带者，首尾俱白腰围金带者，半身朱砂半身白，及一面朱砂一面白作天地分者，满身纯白背点朱砂界一线作七星者、巧云者、波浪纹者，满身朱砂皆间白色作七星者、巧云者波、浪纹者，白身头顶朱砂者、药葫芦者，菊花者、梅花者、朱砂身头顶百朱者、药葫芦者、菊花者、梅花者，白身朱戟者，朱边缘者，琥珀眼者，金背者，银背者，金管者，银管者，落花红满地者，朱砂白相错如锦者，种种变态难以尽述。"

【名家杂论】

明代养鱼，也有时尚潮流。不同时间，流行的品种不一样。最初流行纯色的鱼，纯红、纯白的品种很受欢迎。后来流行看鱼头上的花纹，头顶金色如同戴头盔的、头顶如红印的、如鹤顶红的品种，很受欢迎。

后面又流行看鱼的眼睛，墨眼、雪眼、朱眼、紫眼、玛瑙眼、琥珀眼……给鱼取的名字也很精彩，名叫堆金砌玉、落花流水、莲台八瓣……不过这些名字也都是古人一时兴起而取的。中国人给动植物取名字，向来不严谨，不像西方人，给动植物命名，有严格的科学界定，有种属、科目之分。

现代对于金鱼的分类，基本分为四大类：草种，体型和鲫鱼类似，但颜色鲜艳，如红鲫鱼；文种，体型俯视呈篆体的"文"字形，眼球不突出，如珍珠、翻鳃等品种；龙种，是金鱼的典型品种，眼大膨出，尾鳍有四叶，如龙睛；蛋种，体型肥硕像蛋形，没有背鳍，眼球不突出，如虎头、水泡眼等品种。

文震亨提到的"印头红""鹤顶红"等，按现代的分类，属于文种鱼，"墨眼""雪眼""紫眼"等，属于龙种鱼。至于"堆金砌玉""落花流水""莲台八瓣"等，可能也属于文种鱼。

蓝鱼 白鱼

蓝如翠，白如雪，迫而视之，肠胃俱见，此即朱鱼别种，亦贵甚。

【译文】

蓝鱼蓝如翠玉，白鱼色白如雪，凑近观看，能见其肠胃，这是朱砂鱼的

■ 白鱼

变种，也非常珍贵。

【延伸阅读】

《朱砂鱼谱》中提到白色的金鱼，说"盆歙中，其纯白者最无用，乃有久之变为葱白者、翡翠者、水晶者，迫而视之，俱洞见肠胃。此朱砂鱼之别种，可贵者。但不一二年复变为白矣，倘亦彩云易散琉璃脆耶"。白色金鱼会变色，时间久了会变成葱白、翠色，变色之后，过一两年，又变回白色，如此往复，可知白色最不持久，如彩云易散，琉璃易碎。

【名家杂论】

朱砂鱼中有两个变种，为养鱼人所珍爱，一种是蓝色的金鱼，一种是白色的金鱼。蓝色的金鱼品种，如今还有，是一种古老的本土金鱼品种，但数量较为稀少。白色金鱼，张德谦说白色的最没用，会变色。

金鱼可以称得上是"变色鱼"，鱼的基本色，会随着身体的发育而逐渐发生改变，有些鱼会数次变色。《本草纲目》中记载："晋桓冲游庐山，见湖中有赤鳞鱼，即此也。自宋始有畜者，今则处处人家养玩矣。春末生子于草上，好自吞啖，亦易化生。初出黑色，久乃变红。又或变白者，名银鱼。亦有红、白、黑、斑相间无常者。"李时珍认为，晋代的桓冲在庐山见到赤色的鳞鱼，是金鱼的祖先。宋代开始有人工饲养，而到明代则几乎处处都有养的。有的金鱼一开始是黑色的，后来变红，又有变白的。

金鱼的变色主要受神经系统和内分泌系统控制，多数金鱼对颜色的感应，主要依靠头部神经系统。一般来讲，金鱼变色是受环境因素的影响。首先是水温，刚孵化出的金鱼苗，最适水温22℃—24℃，25℃—30℃变色最快。水温长期超过30℃，金鱼会失去光泽，而且易得烫尾病。其次是水质，主要指水的酸碱度和硬度，金鱼变色阶段的最佳pH值在7.5—8.5，过碱或过酸都会使金鱼色泽变暗。水中溶氧量对金鱼的变色也很重要，溶氧量越高，变色速度也越快。如果溶氧量下降，金鱼就会浮头，变色慢且无光泽。如果长期生活在溶氧量过于饱和的室外鱼池中，金鱼又会生气泡病，失去观赏价值。饲养金鱼的水通常为井水、河水、湖水，这些水富含微量元素，有利于金鱼体表色素细胞分裂和增加。用清水饲养金鱼，鱼苗变色较快，但变色后的金鱼淡而不艳，如果用新水与绿水交替饲养，变色加快，且色泽鲜艳。光照也直接影响金鱼体色变化，如果在室外，受阳光直射，金鱼颜色容易变白。金鱼食用的饵料也是变色的原因。变色最佳的饵料是摇纹幼虫——血红虫，投这种饵料，红色、金色、蓝色的金鱼变色极快，并且熠熠生辉。

鱼尾

自二尾以至九尾，皆有之，第美钟于尾，身材未必佳。盖鱼身必洪纤合度[1]，骨肉停匀，花色鲜明，方入格。

【注释】

〔1〕洪纤合度：指纤秾合度，不胖不瘦，正合适。

【译文】

鱼的尾巴，从二尾至九尾的都有，但将美丽集中于尾巴上，身材就未必好。因此鱼身一定要纤秾合度，骨肉匀称，花色鲜明，才能入品级。

【延伸阅读】

古人观鱼，最爱鱼尾之美。"竹竿何袅袅，鱼尾何簁簁"，出自汉代才女卓文君的《白头吟》。可知赏鱼尾是观鱼的一大乐事。金鱼的鱼尾较普通鱼更美。宋词中有"鱼尾霞"一词，形容霞光如金鱼尾巴的颜色。宋代周邦彦的《蝶恋花》词："鱼尾霞生明远树，翠壁黏天，玉叶迎风举。"

明代已经培育出了九尾、七尾的金鱼，张德谦在《朱砂鱼谱》中有记载，当时在苏州颇为轰动，城中人成群结队到他家去观赏长着九尾的珍品朱砂鱼。

【名家杂论】

金鱼作为观赏鱼，鱼尾也很有讲头。文震亨说金鱼的尾巴，从两尾至九尾都有，但他并不嗜好赏鱼尾，认为鱼还是身材匀称的比较好看，光长几条大尾巴，尾重身丑，自然也不妙。

但确实有尾巴美丽、身材也美的鱼。张德谦《朱砂鱼谱》中说："鱼尾皆二，独朱砂鱼有三尾者、五尾者、七尾者、九尾者，凡鱼所无也。第美终于尾者身材未必嘉，故取节焉乃得。余家庚寅年所蓄一时有头顶朱砂王字者、玉带者、七星者、巧云者、梅花者、红白边缘者，皆九尾、七尾。吴中好专家竟移樽俎蚁集鉴赏，历数月乃罢。"张德谦讲他家某年所养的一群朱砂鱼，长得漂亮的朱砂王字头的，身如玉带花纹的，有七星纹、巧云纹、梅花纹的，不仅鱼身纹理极美，尾巴更齐，全都长有七尾、九尾，可谓神奇。当时，张家的这种珍品鱼，轰动苏州城，城里的好事者，都到张家来观赏，观鱼的人从四处汇集到张家，人流如织，黑压压一大片，如同蚂蚁集会。

即便是如今，七尾、九尾的金鱼也是极其罕见的品种，市场上极难见到，普通人家也不敢蓄养，估计养也养不活。金鱼娇贵，而这种长着九条尾巴的神品，更是天上难见、人间难养。也只有在明代苏州的深宅大院里，那些有着深切养鱼癖好而又不愁生计的世家子弟，每日带着一群丫鬟童仆，可以不计成本地精心饲养鱼。更妙在，当时没有环境污染，水体清澈，水质优良。这般天时、地利、人和，才能培育出如此神品。

观鱼

宜早起，日未出时，不论陂池、盆盎，鱼皆荡漾于清泉碧沼之间。又宜凉天夜月、倒影插波，时时惊鳞泼刺，耳目为醒。至如微风披拂，淙淙成韵，雨过新涨，縠纹[1]皱绿，皆观鱼之佳境也。

【注释】

〔1〕縠纹：绉纱似的皱纹，比喻水的波纹。

【译文】

观鱼应当早起，日出之前，不论池塘还是盆盎，鱼都游曳于清泉碧波之间。也适宜在凉爽的明月之夜观鱼，月亮倒映水中，鱼儿穿梭腾跃，鳞波闪闪让人耳目惊醒。至于微风轻拂，水流淙淙，雨后新涨，水波如皱，都是观鱼的极佳境界。

【延伸阅读】

观鱼亦是文人的雅好。《诗经》中有《鱼藻》《南有嘉鱼》，是先秦时观鱼之心得。《南有嘉鱼》篇言："南有嘉鱼，烝然罩罩。君子有酒，嘉宾式燕以乐。"南国鱼儿美，群游把尾摇；君子有好酒，宴饮嘉宾乐陶陶。一幅观鱼时把酒言乐，宾主尽欢的场景。

柳宗元在《小石潭记》中，描述自己在水潭边观鱼的感受："潭中鱼可数百头，皆若空游无所依。日光下澈，影布石上，怡然不动，俶尔远逝，往来翕忽，似与游者相乐。"水潭中的鱼，游来游去，似乎在与游人作乐。可知观鱼的乐趣，鱼乐，人也乐。

【名家杂论】

庄子与惠施同游于濠梁之上，两人之间发生了一场争辩，这就是著名的"濠梁之辩"。这场辩论是由观鱼引发的。庄子说："鲦鱼出游从容，是鱼之乐也。"庄子见鱼在水中自由游曳，感慨了一句，鱼有鱼的乐趣。不料惠施来了一句："子非鱼，安知鱼之乐？"庄子回敬道："子非我，安知我不知鱼之乐？"这两人相互抬扛，争执不下，却令后世文人都注意到一件事：鱼有"鱼之乐"。

观鱼，就要深得鱼之乐。鱼在什么时候最欢乐？文震亨认为，早晨，太阳还没升起来的时候，不论水池沼泽还是水缸里的鱼，都游来游去，很欢乐。天气凉爽，明月高悬之时，鱼也很欢乐。所谓"沉鱼落雁"，鱼见到美人的倒影，会沉到水里去，见到月亮倒映水中，也颇为惊吓，以至于在水中翻腾。还有清风徐来，新雨过后，这样的时刻，都是观鱼最好的时刻。

西湖有"花港观鱼"，在西湖的西南，三面临水，一面倚山。西山大麦岭后的花家山麓，有一条清溪流经此处注入西湖，故称花港。南宋时，内侍卢允升在山下建造别墅，称"卢园"，园内栽花养鱼，池水清冽、景物奇秀，称为"花港观鱼"。康熙南巡时，在苏堤映波桥和锁澜桥之间的定香寺故址上，重新砌池养鱼，筑亭建园，勒石立碑，题有"花港观鱼"四字。如今，此处是一座占地20余公顷的公园，沿池岸花木落英缤纷，微风过处，好一幅"花著鱼身鱼嘬花"的景象，游人无不起羡鱼之情。

吸水

盆中换水一两日，即底积垢腻，宜用湘竹一段，作吸水筒吸去之。倘过时不吸，色便不鲜美。故佳鱼，池中断不可蓄。

【译文】

鱼盆中的水换过一两天后，盆底就积了一层腻腻的污垢，应用一段湘妃竹作吸筒把污垢吸走。倘若过时不吸水色就不清亮，因此珍品佳鱼，断然不能养在水池中。

【延伸阅读】

金鱼中的珍贵品种不能养在水池里，放水池中，如果水质混浊，鱼的品质会变差。金鱼是一种变异品种，其基因的改变与水体关系很大，最初的金鲫鱼，从天然河流、湖泊中捞出来，放在池塘中人工饲养，变成了草金鱼。草金鱼再从池子里捞，用盆养，就变异成了各种珍奇的金鱼品种。反过来，将已经培育出来的珍品再放回自然水体中，鱼的形态很快就会走样。

适合养池中的，是锦鲤，这种鱼是草金鱼，即金鱼最初的品种，跟野生鲤鱼较为接近，只是颜色更鲜艳。这种鱼对水质要求不高，个头大，活泼矫健，游泳迅速，喜欢水流，在水中游动时，清晰可见。

【名家杂论】

金鱼十分娇嫩难养，要想把金鱼养好，必须精通饲养方法。金鱼属于会变色的鱼类。当鱼受伤、生病，或水中缺氧、水质变差时，鱼的体色会变暗，失去光泽。吸水是养鱼的一个重要环节，要时时保持缸内水体清洁，鱼的色泽才鲜亮。

现在的鱼缸，都装备有过滤系统，但古时候没有，只能用人工方法过滤。明代苏州人用的方法是，截取一段斑竹做成管子，吸掉积在鱼盆、鱼缸底部的尘垢。据说，投放几只田螺，也有除垢之功效。

用嘴吸水一直是古法养鱼的传统，虽然不卫生，但方便管用，延续了数百年。这种方法如果操作娴熟，先把空气吸出来后，嘴巴立即离开，这样不会喝到鱼缸里的污水。如今发明的简易吸水器，出水端有气囊鼓子，用手反复捏气囊，能把管子中的空气抽掉，依靠大气压力把水抽出鱼缸。

水缸

有古铜缸，大可容二石[1]，青绿四裹，古人不知何用，当是穴中注油点灯之物，今取以蓄鱼，最古。其次以五色内府、官窑、瓷州所烧纯白者，亦可用。惟不可用宜兴所烧花缸[2]，及七石[3]牛腿[4]诸俗式。余所以列此者，实以备清玩一种，若必按图而索，亦为板俗。

【注释】

〔1〕石：古代计量单位，二百五十斤为一石。

〔2〕花缸：指宜兴所产的陶瓷堆花花缸，缸的表面有花卉装饰图案，呈半浮雕状。明代永乐年间，宜兴花缸的制作，已能达到容水 600 斤左右。

〔3〕七石：指七石缸，一种体量很大的水缸。

〔4〕牛腿：指牛腿缸，缸底有四条腿，如同牛腿。

【译文】

有一种古铜水缸，能盛两石水，四壁布满铜绿，不知古人是做何用途。应当是洞穴中盛油点灯的，现在用来养鱼，最为古雅。其次，用五色内府、官窑、瓷州所烧的纯白水缸，也可以用。唯独不能用宜兴烧制的花缸，以及七石缸、牛腿缸等粗俗制品。我之所以列举这些，是为赏玩提供一些例子，如果非要按图索骥，也是刻板庸俗。

【延伸阅读】

《朱砂鱼谱》中说养鱼的缸："大凡蓄朱砂鱼，缸以磁州所烧白者为第一，杭州宜兴所烧者亦可用，终是色泽不佳。余常见好事者家用一古铜缸蓄鱼数头，其大可容二石，制极古朴，青绿四裹。古人不知何用，今取以蓄朱砂鱼亦似所得。"

用宜兴产的紫砂鱼缸来养鱼，金鱼的颜色不佳，用瓷器更好。古铜缸很古朴，养鱼也十分合适。

【名家杂论】

古人为了养金鱼，着实费了不少心思。中国传统的鱼盆、鱼缸，就是为养金鱼而生。为了觅得一口好缸来养鱼，实在不容易，就如张德谦，竟然搬了一口古旧的老铜缸去养他心爱的朱砂鱼。他还对铜缸琢磨半天，思考前代人拿这缸是干啥用的。虽想不明白，拿去养朱砂鱼，感觉十分合适，古意盎然，盆与金鱼，相得益彰。

明代人多以陶盆来养金鱼。陶盆养鱼，是中国古法养鱼的代表。利用陶盆盆壁的微孔，增加水体的溶氧性，陶盆的盆壁容易长青苔，青苔可以稳定净化水质，抑制水中绿藻的生长，还能为金鱼提供天然的饵料。

嘉靖年间，景德镇官窑烧制了一种青花龙缸，后来被用在紫禁城里养鱼。这种大龙缸，缸体硕大周正，风格敦厚古朴，色泽浓翠艳丽，这种大缸既优雅圆润、赏心悦目，又结实耐用，因此非常受欢迎。

当时，为了烧造这种大缸，御窑场内专设龙缸窑，配备掌握龙缸烧造技术的工匠，还有画匠和各种民夫杂役。这种大缸，烧制工艺复杂，成品率低，有"十窑九不成"之说。据《景德镇陶录》中记载："缸窑，明厂有龙缸窑。烧时溜火七日，然后紧火二日夜，封门又十日，窑冷方开。每窑约用柴百三十扛，遇阴雨或有所加。有烧通青双云龙宝相花缸、青双云龙缸、青双云龙莲瓣大缸、青花白瓷缸、青龙四环戏潮水大缸、青花鱼缸、豆青色瓷缸等式。"

清代皇家园林中，常用石盆来养鱼。石盆华美古朴，鱼游其间，刚柔相济，浑然天成。

日長何所事茗碗
自賫持料得南
窓下清風滿鬢
綠　吳趨唐寅

卷五

书画

此卷为收藏和品评书画之用。详细叙述书画类别区分、装裱制作、鉴别真伪、收藏维护、品评优劣等级之法。

金生于山，珠产于渊，取之不穷，犹为天下所珍惜。况书画在宇宙，岁月既久，名人艺士，不能复生，可不珍秘宝爱？一入俗子之手，动见劳辱[1]，卷舒失所，操揉燥裂，真书画之厄也。故有收藏而未能识鉴，识鉴而不善阅玩，阅玩而不能装裱[2]，装裱而不能铨次[3]，皆非能真蓄书画者。又蓄聚既多，妍蚩[4]混杂，甲乙次第，毫不可讹。若使真赝并陈，新旧错出，如入贾胡肆[5]中，有何趣味！所藏必有晋、唐、宋、元名迹，乃称博古；若徒取近代纸墨，较量真伪，心无真赏，以耳为目，手执卷轴，口论贵贱，真恶道也。志《书画第五》。

【注释】

〔1〕劳辱：频繁取置，不加爱护。

〔2〕装裱：装裱。

〔3〕铨次：选择分别等次。

〔4〕妍蚩：蚩同媸。妍，美好；蚩，丑陋。

〔5〕贾胡肆：贾，商人。胡，中国古代对北方边地及西域各民族人民的称呼。肆，店铺。

【译文】

金石出自山里，珍珠产于深渊，天赐之物取之不尽，尚为天下人珍惜。何况书画存世已久，名人艺士，不能复生，能不珍藏爱护吗？这些书画一旦流落到附庸风雅的凡夫俗子之手，动辄随意乱翻，卷页不整，揉搓破裂，这真是书画的厄运啊。所以，能收藏却不能鉴别，能鉴别却不能赏玩，能赏玩却不能装裱修补，能装裱修补却不能分别等级，都不是真正收藏书画的。收藏多了，难免质量良莠不齐，因此各个等级的作品，应区分级别，不能有一点差错。如果真伪并存，新旧皆有，就像进了胡人开的书画铺子，又有什么趣味可言呢？所藏之物里一定要有晋、唐、宋、元名士真迹，才称得上博古；如果仅仅是收藏一些近代的书画作品，考量真伪，无心真正品味欣赏，仅凭道听途说，常常手里拿着一幅卷轴就随意指点评价，这些都是不正之道啊。记《书画第五》。

【延伸阅读】

文学家、史学家王世贞爱藏书尽人皆知。说其爱书"饥以当食，渴以当饮"，甚至"尽毁其家以为书"，至于他以一座庄园换一部宋版《两汉书》，历来传为佳话。李清照、赵明诚夫妇志趣相投、同研金石，遇到古人书画和夏商周三代古器，必出重金以购买，甚至"不惜脱衣市易"，也在中国收藏史上传为佳话。

古人的收藏行为有的迂腐，有的诙谐，有的虔诚，有的悲壮，这些行为虽已属过去，但痴迷收藏的种子流播下来。只要有收藏，自然会有一代又一代的藏家把收藏的故事演绎下去。

【名家杂论】

在与古玩字画为伴的世界里，怎样的学富五车都不过是沧海一粟，怎样的悲欢离合都不过是弹指一瞬。人生百年过客，有人执迷于物，有人藏物寄情，也有人超然物外，宠辱偕忘。有过妙手偶得，狂喜而夜不能寐；有过神秘而不示人，或得意而显耀于世；有过失之交臂，捶胸顿足或长吁短叹……境界不同而领悟殊异，想来耐人寻味。

收藏的第一种境界便是藏物，藏的是财富。把收藏当成一种敛财手段，这是最低级的境界。收藏的第二种境界是藏艺，藏的是文化。收藏本是一件很高雅的事情，真正的藏家需要一种平和的心态。收藏的第三种境界是藏心，藏的是人生。把收藏物品上升为收藏人生，把收藏当成自己生命中不可或缺的部分，在对各类藏品不断追根溯源、探微索隐的过程中，不断加深对传统文化的认知，博学多识，积累传承，同时不断升华自己的人格和修养，最终在收藏中顿悟人生的真谛，成为一个智者和哲人。这才是收藏的高境界。

藏心归根结底藏的还是人的欲望，人的功利心，人性之中恶的部分。"万里长城今犹在,不见当年秦始皇。"真正的收藏大家必定是曾经沧海,过尽千帆而宠辱不惊,希望自己的藏物能够藏有所居,启迪后人,才是有高境界的大藏家最大的心愿。

文震亨在明亡时,不肯受降清人,绝食而死。如果他泉下有知,看到自己呕心沥血所著《长物志》被官方民间视为圭臬,亦当含笑。

论书

观古法书,当澄心定虑,先观用笔结体,精神照应,次观人为天巧、自然强作,次考古今跋尾[1],相传来历,次辨收藏印识[2]、纸色、绢素。或得结构而不得锋芒者,模本也;得笔意而不得位置者,临本也;笔势不联属,字形如算子[3]者,集书也;形迹虽存,而真彩神气索然者,双钩[4]也。又古人用墨,无论燥润肥瘦,俱透入纸素[5],后人伪作,墨浮而易辨。

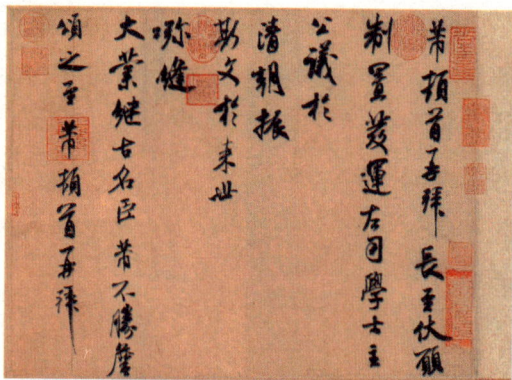
■〔北宋〕米芾 公议帖

【注释】

〔1〕跋尾:在文章或者书画手卷之后写文字。

〔2〕印识:印章与题字。

〔3〕算子:算珠,比喻呆滞的东西。

〔4〕双钩:唐人以书法摹刻石上,沿其笔墨痕迹两边,用细线钩出,使其肥瘦长短相宜,不失其原来的样子。

〔5〕纸素:纸和素。素,白帛,即白色的丝绸。

【译文】

欣赏阅读古代书法,一定要心静神定,先看字的笔法结构,意境呼应;次看人为或天成,自然或勉强;再看古今题跋,相传来历,辨识历代藏者印章题字、纸张、绢素。有的结构形似却笔法锋芒欠缺的，是摹本；有的虽有笔下意境却位置不当，失之排列者，是临本；有的笔势不连贯，字如算珠，是集书；有的形似而精神气韵毫无，是双钩。古人用墨，无论润燥肥瘦，都浸透纸张绢素，后人伪作，笔墨漂浮，缺乏厚重大气感，不难辨别。

【延伸阅读】

本节题为"论书"，实际在讲述怎样辨别书法的真伪好坏，教人学会辨别何为摹本、临本、集书、双钩、伪作。

清代刘熙载《书概》中说："书，如也，如其学，如其才，如其志。总之曰，如其人而已。"再有"笔性墨情，皆经其人之性情为本，是则理性情者，书之首务也"。书法，无论是书写，还是收藏，讲究的都是心境，唯有平心静气，心思沉稳，才能得书法之真髓。

谈书法作品，一定避不开王羲之的《兰亭集序》。中国历史上唯一的女皇帝武则天在陪葬时没有要求金银珠宝，却单单选中了王羲之的《兰亭集序》，从这个角度来说有些书法珍品是无价的。

【名家杂论】

《书林藻鉴》上记载："声不能传于异地，留于异时，于是乎文字生。文字者，所以为意与声之迹。"中国书法历史悠久，书体沿革流变，书法艺术异彩迷人。从象形文字到甲骨文，再到金文演变而为大篆、小篆、隶书，以及后来的草书、楷书、行书诸体，书法魅力不减。

秦始皇统一国家后，丞相李斯主持统一全国文字，这在中国文化史上是一大伟绩，两晋时期的"二王"进一步将书法发扬光大，唐代书学鼎盛，出现了多位书法大家，欧阳询、颜真卿、怀素、张旭，各成一格。明朝书法分为三个阶段，明初书法"一字万同"，"台阁体"盛行，沈度、沈粲兄弟的"二沈书法"被推为科举楷则。明中期吴中四家崛起，祝允明、文征明、唐寅、王宠四人依赵孟頫而上通晋唐，取法弥高。晚明书坛兴起一股批判思潮，追求大尺幅，震荡的视觉效果，但董其昌仍坚持传统立场。

上乘书法，字一定有筋骨，笔力劲健、筋脉通畅，就像一个人，骨格强健有力，筋脉丰满，血气畅达，必然精力旺盛，神采飞扬，给人以无限希望之感。反之，笔力软弱、笔势不通则绝难寸进。

其实，书法并不单单在书案上、碑帖里，而是在天地间，万事万物都是书法。艺术都是相通的，杜甫观公孙大娘舞剑，而得"来如雷霆收震怒，罢如江海凝清光"之句，这两句诗道出了书法如舞蹈般的美学艺术。汉字的线条律动与墨的淋漓泼洒，恰似舞者身体的动静虚实。

论画

画，山水第一，竹、树、兰、石次之，人物、鸟兽、楼殿、屋木小者次之，大者又次之。人物顾盼语言，花、果迎风带露，鸟兽虫鱼，精神逼真，山水林泉，清闲幽旷，屋庐深邃，桥彴[1]往来，石老而润，水淡而明，山势崔嵬[2]，泉流洒落，云烟出没，野径迂回，松偃龙蛇，竹藏风雨，山脚入水澄清，水源来历分晓，有此数端，虽不知名，定是妙手。若人物如尸如塑，花果类粉捏雕刻，虫鱼鸟兽，但取皮毛，山水林泉，布置迫塞[3]，楼殿模糊错杂，桥彴强作断形，径无夷险，路无出入，石止一面，树少四枝，或高大不称，或远近不分，或浓淡失宜，点染[4]无法，或山脚无水面，水源无来历，虽有名款，定是俗笔，为后人填写。至于临摹赝手，落墨设色，自然不古，不难辨也。

【注释】

〔1〕桥彴：独木桥。
〔2〕崔嵬：高峻。

■〔明〕文征明 关山积雪图卷纸本

〔3〕迫塞：逼近、阻塞。

〔4〕点染：画家点缀景物及染色。

【译文】

山水居画中第一位，竹、树、兰、石稍次之，人物、鸟兽、楼殿、木屋画中，小幅的次之，大幅的又次之。人物形象生动；花果随风扶摇，含珠带露；鸟兽虫鱼，栩栩如生；山水林泉，清幽空旷；屋庐深远，小桥横渡；山石古老润泽，流水清冽明亮；山势高峻，泉流洒落，云烟出没，野径迂回曲折，松树枝干屈曲，竹子暗藏风雨，山脚入水澄清，水源来历分明，具有以上特点的画作，虽不著名，也定是高手所为。如果所画人物如死尸、雕像，花果像面塑、雕刻，虫鱼鸟兽，仅有形似，山水林泉布局阻塞，楼殿模糊错杂，桥梁故作断形；径无平坦险峻，路无出入踪迹；石头单调只画一面，树木缺枝少叶；或高大不相称，远近不分；或者浓淡失宜，点染毫无章法，或者山脚无水面，水流无来源，虽有名人题款，也是平庸之作，为后人添加而成。至于专事临摹的赝手，落墨设色，肯定不古雅，这不难辨识。

【延伸阅读】

晋人顾恺之语：画人最难，次山水，次狗马，其台阁，一定器耳，差易为也。唐人朱景玄语：夫画者以人物居先，禽兽次之，山水次之，楼殿屋木次之。宋人朝认为画学，曰佛道，曰人物，曰山水，曰鸟兽，曰花竹，曰屋木。到元朝汤垕

认为：世俗论画，必曰画有十三科，山水打头，界画打底。而文震亨的曾祖父文征明说得更明白：画家宫室最为难工。谓须折算无差，乃为合作。盖束于绳矩，笔墨不可以逞。到文震亨这里，又成了山水最难画。

文氏此论，实则出自北宋韩拙《山水纯全集》："凡画有八格：古老而润，水净而明，山要崔嵬，泉宜洒落，云烟出没，野径迂回，松偃龙蛇，竹藏风雨夜。"唐代张九龄关于山水画说过："意得神传，笔精形似"，所谓神似，气韵生动也。

【名家杂论】

"妙手"与"俗笔"，不在是否名家，差在是否有内在神韵，有生命洋溢的鲜活状态。

美要向何处寻？"参天之木，必有其根；怀山之水，必有其源。"作画者的世界观不同，其笔墨精神亦大不同，大江东去与小桥流水，江山多娇与山水空蒙，是不同的意境，不同的体验，不同的美。一部山水绘画史就是一部思想精神史，山水就是用画笔写就的精神。

意境在中国山水画中被称为"画之灵魂"。画家用毛笔在一张画纸或画帛上画出一笔，简单的一条线，它有宽度，有厚度，有方向，甚至见出速度和力量。名家笔下的山水，皆蕴含了自然界生命，每一座山要像人一样，有头、有脸、有四肢，有脉络、有飞扬的神情，有雄浑的动势；每一条水的流动，也像人的情感，或汹涌澎湃，或静水微澜，或飞流直下，或清泉细流。

品画最佳处，莫过于得半日浮闲，细品动静得失之味。日本曾经收藏有一幅宋画名作，佚名《观鹿图》，寥寥数笔就勾勒出个清朗明净的空间来，文人高士凭栏观鹿，恬静适宜，一派娴雅小调，尽管不知作者为谁，但该作在日本甚为有名，被成书留著，存世共赏，可见东瀛藏家对好画之欣赏，无分名师大家。

书画价

书价以正书为标准，如右军[1]草书一百字，乃敌一行行书，三行行书，敌一行正书[2]；至于《乐毅》《黄庭》[3]《画赞》《告誓》[4]，但得成篇，不可计以字数。画价亦然，山水竹石，古名贤象，可当正书；人物花鸟，小者可当行书；人物大者，及神图佛像、宫室楼阁、走兽虫鱼，可当草书。若夫台阁标功臣之烈，宫殿彰贞节之名，妙将入神，灵则通圣，开厨或失、挂壁欲飞，但涉奇事异名，即为无价国宝。又书画原为雅道，一作牛鬼蛇神，不可诘识，无论古今名手，俱落第二。

【注释】

〔1〕右军：王羲之，晋人，字逸少，曾为右军将军，世人称"王右军"。

〔2〕正书：也称楷书、真书，相传始于汉末。形体方正，笔画平整，故称"正书"。

〔3〕《乐毅》《黄庭》：即《乐毅论》《黄庭经》。《乐毅论》，三国时期魏夏侯玄撰写的一篇文章，王羲之曾书写，后人把其当作小楷的典范。《黄庭经》，即老子的《黄庭经》，共有四种，其中一种为《黄庭外景经》，相传王羲之曾书写换鹅。

〔4〕《画赞》《告誓》：东方朔撰写的《画像赞》《告墓文》也称作《誓墓文》，王羲之都书写过。

■〔东晋〕王羲之 黄庭经

【译文】

书法作品的价格以楷书为标准，如王羲之草书百字，相当于行书一行，行书三行相当于楷书一行。至于王羲之所书《乐毅论》《黄庭经》《画赞》《告誓》等真迹，只要能成整篇，不可以字数论价。画的价格亦如此，山水竹石、古代名贤肖像，可以作楷书对待；小幅人物花鸟可以看作行书，大幅人物画像以及神图佛像、宫室楼阁、走兽虫鱼，可以作草书看待。至于云台楼阁上绘制的功臣画像，宫殿墙壁上绘制的先贤列女图，鲜活传神，有飞腾变化之状，直欲通天飞去，要么像顾恺之的厨画，要么像张僧繇的四龙图，点睛而飞。只要是涉及怪力乱神的画作，

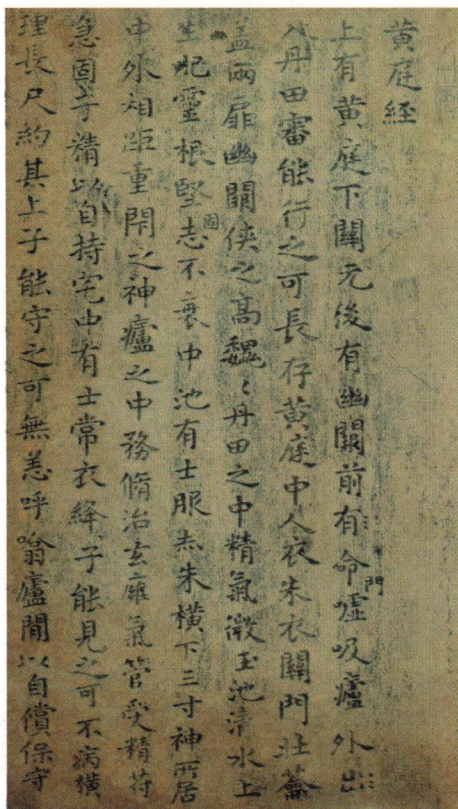

都是无价之宝。不过，书法绘画原本雅事，一旦涉及牛鬼蛇神等生僻物，古今名家，都要掉一个层次。

【 延伸阅读 】

大才子唐伯虎曾大书"利市"二字于自己作品集上，并有诗文："闲来写幅青山卖，不使人间造孽钱。"不过，唐寅也有颇为尴尬的时候，比如"谋写一枝新竹卖，市中笋价贱如泥"。自己的画就像集市上贱如泥土的竹笋，当真狼狈。

清乾隆二十四年（1759年），郑板桥在扬州立了一块石碑，上书自己字画的收费标准："大幅六两，中幅四两，小幅二两；书条、对联一两；扇子、斗方五钱。"这一市场主义的宣言，将封建社会长期笼罩在艺术市场上的酸腐气息扫荡一空。

【 名家杂论 】

人无高低贵贱之分，字有三六九等之别。把书写变成艺术，进而成为商品流通和买卖，这大概是中国的独创。

中国的书画文化具有非同一般的魅力，这和作者精益求精的态度是分不开的，而他们的智慧结晶通过市场价值体现出来，对作者的能力本身就是一种认可和尊重。

明代是书法市场的鼎盛期。明代，赏字藏画成了一种时尚。"家中无藏字，不是旧人家。"明代文人虽耻于言利，书画价格少见史籍，但索要"润格银"也不足为怪。时至晚明，书画润格已较为普遍，甚至成为晚明士人增加经济收入的重要途径。

明代中后期的江南文人以一种富有文化内涵、高品位和艺术化的生活情趣，彰显其文才学养，标榜其道德情操，由此拉开与达官贵戚、富商巨贾的距离，凭借文化上的优越感，抚慰内心的失落和愤懑。

人们常说"好字不如孬画"，所谓书画，既包括书法，也包括国画。"以书入画，书为画骨。"书画本不分家，自称"三十学诗，五十学画"的吴昌硕就承认，自己"平生得力之处在于能以作书之法作画"。

古代的书法家多为文化人，深受"君子喻于义，小人喻于利"的传统观念影响，往往"耻于谈钱"。郑板桥的历史功绩就在于，不仅明确公布了书画作品价格，而且强调了现银交易的重要。此后，以尺幅定价基本上取代了以字数定价，成为主流的书法定价方式，并且一直影响至今。

古今优劣

书学必以时代为限,六朝不及晋魏,宋元不及六朝与唐。画则不然,佛道、人物、仕女、牛马,近不及古,山水、林石、花竹、禽鱼,古不及近。如顾恺之[1]、陆探微[2]、张僧繇[3]、吴道玄[4]及阎立德[5]、立本[6],皆纯重雅正,性出天然;周昉[7]、韩幹[8]、戴嵩[9],气韵骨法,皆出意表,后之学者,终莫能及。至如关仝[10]、徐熙[11]、黄筌[12]、居寀[13]、李成[14]、范宽[15]、董源[16]、二米[17]、胜国[18]松雪[19]、大痴[20]、元镇[21]、叔明[22]诸公,近代唐、沈[23],及吾家太史、和州[24]辈,皆不藉师资,穷工极致,借使二李[25]复生,边鸾[26]再出,亦何以措手其间。故蓄书必远求上古,蓄画始自顾、陆、张、吴[27],下至嘉隆名笔,皆有奇观。惟近时点染诸公,则未敢轻议。

【注释】

〔1〕顾恺之:晋人,字长康,小字虎头。顾恺之博学有才气,擅长绘画、书法。精于人像、佛像、禽兽、山水等,时人称之为三绝:画绝、文绝、痴绝。代表作品《论画》《画云台山记》等。

〔2〕陆探微:南宋宫廷画家,在中国画史上,据传他是正式以书法入画的创始人,擅长画风俗、人物、佛道、禽兽。

〔3〕张僧繇:南北朝时期梁人,擅长画山水、佛像。成语"画龙点睛"的故事出自他的传说,代表作品《二十八宿神形图》《汉武射蛟图》。

〔4〕吴道玄:唐朝人,字道子。中国山水画的祖师,被后人尊称为"画圣"。代表作品《送子天王图》《十指钟馗图》等。

〔5〕阎立德:唐朝建筑家、工艺美术家、画家,擅长画人物、树石、禽兽,其弟弟阎立本同为著名画家。代表作品《文成公主降番图》《古帝王图》等。

〔6〕(阎)立本:唐朝画家,其兄阎立德。设计和营造了大明宫,代表作品《步辇图》《历代帝王像》等。

〔7〕周昉:唐朝画家,擅长画佛像、真仙、人物、仕女。与顾恺之、吴道玄、陆探微并称为"人物画四大家"。代表作品《杨妃出浴图》《簪花仕女图》。

〔8〕韩幹:唐朝杰出画家,在唐玄宗时期被召入宫廷封为"供奉"。擅长肖像、人物、鬼神、花竹,尤其擅长画马,所绘马匹活灵活现,有奋蹄疾奔脱绢而出之势。

代表作品《牧马图》《百兽图》。

〔9〕戴嵩：唐代画家，擅长田家、川原之景，画水牛尤为著名。与韩幹之画马，并称为"韩马戴牛"。代表作品《斗牛图》。

〔10〕关仝：五代后梁著名山水画家，代表作品《关山行旅图》《山溪待渡图》。

〔11〕徐熙：五代南唐杰出画家，江南花鸟派之祖，代表作品《石榴图》等。

〔12〕黄筌：五代后蜀画家，擅长画花鸟，代表作《写生珍禽图》。

〔13〕（黄）居寀：黄筌之子，擅长画花竹禽鸟。

〔14〕李成：五代宋画家，擅长画山水，代表作品《寒林平野图》等。

〔15〕范宽：北宋山水画三大名家之一，代表作品《溪山行旅图》《雪山萧寺图》等。

〔16〕董源：五代南唐画家，南派山水画开山鼻祖，代表作品《夏山图》《潇湘图》《溪岸图》等。

〔17〕二米：宋代米芾与其子友仁都擅长画山水，世人称为"二米"。

〔18〕胜国：本朝称前朝为"胜国"，此处是明朝称元朝。

〔19〕松雪：元代画家赵孟頫，号"松雪道人"，代表作品《鹊华秋色图》等。

〔20〕大痴：元代画家黄公望，擅长画山水，代表作品《富春山居图》等。

〔21〕元镇：元代画家倪瓒，擅长画山水、墨竹，与黄公望、王蒙、吴镇合称"元四家"，代表作品《六君子图》《渔庄秋霁图》。

〔22〕叔明：元代画家王蒙，代表作品《丹山瀛海图》《青卞隐居图》等。

〔23〕唐、沈：明朝唐寅与沈周。唐寅，明朝画家，"江南四大才子"之一，代表作品《骑驴思归图》《山路松声图》等。沈周，明代著名书画家，明朝中期文人画"吴派"的开创者，与文征明、唐寅、仇英并称"明四家"，代表作品《庐山高图》《沧州趣图》等。

〔24〕吾家太史、和州：明朝文征明（太史）、文嘉（和州）父子。文征明，明代画家、书法家、文学家，吴门画派的创始人之一，代表作品《真赏斋图》等。文嘉，明代画家，代表作品《山水花卉图册》等。

〔25〕二李：唐人李思训、李道昭父子，擅长山水画。唐代杰出画家，代表作品有《江帆楼阁图》等。李道昭，唐朝画家，继承了其父亲的画风，并首创海景山水。

〔26〕边鸾：唐朝著名画家，擅长画花鸟、折枝草木。代表作品《画史》。

〔27〕顾、陆、张、吴：顾恺之、陆探微、张僧繇、吴道子。

【译文】

书法的优劣应以年代为准，六朝的不如晋魏，宋元的不如六朝与唐代。画则不同，佛道、人物、仕女、牛马，近代的不及古代的，而山水、林石、花竹、禽鱼，古代的不及近代的。如顾恺之、陆探微、张僧繇、吴道子及阎立德、阎立本的作品，都厚重风雅、质朴自然；周昉、韩幹、戴嵩的作品，气韵骨法，都有出人意表之处，后人学画者，始终不及。至于关仝、徐熙、黄筌、黄居寀、李成、范宽、董源、米芾父子、元代赵孟頫、黄公望、元镇、叔明诸位，以及本朝的唐寅、沈周，我家太史文征明、文嘉这些人，都不借助师长，而画艺达到了极致。即使唐人李思训、李昭道父子和边鸾再生，也不能与他们相比。所以，收藏书法作品一定要搜寻上古时期的，收藏绘画作品则上至顾恺之、陆探微、张僧繇、吴道子，下至明代嘉靖、隆庆年间的名家，其中有不少佳作。对于当今书画名家，我不敢轻易评论。

【延伸阅读】

书画佳作，必定经得起时间的检验。明末书画家董其昌《容台集》中记述了前朝画家吴镇和盛懋的故事：吴仲圭（镇）本与盛子昭（懋）比门而居，四方以金帛求子昭画者甚众，而深居简出的吴镇家门备受冷落，妻子顾笑之。仲圭曰："二十年后不复尔"，果如其言。卓然而起的吴镇却成了画坛"元四家"之一，却并没有多少人晓得盛懋。

《浮生六记》的作者沈复一生不曾参加科举，一度贫困到卖画为生，却依然以一颗淡泊之心，和自己心爱的妻子陈芸过着幸福雅致的生活，历史不曾因他没有功名而忘记他，更不曾因他贫困潦倒而嫌弃他。钱锺书的妻子杨绛女士慕其高风，写了《干校六记》的名作。我们记住一个人，全因他对待生活的态度和对待艺术的那颗"初心"，也唯其如此才能创作出真正永恒的作品。

【名家杂论】

在书画的时代评判上，文震亨也有着一贯的崇古倾向，但他书、画分论的见地比之前人更胜一筹。其实，这样的评论不无根据，书法发展史上一向以魏晋及唐的碑帖为宗。而绘画上自宋元以后，备受文人喜爱的山水画、花竹石鱼等小品尤其在江南一带有很大的发展，出现"元四家""明四家"等优秀画家，追随者颇成风尚。

对书画作品的价值属性，人们始终有一个不断发掘和逐渐认识的过程。所谓"成功者必异"，世界上没有任何一个大的成功者不是超越了古人、前人或他人的。至于绘画，应该别开生面、另辟门径，达到新的高度或水准。

古代书画作品百看不厌，在书画拍卖市场上，似乎有"逢古代书画必有高价出"的神话。其实，无论是古代书画，还是近现代和当代书画，都有不可取代的艺术魅力，因此投资书画绝不能"厚古薄今"。

粉本

古人画稿，谓之粉本，前辈多宝蓄之，盖其草草不经意处有自然之妙。宣和[1]、绍兴[2]所藏粉本，多有神妙者。

【注释】

〔1〕宣和：宋徽宗赵佶年号。
〔2〕绍兴：宋高宗赵构年号。

【译文】

古人的画稿，称为粉本，前人都爱当作宝贝珍藏，皆因随意勾画的地方，往往有不事雕琢的美妙。宣和、绍兴年间的粉本，有很多神妙之作。

【延伸阅读】

成语"成竹在胸"说的是宋代画家文同画竹，文同观察竹子数月，将自然之竹内化于心，起笔落墨间创造出形象逼真的竹子。帮助文同成竹在胸的就是"画稿"，也就是"粉本"。古人作画，先施粉上样，然后依样落笔，故画稿称粉本。后世各类"画稿""画谱"，如清代《芥子园画谱》即此类集大成者，总结前人经验，方便后人学习。

王十朋曾记载过一个故事，说的是唐明皇让吴道子于大同殿画嘉陵江三百余里山水，一日而毕。玄宗问其原因，吴道子回复说：我并没有画稿，不过我早已把嘉陵山水铭记在心了。

有时候"粉本"也指图画。如曹雪芹祖父曹寅曾作《寄姜绮季客江右》诗云：

"九日篱花犹寂寞，六朝粉本渐模糊。"而缪鸿若《题担当和尚画册》亦云："休嫌粉本无多剩，寸土伤心下笔难。"

【名家杂论】

在中国美术史上，"粉本"一直是颇有争议的概念。对"粉本"的解释，后人多有非议。有人认为是"画稿"，有人认为是"底稿"，还有"草稿"，也有"底样""素稿""小样"等说法。

按文震亨的说法，是将"古人画稿"直接定义为"粉本"的，可后文又提到"草草不经意处"，似又与写生稿、未完稿有关。至清代，变化更甚，李渔《闲情偶寄·词曲上·音律》："曲谱者，填词之粉本，犹妇人刺绣之花样也。"把粉本与刺绣画样相联系。

大略看，"粉本"有两重含义，一是"画样""小样""摹本"，二是"遗墨草稿"之意。本文暂以古训为宜，"粉本"即画稿。

赏鉴

看书画如对美人，不可毫涉粗浮之气，盖古画纸绢皆脆，舒卷不得法，最易损坏，尤不可近风日，灯下不可看画，恐落煤烬，及为烛泪所污。饭后醉余，欲观卷轴，须以净水涤手；展玩之际，不可以指甲剔损。诸如此类，不可枚举。然必欲事事勿犯，又恐涉强作清态，惟遇真能赏鉴，及阅古甚富者，方可与谈，若对伧父[1]辈惟有珍秘不出耳。

【注释】

〔1〕伧父：晋南北朝时期，南人讥讽北人粗陋，蔑称之为伧父，后来泛指粗俗、鄙贱之人。

【译文】

欣赏书画就像面对如花美眷，不可有粗浮轻薄之意，因为古画纸绢薄脆易碎，如果开合不得要领，极易损坏，尤其不可风吹日晒，也不可在灯下观看，唯恐油灯烟灰碎屑、烛泪所污。酒足饭饱之后，想欣赏卷轴，也要先用清水洗手；展开玩赏时，切不可用指甲剔刮损坏。其他一些述之未尽容易毁坏字画的行为，也应极力避免。但一味强调注意事项，又怕被人说故作清高、敝帚自珍，只有遇到真正懂得鉴赏的人和博古通今、颇有阅历之人，才可与其谈论交流。若遇到粗鄙之人，只有秘密深藏。

【延伸阅读】

由于书画的唯一性，在鉴赏与保养方面，有许多禁忌。纸质文物的保护难度尤甚，取用不当，会损坏藏品的品相。一般说来，书画最怕虫蛀、发霉、受潮、水浸、火烧。

古人在保养上亦极为用心，收藏书籍要用函套，字画用精制画匣。画匣木料须精选，多层复合，外层是樟木，中间为楠木。最里层用上等丝绸，画还要用布套包裹。

悬挂的书画每天用马尾扫帚或丝拂软帚轻轻掸扫，以免刺伤画芯。窗勿全开，以免风直吹画面。悬挂书画的墙壁面一定要放置一张小案几来保护它。大暑天屋内潮湿闷热，不宜挂画，大寒天挂画屋内要生暖炉，以免冻损书画。卷画时要小心翼翼，卷边注意两端的裱边要对齐，不可用力太猛，以免纸、绢折痕断裂。

字画平时应安放在较高的橱顶上，通风条件要好，远离地面的湿气。要轮换吊挂，既可观赏一番，又可让书画吹一点风，见见阳光，不至于因长期卷拢而生霉。阴雨季节，要将书画收存到窄小的木匣中封闭起来。

安放书画的橱中要放置檀香、木瓜之类，勿使生蠹虫。一般在5月末至8月中晴好的天气里，阴晒通风，然后再小心存放，可令书画的寿命达数百年之久。

再比如现代，拿取书画一定要佩戴手套，观赏者与书画保持1.5米左右的距离，以免讲话时唾液飞溅到书画上，更不可咳嗽，禁吸烟。书画不可久挂，以防变形，但也不可久置，应定期通风防霉，忌阳光直射，忌受潮。

【名家杂论】

吴从先《赏心乐事》载："读史宜映雪，以莹玄鉴；读子宜伴月，以寄远神；读佛书宜对美人，以挽堕空……"所以，观者的环境很重要。对书画的保护是一方面，对观者的修养也是一种要求。

古人读书每每要有个仪式，焚香净手，端衣正帽，凝神敛气才肯坐下来读书。古时的一些音律大家，每次弹奏前，都会净手焚香，沐浴更衣，静坐养性。鉴赏字画虽不至如此，然而也需要一种虔诚的态度。

古人的执着追求令人吃惊，白云苍狗，浮光掠影间，那些充溢着琅琅书声、墨香如麝的时代渐渐远去。读书作画也好，弹琴作文也罢，以一种尊重的态度去对待，则弹琴可以绕梁三日，作文可以百圣齐鸣，画画可以马蹄留香，每一幅书画都在讲述一个故事，如果我们能怀着虔诚的敬畏之心，去欣赏，去观摩，那么至于"诸如此类，不可枚举"的行为自可规避。

绢素

古画绢色墨气，自有一种古香可爱，惟佛像有香烟熏黑，多是上下二色，伪作者，其色黄而不精采。古绢自然破者，必有鲫鱼口[1]，须连三四丝，伪作则直裂。唐绢丝粗而厚，或有捣熟者，有独梭绢，阔四尺余者。五代绢极粗如布。宋有院绢，匀净厚密，亦有独梭绢，阔五尺余，细密如纸者。元绢及国朝内府绢俱与宋绢同。胜国时有宓机绢，松雪子昭画多用此，盖出嘉兴府宓家，以绢得名，今此地尚有佳者。近董太史[2]笔，多用砑光白绫，未免有进贤气。

【注释】

〔1〕鲫鱼口：参差不齐的裂口。

〔2〕董太史：明朝董其昌，明朝著名的书画家，擅长画山水，以佛家禅宗喻画，提倡"南北宗"论，为"华亭画派"杰出代表，代表作品《岩居图》《秋兴八景图》等。

■〔明〕唐寅 山路秋声图轴绢本

【译文】

古画的绢色、用墨，有种古色古香，惹人喜爱的韵味，唯独佛像因香薰烟绕呈黑色，且上下两部分颜色深浅不同。伪造的古画颜色发黄，缺乏神采。自然破裂的古绢，一定有参差不齐的裂口，伪作则裂口整齐。唐绢多捣熟，丝粗而厚；也有独梭绢，四尺多宽。五代的绢粗厚如布。宋代画院绢，匀净厚密，也有独梭绢宽五尺多，细密如纸。元代的绢及明朝内府绢，都与宋绢一样。元代还有宓机绢，赵孟頫、盛子昭的画多用这种绢，此绢因出自嘉兴府宓家而得名，今日此地还有上等好绢。近代董其昌作画多用矾光白绫，未免有士大夫气息。

【延伸阅读】

绢素，也作绡素，即作书画用的白色薄绢。绢本义为小巧的丝织物，如绢地即书画之绢底，绢帖即以绢作底的书帖，绢扇即用丝绢制成的扇子。

《历代名画记》记载，唐代张玉棠画树石山水"或以手摸绢素"，这大概是最早的"指画"了。

宋代书法家石苍舒弄笔日久，至堆墙败笔如山。苏轼《石苍舒醉墨堂》诗："不须临池更苦学，完取绢素充衾裯。"意思是不用学王羲之临池苦练，但写完了却拿那写了字的白绢去做被子。用苏轼写字的绢做被子，以现在看来，颇有暴殄天物之意了。

【名家杂论】

明代中晚期文人"好古"而"玩古"，然而"古色古意"并非作品之初便有，这些经时间沉淀而加之于上的沧桑之美，甚至只需静静旁观，便有无言之美。

文震亨想通过这种强调感官切入的赏玩给真伪之辨提供参考，着重探讨对古书画材质体征的审美。但这样的赏玩态度可能会从特征和技术上忽略真伪的考证，放到当今需要辩证地对待。

书画修复是一门技术，甚至关乎哲学，刻意做旧则成了伪作，历史上的每一件古物，就像仙子失落凡间的宝物，有着惊心动魄的来历，辗转时空的千山万水才来到我们的面前。我们深知，这些美好的事物最终是要一天天地黯淡下去，并消失于无。而我们所能做的，就是珍惜这份千年一遇的缘分，珍爱它们，尊重它们，铭记它们。

御府书画〔1〕

宋徽宗御府所藏书画，俱是御书标题，后用宣和年号，"玉瓢御宝"〔2〕记之。题画书于引首一条，阔仅指大，傍有活木印黑字一行，俱装池匠花押〔3〕名款，然亦真伪相杂，盖当时名手临摹之作，皆题为真迹。至明昌〔4〕所题更多，然今人得之，亦可谓"买王得羊"〔5〕矣。

【注释】

〔1〕御府书画：皇家收藏的书画。

〔2〕玉瓢御宝：宋徽宗用玉制瓢形玉印。帝王的印称为"宝"。

〔3〕花押：又称"押字""画押"，兴于宋盛于元，故又称"元押"。类似个人签名的意思。

〔4〕明昌：金朝章宗的年号。

〔5〕买王得羊：想买王献之的字，却得到了羊欣的字，意为差强人意；还指摹仿名人的字画虽然逼真而终差一等。

【译文】

宋徽宗时皇宫所藏的书画，都是他御笔题记，后用宣和年号，玉制瓢形印章题记。题记在书画上一条仅手指宽的引首上，旁边是一行木印黑字，这些大多是装裱匠人的签名，但也是真伪并存，因为当时高手临摹先贤名作，都题为真迹。到金章宗时，伪作题为真迹有过之而无不及，但今人得到这些字画，也算得上"买王得羊"了。

【延伸阅读】

历代皇室因其特权而在征集天下书画精品上有得天独厚的优势，而收藏界习惯上将皇家收藏称为"御府书画"。皇室藏书画，其用印有独特的习惯和规律。御宝即天子的印玺。《唐律疏仪》里记载："诸盗御宝者，绞。"有偷盗皇帝玉玺的，一律处以绞刑。

"花押"，即画押，类似今天的艺术签名，更像是个人专用的记号，以其难以模仿而达到防伪的功效。画家皇帝赵佶的"花押"造型极具个性，既似一个"天"字，又像一个拉长的"开"字，且不同时期又有微妙的变化，其目前存世作品或传为他的作品中几乎都存在"花押"现象。

【名家杂论】

宋徽宗赵佶治国不力，艺术造诣却颇高，20多岁时便独创书法"瘦金体"。这位亡国皇帝，受尽屈辱，被后世评为"诸事皆能，独不能为君耳"。徽宗在位时建立了完整的翰林书画院，选拔优秀院画家，并组织将宫廷所藏的历代著名画家的作品目录编撰成《宣和书谱》及《宣和画谱》。赵佶鉴定能力超群，他所用的收藏印也特别讲究，计有七方，也称七玺，即"御书"葫芦印、双龙方印或圆印、"宣龢"方印、"宣和"方印、"政龢"或"政和"方印、"大观"方印、"内府图书之印"大方印。七玺均为朱文，其钤盖的部位也极讲究。

书法上有"逢瘦必赵"的说法。从文震亨的角度来看，这之中是不乏伪作和赝品的。而实际上宋徽宗瘦金书题签及题款的书画传世有好几十件，真正的藏家心中惴惴：这些瘦金体难道都是宋徽宗手书？哪些是赵佶亲写的？哪些不是赵佶写的？有哪几件是赵佶真迹？

皇帝玩收藏，多出于兴趣与爱好。但他们的收藏喜好，影响着整个朝代的宫廷上层文化、民间收藏取向以及藏品的收藏价值。正如文震亨"买王得羊"之说，仰慕王献之的作品，却得到了王献之徒弟南朝书法家羊欣的字，这大概便是帝王收藏带给人们的意外之喜吧。

院画〔1〕

宋画院众工，凡作一画，必先呈稿本，然后上真〔2〕，所画山水、人物、花木、鸟兽，皆是无名者。今内府所画水陆及佛像亦然，金碧辉灿，亦奇物也。今人见无名人画，辄以形似，填写名款，觅高价，如见牛必戴嵩，见马必韩幹之类，皆为可笑。

■〔唐〕韩幹 牧马图

【注释】

〔1〕院画：中国传统画的一种，狭义指中国古代皇室宫廷画家的绘画作品，广义则包括宫廷绘画在内和受到宫廷绘画影响的中国传统绘画的一个类别，院体画在宋朝最为鼎盛，后也专指南宋画院作品。

〔2〕上真：上墨、上色。

【译文】

宋朝画院的画工，每作一画，须预呈画本初稿，通过后再上墨着色，所画山水、人物、花木、鸟兽的画工皆非名人。

■〔唐〕戴嵩 斗牛图

本朝皇室所画水陆道场及大尊佛像也是如此，金碧辉煌，倒也称得上是奇物。今人发现无名画作，就以形似而填上名家落款，以求高价，比如见画牛的一定题为戴嵩，见画马的一定写韩幹的名字，很可笑。

【延伸阅读】

我国宫廷很早就有画师供职，两宋画院称得上中国历史上画院最隆盛的时代，而它的画院制度也是最为完备的。

赵佶在位期间，大力提倡院画，网罗绘画人才。画家进入画院作画，须经考试。考试题目也很有趣，多摘取前人诗句，让考生现场构图。

如"踏花归去马蹄香"，有人自作聪明画了一匹马踏着花丛飞奔而去，但是一片狼藉，美丽的花朵被踏得稀烂。另一幅也是画的一匹奔马，并不见花，只见一只蝴蝶随着马蹄翩翩飞舞，把"香"字点了出来。

还有"嫩绿枝头红一点，动人春色不须多"，独占鳌头的是画一片绿柳丛中掩映着一处亭阁，一个美女正在凭栏观春色。

【名家杂论】

宋代建立的翰林图画院，除培养了众多画家外，对今天的美术教育有一定的启发借鉴。

"仓廪实而知礼节，衣食足而知荣辱。"宋代画院画家的地位显著提高，待遇优厚，在服饰和俸禄方面都比其他艺人高，加上"院长"赵佶对画院创作的指导和关怀，使得这一时期的画院创作最为繁荣。

我们可以从赵佶的两件逸事管窥宋朝的画风。

有一座殿修筑完成，名手的壁画都没有引起赵佶的重视，他只注意某殿前廊拱眼中，一个年轻画家画的斜枝月季花。他认为这斜枝月季花最好，因为月季花四时朝暮，花蕊花叶都不相同，而这枝月季花是表现春季中午时候的姿态。

又一次赵佶让画家们画孔雀升墩屏障，画了几次都不满意，后来他指出："孔雀升高，必先举左"，孔雀开屏一定先举左脚，而画家们画的都是举右脚。

赵佶的指点直接引领了当时画院的流行风格，即对客观事物的周密观察和巧妙表达的作风。不过，因为院画代表着宫廷皇室的总体认识，往往缺乏画家个性因素，对画家个人来说，当"吾意"与"上意"相违时，创作便受到压抑。院画的审美标准掌握在皇帝手中，宋代皇帝的艺术趣味和水准较高，尚是幸事。倘若碰上欣赏水准不高的帝王，那就难说了。

赵佶的另一贡献便是将宫内书画收藏编纂为《宣和书谱》和《宣和画谱》，成为今天研究古代绘画史的重要资料。

单条

宋元古画，断无此式，盖今时俗制，而人绝好之。斋中悬挂，俗气逼人眉睫，即果真迹，亦当减价。

【译文】

宋元古画，绝对没有条幅这种格式，因为现今时兴，世人特别喜欢。这些单条悬挂在书斋之中，俗气逼人，即使是真迹，也大为贬值。

【延伸阅读】

单条，即单幅的条幅。明朝戏剧家汤显祖《牡丹亭·幽媾》有句唱词："恨单条不惹的双魂化，做简画屏中倚玉兼葭。"清孔尚任《桃花扇·骂筵》中也有一句对白："这壁上单条，想是周昉雪图了。"巴金《秋》中也有关于单条的说法："五弟，金冬心写的隶书单条哪儿去了？"

所谓单条，多为全尺寸对开，长度不变，宽度减半，一些常用的单条宣纸尺寸（单位：厘米）如下：

三尺单条（立轴）：100 厘米 ×27 厘米（标准三尺长度不变，宽度 1/2）

四尺单条（立轴）：138 厘米 ×34 厘米（标准四尺宣纸长度不变，宽度 1/2）

五尺单条：153 厘米 ×42 厘米（标准五尺宣纸长度不变，宽度 1/2）

【名家杂论】

明初，人们穿衣盖屋，都要按官职阶层，有严格的规定。所以，明初的房子还很低矮，因此家里面的书画陈设一律是屏风，没有挂轴。到了明中后期，砖瓦业发达，民居建筑的土木结构技术提高，有钱人逾制开始修高房子了，高堂大屋在民间实现了普及，于是屏风就变成通屏，有了通屏这个很高的墙体，就需要长条形的中堂、条幅等挂轴作品了，包括后来出现的对联。

在明代以前几乎是没有中堂、条幅的，其幅式的主流形态是书札、手卷、扇面，只有极少数作品是屏风幅式，以供王侯之家的装饰之用。正因为明代中期房屋建筑中的通屏，并用于挂条幅作品，书法作品的审美形态才开始从手上把玩变成厅堂悬挂。

作品幅式由文房把玩的翰札、手卷演变成挂轴后，在创作的形式技法上也有两大变化：一是字由小变大，二是章法构成的新法则。这也直接导致了纸和笔的变革，比如安徽泾县用长纤维青檀皮生产的大宣纸和长锋羊毫笔就应运而生了，不过这是后话了。

宋绣 宋刻丝[1]

宋绣，针线细密，设色精妙，光彩射目，山水分远近之趣，楼阁得深邃之体，人物具瞻眺生动之情，花鸟极绰约嚬哢[2]之态，不可不蓄一二幅，以备画中一种。

■ 宋绣 瑶台跨鹤

【注释】

〔1〕刻丝：即缂丝，起源于隋唐而盛于宋，其织法是用半熟蚕丝作经，彩色熟丝作纬，以织成各种花纹，正反如一。

〔2〕囆唼：吃食物的声音。

【译文】

宋代刺绣，针脚细密，颜色精妙，光彩夺目，山水有远近层次之趣，楼阁能看出深邃悠远的体制，人物远眺的表情生动，花则迎风招展，鸟则似欲啄食，不得不择精品收藏一二，作为绘画之一种。

【延伸阅读】

刺绣，又称丝绣，女红之一种，是闺阁女儿必须掌握的技能之一。丝绣是我国民族传统手工艺品之一，早在《诗经》中就有"素衣朱绣"的描绘。刺绣又名宋绣，以绣历史名画著称，与汴绣齐名，素有国宝之称，绣工精致，针法细密，图案严谨，格调高雅，色彩秀丽。宋绣针对不同图案有不同针法，如滚针绣用来绣水纹、云彩、柳条，散套绣适合绣花鸟动物等，纳点绣则宜绣写意花卉等。

刻丝，即缂丝，这一名称自宋朝始有，是丝绸艺术品中的精华。刻丝作为汉族丝织业中最传统的一种挑经显纬，极具欣赏装饰性的丝织品，宋元以来一直是皇家御用织物之一，常用以织造帝后服饰、御容真像和摹缂名人书画，有"一寸缂丝一寸金"和"织中之圣"的盛名。缂丝工艺原理并不复杂，贵在耗费工时巨大，"如妇人一衣，终岁方成"；其次是缂丝技艺易学难精，成品多而精品少。

【名家杂论】

关于刺绣起源，《拾贵记》记载，三国吴主孙权欲平魏、蜀，行军打仗之际，希望得到一人，可以把山川地势、行兵布阵图画下来，恰好丞相赵达有一个极善绘画织锦的妹妹——赵夫人。孙权让赵夫人画地形图，赵夫人说："丹青之色，甚易歇灭，不可久，妾能刺绣，作列国方帛之上，可以五皇、河海、城邑，行阵之形。"吴主大喜。历史流传刺绣之成画图是三国时赵夫人所创。

北宋崇宁四年（1105 年），皇室成立了专门的刺绣作坊文绣院，各地选聘的绣工入院授艺，300 多名绣女云集京师，专为皇家刺绣服饰和绣画，所以宋绣亦被誉为"宫廷绣"或"宫绣"。宋绣针法细密，图案严谨，格调高雅，色彩秀丽，当时皇帝的龙袍，官员的朝服、乌纱帽、朝靴皆为宋绣精品。

《东京梦华录》上形容宋绣"金碧相射，锦绣交辉"，据其记载，北宋国都开封的大相国寺外有一绣巷，"皆师姑绣作居住"，言下之意就是刺绣一条街，熠熠生辉的绣品把开封城装扮得美丽而又繁华，"街市酒店，彩楼相对，绣旗相招，掩翳天日"，"深街小巷，绣额珠帘，巧制新装，竞夸华丽。"北宋陷落后，北方的宋绣也急遽衰落，大部分宋绣艺人南迁，这为后来苏绣的崛起打下了基础。到了明代，先后产生的"四大名绣"的苏绣、粤绣、湘绣、蜀绣已名满天下。

装潢

装潢书画，秋为上时，春为中时，夏为下时，暑湿及沍寒[1]俱不可装裱。勿以熟纸，背必皱起，宜用白滑漫薄大幅生纸，纸缝先避人面及接处，若缝缝相接，则卷舒缓急有损，必令参差其缝，则气力均平，太硬则强急，太薄则失力；绢素彩色重者，不可捣理[2]。古画有积年尘埃，用皂荚清水数宿，托于太平案[3]扦去[4]，画复鲜明，色亦不落。补缀之法，以油纸衬之，直其边际，密其隟[5]缝，正其经纬，就其形制，拾其遗脱，厚薄均调，润洁平稳。又凡书画法帖，不脱落，不宜数装背，一装背，则一损精神。古纸厚者，必不可揭薄。

【注释】

〔1〕沍寒：寒气凝结，极为寒冷。

〔2〕捣理：字画装裱成以后，用大块鹅卵石在裱背上摩擦使其光滑。

〔3〕太平案：装裱字画用的桌子。

〔4〕扦去：挑去、剔去。

〔5〕隟：同隙，即空隙。

【译文】

装裱书画，秋天最佳，春天次之，夏天最差，暑热潮湿及寒冷凛冽时皆不宜。不要用熟纸装裱，因为背面易皱起不平，最好用白滑薄亮的大张生纸，纸缝避开画作人物面部和画纸的接头，如果画与衬的接缝相接，会因为卷舒缓急不同而受损走缝，所以用力要平均，太硬的纸张容易着急强用力，而太薄的纸张又容易绵软无力。色彩太重的绢素，不能捣理。古画若有经年累月的尘埃，要用皂荚水浸湿数日，然后放在太平案上剔去污垢，画就会光亮如新，颜色亦不脱落。书画修补之法，以油纸衬于其后，直到边角、边缝排列整齐，接口严丝合缝，理顺纵横，保持原来规格，填补缺损部分，使其厚薄均匀，干净整齐平滑。大凡书画字帖，只要没有脱落，不宜多次装裱，一旦再装裱一次，则损失一次书画精气神。原来纸张厚的，一定不能揭层。

【延伸阅读】

南朝宋宣城太守、《后汉书》作者、著名史学家范晔，是我国装裱史上早期的装裱名家。

唐朝，唐太宗喜欢王羲之的书法画，指定王行直装裱，其时，日本奈良朝使臣来我国学习装裱技术，唐太宗钦命典仪张彦远面授技艺，从此我国的装裱技艺流传日本，在异国生根、开花、结果。

北宋，徽宗设立画院，装裱家列入官职，在书画家、装裱家精心探究的基础上，形成了著名的"宣和裱"。

明清 500 年间，装裱技艺成为设店裱画的专门行业，在北上广、苏州、扬州、开封等地先后出现多家书画装裱店。

【名家杂论】

《富春山居图》《清明上河图》等名画能够存留至今，很大程度上是经过装裱与修复的缘故，对此，我们应该对那些默默无闻的装裱匠致谢。

书画装裱，绝不是一项技术含量低的体力活。俗话说："三分书画七分裱。"一幅书画的意境和气韵，需要装裱匠独具慧眼，才能达到锦上添花、珠联璧合的效果。

宋代书画大家层出不穷，历代帝王都好书画，且宋代设立了翰林图画院和装裱书画的作坊，书画装裱飞跃发展。宋裱一般天地色重，隔界浅，地头长天头略短，裱工已内化于书画整体构成之中，重细处把握，加之米芾、苏轼等大家都亲自装裱，使艺术性和保护性皆得以呈现。

内心强大的明朝文人在制物装潢上的讲究丝毫不逊宋人。比如书画裱褙中的制糊用糊、安轴上杆、覆背揭洗等看似简单的事情，对他们而言却慎之又慎。

著名书画家傅抱石先生曾说："一纸上案，往往累月，不但手足要有规矩，连呼吸也要加以管制。"当装裱匠的手抚摸过宣纸，留下的是各自的体温和对制物本身的尊敬与信任。把一颗淡泊素雅的心妥善安置，归放在淡定朴白的过程之中，就是一种高蹈的人生况味。

法糊[1]

法糊，用瓦盆盛水，以面一斤渗水上，任其浮沉，夏五日，冬十日，以臭为度；后用清水蘸白芨[2]半两、白矾三分，去滓，和元浸面打成，就锅内打成团，另换水煮熟，去水倾置一器，候冷，日换水浸，临用以汤调开，忌用浓糊及敝帚。

【注释】

〔1〕法糊：装裱中按照规定调成的糨糊。

〔2〕白芨：多年生草本球根植物，具有药用价值及园林价值。

【译文】

糨糊须以定法调制，用瓦盆盛水，加面一斤掺入水中，夏天五日，冬天十日，任其浮沉搅混，以发酵酸臭为度。然后取清水浸泡白芨半两、白矾三分，去除渣滓，和原来浸过的面粉一起，在锅里打成面团，另换水煮熟，把水倒掉，面团另放，等待冷却，每日换水浸泡，用时拿热水调开，切忌用浓稠的糨糊和破扫帚刷糊。

【延伸阅读】

唐代张彦远在《历代名画记》中提出："凡煮糊必去筋，稀缓得所，搅之不停，自然调熟。余往往入少细研熏陆香末，出自拙意，永去蠹而牢固，古人未之思也。"

制作糨糊步骤繁杂，大致有备料、和面、醒面、洗粉去筋、沉淀、浸泡过性、配药、冲煮，养浆、保存等步骤。

这种惯例一直沿用至今，现在通行的做法是，先备清水、水缸及细箩。将2500克左右的面粉盛在盆中，加清水和成不软不硬的面团，反复揉几遍。和好后，盖上湿毛巾稍候片刻，称之"醒面"，使面筋凝结。将醒好的面团入盆，倒入清水，用手慢慢抓洗。将洗出的淀粉水倒入细箩中，重复，继续抓洗……直到洗尽淀粉，剩下面筋为止。在洗出的淀粉水里加适量明矾，稍加搅和，两天后，淀粉沉淀结为块状，舀去上层浮水，即可将淀粉取出冲制糨糊。如果气温较高，缸内淀粉要注意换水，防止淀粉发酵变质。也可将淀粉取出晾干，存放备用。

【名家杂论】

古人装裱字画，制糊用糊极为讲究。古人一般采用食用的精粉或标准粉加工糨糊，要求浆质白净，黏合力强，浓稀可调而黏性不减，不酸不碱，能长时间存放，其他黏合剂，如合成糨糊、纤维素、胶水等，弃之不用。这样可以最大程度地保护字画原有的成色，不会因化学反应而变质、掉色、易腐。

《装潢志》中云："不遇良工，宁存故物。"良工首必重糨糊，糨糊质量直接关系作品装裱的质量，甚至作品的寿命。千百年来，人们一直关注的是怎样使裱件既黏合牢固又柔软平整，且能防虫、防霉。

用上等糨糊装裱的书画熨帖、柔软、很少变形；用劣质糨糊甚至现在的化学糨糊装的裱件，刚裱出来时，似乎无大碍，然过不久便会原形毕露，手感脆硬、龟裂、卷翘、霉斑侵蚀，不堪入目。

值得欣慰的是，现在所用古籍装潢修复糨糊，都是工作人员依据古代配方，或略加改进自行调制的，既能消除古方不合理的地方，又能配制出更科学的糨糊。

裱轴

古人有镂沉檀为轴身，以裹金、鎏金、白玉、水晶、琥珀、玛瑙、杂宝为饰，贵重可观，盖白檀香洁去虫，取以为身，最有深意。今既不能如旧制，只以杉木为身。用犀、象、角三种雕如旧式，不可用紫檀、花梨、法蓝[1]诸俗制。画卷须出轴[2]，形制既小，不妨以宝玉为之，断不可用平轴[3]。签以犀、玉为之；曾见宋玉签半嵌锦带内者，最奇。

【注释】

〔1〕法蓝：疑似为"珐琅"，即景泰蓝。在画轴上用景泰蓝极为美观。

〔2〕出轴：轴头露出画外的，画卷有轴头。

〔3〕平轴：轴与画平齐，外加贴片的，画卷无轴头。

【译文】

古人有以雕花沉香、檀香木做画轴轴身的，然后用裹金、鎏金、白玉、水晶、琥珀、玛瑙等物装饰，既贵又美。白檀木香气可驱虫，用作轴身最为实用。如今既然不能照旧时形制，只好用杉木做轴身。轴头用犀角、象牙、牛角等物按旧式雕刻，切不可用紫檀、花梨、法蓝等制作。画卷要有轴头，若是小幅书画，可用宝玉镶嵌，万不可无轴头。画签就用犀牛角或者玉石制作；曾见过一件宋代半嵌着锦带玉签的书画，最为奇特。

【延伸阅读】

装轴，指书画装裱后，在纸尾加轴，便于舒卷或悬挂。现在的人们把没有装轴的书画称"卷子装"，装轴的就称"卷轴装"。

最初的竹简书和帛书，仅仅是一卷了之，后来随着纸质书出现了卷装，即将纸张书写后按顺序连缀成一条长幅，再卷起来。后来，人们为了收卷、持拿方便，就在末端卷纸上粘一个略长于纸卷高度的小木棍。这个小木棍便是画轴的雏形。

古代画轴常用檀香木，檀香能辟湿气，且开合有香气，又能辟蠹。亦有用桐、杉作画轴的。牛角为轴易引虫，且开卷多有湿气。更不宜用金作轴头，既俗气且易招盗。亦有以玉、水晶作轴头的，总之，画轴宜轻，轴重损画。

【名家杂论】

书画装潢经两宋至明清，无论是材料、工艺、理论著述均已相当完备，画轴的装配也从最初的光洁防朽、方便持拿等实用功能逐渐发展得精美、考究，更具文化意味。

明代周嘉胄在论述手卷外观装饰时言到"种种精饰，才一入手，不待展赏，其洁致璀璨，先已爽心目矣"。当拿到一卷书画裱件时，首先会观察到裱件的包首、签条、轴头等外观装饰，可见，裱件的外观装饰对引发观赏者的兴趣起到了很大的作用。画轴，便是"好马配好鞍"的有力见证吧。

任何事物的发展都是从无到有、从低级到高级、从简单到复杂的过程，书画装轴亦是如此。最初往往是为了实用，实用之余还要追求美观，于是便有了能工巧匠将人们智慧的结晶以艺术品的形式固化下来，流传至今。

藏画

藏画，以杉、桫木[1]为匣，匣内切勿油漆糊纸，恐惹霉湿，四、五月先将画幅幅展看，微见日色，收起入匣，去地丈余，庶免霉白。平时张挂，须三、五日一易，则不厌观，不惹尘湿，收起时，先拂去两面尘垢，则质地不损。

【注释】

〔1〕梣木：木材黄色，纹理稍黑，质地柔软，新的木材有香味。

【译文】

以杉木和梣木做画匣，匣内不要涂油漆，不要糊纸，以防受潮发霉。四、五月时，先把画一幅幅展开，稍微见一下阳光，再收入匣子，放在离地一丈高的地方，远离地面湿气，以免字画生出白霉。平日张挂画，须三五日轮换不致厌烦，又可避免书画潮湿染尘。收画时，先轻拭两面尘垢，就不会损伤画卷。

【延伸阅读】

关于藏画，明代屠隆所著《考槃馀事·画笺》记载更为详细："以杉、梣木为匣，匣内切勿油漆糊纸，恐惹霉湿。遇四、五、六月之先，将画幅展玩，微见风日，收起入匣，用纸封口，勿令通气……平日张挂名画，须三、五日一易，则不厌观，不久惹尘湿。收起先拂去两面尘垢，略见风日，即珍藏之，久则恐为风湿损其质地。"

古字画收藏，如何保持原作精神风貌、延缓老化，是每一个藏家都必须要面对的问题。尽可能减少装裱次数和频率，因为再装裱一次，原作的精神便减弱一次。防霉防蛀，以檀香木为轴，以杉、梣木为匣，收起后用纸封口，置于透风的空阁中，有人走动的地方更好，此方法比化学方法更利于字画的保护。

【名家杂论】

字画收藏与保养，是一个既久远又现代，看似简单实则繁杂，一直致力于推进却始终未能解决好的难题。

字画之所以珍贵，除了其文物、艺术价值，另一个不得忽略的因素便是纯手工制品，宣纸、绢、绫、帛等，生来就娇贵，年深日久，最是易损。

前人的藏画经验，有的至今仍适用，但也有一些需因地制宜、选择性汲取。如檀香木、楠木等散发的气味令蠹虫害怕，着实能起到驱虫、避虫的作用，则可采纳。对于作品的挂悬，以秋季为佳，春季稍差，冬夏季节最好不要张挂，而梅雨季节是绝不可以展示的。而南方四、五月天气，多雨潮湿，普通藏家把书画装裱成挂轴装饰家室就不太合适。

藏画是一件非常有内涵的事情，前人的经验要借鉴，更要视条件、环境而定。可以遵古、崇古、效古，但不可媚古、妄古、赖古。

小画匣

短轴作横面开门匣，画直放入，轴头贴签，标写某书某画，甚便取看。

■〔清〕楠木画匣

【译文】

用短轴作为横面开门的匣子，把画直接放进去，在轴头上贴上标签，注明书画的名称，便于拿取观赏。

【延伸阅读】

匣，通常指小型的收藏东西的器具。画匣，有开合式、抽拉式，也有复层式。《史记·刺客传·荆轲》记载："而秦舞阳奉地图匣，以次进。"秦舞阳就是那个随荆轲赴咸阳刺杀秦王，而一见秦始皇却吓得腿如筛糠的随从，地图匣则是那件藏着荆轲凶器的匣子。

【名家杂论】

画匣，是用于字画、墨宝存放的专用小盒。一个画匣内可以盛放一幅或一套书画，防止受潮。明末屠隆《文具雅编》所列出的文房器物发展到40多种，里面就包含了画匣的相关记录。明代高濂《遵生八笺·文房具篇》对画匣等也有专文记述。

文人多用画匣收置名贵的字画，画精匣美，相映生辉，可兴珍赏之趣。画匣品类繁多，纹饰精致细密，布局章法紧凑。多取用紫檀、乌木及豆瓣楠木等名贵木材，并镶有玉带、花枝或螭虎造型；漆匣，面上常作描金花纹，或用螺钿镶嵌进行修饰。特别讲究的还有以金、银为材质精工细作而成的画匣。画匣一般呈长条形，或在漆盒内套有锦盒，锦盒内再用明黄色缎套包裹。

卷画

须顾边齐，不宜局促，不可太宽，不可着力卷紧，恐急裂绢素，拭抹用软绢细细拂之，不可以手托起画背就观，多致损裂。

【译文】

卷画时，应将两端裱边对齐，不可太紧，不可太宽，不可用力太猛，以免纸、绢断裂。用细软绢布仔细擦拂，不可用手托起画背观画，容易使画受损破裂。

【延伸阅读】

明代屠隆在《考槃馀事·画笺》中对保护书画的记载更加详细。关于卷画，他认为"须顾边齐，不宜局促，不可太宽，亦不可着力卷紧，恐急裂绢素"。关于"拭画"有"揩抹画片，不可用粗布，恐抹擦失神"之语。关于"出示画"，他强调"古画，不可示俗人，不知看法，以手托画就观，素绢随折。或忽慢堕地，损裂莫补"。

后人经过长期摸索总结出卷画的一套规则。卷字画时，先松后紧，先松松卷起，再慢慢旋转轴头，把字画卷紧卷实。然后用画带捆扎，捆扎时轻重要适度，太松使画卷松动，易于被折压；太紧使画卷中间留下捆扎的痕迹，影响画面整体美观。

【名家杂论】

读至《卷画》一节，便想起来每年春节祭祖过后，父辈总要小心翼翼把家谱轴子卷起来的情景。先是用一木棍小心把轴子取下，两人平托，一人细心卷起。那种虔诚恭敬认真细致的模样，深深印在脑海里。

明人周嘉胄在《装潢志》一书中说："书画之命，我之命也。"张彦远《历代名画记》中提出："图画岁月既久，耗散将尽，名人艺士不复更生，可不惜哉！夫人不善宝玩者，动见劳辱，卷舒失所者，操揉便损，不解装褫者，随手弃捐，遂使真迹渐少，不亦痛哉。"

盛世兴收藏，古人说中国字画所用宣纸能够"纸寿千年"，生逢盛世，没有战乱、灾荒和"焚书坑儒"的行为，但书画中的折痕、搓揉和风蚀泛黄现象，仍屡见不鲜，让人痛心不已。

南北纸墨

古之北纸，其纹横，质松而厚，不受墨；北墨，色青而浅，不和油蜡，故色淡而纹皱，谓之"蝉翅拓"。南纸其纹竖，用油蜡，故色纯黑而有浮光，谓之"乌金拓"。

【译文】

（昔日拓帖用纸，有南北之分。）古时北纸纹理横，质地松厚，不太吸墨。而北墨（多用松烟制作而成），颜色发青且浅，不易和油蜡相融，所以北拓颜色浅淡而纹理发皱（就像薄云略过青天），所以称作"蝉翅拓"；而南纸纹理竖，墨也多用油蜡，所以色泽黝黑发亮，称作"乌金拓"。

【延伸阅读】

中国造纸术传入欧洲前，欧洲人也曾用羊皮进行文字记录工作。据说抄一本《圣经》要用300多张羊皮，这极大地限制了文化信息的传播范围。

明清造纸术由宋元发展而来，原料基本沿用前代，但竹纸产量跃居首位，皮纸居第二位，麻纸只在北方少量生产，其中，书写纸、书画纸和印刷用纸占最大份额。

至于墨，最初是以漆为墨，其后则石墨宋烟并用，最后至魏晋以后，专用宋烟墨。千百年来，制墨都是秘法私传。最有名的是"徽墨"，皖南徽州墨师云集，李超、李廷贵父子使徽墨发扬光大。早期墨是球形，称作墨丸。其后才出现棒状、板状、饼状等。比较考究的墨在表面细涂金泥，作成龙或剑形。

【名家杂论】

笔墨纸砚是中国古人独创的传统书画工具，独具中国特色。所谓笔墨纸砚精良，人生一乐。提笔作书，就像登台演一出剧，纸是舞台，笔是演员，墨是唱腔，水是伴奏。最好的书画，理应用最好的墨和相应的纸来表现。

墨在形态上有墨锭和墨汁之分，也有松烟墨、油烟墨、油松墨、五彩墨等原料之分，墨以泛青紫色为佳，黑色次之。若整篇焦墨，黏稠而死板，不易快速行笔；淡墨易与宣纸渲晕，故而行笔需快，但墨色发灰，缺乏有立体感。古人云："水法通则八法通。"所以调墨应巧配水，水与墨交合，行笔流畅，画作才有生机和灵气。近代画坛上，黄宾虹对用墨颇有心得："古人墨法妙于用水，水墨神化，仍在笔力。"《书筏》上也说："窘墨欲熟，破水用之则活。"黄宾虹是善用渴笔的圣手，渴笔，关健在于渴而能润，产生"干裂秋风，润含春雨"的艺术效果。

悬画月令

　　岁朝宜宋画福神及古名贤像；元宵前后宜看灯、傀儡；正、二月宜春游、仕女、梅、杏山茶、玉兰、桃、李之属；三月三日，宜宋画真武像；清明前后宜牡丹、芍药；四月八日，宜宋元人画佛及宋绣佛像，十四宜宋画纯阳像；端五宜真人玉符，及宋元名笔端阳、龙舟、艾虎、五毒之类；六月宜宋元大楼阁、大幅山水、蒙密树石、大幅云山、采莲、避暑等图；七夕宜穿针乞巧、天孙织女、楼阁、芭蕉、仕女等图；八月宜古桂或天香、书屋等图；九、十月宜菊花、芙蓉、秋江、秋山、枫林等图；十一月宜雪景、蜡梅、水仙、醉杨妃等图；十二月宜钟馗、迎福、驱魅、嫁妹；腊月廿五，宜玉帝、五色云车等图；至如移家则有葛仙移居等图；称寿则有院画寿星、王母等图；祈晴则有东君；祈雨则有古画风雨神龙、春雷起蛰等图；立春则有东皇、太乙等图，皆随时悬挂，以见岁时节序。若大幅神图，及杏花燕子、纸帐梅、过墙梅、松柏、鹤鹿、寿星之类，一落俗套，断不宜悬。至如宋元小景、枯木、竹石四幅大景，又不当以时序论也。

　　【译文】

　　正月初一适宜挂宋时福神和古圣贤之像；元宵前后宜张挂描绘观灯、庙会、皮影等画；正月二月宜挂春游、仕女、梅、杏、山茶、玉兰、桃、李等应时之作；三月三日道教真武生辰，宜挂宋画真武像；清明前后适宜挂花王牡丹和花相芍药；四月八日佛诞日，宜挂宋元人画佛像和宋绣佛像；四月十四日吕洞宾生日，宜挂宋画纯阳真人吕洞宾像；端午乃一年中最毒日，宜挂真人、玉符，以及宋元名笔端阳、龙舟、艾虎、五毒之类的画避祸；六月渐热，宜挂宋元楼阁、大幅山水、茂密树石、大幅云山、采莲、避暑等赏之消暑的画；七夕宜挂穿针乞巧、天孙织女、楼阁、芭蕉、仕女等节俗时令图；八月宜挂古桂、天香、书屋等图；九十金秋之月，宜挂菊花、芙蓉、秋江、秋山、枫林等图；十一月宜雪景、蜡梅、水仙、醉杨妃等图；十二月已至岁末，宜悬挂钟馗、迎福、驱魅、嫁妹等除秽迎福图；腊月廿五除岁祭神，宜挂玉帝、五色云车等画。至于搬家则要挂葛洪移居图；做寿则要挂寿星、王母等宫廷院画；祈求晴天要挂东君图；祈雨则挂风雨神龙、春雷起蛰等古画图；立春则挂东皇太乙等图。这些图画都是要随时令不同而适时悬挂，以体现时节交替，年月变迁。如果是大幅神像图以及杏花燕子、纸帐梅、过墙梅、松柏、鹤鹿、寿星等画，皆落俗套，不宜悬挂。至于宋元小景，枯木、竹石等四扇图，则不受时令季节局限。

【延伸阅读】

中国是个注重节气的国家，相比起实际意义，节令更像是一种文化。

大年初一称作岁朝。王士祯《池北偶谈》："破蒲团上三更梦，那管明朝是岁朝。"岁朝图，从宋代宫庭兴起，宋徽宗尤喜欢，古来众多文人雅士将岁朝清供泼墨成图，悬画迎新，以祈吉祥。岁朝图以画冬天不易看到又想看到的花树为多，不外草木迎春的意思。岁朝图构图相对简单：画柿子寓意事事如意，宝瓶寓意平安。还有画钟馗的，钟馗的头上方勾画着一只蝙蝠，抬眼正好能看见蝙蝠，寓意"福在眼前"。清宫画师每年要按时呈交"年例画"，一应宫中春节点缀之需。郎士宁画的岁朝图，不过就是瓶花。

【名家杂论】

古时，在讲究的人家，悬挂在屋子里的字画并非一成不变，有条件的人家，要一年四季不断更换，在各个季节，各个节气，各个节日，都要张悬与主题相呼应的画作，用文震亨的话说就是"以见岁时节序"。

书画经宋元而入明清，绘画进入手工业商业行列，一批精湛的书画作品得以在市场流通，比如，宋朝汴京大相国寺每月开放五次庙会，百货云集，其中就有售卖书籍和图画的摊店；南宋临安夜市也有细画扇面、梅竹扇面出售；明清之际，市民遇有喜庆宴会，所需要的屏风、画帐、书画陈设等都可以租赁。岁末时又有门神、钟馗等节令画售卖，甚为兴盛。

法国作家安德烈·纪德《人间粮食》中说："你永远也无法理解，为了使自己对生活发生兴趣，我们曾经付出了多大努力。"古人对家中悬画的更换，对生活情趣的追求，印证了纪德的正确。不同的时令，不同的季节，悬挂不同的字画，既可避免悬挂太久让纸质风化变脆，又能增加新鲜感。在漫长的日子里，我们的古人也曾和我们一样付出了巨大的努力，尽量让生活丰富多姿。

几 榻

此卷为室内家具鉴赏之用。逐一列举常用家具之形制、装饰、功用等，同时兼顾实用与舒适。此卷所言条法对现代家具发展有重要影响。

古人制几榻，虽长短广狭不齐，置之斋室，必古雅可爱，又坐卧依凭，无不便适。燕衎[1]之暇，以之展经史，阅书画，陈鼎彝[2]，罗肴核[3]，施枕簟，何施不可。今人制作，徒取雕绘文饰，以悦俗眼，而古制荡然，令人慨叹实深。志《几榻第六》。

【注释】

〔1〕燕衎：酒宴行乐。"燕"通"宴"。

〔2〕鼎彝：古代祭器。

〔3〕肴核：肉类和果实类食物。

【译文】

古人制作几榻，即使长短宽窄不一，但放在书斋客室里，都很古雅可爱，无论坐卧依靠，都很方便舒适。酒宴行乐之余，在上面观览经史子集，阅读名家书画，陈列古玩祭器，罗放菜肴果蔬，安放枕席卧具，用途广泛，无所不可。今人制作几榻，只求雕刻装饰取悦俗人眼光，而古代形制荡然无存，让人感慨颇深。记《几榻第六》。

【延伸阅读】

几，低矮的小桌子，茶几。《说文解字》记载："几，踞几也。象形。"后专指有光滑平面、由腿或其他支撑物固定起来的小桌子。归有光《项脊轩志》回忆与爱妻的恩爱时光时写道："吾妻来归。时至轩中，从余问古事，或凭几学书。""我的妻子回到家，有时就到项脊轩来，问我一些古时候的事或者趴伏在案几上读书。"何等郎情妾意的场景，令人羡慕。

榻，古时家具。《通俗文》记载："三尺五曰榻，八尺曰床。"《释名》中"释床帐"一文中记载："长狭而卑曰榻，言其榻然近地也。"实际上，低矮而狭长的榻，先于桌、椅、床而问世。榻相较于今日的床，要窄小些。古时候中原室内无坐具，人皆席地而坐。南北朝后民族融合，坐式家具始现。从地席到座椅，人们的坐卧之具一点一点往高处抬升。又榻以一人独坐为尊，所谓"卧榻之侧，岂容他人鼾睡"是也。

【名家杂论】

明清室内陈设完全渗透了文人生活的日常格局，更像是养生设施与趣味的铺陈："书房里的家具，有长桌一，榻床一，床头小几，筌凳六，禅椅一，榻下滚脚凳一。这里陈设的家具简洁疏朗，清雅宜人。"

"斯是陋室，惟吾德馨。"中国传统文人的情绪渗透到生活的各个方面，对住所的高标准，古今皆然。从人类走出森林，走出岩洞以后，居室由土穴、窑洞走向土木建筑，住宅除了作为遮风挡雨的处所外，其审美功能日益重要。

与此同时，文人家具应运而生。文氏开篇这段话表明了其对室内家具审美的核心思想，即古朴雅致、方便舒适、具有情趣意味，不以价格贵重，流于俗式。依文震亨接下来的论述看，主要有以下几点：一是讲究定式，崇尚古制。每一件家具用何种材料，尺寸多少，功能几何，都清楚明白。二是崇尚天然，不尚雕饰。三是以"雅"为重，不以高价或珍稀作为首选。四是注重实用与舒适。文人家具在"雅"的原则下，也须满足"实用"与"舒适"这两大功能。

榻

座高一尺二寸，屏高一尺三寸，长七尺有奇，横三尺五寸，周设木格，中贯湘竹，下座不虚，三面靠背，后背与两傍等，此榻之定式也。有古断纹[1]者，有元螺钿[2]者，其制自然古雅。忌有四足，或为螳螂腿[3]，下承以板，则可。近有大理石镶者，有退光朱黑漆、中刻竹树、以粉填者，有新螺钿者，大非雅器。他如花楠、紫檀、乌木、花梨，照旧式制成，俱可用，一改长大诸式，虽曰美观，俱落俗套。更见元制榻，有长丈五尺，阔二尺余，上无屏者，盖古人连床夜卧，以足抵足，其制亦古，然今却不适用。

【注释】

〔1〕古断纹：年代较久的旧断纹。

〔2〕元螺钿：元朝的螺钿。所谓螺钿，是指用螺壳与海贝磨制成人物、花鸟、几何图形或者文字等薄片，根据画面需要而镶嵌在器物表面的装饰工艺的总称。

〔3〕螳螂腿：榻的四足形状似螳螂腿，佛前的供桌多为此样式。

■〔明〕黄花梨罗汉榻

【译文】

榻座高一尺二寸，靠背高一尺三寸，长七尺出头，宽三尺五寸，木框为架，中间贯穿湘妃竹，后面和两旁三面有靠背，此皆制榻所应遵循的定式。有古断纹榻，有元螺钿榻，形制自然古雅。榻下最忌用四只脚，可做成螳螂腿，下面木板支撑即可。近来有用大理石镶嵌的，有用退光朱黑漆，又在漆面雕刻竹子或草木图案，然后用腻子粉填充的，有新螺钿的，都不够庄重典雅。其他用料如花楠、紫檀、乌木、花梨，凡依照旧式，都能够采用，但若更改了长宽高等尺寸，虽说美观，皆落俗套。见过元代制作的榻，长一丈五尺，宽二尺多，上无榻屏，便于夜间将它拼连起来睡觉，四足相抵，它的样式虽古朴，但现今已不适用。

【延伸阅读】

古籍记载，东汉时，南昌有个叫徐孺的隐士高人，淡泊明志，乐于助人，不愿为官。时任江西太守陈蕃极为器重其人品学问，常邀其相见，倾谈己见。陈蕃专为徐孺设有一张榻，每逢其来，便铺设一新，以供留宿，并作长夜之谈。徐孺不来，这榻便悬挂于壁，直到其下次再来，则又取下。"下榻"即由此而来。王勃路过江西所作《滕王阁序》中"物华天宝，龙光射牛斗之墟；人杰地灵，徐孺下陈蕃之榻"，即此典故。

【名家杂论】

榻，老北京匠师称只有床身而无床围的为"榻"。看古装电视剧，总会看到一些仿制的"贵妃榻"或"美人榻"，榻面较狭小，可坐可躺，制作精致，形态优美。

文震亨崇古尚古之风在"制榻"一节展现得淋漓尽致。对于榻的制式、尺寸、用料、颜色、工艺、功能，尤其是雅俗，均给出了具体、细致的分类罗列，这种严谨的态度令人敬佩。

明清时期，榻的形式逐渐简化，仅以四腿支撑，形制舒展婉约，榻面之上多不设他物，榻面是多板材或藤席，逐渐取代箱形的台座式榻，备受文人雅士喜爱。一张清榻，或安隅室内，或置于亭阁台榭、茂林修竹之间，挥尘独坐，邀朋雅聚，好不清适。

短榻

高尺许，长四尺，置之佛堂、书斋，可以习静坐禅，谈玄挥麈，更便斜倚，俗名"弥勒榻"。

【译文】

短榻高约一尺，长四尺，常放在佛堂、书斋等地，可以静坐说禅，或者手挥拂尘，谈论玄道，也便于斜靠躺卧，俗称"弥勒榻"。

■〔明〕剔红短榻

【延伸阅读】

短榻，即低矮的卧榻，一般尺寸较短小，较低矮，榻身上安置三面围子或栏杆。高濂《遵生八笺》所载与文氏略有出入："矮榻，高九寸，方圆四尺六寸，三面靠背，后背稍高如傍，……甚便斜倚，又曰'弥勒榻'"。后来主要用于坐卧或日间小憩。

明"文坛四杰"之一的何景明诗作《雨夜》："短榻孤灯里，清笳万井中。"颇有意境。《红楼梦》第五十三回："东边单设一席，乃是雕夔龙护屏矮足短榻，靠背、引枕、皮褥俱全。"《红楼梦》里这款短榻，当真称得起"高大上""白富美"了。

【名家杂论】

李宗山著《家具史话》记载，最早成形的坐具是席，"席地而坐"，毯子、褥子以及草编的席由此而来。先秦两汉时期的社会生活便以席为中心。继席之后的坐卧用具是床以及人工堆砌的土炕。关于床的记载很多，如《诗·小雅·斯干》有"载寝之床"，《商君书》亦有"人君处匡床之上而天下治"等。这时的"床"既是卧具，又是坐具，甚至有人把自己所骑的马也称为床，名曰"肉胡床"。而成为供休息和待客所用坐具的特定名称"榻"开始于西汉后期，此时的"床"一般专指睡觉用的卧具。

而榻，尤其是短榻，逐渐发展为文人隐士必备的坐榻。许慎在《说文解字》中直接释榻为"床也"，它在早期专指坐具，但在后来也作为卧具使用。西晋皇甫谧《高士传》记载，汉末魏初时人管宁，归隐后常跪坐于一木榻之上，历时50余年，未尝箕踞而坐，榻上当膝处都被磨穿了，古人称此为"坐穿"。

两晋文人在坐榻之上下棋、谈话，既可终日参悟人生，静观世间万物，参禅论道；又可交友下棋，张狂失态，所谓魏晋风度，为后人仰慕。此时，佛门僧人的坐榻，也就是罗汉床逐渐为文人隐士所推崇，自汉末以来，文人雅士和隐士们都必备一榻，以竹榻、石榻、木榻来说明自己的清高和定性，表示自己不被世间功名利禄吸引。

几

几以怪树天生屈曲若环若带之半者为之，横生三足，出自天然，摩弄滑泽，置之榻上或蒲团，可倚手顿颡[1]。又见图画中有古人架足而卧者，制亦奇古。

■〔明〕花梨方香几

■〔明〕黄花梨荷叶式六足香几

【注释】

〔1〕顿颡：用手支住额头，用手托着头部的意思。颡，指额或者头。

【译文】

用天生弯曲如环如带状怪树为原料制作几，最好有天然三弯腿，打磨擦拭光滑明亮，放在榻或蒲团上，可以用来放手或以手支头。还曾见过古画中古人用来架起双脚而睡卧的几，制式古怪。

【延伸阅读】

所谓几，乃古代人们坐时依凭的家具，比桌子小很多，在席地而坐的时期，几很是流行。几是一个象形字，看其字形，不难理解，几的基本结构是由三块板直接相交而成的。

明代时，根据用途不同，可分为炕几、条几、香几等。炕几是放在炕上使用的矮形家具，类似今天东北人的炕桌。条几常见于北方人家，放在桌子后面的长长的书条，即是其中一种。香几是供摆放香炉的。明代时，富贵之家有在书房卧室内焚香的习惯。

【名家杂论】

几，几乎是家具中最简单的一种，却有方几、圆几、椭圆、海棠、树叶、六角、八角、双搁、四搁、书卷、高低之形式，而几给人的视觉享受却有隽永之趣，绝无单调之嫌。

明式几造型古朴雅致，结构简洁洗练；卯榫构件交代得干净利落，功能明确。还有用天然树苑、树根、斑竹、紫竹做几架的，随形就势，自然古朴。本文所论之几，似有近来复古的根雕茶几之趣。

年代越久的古几，包浆越厚，那是因为在岁月中，灰尘、汗水，经土埋水沁，甚至空气中射线的穿越，层层积淀，逐渐形成的不是油漆胜似油漆的自然光泽，亮可鉴人，温润如玉，更像是时间的积淀、历史的润滑和文化的彰显。

禅椅

禅椅以天台藤为之，或得古树根，如虬龙诘曲臃肿，槎牙[1]四出，可挂瓢笠及数珠、瓶钵等器，更须莹滑如玉，不露斧斤者为佳，近见有以五色芝黏其上者，颇为添足。

【注释】

〔1〕槎牙：分支，斜生出来的树枝。

【译文】

禅椅用天台山的藤条制作，或用虬龙样盘旋弯曲的老树根来制作，枝节横出，可用来悬挂和尚云游时的瓢笠和念珠、化缘所用的瓶钵等物，以像玉一样晶莹光滑、不露斧凿痕迹为上品。近来看到有人用五色灵芝装饰禅椅，实乃画蛇添足。

【延伸阅读】

禅椅的坐盘宽敞阔大，因禅师盘腿坐于其中修禅而得名。后背和扶手均为空灵的框架，为打坐者隔出一个自我空间，可相对独处，从容思考。坐在椅子上靠不到靠背，只有盘腿而坐才能靠到靠背。禅椅的椅面为藤，背面为棕，构造做法颇符合现代人所说的人体工程学，舒适透气。

后来，为了追求气度的超脱，往往求助于局部的夸张变异，特别是以搭脑（椅子、衣架等位于家具最上的横梁）的形态表达为显著特征。《遵生八笺》记载："禅椅较之长椅，高大过半，……其制惟背上枕首横木阔厚，始有受用。"即靠背上的搭脑用料以及塑形均以阔厚为佳。

【名家杂论】

时至今日，禅椅在普通民家仍有迹可寻，可见其深入人心。然而古制的禅椅，传世者几乎不见，正宗的禅椅，成了一个雁过无踪、似有还无的传说。

椅子在传统家具形制中等级森严，不同款制，有特定之规。比如官帽椅置于中堂，玫瑰椅只宜两侧摆放，而禅椅除了在佛堂专门设置外，更在居室的室内陈设里成为固定的配置。这是因为中国的禅宗文化，本身就是佛教在中原土壤与世俗融合的产物。禅椅的整体协调，充分利用了明式家具造型成法的优点，又深刻表现着佛教哲理中的"空"。除了参悟佛法之外，它具备的美感，也足以启发人们的哲思。

唐代白居易《罢药》："自学坐禅休服药，从他时复病沉沉。"明唐寅《感怀》："不炼金丹不坐禅，饥来吃饭倦来眠。"坐禅是古代文人修身养性的一部分，并非佛家独有，这也是禅椅为什么大兴于世迄今尚存的原因。

天然几

以文木如花梨、铁梨、香楠等木为之；第以阔大为贵，长不可过八尺，厚不可过五寸，飞角处不可太尖，须平圆，乃古式。照倭几下有拖尾者，更奇，不可用四足如书桌式；或以古树根承之，不则用木，如台面阔厚者，空其中，略雕云头、如意之类；不可雕龙凤花草诸俗式。近时所制，狭而长者，最可厌。

【译文】

天然几要用花梨木、铁梨木、香楠木等有纹理的木料制作；虽以宽大为上等，但长不超八尺，厚不过五寸，飞角不能太尖，须平整圆滑，才是古时样式。有种日式天然几下有拖尾的更奇特，但不能做成书桌那样四只脚的样式；也可以用老树根或者木头做脚，如果几面宽厚，可中间雕刻些云头、如意之类的图案；切不可雕刻龙凤花草等俗气样式。近来所做的天然几样式，窄而长，最难看。

【延伸阅读】

天然几是厅堂迎面常用的一种陈设家具，一般长七尺八尺，宽尺余，高过桌面五六寸，两端飞角起翘，下面两足作片状。装饰有如意、雷纹、云纹等图案。

现在苏州园林厅堂中，都有天然几陈设，有的用料极为讲究，体质丰厚，气势大度，是明清家具的一个典型品种。

【名家杂论】

林语堂曾说，每个中国人独处时都是道家，群体时都是儒家。这在文人家具中也有体现。照文氏所言，明时对天然几的形制并无严格规定，但要求几面比较宽，而且是案形结体，不是足在四角的书桌，这和北方匠师的概念则是一致的。

天然几上常常雕刻的图案有《九鱼图》《三羊图》《骏马图》等。《九鱼图》是一幅绘上了九条活鱼的图画。"九"取长长久久之意，鱼取其万事如意，有喻意年年有余。《三羊图》是一幅绘了三只羊的图画，象征"三阳开泰"，三羊图的意思即招来吉利，带来好运。而《骏马图》的喻意更为明显，寄托飞黄腾达的愿望。

这些虽寄托美好愿望却仍看不穿名利的图画，想来也不会令文震亨所钟爱，在他眼里亦是"俱俗""忌用"之品吧。

书桌

书桌中心取阔大，四周镶边，阔仅半寸许，足稍矮而细，则其制自古。凡狭长混角[1]诸俗式，俱不可用，漆者尤俗。

【注释】

〔1〕混角：圆角。

【译文】

书桌桌面要宽大，四周仅需半寸镶边，桌腿稍矮而细，如此方为古代规格制式。桌面狭长而圆角等庸俗的样式，都不可用，上漆涂面的尤其俗气。

■〔明〕黄花梨夔龙纹卷书案

【延伸阅读】

《辞源》解释说："桌，本作'卓'，后人加'木'，作桌或棹。""卓"字有两重意思：第一，高而直；第二，不平凡。无论是高直还是不凡，都是对桌子外形和功能的赞美。

《说文解字》载："案，几属，从木。"桌与案，其外形与结构大致相同，但也略有差别。一般讲，凡由三块板直角相交而成，或者腿足位于桌面四角者叫"桌"，凡腿足缩进桌面两端安装者谓"案"。

【名家杂论】

书桌、书案、画桌、画案，在古代各有不同，四种均是较宽而大的长方形家具，其结构、造型，往往与条桌、条案相同，只在宽度上增加不少。为了便于站起来绘画，画桌、画案都不设置抽屉，其为桌形结构的称画桌，案形结构的称画案。书桌、书案则都有抽屉，也依其结构的不同分别称之为桌或案。

古时饱学之士，一日之中必有静坐，坐必有茶，茶必吟诗，诗必写字，写字必于书斋。书房虽小，五脏俱全，其中必备之物便是书桌，书桌恰如书房之心脏与灵魂。

所谓"几案有度"，明代书案画桌，从材料、做工到造型都达到顶峰。按文震亨的诠释，书桌的线条要简练，拒富华之气。桌面须疏朗宽敞，方便摆放书卷、文具及公文。初一看似与当今审美观点和对器物的评价标准颇有出入。但如果能静下心来认真审视，凡是符合文震亨所述标准的，均为耐看者。

上等书桌多用金丝楠木制作，皇帝的桌子会雕些龙形图案，其他则多雕刻吉祥花鸟或四君子图，清代小横香室主人所撰《野史大观·清代述异二》中写："楚、粤间有楠木，生深山穷谷，不知其岁也。"金丝楠木以其朴实无华的外表，包裹着其表皮下流光溢彩的质地，蕴含天地精华和灵气，沉凝而厚重，大气而内敛。这正与中国传统文人沉凝大气、华而不奢、从容优雅、含而不露、温润雍然、卓尔不群的精神情趣暗合。

壁桌

壁桌长短不拘，但不可过阔，飞云、起角、螳螂足诸式，俱可供佛，或用大理及祁阳石镶者，出旧制，亦可。

【译文】

壁桌长短没有定制，但不能太宽，飞云、起角、螳螂腿等形式，皆可做供桌敬佛，有按照旧制以大理石和祁阳石镶边的，也可以。

【延伸阅读】

壁桌，即靠墙壁安置的桌子，较多见的有供桌和琴桌。明叶宪祖《北邙说法》："俺这一班同僚，或在都城衙舍，或在冲要街衢。最不济，也在人家供桌之下，受些香火。"

琴桌与供桌相似，但稍低矮狭小，多依墙而设，仅作为陈设之用，以示清雅。古时，抚琴是士大夫的文化象征，故琴桌的式样较多，又多讲究，自然也就成了颇具人文雅趣之物。

【名家杂论】

明清壁桌大体沿用古制，不过样式日渐丰富起来，壁桌一般比普通桌子短小，也相对较矮。桌面尤其讲究以石为面，如玛瑙石、南阳石、永石等，也有采用厚木面做的。这一点在文震亨的论述里也有佐证。

大玩家王世襄在《自珍集》里记述了一件自己改造琴桌的故事："唯琴几必须低于一般桌案，长宽尺寸以 160 厘米 × 60 厘米为宜。开孔内需用窄木条镶框，光润不伤琴首。予正拟延匠制造一具，适杨啸谷先生移家返蜀，运输不便，家具就地处理。予见其桌适宜改作琴几，遂请见让，在管先生指导下，如法改制。平头案从此与古琴结下不解之缘。平湖先生在受聘音乐研究所之前，常惠临舍间，与荃猷同时学琴者有郑珉中先生。师生弹琴，均用此案。"

时至今日，我们仍能看到壁桌的传世实物，可见壁桌虽作为装饰之用，却深得人心。

方桌

方桌旧漆者最佳，须取极方大古朴，列坐可十数人者，以供展玩书画，若近制八仙等式，仅可供宴集，非雅器也。燕几别有谱图。

■〔明〕黄花梨螭纹方桌

【译文】

方桌以涂旧漆的特别方正古朴的木头制作者为上品，可围坐十几个人，便于展玩书画。像近来的八仙桌等样式，只能够用来宴请宾客，非高雅之物。燕几则另有图样。

【延伸阅读】

方桌的进化历史在桌子中最为悠久。方桌面呈正方形，有大小之分，大的称大八仙桌，可坐 8 人；小的称小八仙桌、四仙桌，最典型的式样是"一腿三牙"；大八仙桌约 110 厘米见方，小八仙桌约 86 厘米见方。方桌分无束腰和有束腰两种，在此基础上，做不同处理。如：腿部有方腿、圆腿，还有仿竹节腿；枨子有罗锅枨、直枨和霸王枨；脚部有直脚、勾脚；枨上装饰有矮老，有卡子花、牙子、绦环板等。

【名家杂论】

雍正八年（1730 年）《养心殿造办处活计档·漆作》记载："十月三十日内务府总管海望奉旨：尔照年希尧进来的番花独挺座方面桌，或黑漆或红漆的做一张。桌面不必做方的，做圆的，座子中腰安转轴，要推得转。钦此。"意思就是，照着年羹尧的哥哥年希尧进献的转轴方桌，做个可转的圆桌给我。此处仿照方桌所做圆桌，类似我们宴席所用可旋转的圆桌了。

和方桌相比，圆桌一直是亲密、平等的代名词，但唯独方桌能在两臂和对角线间找到最微妙的平衡与慰藉。方桌之上的情感，无须表达。相聚便是最贴切的流露、最款款道来的倾诉，也是相聚最宽容最私密的所在。桌上人心温和，然而各人又有各人的不易与疲惫。或许这才是方桌相比圆桌的精髓之处。

台几

台几倭人所制，种类大小不一，俱极古雅精丽，有镀金镶四角者，有嵌金银片者，有暗花者，价俱甚贵。近时仿旧式为之，亦有佳者，以置尊彝之属，最古。若红漆狭小三角诸式，俱不可用。

【译文】

台几是日本人制作的，种类大小不一，但都古朴雅致、精巧炫丽，有镀金镶四角的，有嵌金银片的，有雕刻暗花的，价格昂贵。近人有仿造旧式的，也有精品，用来放置礼器，最为古雅。像涂红漆的、窄小的三角形之类样式，都不可取。

【延伸阅读】

台几，顾名思义，放在台案之上的小几。文震亨在本条中介绍的放置酒具的小几，实际上正是源自日本的莳绘家具。莳绘艺术是日本漆艺的重要组成部分，是日本传统工艺的一大标志。

晚明，日本漆器大量进入中国。高濂《遵生八笺》记："涂器惟倭为最……而倭人之制漆器，工巧至精极矣。"而其对香几的介绍"若书案头所置小几，惟倭制佳绝。其式一板为面，长二尺，阔一尺二寸，高三寸余，上嵌金银片子花鸟四簇树石。几面两横，设小档二条，用泥金涂之。下用四牙、四足，牙口鏒金铜滚阳线，镶钤，持之甚轻……"也突出说明了莳绘漆器在中国受欢迎的程度。

【名家杂论】

中日由于地缘上的关系，经济文化往来历史悠久。日本有几千年用漆的历史，到唐代鉴真和尚六次东渡时，随船的漆艺匠师，将中国的髹漆工艺带到了日本。明成祖朱棣酷爱漆器，曾将剔红漆器200余件分三次赠送日本。

明初，中日订有条约，规定日本向中国十年一贡，而其中的倭漆家具深受中国上自帝王将相，下至渔樵耕读人民的喜爱，甚至一度出现了中国漆中有仿制日本器物者。在传来的众多漆工艺中，中国的泥金画得到了日本贵族的青睐，并发展迅速，形成了具有日本独特艺术魅力的莳绘漆器装饰技法。

如果说明代以前日本以学习中国为主，明代中后期中国与日本髹饰工艺进入了前所未有的相互学习甚至反过来影响中国本土工艺的时期。这主要是因为日本人在学习中国技艺时，并不满足于被动的模仿，而能够深入学习、大胆探索、创新求变，并融进自我审美意识，才得以后来居上。日本人的学习态度，对于我们今天的家具传承与创新，具有一定的启发意义。

椅

椅之制最多，曾见元螺钿椅，大可容二人，其制最古；乌木镶大理石者，最称贵重，然亦须照古式为之。总之，宜矮不宜高，宜阔不宜狭，其折叠单靠、吴江竹椅、专诸禅椅诸俗式，断不可用。踏足处，须以竹镶之，庶历久不坏。

【译文】

椅子样式最多，见过元朝螺钿椅，宽大可容纳两人，制式也最古老；以乌木镶嵌大理石的椅子最为贵重，但也要遵循古式制作。总之，椅子宜矮不宜高，宜宽不宜窄，至于单靠背折叠椅、吴江竹椅和专诸禅椅等俗制，绝不可用。椅子的脚踏处须用竹子镶边，可长时间不坏。

■〔明〕黄花梨六方扶手椅

■〔明〕黄花梨四出头官帽椅

■〔明〕紫檀夔龙纹玫瑰椅

【延伸阅读】

"椅"字早在《诗经》中就曾出现,《诗经·小雅》载:"其桐其椅,其实离离。岂弟君子,莫不令仪。"不过这时的"椅"与我们想象中的坐具"椅子"相去甚远,它是梓树或者类似梓树的一种植物。

在古代,人们席地而坐,通常跪坐在席子上。南北朝时,开始有了凳和椅。作为一种新生事物,椅子从西域流传到中原,却在很长一段时间内并未引起士大夫阶层的兴趣。五代至两宋,高型坐具开始普及,椅子形制渐多,出现了靠背椅、扶手椅、圈椅等,而交椅的等级高于其他椅子,稍有身份的家庭都置备交椅,供主人和贵客使用。

明朝的椅子非常简洁,极少雕刻或装饰。传世的明代宝座不是一般家庭的用具,只有宫廷、府邸和寺院中才有,其实物在今天已极为罕见,大多只能在壁画和卷轴画中寻觅了。

【名家杂论】

俗语:"站有站相,坐有坐姿。"在传统礼仪中,"坐"是一门很重要的学问。以椅子的出现为分水岭,自古至隋为席地而坐的跪坐时期,唐宋至今为高坐的椅凳时期。

因为人的动物性,远古时代的人都是像动物一样席地而坐的。汉朝后,西域胡人传来坐床习俗,被汉人继承后,仍保持席地而坐的姿势,"凡坐必屈脚"。日韩人到现在还保留着这种习惯。

跪坐是上古时期的标准坐姿。从"列席""出席""缺席""入席"等词汇之中可见一斑。非正式场合可盘膝而坐，但"踞""箕踞"以及"蹲"都是不合礼数的。当时的人坐姿失态，与现在的明星走光、露点一样，会受到大众的指责与舆论的声讨，很难下台。

文震亨的哥哥文震孟做过崇祯帝的老师，有一次崇祯跷着二郎腿听课，被老师呵斥"为人上者奈何不敬？"结果，崇祯只得非常尴尬地把架起来的腿放回去。可见古人是何其注重仪表姿态。

杌

杌有二式，方者四面平等，长者亦可容二人并坐，圆杌须大，四足彭出，古亦有螺钿朱黑漆者，竹杌及绦环诸俗式，不可用。

【译文】

杌子有两种样式，方杌面呈正方形，长的牌杌可容纳两人并坐，圆杌要大一些，四腿向外旁出。古时也有螺钿朱黑漆杌子、竹杌子和环形等俗式，不可取。

■〔明〕紫檀镶楠木心长方杌

【延伸阅读】

现在，人们更常说"凳子"，不论高、矮、方、圆。实际上，杌子远在凳子之前出现。严格讲，杌子只是凳子的一种，专指方形、四角垂直、没有靠背的小型坐具。

"杌"，《说文解字》解释为"高而上平"，《玉篇》的解释是："树无枝也。"树无枝，大概是从粗树上锯下来的树桩、树墩，后来因为树墩太重，搬动不便，人们开始用四只脚支撑一块面板。这些便是杌子的雏形了，且这种结构方式延续至今，基本不变。

【名家杂论】

"旧时王谢堂前燕，飞入寻常百姓家。"杌子的等级属性虽不比椅子，然而在其产生早期却也是上层人士的专属坐具。

宋代讲究理学，封建礼教对妇女要求严格，陆游在其《老学庵笔记》里写道："往时士大夫家妇女坐椅子、杌子，则人皆讥笑其无法度。"可见，宋时女人是不能坐杌子和椅子的，至少不能当着外人的面。

《红楼梦》第三十五回："这时，白玉钏儿自个儿往一张杌子上坐下了，莺儿却不敢坐，站着。袭人心细，忙端了个脚踏来让莺儿坐，莺儿还是不敢坐，还是站着。"

这个细节彰显了杌子的等级属性。因为杌子是高的，所以当莺儿不敢坐的时候，袭人马上搬来了很矮的"脚踏"。因为一般身份低的人，不让随便坐在高坐具上。

凳

凳亦用狭边镶者为雅，以川柏为心，以乌木镶之，最古。不则竟用杂木，黑漆者亦可用。

【译文】

凳子也以窄边镶嵌的雅致，特别是以川柏为心，四周用乌木包边的，最为古朴。退而求其次，也可用其他的木头，涂上黑漆。

【延伸阅读】

古代的"凳"字，最初并不指坐具，而是专指蹬具，用来踩踏上马、上轿时使用，也称马凳、轿凳。后来，出现了

■〔明〕洒螺钿嵌珐琅面龙戏珠纹圆凳

供上床用的脚凳，汉朝刘熙《释名·释床帐》说："榻凳施于大床之前，小榻之上，所以登床也。"所以，此时的凳子也叫脚踏。

东汉末年，"方凳"随胡人进入中原，因其用料简单，用途广泛，形状丰富，比椅子流传更广，后来逐渐搭配方几、方桌使用，流传至今。

凳子种类丰富，常见有方凳、圆凳、长凳，最矮的当属脚凳，踩在脚下，最符合它的原始功能。古人很聪明，在脚踏的基础上设计出一种凳子，叫滚凳，凳子中间有四个轴可以转动，可以按摩脚底。当时的文人，一边写文章，一边把脚在上面来回搓动。

【名家杂论】

在很多章节中，作者怀古的倾向一览无余，"凳亦用狭边镶者为雅，以川柏为心，以乌木镶之，最古。不则竟用杂木，黑漆者亦可用。"而"雅"作为人与"物"交流的一种特定方式，包括凝视、珍赏和把玩，也是作者所注重的，从各物的比例、形状、材质、搭配，处处可见作者的视觉与触觉取向。

明清时期古凳的形式多样，从明代主要流行的方形、长方形、圆形几种，到清代又增加了梅花形、桃形、六角形、八角形和海棠形等凳子。材质多选用色深、质密、纹细的贵重木料，采用榫卯技术及雕刻、线角、卷涡、凹槽等艺术加工手段，因而古凳具有天然质朴、浑厚典雅的艺术韵味。

在众家具中，凳子虽是配角，却也出彩。中式家居强调"尊者居中"及"儒家之礼"，常对称均齐布置，古凳作为实用品，多与桌类家具组合使用。古代典型的大户人家，正厅中堂一般摆置一张条案，条案前置放一张四方桌或八仙桌，左右两边配扶手椅或太师椅。或于正中放置一张圆桌和五只圆凳或坐墩组成一套，临时待客或宴饮以显落座客人之尊贵。

交床

交床即古胡床之式，两脚有嵌银、银铰钉圆木者，携以山游，或舟中用之，最便。金漆折叠者，俗不堪用。

【译文】

交床即古时的"胡床"，两腿之间的圆木上镶嵌银饰或者银质铰钉，游山玩水时携带使用，最为方便。涂金漆可折叠的款式最为俗气，弃之不用。

交床,亦称"胡床""交椅""绳床",可折叠,下身椅足呈交叉状。

古代的"床"非今天睡觉之寝具,而是供坐卧休息之用。至少直至唐代,"床"仍然是"胡床",而非睡觉的床。比如,李白《静夜思》:"床前明月光,疑是地上霜。举头望明月,低头思故乡。"应该是夜晚坐在门外的小马扎上,感月思乡。如果是睡在我们所说的室内之床上,遑论古代的窗户小且不能透光,就是抬头和低头的动作也于理不通。再如李白诗句:"郎骑竹马来,绕床弄青梅。"其中的"床",应为门口的坐具,而不是进入小女孩的闺房,绕着她的睡床跑。

■〔明〕黄花梨如意云头纹交椅

【名家杂论】

著名收藏家马未都先生是"胡床即马扎说"最坚定的拥趸者。颇为有趣的是马先生的粉丝都自称"马扎儿"。马先生是大家,但"胡床即马扎"一说,还是不敢苟同。

交床是胡人所创,作为一种便于携带的休息用具,最初用于战争时将军出征携带。后来,交床传入中原,宋元明清各朝,皇室贵族或官绅大户外出巡游、狩猎,都带着这种椅子,以便于主人可随时随地坐下来休息。它的另一种称谓"交椅"遂成为身份和权力的象征,始有"头把交椅"代表首领的说法。

后来,人们在交椅的基础上,加以改进,成为一种腿交叉,面上绷着帆布或绳子、皮条之类,可以合拢、便于携带的小凳子——马扎。

所以,最有可能的情况是,交床在胡人时期,应该是比较简陋的,制式和功用类似马扎,后来传入中原后,经贵族改进,变成较高级的交椅,交椅经过长时间的再次演进,经过去权力化和经济实用化,有了今天的马扎。

橱

藏书橱须可容万卷，
愈阔愈古，惟深仅可容一
册，即阔至丈余，门必用
二扇，不可用四及六。小
橱以有座者为雅，四足者
差俗，即用足，亦必高尺
余，下用橱殿，仅宜二尺，
不则两橱叠置矣。橱殿以
空如一架者为雅。小橱有
方二尺余者，以置古铜玉
小器为宜，大者用杉木为

■〔明〕铁梨四屉橱

之，可辟蠹[1]，小者以湘妃竹及豆瓣楠、赤水[2]、椤木[3]为古。黑漆断纹者为
甲品，杂木亦俱可用，但式贵去俗耳。铰钉忌用白铜，以紫铜照旧式，两头尖如
梭子，不用钉钉者为佳。竹橱及小木直楞，一则市肆中物，一则药室中物，俱不
可用。小者有内府填漆[4]，有日本所制，皆奇品也。经橱用朱漆，式稍方，以经
册多长耳。

【注释】

〔1〕蠹：即蠹鱼，也称"衣鱼"，是一种无翅昆虫，能腐蚀衣服、书籍等。

〔2〕赤水：明清家具用材之一。

〔3〕椤木：《新增格古要论》："白色，纹理黄，花纹粗。"

〔4〕填漆：漆器制法的一种，即在漆器表面雕刻出花纹后，用不同的色漆填
入花纹，干后将表面磨光滑。

【译文】

藏书的橱柜须能容万卷书，越大越好，但不可过深，以容纳一册书为宜，宽
可一丈多，柜门只能两扇，不用四扇或六扇。小橱要有底座才雅致，四条腿的稍俗；
即使有腿也要一尺多高，下边用一个二尺左右的橱殿，不然就做成两橱叠放。橱
殿以空如一架为雅致。小橱一般二尺见方，适合放置古铜玉器。大橱用杉木制作，

可防蛀虫；小橱用湘妃竹、豆瓣楠、赤水、椤木制作，更为古雅。黑漆硬木的材质为上品，杂木也可用，但样式贵在脱俗。铰钉最忌用白铜，要用紫铜做成两头尖如梭的旧样，不用钉子最好。竹橱及小木架，一种是商铺所用，一种是药铺所用，都不可用作书橱。小橱有内府添漆的，有用日本制造的，都是精品。藏经橱须涂红漆，样式稍方正稍深一些，因为经卷大多较长。

【延伸阅读】

"橱"字的出现，和"厨"有着千丝万缕的联系。汉代以后，出现了一种供贮存食物、炊具的"厨"，厨类家具很快得到普及，其用途也从原先贮存食物扩大到藏书与贮存衣物等，所以，后来在"厨"字边加个"木"字旁，以示区别。

橱的式样丰富，可分为闷户橱、连二橱、连三橱等。作为专门用来盛放书籍以及文房四宝的一种储藏类家具，书橱在一般书香门第的家庭比较流行。明代书橱工艺精湛，结构合理，装饰精美。如攒边技法颇具特色，且多用榫，很少用钉或胶，同时合理地运用结构部件，使它们既起加固作用，又有装饰作用。明代柜、橱的使用十分讲究，对各种专用的橱有不同的要求，如藏书橱须可容万卷，藏经橱须用红漆，样式稍方正。

【名家杂论】

关于书橱，冯唐写过一句话："以书橱为四壁的屋子，再小，也是我的黄金屋了。"对读书人而言，书橱和书架都是书房必备之物，明清文人更是如此。张岱的书房"不二斋"内"图书四壁，充栋连床"，想来张岱的藏书橱应属特大号巨制款了。

诗人杜甫有诗云："检书烧烛短，看剑引杯长。"翻箱倒柜，检阅书籍，蜡烛越烧越短，身在江湖，抚看宝剑，举杯越喝越多。白居易也曾写过一首《题文集柜》，大意是我破开柏木，做了一个书橱，这个书橱很结实。书橱里收藏什么呢？收藏我自己的诗集。我一生写了三千篇诗文，把它们整理好，很珍重地搁在柜子里。

读书写字之余，若能一边钻研，一边亲手打磨一两件称心如意的家具，未尝不是人生一大快事。

架

书架有大小二式，大者高七尺余，阔倍之，上设十二格，每格仅可容书十册，以便检取；下格不可置书，以近地卑湿故也。足亦当稍高，小者可置几上。二格平头，方木、竹架及朱黑漆者，俱不堪用。

【译文】

书架有大小两种，大的高七尺多，宽十四尺，上设十二格，每格只能放书十册，以方便取阅；下面的格子因为离地近易潮湿，不可放书。书架的腿应稍高一点，小点的书架可以放在几上。两格都是平头，方木、竹架以及朱黑漆的，都不可用。

【延伸阅读】

最早的书架大概可以追溯到战国时期的"架几案"，两几共架一块案板，谓之"架几案"，倒也妥帖形象。想必应是竹简时代吧，古人席地而坐，长可近丈，厚达数寸的架几案上长卷舒展，羊毫泼墨，中华文明得以记载。

架几案的用途有二：其一为读书人架书，历来受文人的宠爱。其二是放香炉等。上等架几案如今只在故宫博物院、颐和园、中南海等处可见。其桌面面板需数人方能搬动，足见其巨制。

■〔清〕黑漆嵌螺钿花蝶纹格

【名家杂论】

作为古代家具中最能体现中国传统美学精神和文人士大夫阶层个人情操的架格，历来受到人们的喜爱。架格类家具存在着很强的摆设作用。古代士族文人好风雅，抚琴、调香、赏花、观画、弈棋、烹茶、听风、喝酒、观瀑、采菊皆为雅事，因此，文人宅院斋室多设架格类家具，且内陈各种珍品。架格主要分为书架、多宝格和博古架等，为书房、客厅增添古雅之气。博古架，内设高低错落、大小

不等的若干小格，上设金、银、瓷、玉等古玩；多宝格由佛龛、栏杆架格演变而来，主要用以陈设存放物品，或置放古器，或贮书设鼎，或安置笔砚，或供设盆景，或珠宝珊瑚；而书架的作用则显而易见。

《红楼梦》里写到刘姥姥进潇湘馆的时候，"因见窗下案上设着笔砚，又见书架上磊着满满的书"，就说："这必定是哪位哥儿的书房了。"其实这间是林黛玉的房间。

床

床以宋、元断纹小漆床为第一，次则内府所制独眠床，又次则小木出高手匠作者，亦自可用。永嘉[1]、粤东[2]有折叠者，舟中携置亦便。若竹床及飘檐[3]、拔步、彩漆、卍字、回纹等式，俱俗。近有以柏木啄细如竹者，甚精，宜闺合及小斋中。

■〔明〕黄花梨卍字纹围架子床

【注释】

〔1〕永嘉：今浙江省永嘉县。

〔2〕粤东：今广东省。

〔3〕飘檐：原指房屋左右的边缘部分，俗称"飘檐"。此处是明清家具部件名称，是指床外踏步架如屋，屋上之檐曰"飘檐"。

【译文】

床数宋元时期断纹小漆床为最好，其次是内府所造的单人床，再往下是能工巧匠所作之床，也可留作己用。永嘉、粤东有种折叠床，在船上携带放置十分方便。像竹床、飘檐床、拔步床、彩漆床、卍字床、回纹床等样式，都很俗气。近来有用柏木雕琢似细竹床的，很精致，适合放在闺房及小居室中。

【延伸阅读】

床是我国最早出现的家具，早在 3000 年前，《诗经》中就有"乃生男子，载寝之床"的说法。床最早起源于商代，商代甲骨文中已有床形象形文字。《广博物志》上有则传说记载了床的发明：传说神农氏发明床，少昊始作簀床，吕望作榻。

汉代以前没有床，那时一律叫"榻"，榻大多无围，所以后来又叫"四面床"，专指坐具。汉代"床"的概念更广，卧具、连坐具都可称床。如梳洗床、火炉床、居床、册床等。

汉代少数民族的"胡床"，是一种高足坐具，到隋朝称"交床"，唐朝又变称"绳床"，宋代又变称"交椅"或"太师椅"。宋代真正的卧具称"四面床"，四面无围子。辽、金、元时期，床发展成三四面有围栏的床榻。到了明代，出现了上有顶架的"架子床"和外形像独立小屋的"拔步床"，又称"八步床"。"罗汉床"是明清宫廷"宝座"的前身，小的称榻，类似现代的"沙发"。

直到明代，床才有了准确的定义，即睡觉的地方。明朝的家具业是中国整个家具发展史的顶峰，直至今天，人们对明朝床的喜好还是相当深。

【名家杂论】

中国古代家具中卧具形式有四种，它们是榻、罗汉床、架子床和拔步床。后两种只作为卧具，供睡眠之用；而前两种除睡眠外，还兼有坐的功能。汉以前中国人席地而坐，待客均在主人睡卧周围。久而久之，形成了国人待客的等级观。直至民国初，待客的最高级别一直在床上或炕上。

明朝将床明确为卧具，成为家具中的大件，和文震亨同时代的李渔在《闲情偶寄》里这样说道："人生百年，所历之时，昼居其半，夜居其半。日间所处之地，或堂或庑，或舟或车，总无一定所在，而夜间所处，则止有一床。是床也者，乃我半生相共之物，较之结发糟糠，犹分先后者也。人之待物，其最厚者，当莫过此。"按李老顽童的说法，就是和妻子相比，床才是我的初恋情人。李渔的这个评价，可谓将床的重要性推到了一个前无古人的高度。

古人对床有着特殊的情结，一些大户人家，更是不惜财力制作婚床。婚床多为架子床和拔步床。考究些的称千工床，顾名思义是指一天一工，需要三年多才能制作好一张婚床。因为婚床不仅是主人休息的地方，更是传宗接代的神圣家具。

床两边常雕一对花瓶，意为平平静静，花瓶上绘莲花莲蓬，祈求连生贵子；中间雕和合二仙，象征家庭美满，夫妻恩爱。

箱

倭箱黑漆嵌金银片，大者盈尺，其铰钉锁钥，俱奇巧绝伦，以置古玉重器或晋、唐小卷最宜。又有一种差大，式亦古雅，作方胜、缨络等花者，其轻如纸，亦可置卷轴、香药、杂玩，斋中宜多畜以备用。又有一种古断纹者，上圆下方，乃古人经箱，以置佛坐间，亦不俗。

■〔明〕黑漆嵌螺钿描金平脱龙戏珠纹箱

【译文】

日本式的箱子，涂黑漆，嵌金银，大小一尺多，所用铰钉锁具钥匙，无不精巧绝伦，最适合放置古玉文玩，或者晋唐小卷字画。还有一种稍大点的，样式也很古雅，表面雕刻有方胜、璎珞等纹饰图案，轻巧如纸，也可放置卷轴、香药、杂玩等，居室当多备，随时可用。还有种旧式断纹的箱子，上圆下方，是古人藏经所用，放在佛座之上，超群脱俗。

【延伸阅读】

箱子在诗经中也有记载，《小雅·大东》有言："睆彼牵牛，不以服箱。"《说文解字》："箱，大车牝服也。"《篇海》解释为："车内容物处为箱。"这时的箱还是车内存物之处。箱子最早的形态，应该是汉代竹篾编成"竹笥"，类似今天的竹筐子，用以盛放衣物书籍，汉末始有"箱子"之名。

古代的箱子主要是用来存放文件簿册或珍贵细软物品。衣箱主要是存放冕、袍、靴等物；印匣是官方衙门用来置放印玺的方形小箱；药箱适宜分屉贮放多种物品；书箱可以盛放书籍；轿箱不仅可以放文件，也可稍供凭倚；百宝箱，为闺房中所有，也常放置金银珠宝、玉箫金管、翡翠等之物。

【名家杂论】

与西方的柜式收纳不同，在中国，箱体是主要的收纳用具。旧时大户巨室，家中皆藏金银细软、宝玩珠玉，为此，多备有专门箱匣用于存放，又称百宝箱。《警世通言》里，关于杜十娘怒沉百宝箱，有过描述："十娘取钥开锁，内皆抽屉小箱。"明朝宫廷画《出警入跸图》中，万历皇帝戎装出行，其中就有一个场景为四名轿夫抬着一对朱漆带底座的衣箱。

到了现代，箱匣实用性逐渐减弱，而观赏性逐渐增强，而与此同时，拉杆箱和密码箱等新式箱子应运而生，这或许与箱子的灵活性、方便运载相关。

屏

屏风之制最古，以大理石镶下座精细者为贵，次则祁阳石，又次则花蕊石；不得旧者，亦须仿旧式为之。若纸糊及围屏、木屏，俱不入品。

【译文】

屏风历史悠久，以大理石镶嵌屏风底座、做工精细的最为宝贵，其次是祁阳石的，再次是花蕊石的；如果没有古旧的，也要仿古旧样式制作。如果是纸糊屏风，或者围屏、木屏，皆不入流。

■〔清〕黑漆款彩百鸟朝凤图八扇围屏

【延伸阅读】

屏风，所谓屏其风也，也就是挡风，屏风最早是作为周朝天子的专用器具出现，《史记》载："天子当屏而立"，也是名位和权力的象征，后来才起到分隔、美化、挡风、协调的作用。

汉唐时，几乎有钱人家都使用屏风，屏风形式也有所增加。在独扇屏的基础上发展了多扇屏拼合的曲屏，可折叠，可开合；明清两代，出现了挂屏，大理石屏已经成为上流仕宦人家的一种重要摆设和纯粹的装饰品。

传统家具名类繁多，可古人还是对屏风情有独钟，因为它融实用性、欣赏性于一体，既有美学价值又有实用价值，是审美与功用的完美结合。

【名家杂论】

想到两则关于屏风的逸事。

唐太宗李世民执政之初，魏征写过《十渐不克终疏》，劝告太宗执行节俭戒奢的国策要善始善终，不能半途而废。太宗看后，下旨将魏征的奏章书于自己室内屏风上，"朝夕瞻仰"，后人称之"戒奢屏"。

无独有偶，朱元璋曾效仿李世民的举动。唐朝诗人李山甫有一首评论南朝皇帝荒淫无度而致国破家亡的诗《上元怀古》："南朝天子爱风流，尽守江山不到头。总为战争收拾得，却因歌舞破除休！尧行道德终无敌，秦把金汤可自由？试问繁华何处要，雨花烟草石城秋。"朱元璋看后深有感触，命人写于自己寝宫屏风之上，朝夕吟咏。

说到如诗如画的屏风，怎能不提杜牧那首《秋夕》？"银烛秋光冷画屏，轻罗小扇扑流萤。天阶（一作'街'）夜色凉如水，卧（一作'坐'）看牵牛织女星。"实际上，古人关于吟咏屏风的诗词以数百首计，可能最能体现萦绕在中国传统知识分子心中的那份对精致唯美、隐约朦胧事物的执着追求吧。

脚凳

以木制滚凳，长二尺，阔六寸，高如常式，中分一铛，内二空，中车圆木二根，两头留轴转动，以脚踹轴，滚动往来，盖涌泉穴精气所生，以运动为妙。竹踏凳方而大者，亦可用。古琴砖[1]有狭小者，夏月用作踏凳，甚凉。

【注释】

〔1〕琴砖：又名"空心砖"，明代人认为空心砖因其空心，轻叩之，铿有声，与琴音产生共鸣，使琴声更加悠扬，所以多用此砖来搁放古琴，空心砖因此得名琴砖。

■〔明〕紫檀圆腰形脚凳

【译文】

脚凳是用木头制的滚凳，长二尺，宽六寸，和常见的凳子一样高，中间分为两格，每格各装滚木一枚，两头留轴转动，脚踩轴上来回滚动，可按摩涌泉穴。涌泉穴乃精气所生之处，按摩效果最佳。宽大的竹踏凳，也可以用。狭小的古琴砖，夏日用作脚踏凳，很是凉爽。

【延伸阅读】

脚凳通常是作为宝座、大椅、床榻的附属品组合使用的。《释名·释床帐》中说："榻凳施于大床之前，小榻之上，所以登床也。"显然是一种上床的用具。

除了用以踩着上床或就座外，还有搭脚的作用。一般宝座或大椅子高度超过人的小腿，两脚悬空久了易疲，如设置脚凳，将腿足置于脚凳上，有舒适缓乏的功效。

关于脚凳，明代书籍中多有记载。比如《鲁班经》一书中叫"搭脚仔凳"，而《遵生八笺》里称为"滚凳"。

【名家杂论】

道家认为足心的涌泉穴是人之精气所生之处，常常按摩可有养生之效，遂创制滚凳。滚凳是在平常脚踏的基础上将正中装隔档分为两格，每格各装木滚一枚，两头留轴转动。人坐椅上，以脚踩滚，使脚底中涌泉穴得到摩擦，取得使身体各部筋骨舒展、气血流通的效果。

明代高濂《遵生八笺》介绍滚凳说："涌泉之穴，人之精气所生之地。养生家时常令人摩擦。今置木凳，长二尺，阔六寸，高如常，四柱镶成，中分一档，内二空中车圆木两根，两头留轴转动，凳中凿窍活装。以脚端轴滚动往来脚底。令涌泉穴受擦，无须童子。终日为之便甚。"

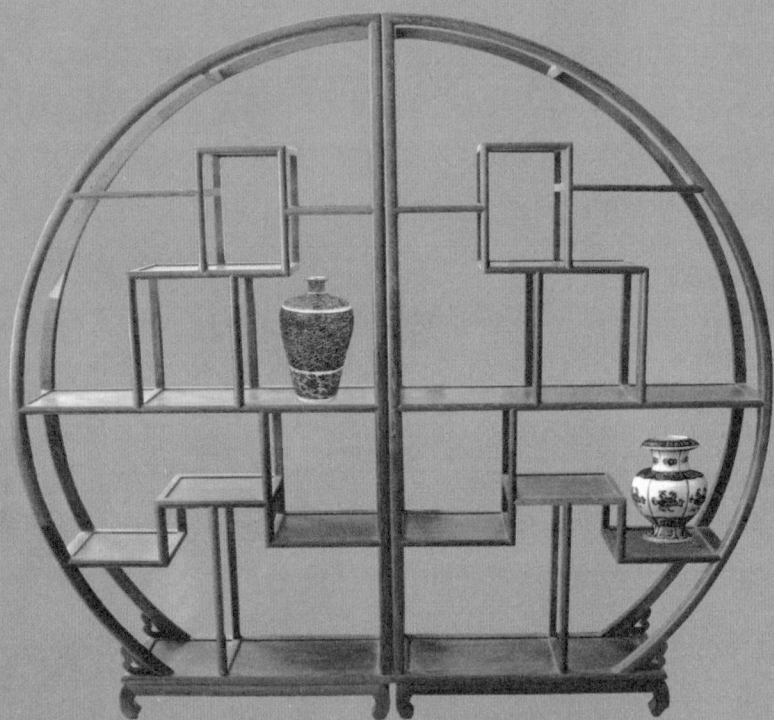

器具

此卷为熟识文人文房、卧室用具之用。
上到钟鼎、刀剑，下到笔墨、纸张，
制器皆以精良为乐，气韵清雅，赏心
悦目，藏玩皆宜。

古人制具尚用，不惜所费，故制作极备，非若后人苟且。上至钟、鼎、刀、剑、盘、匜之属，下至隃糜[1]、侧理[2]，皆以精良为乐，匪徒铭金石、尚歀识[3]而已。今人见闻不广，又习见时世所尚，逐致雅俗莫辨。更有专事绚丽，目不识古，轩窗几案，毫无韵物，而奢言陈设，未之敢轻许也。志《器具第七》。

【注释】

[1]隃糜：墨名。本为汉时县名，古城在今陕西省宝鸡地区。因为其地产墨，故以地名名之。

[2]侧理：侧理纸，即苔纸。

[3]歀识：《辍耕录》载："歀"谓阴字，是凹入者，刻划成之；"识"谓阳字，是挺出者。文中指题记、落款。

【译文】

古人制作器具崇尚实用，不惜工本，所以制作都很精良，不像后人这样马虎敷衍。上到钟、鼎、刀、剑、盘、匜之类，下到笔墨、纸张，古人都以制作精良为乐事，而不只是铭刻金石、崇尚落款附识。今人水平有限，又习惯了时下潮流，以至于雅俗不分。还有人一味推崇华丽的做工，不识古制，门窗几案，皆非风雅之物，却奢谈陈设摆放，不敢苟同。记《器具第七》。

【延伸阅读】

此卷与前几卷一脉相承，开篇言"古人制器"，类前述"旧制最佳""须照古式为之""愈古愈雅""须仿旧式"。《长物志》堪称明代生活格调指南，家具、器物、摆设和书画，莫不以"仿古"为至高标准。全卷统收近 60 种文房和卧室用具，如香炉、隔火、手炉、笔洗、剪刀、笔墨纸砚等，并辅以选材、款识、功用的评价和介绍。

【名家杂论】

南宋诗人陆游有两句诗："水复山重客到稀，文房四士独相依。"诗中所说"文房四士"便是"文房四宝"。但文房四宝不过是文人器具中的一小部分。南宋赵希鹄是我国第一个将文房用器整理出书的人，他在《洞天清录》中将文房清供列为 10 项，即古琴、古砚、古钟鼎彝器、怪石、砚屏、笔格、水滴、古翰墨真迹、古今石刻、古画。明初的《格古要论》将文房清玩分为 13 类，明末的《文房器具笺》一共列举了 45 种文玩。到文震亨时已近 60 种。

古人制器颇有讲究，制作精美，气韵清雅，赏心悦目，藏玩皆宜。笔有湖笔、宣笔；墨有徽、湖、苏；纸有澄心、金笺、宣纸、麻纸、高丽纸等；砚有端、歙、澄泥、洮河、松花、红丝等。单以镇纸论，既有狮、虎、牛、马、羊等动物形状，亦有铜、木、象牙、石等材质，其上还刻诗文警句、山水人物、花鸟鱼虫。

"文房诸器，宣炉为首"，又有"文房诸艺，琴为首艺"，二器和合，为文房双璧。文房之中，一尊宣德炉，一张琴，是必需的。

历史学上有"宋亡以后无中国，明亡以后无华夏"的言论。身为江南文人领袖，文震亨撰写《长物志》不啻一场寻根之旅，明代器具并非简单地抄袭古代，而是在尚古的同时，加入文人阶层的审美，把追求简逸、幽隐和自然的生活理想与家具、器具的设计融合在一起。正因如此，明代成熟的工匠技术和清高倨傲、淡泊致远的文人士气，孕育了古朴、简洁、雅致的明式风格。

香炉

三代、秦、汉鼎彝，及官、哥、定窑、龙泉、宣窑，皆以备赏鉴，非日用所宜。惟宣铜彝炉稍大者，最为适用；宋姜铸亦可，惟不可用神炉、太乙及鎏金白铜双鱼、象鬲[1]之类。尤忌者云间[2]、潘铜、胡铜所铸八吉祥、倭景、百钉诸俗式，及新制建窑、五色花窑等炉。又古青绿博山亦可间用。木鼎可置山中，石鼎惟以供佛，余俱不入品。古人鼎彝，俱有底盖，今人以木为之，乌木者最上，紫檀花梨俱可，忌菱花、葵花诸俗式。炉顶以宋玉帽顶及角端[3]、海兽诸样，随炉大小配之，玛瑙、水晶之属，旧者亦可用。

【注释】

〔1〕象鬲：象形的容器。古时盛馔用鼎，常饪用鬲。

〔2〕云间：今上海市松江县。

〔3〕角端：兽名。《宋书·符瑞志》载："角端者，日行万八千里，又晓四夷之语，明君圣主在位，明达方外幽远之事，则奉书而至。"

■〔明〕铜胎掐丝珐琅缠枝莲纹双扳耳炉

■〔明〕正德窑青花串枝番莲炉

【译文】

夏、商、周、秦汉鼎彝，以及官窑、哥窑、定窑、宣窑所制香炉，皆供赏玩，不适合日常使用。只有稍大的明宣德年间铜炉最适用。宋代姜氏所铸铜炉也可，只是不可用敬神祭祀用的炉、太乙炉以及镀金白铜双鱼、象形之类的铜炉。尤其忌用云间、潘氏、胡氏所铸造的八吉祥、日本风景、百钉等俗制铜炉，以及新产建窑瓷、五彩花瓷器香炉。另外，青绿古铜博山炉也可偶尔使用。木香炉可置山中，石香炉只可供佛，其余都不入品。古代香炉都有底盖，现在的都用木头做。乌木的最好，紫檀木、花梨木也可，忌装饰菱花、葵花等俗式。炉顶可做成玉石帽顶和角端、海兽等样式，大小与香炉相配，玛瑙、水晶等也可用于炉盖。

【延伸阅读】

香炉，香道必备供具，材质多为铜、陶瓷、金银、玉石等，用途亦多，或熏衣，或陈设，或敬神供佛。常见为方形或圆形，方形香炉一般有四足；圆形的香炉多三足，一足在前，两足在后。

中国香炉文化的历史可以追溯到商周时代烹煮、祭祀用的"鼎"。南北朝时，佛教初兴，禅宗初祖达摩东渡来华，中国禅宗由此肇始，佛学文化如日中天，作为祭祀用的香炉开始普及。

香炉兴于宋朝，赵氏皇帝文化素养极高，喜好复古，重视旧礼器。香炉出现在大宋帝王的内庭，而一些小型香炉则成为文人把玩之物。明代大多数香炉以青花瓷为主，明宣德皇帝本身是天分很高的艺术家，对色彩十分敏感，五彩、斗彩瓷得到空前发展。清代统治以"孝"治天下，康熙时期祭祀风气盛行，乾隆时期空前繁荣，光绪朝的御用香炉是用薄玉来做，用手电筒光打在里面，外面可以看到光亮。

【名家杂论】

香炉有一种特殊的造型，叫香兽，顾名思义是动物造型的各式香炉。用金属或陶瓷等做成各种动物造型，使香燃于鸟兽腹内，香烟从鸟兽口中缕缕而出，情趣盎然。鸟兽造型多为麒麟、狻猊、狮子、凫鸭、仙鹤各异。李清照词《醉花阴》中的"瑞脑消金兽"，"金兽"就是香兽。

明代宣德年间，以黄铜合金仿制宋代器形的香炉谓之宣德炉，实际是以宋仿三代的彝、鬲、钵、盂造型铸出线条简洁而流畅的铜炉，成一时之风气。宣德已降直至民国时期，仿造的宣德炉不计其数。

焚香，熏衣、净肤，滤心。紫烟氤氲缭绕，烟雾穿越时空隧道，触摸岁月，历久弥新；檀香弥漫盘旋，点点香气串联前世今生，接受礼拜，护佑虔诚。香炉种种，与文化和社会生活息息相关，是一种情趣和意境的载体，随着时代变迁，香炉之用也如一缕淡淡飘散的轻烟远去，惹人怅惘。

香盒

香盒以宋剔盒色如珊瑚者为上，古有一剑环、二花草、三人物之说，又有五色漆胎，刻法深浅，随妆露色，如红花绿叶、黄心黑石者次之。有倭盒三子、五子[1]者，有倭撞金银片者，有果园厂[2]大小二种，底盖各置一厂，花色不等，故以一盒[3]为贵。有内府填漆盒，俱可用。小者有定窑、饶窑蔗段、串铃二式，余不入品。尤忌描金及书金字，徽人剔漆并瓷盒，即宣成、嘉隆等窑，俱不可用。

【注释】

〔1〕三子、五子：倭盒，指日本漆盒。所谓几子，即盒内拼成的若干个小格。

〔2〕果园厂：永乐十九年（1421年），明成祖朱棣迁都北京后，"御用监"便在皇城内设置了御用漆器作坊果园厂。

〔3〕一盒：盒的底与盖花色合为一体。

■〔明〕铜胎剔红香盒

■〔清〕嵌螺钿篆香盒

【译文】

香盒以宋朝色如珊瑚的剔红盒为上品，古时有剑环第一、花草第二、人物第三之说；还有种五色漆面香盒，雕刻深浅不一，随形就色，雕些红花绿叶、黄心黑石的又次一等。有日本造的三格、五格小盒和金银片装饰的提盒。有果园厂的大小两种香盒，底和盖分厂制作，花色不同，故以底盖花色一致的为贵。有内府的漆盒，也可用。小香盒有定窑、饶窑产蔗段式和串铃式两种，其余的不入流。最忌描金涂字的，徽州所造剔红、黑漆瓷盒，宣成、嘉隆等窑所产的，亦不能用。

【延伸阅读】

明人屠隆的《考槃馀事》曰："有宋剔梅花蔗段盒，金银为素，用五色漆胎，刻法深浅随妆露色，如红花绿叶，黄心黑石之类，夺目可观，有定窑饶窑者，有倭盒三子、五子者，有倭撞可携游。必须子口紧密，不泄香气，方妙。"认为宋代雕刻的香盒乃为诸物之冠。

北京有"炉瓶三事"的说法，即香炉、箸瓶、香盒这三件焚香必备之物。燃香的时候，矮桌置炉，与人膝平。把香炉放在中间，箸瓶和香盒分列两旁。古时候的香，并不是今天成束的线香，而是香面或香条。因为线香在古时候不被认为是上品，所以点燃时要用到铜箸与铜铲，箸瓶就是用来放置箸铲的，而香盒主要用来储藏香面或细条。如此焚香，颇富情趣和技巧，如品茗一样，被视为享受。

【名家杂论】

在古代，焚香是一件极雅的事情。从宫廷到民间，从上层贵族到黎民百姓，都有焚香净气、焚香抚琴、吟诗作画和焚香静坐修身的习俗。

宋朝时，市面上出现了专营诸般奇香及香炉、炭饼等物的"香药局"，宋人赵长卿词云："金兽喷香瑞霭氛，夜凉如水酒醺醺。"文人雅士或贵族妇女，在读书写字、弹琴抚筝、品茗弈棋、女红针线之时，都喜欢焚一炉香，既可增添风雅意趣，又可净化空气；且香品随季节而变，如夏秋时节，多焚天然木香，冬春之际，则烧用香料粉末加上其他材料制成的炼香。为了不使香的精油挥发，香气走散，于是就有了专门用于盛香的小型容器，香盒应运而生。

古代所焚之香为经过"合香"方式制成的各式香丸、香球、香饼或香的散末，而非今日之线香。香末是放在香盒里焚燃的，香盒里的沟槽压出"福""寿"字样，香末压紧之后，便可沿着沟槽依次燃着，可惜现在香盒随着香末的消失，也很难觅见了。

袖炉

熏衣炙手，袖炉最不可少，以倭制漏空罩盖漆鼓为上，新制轻重方圆二式，俱俗制也。

■〔清〕铜钱币纹袖炉

【译文】

熏衣烤手，袖炉最不可缺少，以日本所造的有镂空盖子的漆鼓袖炉为上品，新制的有轻重方圆之分的两种袖炉，都很俗气。

【延伸阅读】

袖炉，熏衣烤手用的小烘炉，非常类似现在人们所称的手炉。屠隆《考槃馀事》亦有记载："袖炉，书斋中熏衣炙手对客常谈之具，如倭人所制漏空罩盖漆鼓。"

文震亨所推崇的"倭制漏空罩盖漆鼓"，实际是日本莳绘工艺中的阿古陀香炉。阿古陀是一种状如南瓜的瓜，阿古陀香炉的造型便如此瓜。它在茶道和香道中每用于暂贮香炭。香炉分作上下两部分：上部为铜丝做的网罩，称作火屋，网罩的纹样每与炉身图案互为呼应；下部为漆木做的瓜棱形炉身，称作火取母，内置铜钵或炉，其表以莳绘为饰。

【名家杂论】

旧时的寒冬腊月，民间富家的太太、小姐，甚至皇宫贵族之家，在寒冬时节，会在袖炉里点上火炭，然后把炉子捧在手心，炭火的温暖顿时传遍全身。

这种袖炉也叫"袖珍炉"，是古代铜炉的一个类别，功能与"手炉"类似，大多用来熏衣、烤手，炉子比人的手掌还小，算是一种小烘炉。这种炉子，在明代的《考槃馀事·袖炉》中有记载，是当时文人书房中的必备之物，"熏衣炙手，袖炉最不可少"。

明清时期，江浙民间工匠在宣德炉工艺的基础上制作出了铜手炉。明代嘉兴制炉名匠张鸣岐最先制作出一种铜质匀净、光泽古雅的水磨红铜手炉后，以"张炉"为代表的江浙地区出现了一批如王凤江、胡文明、潘祥风、赵一大等制炉名家。

炉子的造型与其规格比例有密切的关系，增一分则蠢，减一分正妙，所谓一分"小"，一分"巧"。因为炉子小，大家拿在手里细细玩赏的机会就很多，所以做工也要越发精良，不仅外观要讨巧，手感更是格外重要。

手炉

手炉以古铜青绿大盆及簠簋[1]之属为之，宣铜兽头三脚鼓炉亦可用，惟不可用黄白铜及紫檀、花梨等架。脚炉旧铸有俯仰莲坐细钱纹者；有形如匣者，最雅。被炉有香球等式，俱俗，竟废不用。

■ 簠

【注释】

〔1〕簠簋：皆祭器，也用来盛放粮食。

【译文】

烘手取暖的炉子常用古青绿铜大盆及簠簋等器，宣铜材质的兽头鼓身三脚炉也可用，只是不能用黄白铜及紫檀、花梨木作炉架。旧制脚炉中有莲花座细铜钱花纹和形如匣子的炉，最雅致。被炉有香球等样式，都很俗气，废弃不用。

■ 簋

【延伸阅读】

手炉，是冬天暖手用的小炉，多为铜制。唐元稹《过王十一馆居》诗之一："密宇深房小火炉，饭香鱼熟近中厨。"清代张劭曾有《手炉》诗云："松灰笼暖袖先知，银叶香飘篆一丝。顶伴梅花平出网，展环竹节卧生枝。不愁冻玉棋难捻，且喜元霜笔易持。纵使诗家寒到骨，阳春腕底已生姿。"

手炉是旧时中国宫廷和民间普遍使用的一种取暖工具，炉内装有炭火，故也称"火笼"。从"惟不可用黄白铜及紫檀、花梨等架"可知，前条"袖炉"是小青铜器，此条"手炉"是大青铜器。

【名家杂论】

过去的读书人或大家闺秀，冬天在私塾或书房里读书，都会捧一把手炉暖手。手炉，形制如小瓜大小，可随手提动，且古人宽袍大袖，可笼于袖中或怀中，所以有"袖炉""捧炉"之分。

手炉的制作，明清达到炉火纯青的境界。铜炉广泛使用，而为文震亨所不屑的形制在清朝却大兴。晚明嘉兴名匠张鸣岐是一代制炉名家，他制作出一种铜质匀净、光泽古雅的水磨红铜手炉，人称"张炉"。另一位晚明铜器名匠胡文明，以纯正的皮色取胜，擅长铸造铜炉，并能按古式制造彝、鼎、尊、卣之类铜器。所做手炉器物式样高古，精美撩人，人称"胡炉"或"胡铜"，时誉极高，为世珍重。

坐在暖气、空调房里的今人们，再也无往昔把玩之趣，即使如网购"暖手宝"之类，时时谨防爆炸，倒真的是俗不可耐。

香筒

香筒旧者有李文甫所制，中雕花鸟竹石，略以古筒为贵。若太涉脂粉，或雕镂故事人物，便称俗品，亦不必置怀袖间。

【译文】

香筒，有李文甫制老款香筒，其上雕刻花鸟竹石，以古朴简约为贵。如果脂粉气太浓或者雕刻过多人物故事，便成了俗品，也不必揣在怀里或者衣袖里了。

【延伸阅读】

香筒，筒式香薰。流行于明清之际，因线香而盛行，所以香筒也称"香笼""香插"或"香亭"。

香筒多为长而直的圆筒，上有平顶盖，下有扁平的承座，外壁镂空成各种花样，筒内设有小插管，以便于安放香料。

■〔明〕竹雕荷塘清趣图香筒

清代褚礼堂在《竹刻脞语》中记载了用截竹做香筒的制作方法。把直径约一寸余的竹子截成七八寸长，用檀木做底，把山水人物刻在筒壁上就制成了香筒。一般将特制香料或香花放入筒内，使香气从筒壁、筒盖的气孔中溢出。除竹子外，檀木、黄杨木、铜、玉等质料也已出现，并成为人们喜爱的品种。

【名家杂论】

香道、茶道、花道，历来是"雅事中的雅事"。品香有燃、熏、置、煮、佩等多种方式，并被赋予了得气、得神、得道的不同境界。"闻香识人"也被传为佳话。

香筒是古代富贵人家净化空气的一种室内用具，将特制的香料或是香花放入香筒内，香气便从筒壁、筒盖的气孔中溢出。古时的添香方式有两种：一是用火焚烧香料取其香烟，二是将香料置于器皿中慢慢挥发香气。一般焚香用具多为陶瓷、金属等材质所制，而竹木等不耐高温的材料则制成装放香料后挥发香气的香筒。

明清两代流行的香筒，造型多为长直筒，上有平顶盖，下有扁平的承座，外壁饰镂空花样。筒内通常有一枚小插管，以稳插线香。故宫所藏的明清香筒有明雕竹人物香筒、明白玉龙凤镂空香筒、清象牙雕梅雀香筒及作为插香用的清青花小香筒。

读书焚香，自古就是读书人追求的雅致氛围。因香筒多为文人、闺阁把玩之物，作添香之用的"香筒"对雕刻的艺术水平要求也高。文人好雅趣，燃香于筒内，烟雾氤氲中，或挥笔，或阅籍，其乐无穷；闺阁女子多情，盛花或香料于其中，香气透过玲珑剔透的筒壁缕缕散发，闺阁内香暖素净。

笔格[1]

笔格虽为古制，然既用砚山，如灵璧、英石，峰峦起伏，不露斧凿者为之，此式可废。古玉有山形者，有旧玉子母猫，长六七寸，白玉为母，余取玉玷或纯黄纯黑玷瑁之类为子者；古铜有鎏金双镩螭挽格[2]，有十二峰为格，有单螭起伏为格；窑器有白定三山、五山及卧花哇[3]者，俱藏以供玩，不必置几砚间。俗子有以老树根枝，蟠曲万状，或为龙形，爪牙俱备者，此俱最忌，不可用。

【注释】

〔1〕笔格：即"笔架"，架笔的工具。

〔2〕双镩螭挽格：两螭相挽成格之意。

〔3〕卧花哇："哇"通"娃"。

■〔清〕青白玉五子笔架

■〔清〕乾隆掐丝珐琅云龙纹笔架

【译文】

笔格虽是古时旧制，但现在已用砚台，如灵璧、英石所制的，峰峦起伏，以不显斧凿痕迹，因此笔格就废弃不用了。古玉笔格有山形的，有子母猫的，长约六七寸，白玉做成母猫，有瑕疵的玉或纯黄纯黑玳瑁之类做成子猫；古铜笔格有鋈金双螭挽为格的，有十二峰头为格的，有单螭起伏为格的。瓷器笔格有定窑白瓷的三山峰、五山峰和卧莲娃娃形，都可以收藏把玩，不必置于几案上。有些俗人用盘曲万状的老树根枝制成龙形笔架，爪牙齐备，最俗不用。

【延伸阅读】

笔格，即笔架、笔搁，架笔，搁笔之物。笔格历史久远，南北朝已有记载，吴筠《笔格赋》有"幽山之桂树……翦其片条，为此笔格"的记载。唐朝陆龟蒙也有"自拂烟霞安笔格，独开封检试砂牀"的自制笔格的举动。

宋代笔架材质多样，有铜、瓷、石等，多为山形，而铜制笔架多为螭龙形状，宋陆游有诗："熟睡李书横竹架，吟余犀管阁铜螭"。明代，笔架已成为文房中不可或缺之物，材质更有珊瑚、玛瑙、水晶，还有瓷、玉、木等。清代笔架更胜，材质有玉、紫砂、水晶、铜、木、珐琅、象牙等，而以自然之物最为名贵。

【名家杂论】

古人读书写字，颇为讲究，必是焚香净手，一番铺陈，摊纸，研墨，挽起袖管，将毛笔饱蘸墨水，腹有千言，下笔有神。

闲来作书绘画，办理案牍公文，遇到文思不畅，须辍笔沉思、搜索枯肠的时候，为避免毛笔滚落地下或沾污他物，要有一个可供暂时搁笔的器物，笔架因此应运而生。即使停笔休憩，也要将毛笔洗净，搁置在笔架上，而非信手一扔。

明朝笔格为文房不可或缺之物，高濂《遵生八笺》所记载与文震亨的描写有所出入，据其记载当时人最喜欢"有一老树根，蟠曲万状，长止七寸，宛若行龙，鳞角爪牙悉备，摩挲如玉，此承天生笔格"。不过，这倒符合明代以"天然、不加修饰的器物为最上品"的原则。

清朝雍正帝即位后每日批阅奏章到凌晨一两点。朱批少则一字，多则万言。在位十三年，留下的朱批总计千万字，阅读数量则可想而知。如此勤政的"工作狂"皇帝，想必他案前的笔格也倍加辛苦。

笔床

笔床之制，世不多见，有古鎏金者，长六七寸，高寸二分，阔二寸余，上可卧笔四矢，然形如一架，最不美观，即旧式，可废也。

【译文】

笔床，现在已不常见。有古鎏金笔床，长六七寸，高一寸二分，宽二寸多，可以放四管毛笔，然而形如架子，不美观，即使是古物，也该废弃不用。

【延伸阅读】

笔床，传统书写文具，搁放毛笔的专用器物，平卧式，起源较早。材质有鎏金、翡翠、紫檀和乌木等，现在所见传世笔床，大多是用瓷或者是竹木制作的。笔床平放，多作长方形，口沿外撇，圈足，内设笔搁。人们将毛笔横卧在笔床上，通常一只笔床上可以放三到四管毛笔。

南朝徐陵在《玉台新咏·序》中说："琉璃砚匣，终日随身；翡翠笔床，无时离手。"屠隆《文具雅编》写道："笔床之制，行世甚少。古有鎏金者，长六七寸，高寸二分，阔二寸余，如一架然，可卧笔四矢。以此为式，用紫檀乌木为之，亦佳。"

【名家杂论】

笔床先于笔筒产生，笔床和笔船都是平卧式搁笔工具，笔床明清以来少见，笔船更少。《文房用具》曾分析笔床与笔格的优劣，一是把笔搁在笔格上，只需将笔管的一端放上，而多数笔床两端都有凹槽，笔管两端都要嵌入笔床凹槽，相对麻烦；二是笔格在造型上的多样性、随意性，会更受文人的青睐。

《新唐书·陆龟蒙传》："不乘马，升舟设蓬席，赍束书、茶灶、笔床、钓具往来。"说的是唐朝隐士陆龟蒙，年轻时饱读诗书，晓《六经》，明《春秋》。科举未中后，淡泊功名，来到松江甫里隐居。他最爱做两件事，第一是读书撰文，第二是烹水饮茶，几乎成癖。如果读到一本好书，往往抄录下来，并用朱、黄毛笔评点一番。因为喜欢喝茶，自家辟有茶园，每年收取新茶，他就亲自品茶，评定茶叶的等级。陆龟蒙出门从不骑马，他的交通工具是一只装有蓬席的小船，每次出行放游江湖之间，他总要带上几本书和笔床，还有煮茶的炉灶，钓鱼竿等物，荡着小船，十分逍遥。当地人都叫他"江湖散人"或"甫里先生"，陆龟蒙最后老死在湖山之间。后人用"笔床茶灶"来形容隐士的生活。

清朝第一才子、康熙御前侍卫纳兰性德曾作《浣溪沙·藕荡桥边理钓筒》一首："藕荡桥边理钓筒，苎萝西去五湖东。笔床茶灶太从容。况有短墙银杏雨，更兼高阁玉兰风。画眉闲了画芙蓉。"长伴君侧、混迹官场的纳兰性德，词中颇有对隐逸生活的向往之意。

笔筒

笔筒，湘竹、椶榈者佳，毛竹以古铜镶者为雅，紫檀、乌木、花梨亦间可用，忌八棱菱花式。陶者有古白定竹节者，最贵，然艰得大者；冬青瓷细花及宣窑者，俱可用。又有鼓样、中有孔插笔及墨者，虽旧物，亦不雅观。

【译文】

笔筒以湘竹和棕榈木制成的最好，毛竹做的笔筒镶嵌古铜也颇有雅趣，紫檀、乌木、黄花梨等也可以，忌用八棱菱花式笔筒。陶瓷笔筒以定窑白瓷竹节笔筒最为珍贵，但难得到大的；细花冬青瓷和宣窑瓷的笔筒，也可用。还有种鼓状笔筒，中间可插笔和墨，虽是古物，但也不美观。

■〔清〕竹雕赤壁怀古笔筒

【延伸阅读】

笔筒是搁放毛笔的专用器物,筒状,多为直口,直壁,口底相若,造型相对简单。

"笔筒"一词出于三国吴人陆玑《毛诗草木鸟兽虫鱼疏·螟蛉有子》:"取桑虫负之于木空中,或书简笔筒中,七日而化。"

明朝《天水冰山录》记载,查抄明代一代权相严嵩家产的清单上,列有牙镶棕木笔筒、象牙牛角笔筒、哥窑碎磁笔筒等数件。屠隆《文房器具笺》笔筒条记载:"(笔筒)湘竹为之,以紫檀、乌木棱口镶坐为雅,余不入品。"文、屠二人只钟情于竹木的雅洁,对其他质地的笔筒关注则不多。

【名家杂论】

笔筒是古人除笔、墨、纸、砚以外最重要的文房用具,大约出现在明朝中晚期,因使用方便而风靡天下,至今不衰。明代文人朱彝尊曾作《笔筒铭》,云:"笔之在案,或侧或颇,犹人之无仪,筒以束之,如客得家,闲彼放心,归于无邪。"

笔筒的前辈大致有笔架、笔床、笔格几种。笔筒在古代文具中出现得最晚,大致到了明朝晚期,文人的案头才设置笔筒。明末,文人厌恶政治,于是转而寄情山水,笔筒由于制作简单,实用方便,文人亲自操刀,自制成癖,工匠穷极工巧,率意靡费,许多精美绝伦的笔筒,"几成妖物",令今人叹为观止。

笔船

笔船,紫檀、乌木细镶竹篾者可用,惟不可以牙、玉为之。

【译文】

笔船,以紫檀木和细乌木镶嵌竹篾的为好,不可以用象牙、玉石制作。

【延伸阅读】

笔船,盛放毛笔的文房用具。以木、牙、玉质材料制作。多作长方形,口沿外撇,圈足,内设笔搁。明屠隆《考槃馀事》中载其使用方法:"此与直方并用,不可缺者。"

明高濂《遵生八笺》记述:"笔船有紫檀、乌木、细镶竹篾者,精甚;有以牙玉为之者,亦佳。"与文氏所载有出入。

【名家杂论】

笔船，与笔床相似，毛笔横卧在船中笔搁上，一只笔船上最多可放置三四管毛笔。笔船造型别致，但不实用，置笔数量不多，所以被后起之秀笔筒取代。

乾隆时期修建宁寿宫，其内宁寿宫化园、养性殿、淳化轩、墨云室、卷勤斋等处，均命制作大量文房清供陈设于各处殿宇多宝格或宝物箱内。乾隆元年，《内务府造办处活计档》记载："紫檀木笔船，铜墨斗一件，铅笔二枝……以上共二百四十六件……"

笔船的材质以木质最佳，但木质传世笔船很少。这些偏门的文玩乍看上去只是一件精巧的摆件，其实用功能已几近于无。

笔洗

笔洗玉者有：钵盂洗、长方洗、玉环洗；古铜者有：古鎏金小洗，有青绿小盂，有小釜、小卮、小匜[1]，此数物原非笔洗，今用作洗最佳。陶者有：官、哥葵花洗、磬口洗、四卷荷叶洗、卷口蔗段洗；龙泉有：双鱼洗、菊花洗、百折洗；定窑有：三箍洗、

■〔宋〕钧窑三足笔洗

梅花洗、方池洗；宣窑有：鱼藻洗、葵瓣洗、磬口洗、鼓样洗，俱可用。忌绦环[2]及青白相间诸式。又有中盏作洗，边盘作笔砚者，此不可用。

【注释】

〔1〕小釜、小卮、小匜：釜即锅，又为古量器；卮，古酒浆器；匜，古代舀水用的器具。

〔2〕绦环：用丝绳围成一圈。

【译文】

玉制笔洗有钵盂洗、长方洗、玉环洗；古铜笔洗有鎏金小洗，有青铜小盂，还有小釜、小卮、小匜，这几种原非笔洗，现挪作笔洗也很好；陶瓷洗有官窑、

哥窑的葵花洗，磬口圆肚洗，四卷荷叶洗，卷口蔗段洗等；龙泉窑产有双鱼洗、菊花洗、百折洗；定窑有三箍洗、梅花洗、方池洗；宣窑有鱼藻洗、葵瓣洗、磬口洗、鼓样洗，这些都可用。忌讳用绦环及青白相间等笔洗诸式。此外，还有中盏作笔洗，边盘作笔觇的，不可取。

【延伸阅读】

笔洗，洗毛笔所用之文房器物。毛笔用后要及时洗去笔头的墨汁，以便下次使用。笔洗形制各异，或素或花，工巧拟古，虽在文房用具中不占有主导地位，但集一套不同性质的笔洗于书案前也蔚为奇观。

各种笔洗中，最常见的是瓷笔洗，传世量最多。目前可见宋代五大名窑，哥、官、汝、定、钧的笔洗。形状包括花果、鱼、兽等形象。如桃式洗，做成半个桃实形，一段有枝茎，桃叶包绕，造型饱满，十分风趣，讨人喜欢。明代宜兴窑的莲花洗，一般是在洗的外部堆贴3根莲花茎，茎端出凸起荷叶、荷包和莲蓬，广窑的莲花洗，整体塑造成展开的莲花形，花瓣层层叠叠，且在笔洗施明净的蓝釉。

【名家杂论】

旧时文人书斋案头的文房用具中，用来盛水洗笔的笔洗是不可或缺的器具之一。见过一件秋蝉桐叶玉笔洗，生动活泼，玲珑有加，艺术性远超实用性。器身雕成一片被折枝托着的内卷桐叶形状，叶上筋脉丝丝缕缕，一秋蝉栖身叶上，桐叶边缘被小虫啃食的痕迹都栩栩如生，令人爱不释手。

收藏笔洗也多有故事。文玩大家陈重远《古玩谈旧闻》记载了一个"翠镯换钧窑笔洗"的故事。民国时，北平一位老翰林娶了位年轻的姨太太，姨太太私自将老翰林珍藏的宋代钧窑笔洗换了一只心仪的翠镯。当老翰林得知后，气得浑身颤抖，因为那件宋钧窑笔洗是光绪爷赏赐的，是翰林的传家宝。姨太太不示弱，骂他拿着光绪爷赏的宝，却去洪宪皇帝那儿磕头称臣。这句话像刀一样戳在老翰林的心窝子上。"卖漏"让翰林一病不起，不久命归西天。后来笔洗几经转手卖到了两万五千块银元，可在北平买好地上千亩。

除了文物价值，笔洗更多是一个人勤于创作的见证者。最大的笔洗，当属书圣王羲之的洗墨池了。王羲之七岁练书法，家门口有一个水池，他每次练完书法都会在此洗毛笔。过了二十年，天天如此，门前原本清澈的水池都被洗成了黑色。这便是洗墨池的由来。

笔觇

笔觇，定窑、龙泉小浅碟俱佳，水晶、琉璃诸式，俱不雅，有玉碾片叶为之者，尤俗。

■〔清〕象牙雕葫芦形笔觇

【译文】

笔觇，以定窑、龙泉小浅碟为妙，水晶，琉璃等式都不好。有种玉碾叶片形状的笔觇，尤其俗气。

【延伸阅读】

古人运笔除了可在砚上掭笔外，更备有专门的掭笔之物，谓之笔觇。只不过近代已不常用。

笔觇又称"笔掭""笔舐"，有瓷制、玉制、琉璃制、水晶制等。有人将笔觇与笔掭列为两种文具，其实它们是同一种器具，有着同样的功能，都是文人书写绘画时，用来掭舐毛笔的用具。

【名家杂论】

毛笔由笔杆和笔头组成，笔头多为兽毛而制。当笔头蘸墨时，笔毛会因吸墨而粗细不均，如果直接拿笔书写，笔迹粗细不均，会影响字体的形状。在没有砚台时，人们在书写之前，常常把蘸有墨汁的笔头放在一个能够盛墨的容器上反复修墨，直到把它弄均匀，使其走墨的速度达到自己的要求为止。

蘸有墨汁的笔头看起来就像舌头在舐东西，而大概是文人嫌弃"舐"这个动作不雅，所以就将这样的文房器具称为笔掭。"掭"字的词义为用毛笔蘸墨汁在砚台上弄均匀的意思。

自从毛笔诞生，便有了舐笔的需要，舐笔可在砚上，也可在纸绢上，作为一个单独的舐笔工具，且具有文玩含义的舐笔文具，笔觇大约出现在宋代，明屠隆《考槃馀事》在文房器具中，一共列举了45种，笔觇排在第八位，可见笔觇在当时文人心目中的地位。

镇纸

镇纸，玉者有古玉兔、玉牛、玉马、玉鹿、玉羊、玉蟾蜍、蹲虎、辟邪、子母螭[1]诸式，最古雅。铜者有青绿虾蟆、蹲虎、蹲螭、眠犬、鎏金辟邪、卧马、龟、龙，亦可用。其玛瑙、水晶、官、哥、定窑，俱非雅器。宣铜马、牛、猫、犬、狻猊[2]之属，亦有绝佳者。

【注释】

〔1〕子母螭：大小两螭。

〔2〕狻猊：兽名，即狮子。

■〔明〕铜麒麟镇纸

【译文】

镇纸，玉镇纸有玉兔、玉牛、玉马、玉鹿、玉羊、玉蟾蜍、蹲虎、辟邪、子母螭等样式，最为古朴典雅。铜镇纸有青绿蛤蟆、蹲虎、蹲螭、眠犬、鎏金辟邪、卧马、龟、龙，也很好。其他诸如玛瑙、水晶、官窑、哥窑、定窑镇纸，皆非名器。宣德年间铜质马、牛、猫、犬、狻猊之类，有上佳的。

【延伸阅读】

镇纸，写字作画时用以压纸的东西，主要是重压纸张或书册而不使其失散，方便在帛卷、宣纸等材质上书写，又名纸镇、文镇或镇尺、书镇等。最初的镇纸无固定形状。古代文人时常会把小型的青铜器、玉器放在案头上把玩欣赏，因为它们都有一定的分量，所以人们在玩赏的同时，也会顺手用来压纸或者是压书，久而久之，发展成为一种文房用具——镇纸。

在古代，镇纸有金、银、铜、玉、瓷等材质，大多采用兔、马、羊、鹿、蟾蜍等形。明代镇纸多为尺状，明朱之蕃诗："文木裁成体直方，高斋时半校书郎。"清代镇纸材质较明代增加了瓷、象牙、珐琅等，仍以尺形为主。

【名家杂论】

《说文解字》载："镇，博压。"即大面积地压住。古人席地而坐之时，在座席四角放置或石或铜的席镇，压住席角以免移动。纸张问世后，轻薄易为风动、扰人行墨，镇纸应运而生。这一镇，迄今 1500 余年。文人清雅，常于其上刻砚镌字，便形成了现在所见的镇纸。除却风扰的缘故，还有另外的原因。古人习字之初，必临摹碑帖。临者，依照原帖书写；摹者，将纸覆于原帖之上摹写。古时纸张粗糙不透，人们需将纸张紧覆，才能看清帖上笔顺，镇纸的作用便愈发重要。

镇纸可称为古代文人书房中笔墨纸砚四宝之外的第五宝。镇纸出现在书房里，可以追溯到南北朝。《南史》载："帝尝以书案下安鼻为楯，以铁为书镇如意，甚壮大，以备不虞，欲以代杖。"意思是南朝齐高帝曾用铁特制了一个非常粗大的镇纸如意，以备意外时作为棍杖，用以搏击。此举似乎有辱斯文了。

剪刀

有宾铁[1]剪刀，外面起花镀金，内嵌回回字[2]者，制作极巧；倭制折叠者，亦可用。

【注释】

〔1〕宾铁：即镔铁，精致的铁。
〔2〕回回字：回族文，指阿拉伯文。

【译文】

用精炼之铁铸造剪刀，外面雕花镀金，里面嵌着回文字迹，制作极其精巧；日本造的一种折叠剪，也可用。

【延伸阅读】

"剪"古时称"前"。东汉许慎《说文解字》："前，齐断也。"剪刀，古人又称"龙刀""交刀""铰刀"，两刀相交而成之意。切割布、纸、钢板、绳、圆钢等片状或线状物体的双刃工具，两刃交错，可以开合。剪刀具有悠久的历史，《古史考》中写道："剪，铁器也。用以裁布帛，始于黄帝时。"

公元 6 世纪左右，中国将剪刀传入了日本，江户时期大量制造。

"剪"为会意字，意即"刀前还有一把刀"的意思。明代王圻所著《三才会图》图文并茂地展现了当时剪刀的模样和用途："此闺阁中物也，剪除繁芜，书斋中亦不可少此。"清末民初刺绣大家沈寿口述、张謇整理的《雪宦绣谱》一书专门谈到了当时的剪刀："剪宜小，宜密锋，宜锐刀。苏杭、北京皆有之。"

【名家杂论】

宋刘鼎臣的妻子在《鹧鸪天》中以物抒情："金屋无人夜剪缯，宝钗翻作齿痕轻。临行执手殷勤送，衬取萧郎两鬓青。"宋代，妇女裁剪丝绸做女红，兼打发无聊时日，待君归来。

元末明初参与编修《元史》的陈基作过一首《裁衣曲》，其中写到剪刀："殷勤织纨绮，寸寸成文理。裁作远人衣，缝缝不敢迟。裁衣不怕剪刀寒，寄远唯忧行路难。"想来应该是冬天，天冷了，要给远在他乡的丈夫做冬衣，我不怕天冷握不住冰凉的剪刀，只怕天冷路远裘衣迟迟送不到夫君手中。

明代文人范允临也有《咏剪春罗》的绝句："君恩宴曲池，为郎制宫锦。月落杏花寒，裁缝剪刀冷。"同样是哀怨缠绵的闺中怨妇，同样是借剪裁布锦，抒发相思之情，一把剪刀，寄托的是殷殷相爱之情。

而关于剪刀最美的传说，当属李商隐的《夜雨寄北》了："何当共剪西窗烛，却话巴山夜雨时。"什么时候可以深夜再次秉烛长谈，剪去窗前燃过的烛芯呢？那时我一定要亲口告诉你，今晚我在巴山听着绵绵夜雨，是多么想念你！

书灯

书灯，有古铜驼灯、羊灯、龟灯、诸葛灯，俱可供玩，而不适用。有青绿铜荷一片檠[1]，架花朵于上，古人取金莲之意，今用以为灯，最雅。定窑三台、宣窑二台者，俱不堪用。锡者[2]取旧制古朴矮小者为佳。

【注释】

〔1〕檠：灯台。

〔2〕锡者：把麻布加灰捶洗，使之洁白。

【译文】

书灯有古铜驼灯、羊灯、龟灯、诸葛灯，皆可把玩，却不实用。有种以青绿铜制的灯架，状如绿色荷叶上擎起一朵荷花，古人取金莲之意，如今用来做灯，最雅致。定窑三台灯架和宣窑二台灯架，都不能用。老款的有用洁白光滑的麻木制作的，以古朴矮小者为上品。

【延伸阅读】

对读书人来说，书和灯关系密切。仅仅《全宋诗》中，以"书灯"入诗的诗作就有 97 首，既有王质"紧催灯火赴功名"，又有苏舜钦"独守残灯理断编"。读书灯映照的正是读书人的品质。它自诞生以来就帮助读书人清清楚楚看书，它的一生都为读书人写文章而照耀。

明文人书房用具相当讲究，书房所用油灯，也极尽雅致。文震亨认为，明清时由于景德镇瓷器的兴盛，瓷灯成为主流，精品迭出。瓷烛台在明清两代十分盛行。明永乐流行八方烛台，正德烛台常饰青花回纹，嘉靖烛台常用宽把豆托底，万历烛台造型分大小两个承盘、支柱镂空底座，柱顶烛盘内有一尖状高烛插。彩绘和镂空并用，最为精美。文震亨认为唯有铜铸的荷叶灯寓意最好，用作书房照明，寄托了读书人的胸襟抱负，承载了文人的志趣风流，堪称最雅。

【名家杂论】

"青灯黄卷伴更长，花落银缸午夜香。"十年寒窗，漫漫长夜，旧时文人士子的读书生涯，书灯是常伴左右之物，而古人书灯多为菜油、豆油之类的植物油照明，灯盏多以铜铁、瓷瓦、石头制成，颇为不易。

人类学会用火之后，就没有停止过对光明的追求，而直到唐以后，有上元张灯之事，于是灯制更为奇巧，名目不一。明代文人奢靡之风盛行，书舍用品也是功能划分细致，制作精巧考究，有追求风雅的人认为，书房使用的油灯，也应独立划分出来，平时还应具有陈设观赏的功能，以寄寓文人清高超逸的情趣。

但是对于书灯的品味，同为明人的文震亨和高濂却意见相左。高濂在《遵生八笺》里谈到书灯，认为书房适合用古铜驼灯、羊灯、龟灯等造型，很有赏玩的趣味。其中，定窑和宣窑烧制的有三个灯盏和两个灯盏的油灯，因为光照较好，对读书人的眼睛有一定的保护作用，用于书房照明最佳。另外当时还流行一种铜铸的灯，灯盏铸成荷叶的模样，上有一朵绽开的荷花，以寓读书人日后摘取金莲之意，也不错。

但比高濂小十几岁的文震亨却认为古铜驼灯、羊灯、龟灯、诸葛灯仅能赏玩而不实用，定窑三台灯和宣窑两台灯也不堪用，唯有铜铸的荷叶灯寓意最好，用作书房照明，寄托了读书人的胸襟抱负，承载了文人的志趣风流，堪称最雅。

灯

灯，闽中珠灯第一，玳瑁、琥珀、鱼鮫[1]次之，羊皮灯名手如赵虎所画者，亦当多蓄。料丝[2]出滇中者最胜；丹阳所制有横光，不甚雅；至如山东、珠、麦、柴、梅、李、花草、百鸟、百兽、夹纱、墨纱等制，俱不入品。灯样以四方如屏，中穿花鸟，清雅如画者为佳；人物、楼阁，仅可于羊皮屏上用之；他如蒸笼圈、水精球、双层、三层者，俱恶俗。篾丝者虽极精工华绚，终为酸气。曾见元时布灯，最奇，亦非时尚也。

■〔东汉〕错银牛形灯

【注释】

〔1〕鱼鮫：即"明角灯"，古代彩灯名。以鱼脑骨架制成。

〔2〕料丝：料丝灯，彩灯名，以玛瑙、紫英石等做原料，抽丝而成。

【译文】

灯，福建珠灯第一，玳瑁灯、琥珀灯、鱼鳞骨灯差一等，制灯名匠赵虎所画羊皮灯也应多收藏。料丝灯则以云南出产为优；丹阳的灯，横向散光，也不雅观；至于山东的珠灯、麦灯、柴灯、梅花灯、李形灯、花草灯、百鸟灯、百兽灯、夹纱灯、墨纱灯等式，都不入品级。灯的样式以四面方正如屏，中间穿插花鸟，清净淡雅如画的为上等。至于人物、楼阁，只能用于羊皮灯外屏上，其他如蒸笼圈、水晶球、双层、三层灯等样式，都很俗气。篾丝灯，虽然精巧华丽，却透着股酸腐气。曾见元代的布灯，最奇特，却并不时尚。

【延伸阅读】

灯，形声字，从火，繁体字为"燈"。本义是置烛用以照明的器具，雏形为原始先民点燃的篝火。《尔雅·释器》云："木豆谓之豆，竹豆谓之笾，瓦豆谓之登。"登，即灯也。

豆，古代盛食物用的器具，形似高足盘，有的有盖。春秋战国时，古人在祭祀时，增加了"瓦豆"并且沿用原来的称呼"登"。于是，中国最早的灯诞生了。后来，人们也用青铜的"豆"来当作灯具，于是产生了"镫"字。再后来，灯又有石、陶和金属等多种材质，于是始简化为"灯"。

也有人说"灯"原为"锭"。《说文解字》里说："锭，镫也，锭中置烛故谓之镫"。可见，"镫"是油灯，而"锭"则是最早的烛台。至于古灯的量词"盏"，则来源于唐宋的"茶盏"。因为"茶盏"与"盏托"合起来和瓷质的油灯十分相似，故称为"灯盏"，此后遂以"盏"为灯的量词。

【名家杂论】

古灯的燃油主要是动物油，以牛油居多，植物油主要是麻籽油、白苏籽油、乌桕油、油菜籽油、棉籽油、桐油等。

司马迁在《史记·始皇本纪》中也有秦始皇入葬"以人鱼膏为烛，度不灭者久之"的鲸油烛。《三秦记》中也有记载：始皇墓中燃鲸鱼膏为烛。真实与否恐怕要待到始皇墓打开的那一天才知真伪。

清代《燕京岁时记》对走马灯有个概括："走马灯者，剪纸为轮，以烛嘘之，则车驰马骤，团团不休，烛灭则顿止矣。"走马灯的发明，反映了当时人们已经会利用空气对流原理，推动灯中心的转轴转动，并带动纸剪的人马转动。

古代祭祖时有专用的长明灯，昼夜燃烧。长明灯对灯油的消耗很大，所以其灯盘也很大。

镜

镜，秦陀[1]、黑漆古[2]、光背质厚无文者为上；水银古花背者次之。有如钱小镜，背满青绿，嵌金银五岳图者，可供携具；菱角、八角、有柄方镜，俗不可用。轩辕镜，其形如球，卧榻前悬挂，取以辟邪，然非旧式。

【注释】

〔1〕秦陀：即秦图，为秦代具有图形之古镜。

〔2〕黑漆古：黑漆色古铜。

■〔唐〕金银平脱花鸟纹铜镜

■〔唐〕银壳鎏金花鸟纹铜镜

【译文】

镜子，以雕饰有秦代图形、黑漆、背面厚实无纹的为上品，以背面有花纹的古代银色铜镜居次。有种铜钱大小的小镜子，背面布满铜绿，镶嵌有金银五岳图，方便携带。状如菱角、八角以及有柄方镜，俗不可用。轩辕镜，形如球状，悬于榻前，用以辟邪，但不属于旧时制式。

【延伸阅读】

古代镜子多为铜镜，铜镜一般是含锡量较高的青铜铸造。《说文解字》中说："监可取水于明月，因见其可以照行，故用以为镜。"

铜镜作为嫁妆，也是新婚必备。李商隐《无题》诗中的"晓镜但愁云鬓改"和《木兰诗》里的"当窗理云鬓，对镜帖花黄"，这里的"镜"，也是指青铜镜。唐朝时的街头巷尾常常有叫喊"磨镜子"的工匠，专门以替人家磨青铜镜为生。

玻璃镜起源于公元3世纪，由欧洲西顿人所发明。他们把玻璃吹成球状，在球内浇入锡汞齐，再涂一层金，经过十分复杂的工序，一面直径2—7厘米的镜子就成了。但是，这样的玻璃镜造价高、透明度低，照出的影像模模糊糊，无法和铜镜竞争。

1840年，英国人制成镀水银的玻璃镜并传入中国。1850年，化学镀银工艺研制成功，制镜工艺更加简化。在慈禧太后的推动下，物美价廉的国产玻璃镜迅速问世并普及。

【名家杂论】

古人以水照影，称盛水的铜器为鉴。汉代改称鉴为镜，之后铜镜逐渐流行，并出现了全身镜。古书《考工记》中记载"金有六齐"，即合金的六种配比。其中"金锡半，谓之鉴燧之齐。"这就是古人制作铜镜的配比。

古人喜欢镜子，因为它不但可以照容，还有装饰的作用，男女出门，腰带上总爱吊一面小镜。还有人们常在门楣上挂一面镜子，认为可以驱邪镇鬼，照出妖魔的原形，这便是照妖镜了。

镜子还可以作为表达爱情的信物，传递相思的媒介。史书上有驸马徐言德与乐昌公主"破镜重圆"的千古佳话。古代婚嫁，女方的嫁奁中必有妆镜，男方的聘礼中少不得铜镜和镜台。时至今日，在青海一些地区，女儿出闺，盛装后必须背上日月宝镜才能起程，并用红头绳穿在圆形铜镜的柄孔上，左肩到右胁下斜背着，背后的镜较大，象征日，胸前的镜较小，象征月。

钩 [1]

古铜腰束绦钩，有金、银、碧填嵌者，有片金银者，有用兽为肚者，皆三代 [2] 物；也有羊头钩、螳螂捕蝉钩金者，皆秦汉物也。斋中多设，以备悬壁挂画，及拂尘、羽扇等用，最雅。自寸以至盈尺，皆可用。

【注释】

〔1〕钩：带钩。束在腰间带子上的钩。
〔2〕三代：夏、商、周三个朝代。

【译文】

古代的腰带铜钩，有用金、银、玉镶嵌的，有以装饰金银箔片的，有用兽皮制作的，都是夏商周旧物。也有羊头钩、螳螂捕蝉鏒金钩，也是秦汉古物。室内多陈设几条，用来悬挂书画，拂尘、羽扇等，最为古雅。钩的尺寸从几寸到一尺多，都可用。

【延伸阅读】

带钩是带上所用之钩，古时主要用于束带。带钩是古代贵族士大夫的随身饰品，多用金、银、铜、玉制成，以青铜带钩居多，除有束腰紧身的作用，还是身份地位的象征。古代带钩多为长体造型，前有钩首，背后的中尾部有圆形的纽，钩和纽是连接腰带两端的接点。

带钩由钩头、钩体、钩柄三部分组成，长度通常在4—8厘米之间，钩首有龙、兽、鸟等多种造型，钩体比钩首明显要宽，有无纹饰和各种花纹两种，钩柄用于勾挂束带。

带钩从春秋中叶起，在魏晋南北朝时期开始衰落，逐渐被带扣取代止，经历约600年之久。带扣比之带钩有使用方便、结构合理、结实牢靠的特点，它的使用延续更久，直至今日，已有2000多年之久。

【名家杂论】

《史记》记载，春秋时期，管仲为帮助公子纠与公子小白争夺王位，带兵伏击小白，并用箭射中小白的带钩。毫发未损的小白佯死，待管仲离去，又火速上路，终于提前到达齐都，坐上了王位，是为齐桓公，开创了齐国霸业。春秋王者之钩，或金或玉，扁平方体，所以挡住了飞箭。谁能想象，是一枚带钩挽救了一位霸主的性命，改写了春秋时期的历史走向。

《庄子》里有句话："窃钩者诛，窃国者为诸侯。"那些小偷小摸的人要按律治罪，从严处罚，可是那些窃国大盗却无罪，甚至有可能成为诸侯称霸一方。这里的"窃国者侯"讲的是"田氏代齐"的故事。齐国田氏家族的首领，在若干年后窃取了公子小白的国家。

以至于《盗跖》里说："小盗者受拘役，大盗者为诸侯"，俗语也说，"只许州官放火，不准百姓点灯"。而随着带钩被带扣取代，那些"刑不上大夫"的时代已经渐行渐远，而一个"王子犯法与庶民同罪"的"河清海晏"的时代正在款款走来。

束腰

汉钩、汉玦仅二寸余者，用以束腰，甚便；稍大，则便入玩器，不可日用。绦用沉香、真紫，余俱非所宜。

【译文】

汉代仅二寸余的带钩和玉佩，可用来扎腰，很方便；再大点，则归为古玩，不可作为日常之用。绦带则用沉香色、真紫色，其他颜色都不合适。

【延伸阅读】

《说文解字》载："玦，佩玉也。"汉代玉玦则是指带孔的小件玉器，类似扳指，能穿挂系于身上，具有显示人的身份或族属、阶级之用，同时起到一种装饰的作用，既实用又美观。

绦，即绦带，用丝线编织成的花边或扁平的带子，可以装饰衣物。宫绦是带在宫里人身上，用来压裙子的，一般绳子上面挂有重物，多用于女装襦裙。有一种丝绦，一般用于男装直裰，有些可和龙带钩配合。腰上粗的部分是腰带，即绦带，细红绳垂下的那些系着玉佩的是宫绦的一种。

【名家杂论】

如本节所言，带钩已经挂到墙上了，得找别的东西扎腰就把玉佩摘下来吧。这便是明代文人的任性之作。

文氏所指"束腰"与今日之"束腰"大不同。文氏"束腰"不过是把腰束缚住的"腰带"而已，如元人郭翼《踢踘篇和铁厓韵》之一有"簇花小银云作团，双尖绣袜星流丸，金蝉束腰燕盘盘"的说法。

现在的"束腰"大多是指女人为保持腰部纤细而用束腰带束紧腰部的行为。"束腰"起源于欧洲宫廷，后被世界各地女人所效仿。束腰是特定历史时期，人们审美观念的歪斜，如同中国古代的裹脚一样，产生无法挽回的后果。谭嗣同《仁学》十有云："且又不惟中国，非洲之压首，欧洲之束腰，皆杀机也。"这些东西都害人不浅啊。

禅灯

禅灯，高丽者佳，有月灯，其光白莹如初月；有日灯，得火内照，一室皆红，小者尤可爱。高丽有俯仰莲、三足铜炉，原以置此，今不可得，别作小架架之，不可制如角灯之式。

【译文】

禅灯，以高丽的为上乘，有月灯，灯光洁白明亮如初升弯月。有种日灯，需要用火点着，满屋都亮，尤其以小的最为可爱。高丽国有种俯仰莲或者三足铜炉，原为放置禅灯，只是现在已经找不到了，只好另外做一个小架子架灯，不能做角灯款。

【延伸阅读】

禅灯是一种采用高丽窍石的石灯，窍内置灯油，因石质不同，光色各异，白者为月灯，红者为日灯。明朝唐之淳有《咏高丽石灯》"窍石烛幽遐，虚明诇界纱"的诗句。

石灯，是古代先祖们最早使用的灯具。唐代石灯，从雕刻所见皆为佛教法物，应为佛教寺庙供养用灯。灯的底部为一方形底座，向上，是等边六面柱灯台，其上一盛开的莲花承托灯室和盖顶。盖顶造型近于建筑屋顶。灯室则为一四面体，四壁分别开小窗。

【名家杂论】

明王穉登《立冬》诗云："秋风吹尽旧庭柯，黄叶丹枫客里过。一点禅灯半轮月，今宵寒较昨夜多。"

佛家有"传灯"的习俗，宋真宗年间释道原所撰《传灯录》自前七佛及历代禅宗诸祖五家五十二世一千七百零一人，祖祖相授，以法传人，犹如传灯。民国四大名僧之一弘一法师李叔同曾著有《禅灯梦影》一书，而书中插画即由其得意弟子丰子恺所绘。冯友兰曾有诗云："智山慧海传真火，愿随前薪作后薪"，这"薪火相传"便是智慧与知识的传承吧。

在禅的典籍里，无处不在传述光明的心灯，所以佛家有"一灯能除万年暗"的说法。每个人心里的深处，都有一盏光明的灯。它给人温暖，照亮前程。

如意

如意，古人用以指挥向往，或防不测，故炼铁为之，非直美观而已。得旧铁如意，上有金银错，或隐或见，古色蒙然者，最佳。至如天生树枝竹鞭等制，皆废物也。

■〔清〕白玉福寿双喜如意

【译文】

如意，古人用来指挥方向，或防身，所以多用铁铸，不只为美观。曾得一把旧铁如意，上面有金银错，若隐若现，表面古朴斑驳的最好。至于天然树枝竹鞭等，都是废物。

【延伸阅读】

如意，又称"握君""执友"或"谈柄"，明人高濂《遵生八笺》云："如意，古人以铁为之，防不测也，时或用以指画向往。"

如意最初是用以搔痒的工具，所以又称"搔杖"，俗谓"不求人""痒痒挠"。柄端作手指形，用以搔痒，可如人意，得名。清《事物异名录》云："如意者，古之爪杖也。"我国古代有"搔杖"，又有记事于上的"笏"，如意则兼二者之用。

魏晋南北朝时期，如意大兴，成为了帝王及达官贵人的手中之物，用作显示权杖的作用。梁简文帝萧纲的诗中有"腕动苕花（苕华喻指美人）玉，衫随如意风"，当时的玉如意有随身佩带之大小。明清时，它从实用品逐渐转向了一种艺术陈设品，供人们欣赏娱乐。康熙年间，如意成为皇宫里皇上、后妃之玩物，宝座旁、寝殿中均摆有如意，以示吉祥、顺心。《清朝野史大观》卷一载："如意，物名也，唐宋前已有之。"

【名家杂论】

如意，兵器之中最好的文玩，文玩之中最好的兵器。

所谓"指挥向往"，一指如意与随意挥舞、直指四座的麈尾、羽扇一样，是一件谈道辩玄时助兴的谈柄，可随性侃侃而谈；二指其令旗的作用，挥舞如意能指令将士冲锋陷阵。《南史·韦睿传》中，有"临阵交锋，常缓服乘舆，执竹如意以麾进止"的说法。《晋书·王敦传》载："王敦专任阃外，手握疆兵，每每于酒后咏魏武帝的乐府诗，以如意击唾壶为节，壶口尽缺。"炼铁为之，用以指挥向往，防不测，又可以为文士指点江山的谈柄，寄托了"怒而诸侯惧，安居而天下熄"的幻梦。大概可以算是最为文绮的兵器了吧。

如意寄托着人们的美好愿望，有称人心、遂人愿之意，逐渐演变成上层社会的一种高级礼品。清代，每逢皇帝举行万寿大典时，王公大臣都要进献如意，借以取悦帝王，取兆吉祥。史载：慈禧太后 66 岁大寿时，有官员进献了一套九九如意，即一盒为九柄，共九盒，计九九八十一柄。九位阳数之极，足见慈禧地位尊崇。

麈

麈，古人用以清谈，今若对客挥麈，便见之欲呕矣。然斋中悬挂壁上，以备一种；有旧玉柄者，其拂以白尾及青丝为之，雅。若天生竹鞭、万岁藤，虽玲珑透漏，俱不可用。

【译文】

拂尘，古人对谈时握在手中之物。现在如果对着客人挥动拂尘，有附庸风雅令人作呕之嫌。然而，屋里墙上也应悬挂一把，可作收藏。旧物有以玉为柄，以白麈尾毛或青丝做的拂尘，较高雅。至于天然的竹根、万岁藤，虽然玲珑可爱，但都不能使用。

【延伸阅读】

麈，古书上指鹿一类的动物，后来以其尾毛代指拂尘。拂尘，又称尘拂、拂子、尘尾，手柄前端附上兽毛（如马尾、麈尾）或丝状麻布的工具或器物，一般用作扫除尘迹或驱赶蚊蝇。在道教文化中，拂尘是道士常用的器物，象征扫去烦恼。一些武术流派更视拂尘为一种武器。

【名家杂论】

俗话说："手拿拂尘不是凡人。"拂尘在道门中有拂去尘缘，超凡脱俗之意，也是道士外出云游随身携带之物。在道教体系里，拂尘是道场中的一种法器，然后由道人将其演变成兵器，属软兵器之类。

拂尘还有"洗尘"之意。洗尘，字面意思为"洗去身上的尘土"，实际是设宴欢迎远道来的客人的礼仪。明张四维《双烈记·归省》曰："我儿途路辛苦，赛多娇看酒，为你姐姐拂尘。"

到了明朝时，文氏似乎说不出拂尘还能有什么用处，于是建议把它挂在书斋的墙壁上，古时的挂钩应为前述的古铜钩，作为雅道的标志。雅是雅，但古物的今用却没着落了。

钱

钱之为式甚多，详具《钱谱》；有金嵌青绿刀钱，可为签，如《博古图》等书，成大套者用之；鹅眼[1]货布[2]，可挂杖头。

【注释】

〔1〕鹅眼：小钱。

〔2〕货布：货币名。

【译文】

钱币的样式很多，《钱谱》有详细记载；有种镶金青绿色刀形古钱，如《博古图》等书都有介绍；鹅眼小钱和货布币可以挂在杖头做装饰。

【延伸阅读】

楚国最先出现了青铜贝币，称为蚁鼻钱或鬼脸钱。后来各国开始大量出现刀币和货布币，直到秦始皇统一货币，而以"秦半两"为基础的圆形方孔币成为历代封建王朝钱币的定制。

银圆起源于 15 世纪，始铸于欧洲，俗称"大洋"，大约 16 世纪，银圆流入我国。1890 年（光绪十六年）官方开始正式铸造银圆，清末民国初，袁世凯就任临时大总统，决定在全国"统一币制"，制造了俗称"袁大头"的银圆。

从古至今，货币的演变经历了"实物货币、金属货币、纸币、电子货币"等几个阶段。

【名家杂论】

天下熙熙，皆为利来；天下攘攘，皆为利往。关于钱的知识和故事，三天三夜也说不完。

钱荒，并非现在的产物。自货币有记载以来，从早期的实物、粮食、黄金、铜钱、纸币，到明清时期的白银和制钱，中国历史上出现过多次钱荒。

秦始皇驾崩前一年统一货币，推行"秦半两"，由于货币供给不能满足需要，出现"物贱钱贵"的局面。王莽篡位后，实行黄金资源国有化，民间丧失了货币财富，而政府的货币供给不足以填补民间货币的缺失，直接导致农民破产。

唐初实行钱帛兼行的货币制度。实物与铜钱通用，随着经济的复苏，绢帛作为货币的缺点日益明显，铜钱的需求日盛，而唐朝的官营铸币无力满足，引发了严重的铜钱私铸滥铸，使唐政府大伤脑筋。

宋朝钱荒更加频繁，有记载的如宋仁宗庆历年间，江淮钱荒；神宗熙宁年间，两浙钱荒；哲宗元祐年间，浙中钱荒尤甚；南宋初期，"物贵而钱少"，后期更"钱荒物贵，市井萧条"。

元朝，干脆禁止民间使用金银甚至铜钱，一律使用纸币。当然，使用纸币就难免超发，发得无法收拾了就用新钞替代，最后钞票毛得没人用了，全社会又回到了货货交易的状态，不得已又重新启用铜板和金银。

明中后期，朝廷收缴的赋税开始折成白银，中国逐步确立了银两制，进入"白银时代"，不出所料，明末又出现了银荒。明朝白银大部分仰仗海外进口，恰在此时，欧洲发生了史称"郁金香危机"的金融危机，日本也闭关锁国，明末又因辽东战事耗银巨大，国库日空，加上天灾人祸，明朝终至灭亡。

清朝前中期则始终没有摆脱钱荒的状态，"铜币供给严重不足，导致钱价长期居高不下"。民间始有民谣"乾隆宝，增寿考；乾隆钱，万万年"。

瓢

瓢，得小匾葫芦，大不过四五寸，而小者半之，以水磨其中、布擦其外，光彩莹洁，水湿不变，尘污不染，用以悬挂杖头及树根禅椅之上，俱可。更有二瓢并生者，有可为冠者，俱雅。其长腰、鹭鸶、曲项，俱不可用。

【译文】

瓢，得用小而扁的葫芦制作，大者四五寸，而小者二三寸，用水冲磨内壁，用布擦拭外表，使瓢光亮滑溜，水浸不变形，不沾染尘污，悬挂在手杖上、用树根雕刻的禅椅上都可以。还有两瓢共生的、可做帽子的，都很雅致。至于长腰形、鹭鸳形、弯脖子的葫芦，都不能用。

【延伸阅读】

明朝高濂《遵生八笺》云："瘿瓢，有形如芝者，有如瓢者，山人家携带以饮泉。大不过五六寸，而小者半之。唯以水磨其中，布擦其外，光彩如漆，明亮烛人，虽水湿而不变，尘污而不受，庶入精妙鉴赏。"

瓢多用葫芦干壳做成，用锯子锯开后得到两半，一般用来舀水作水瓢用。《辞源》上对"瓢"的解释是：剖开葫芦做成的舀水、盛酒器。

唐人张说《咏瓢》诗有"美酒悬酌瓢"；杜甫《赠特进汝阳王二十韵》中写道："瓢饮唯三径，岩栖在百层。"由此观之，瓢除了舀水，更多做盛酒的容器。《论语》上说："一箪食，一瓢饮，在陋巷，人不堪其忧，回也不改其乐"。由此而产生的"瓢箪"用来比喻安贫乐道的生活。

【名家杂论】

清代画家黄慎，极其喜爱瓢，自号"瘿瓢山人"。这位"扬州八怪"中"怪而不怪，艺传百代"的诗书画全能丹青妙手对瓢的喜爱，达到了成嗜成癖的地步，流传下来的关于他的画像就是左手握瓢，右手持笔，正伸向瓢中蘸墨，准备挥笔作画。

40岁那年，黄慎把一只质地坚硬、木纹细碎的树瘿从中间破开再挖空，刳制了一只瘿瓢，腹沿上刻有草书"雍正四年黄慎制"，口外沿尖端镌小八分书"瘿瓢"二字，此后这只瓢一直伴其左右。黄慎幼年丧父，学成后几番漂泊，卖画为生，这个一生布衣的画圣，画了无数的乞丐、贫僧、渔翁等和他一样的底层平民，只不过他的精神在高处，他的理想在远方。

"画到精神飘没处，更无真相有真魂。"也许郑板桥才是最懂他的知音吧。

钵

钵，取深山巨竹根，车旋为钵，上刻铭字或梵书，或《五岳图》，填以石青，光洁可爱。

【译文】

钵，要取深山大竹子根车成圆形，上面刻上文字或梵文，或者画上《五岳图》，涂抹上石青色颜料，光滑可爱。

■〔明〕青花海水龙纹钵

【延伸阅读】

钵，洗涤或盛放东西的陶制的器具，形如盆而体积略小，有瓦钵、铁钵、木钵、饭钵、茶钵、乳钵。

《遵生八笺》里《竹钵》一节载："钵盂持以饮食，道家方物。旧有瘿木为瓢，内则灰漆。近制取深山巨竹，车旋为钵，光洁照人。上刻铭字，填以大青，真物外高品。"此处所说的钵，则为僧侣所用的食具，像碗，底平，口略小。清人彭端淑《为学一首示子侄》里曾有"吾一瓶一钵足矣"之语。

【名家杂论】

依佛家的规矩，刚出家的僧人须过质朴的僧团生活，仅获准持有三衣一钵、坐具及漉水囊，其中，尤以三衣一钵为出家者最重要的持物。

三衣分别是下衣，用五块布缝成，也称五条；上衣，可用七块布缝成，也称七条；大衣，由九块布缝成，也称九条。袈裟原来是指破损的衣服，佛家长年累月风尘仆仆，忙于修行，衣服破损，佛家提倡这种精神，专从垃圾堆捡破布回来做成三衣，取名为粪扫衣，再后来三衣合称袈裟。

钵，是出家人的食器，梵语"钵多罗"的简称，出家人托钵乞食，堪受人天供养，故代表"福田"。由于僧人持钵以应受他人的饮食，故钵又称"钵盂""应法器"和"应量器"。钵有三事相应：色相应，钵要灰黑色，令不起爱染心；体相应，钵体质粗，使人不起贪欲；量相应，应量而食，含有少欲知足之意。

钵呈矮盂形，腰部凸出，钵口、底向中心收宿，直径比腰小，食物不易溢出，又能保温。《四分律》上说钵的颜色，应熏为黑色或赤色，容量有大、中、小三种。大者三斗，小者一斗半。

花瓶

花瓶以古铜入土年久，受土气深，以之养花，花色鲜明，不特古色可玩而已。铜器可插花者：曰尊，曰罍，曰觚，曰壶，随花大小用之。瓷器用官、哥、定窑古胆瓶、一枝瓶、小蓍草瓶、纸槌瓶，余如暗花、青花、茄袋、葫芦、细口、匾肚、瘦足、药坛及新铸铜瓶、建窑等瓶，俱不入清供，尤不可用者，鹅颈壁瓶也。古铜汉方瓶，龙泉、钧州瓶，有极大高二三尺者，以插古梅，最相称。瓶中俱用锡作替管[1]盛水，可免破裂之患。大都瓶宁瘦，无过壮，宁大，无过小，高可一尺五寸，低不过一尺，乃佳。

【注释】

〔1〕替管：用来盛水的器具。

■〔明〕青花填彩梅瓶

【译文】

古铜花瓶，藏在土中多年，地气深厚用来养花，花朵鲜艳明亮，不只是古色古香仅供赏玩而已。可插花的铜器有：尊、罍、觚、壶，根据花束大小酌情选用。瓷器多用官窑、哥窑、定窑古胆瓶、一枝瓶、小蓍草瓶、纸槌瓶，其余如暗花瓶、青花瓶、茄袋瓶、葫芦瓶、细口瓶、匾肚瓶、瘦足瓶、药坛瓶以及新瓶、建窑花瓶等，都不可作文房清玩摆放案头，尤不可用鹅颈壁瓶。古铜瓶有汉方瓶，龙泉窑瓶、钧州窑瓶，有种二三尺高的大瓶，用来插梅花，最相称。花瓶中用锡制屉管盛水，可防花瓶破裂。花瓶可瘦长，不可过于粗壮，宁大勿小，瓶高在一尺至一尺五寸最适宜。

■〔明〕永乐窑青花花鸟扁壶

■〔明〕宣德青花灵芝石榴尊

【延伸阅读】

用瓶插花古已有之，且插花之器也颇考究。中国古代插花工艺到明已经极为完备，更有诸多博雅君子著书立说把插花艺术上升到理论高度。

屠隆《山斋清供笺》"瓶花"条："堂供须高瓶大枝方快人意，若山斋充玩，瓶宜短小、花宜瘦巧。最忌繁杂如缚，又忌花瘦于瓶，须各具意态，得画家写生折枝之妙方有天趣。瓶忌有环、忌成对，忌小口瓮瘦足药坛，忌用葫芦瓶。忌装彩雕花架，忌香烟灯煤熏触，忌油手拈弄，忌猫鼠伤残，忌井水贮瓶、味咸不宜于花。夜则须见天日。忌以插花之水入口，惟梅花、海棠二种，其毒尤甚，须防之。"

【名家杂论】

爱花者众，古今皆然，但古人所用插花之器却比今天考究。晚明袁宏道《瓶史》"器具"篇载："养花瓶亦须精良。官、哥、象、定等窑，细媚滋润，皆花神之精舍也。"

花艺，也称花道，兴于宋，盛于明，插花形式受禅宗及道家影响，崇尚朴素自然，讲究简劲奇古的野趣创作，表现手法近似文人画。花瓶最早出现在魏晋南北朝，且由供养礼佛的香花而来。"花"字在南北朝以前的文字中还没有出现。"花"与"华"通假，从野生花卉，到庭院栽植，再到厅堂摆放，花的芳香、艳丽和品德也随之进入中国文化的基因谱系。于书斋雅室中置瓶插花，乃古代文人生活的雅趣之一，插花与挂画、焚香、点茶合称为四般闲事。

宋以后，中国历史进入花的世界，文人雅士、贩夫走卒、庙宇皇庭、村舍城阁，家家处处有花装点。宋人尚古，花瓶随着桌案的发达，因陈设需要而兴盛，与案头文房清玩相谐，以小为宜。宋人曾几《瓶中梅》："小窗水冰青琉璃，梅花横斜三四枝。若非风日不到处，何得香色如许时。"宋代黄庚有《枕边瓶挂》一诗："岩桂花开风露天，一枝折向枕屏边。清香重透诗人骨，半榻眠秋梦亦仙。"古人不只在点茶时插花，小憩时榻旁的瓶里，也不忘折花入瓶以桂香伴入眠。

杖

鸠杖最古，盖老人多"咽"，鸠能治"咽"故也。有三代立鸠、飞鸠杖头，周身金银填嵌者，饰于方竹、筇竹、万岁藤之上，最古。杖须长七尺余，摩弄光泽，乃佳。天台藤更有自然屈曲者，一作龙头诸式，断不可用。

【译文】

鸠杖最古老，可能是因为老人常噎食，而斑鸠能治噎食之故。有三代立鸠、飞鸠杖头，杖身用金银镶嵌，然后雕饰在方竹、筇竹、万岁藤之上，最古老。手杖须长七尺多，用手摩挲出光泽，才最佳。天台藤中有一种天然弯曲的，有人做成龙头等样式，就不可用了。

【延伸阅读】

拐杖，老者的助行工具，亦称"扶老"。"老"字在象形文字中就是一个躬身驼背、头发稀疏拄杖而行的人。古代统治者为了表示对老人的尊敬，使拐杖成为一种权力的象征。《礼记》中，就有"七十杖于国，八十杖于朝"一说。

鸠杖，又称鸠杖首，即在手杖的扶手处做成一只斑鸠鸟的形状。古时鸠杖是长者地位的象征，汉代以拥有皇帝所赐鸠杖为荣。传说鸠为不噎之鸟，刻鸠纹于杖头，可望老者食时防噎。《后汉书·礼仪志》："玉杖，长（九）尺，端以鸠鸟为饰。鸠者不噎之鸟也，欲老人不噎。"

【名家杂论】

汉朝有尊老敬老之风，鸠杖是古代老人的通行证。《汉书·礼仪志》记载，汉明帝时朝廷曾主持一次祭祀寿星仪式，普天之下只要年满70岁的古稀老人，无论贵族还是平民都可成为汉明帝的座上客。宴后，皇帝还赠送酒肉谷米和一柄做工精美的王杖。

王杖即鸠杖，《王杖诏命书》中规定：手持把柄鸠杖的老人享受重要的特权，其社会地位相当于六百石俸禄的官吏，出入官府不受限制，做小买卖不收税，敢欺凌挂鸠杖老人者，以蔑视皇帝罪论处，严重者处以死刑。

后来，斑鸠王杖的政治功能弱化，民间出现了桃木手杖，称为象征长寿的吉祥物，明朝政府下令取消自秦汉以来沿袭的国家祭祀寿星制度，而手杖也进入寻常百姓家。时至今日，民间给老人做寿时，还有"坐看溪云忘岁月，笑扶鸠杖话桑麻"的寿联。

数珠[1]

数珠以金刚子[2]小而花细者为贵，以宋做玉降魔杵、玉五供养[3]为记总[4]，他如人顶[5]、龙充[6]、珠玉、玛瑙、琥珀、金珀、水晶、珊瑚、车渠者，俱俗；沉香、伽南香者则可；尤忌杭州小菩提子，及灌香于内者。

【注释】

〔1〕数珠：即念珠。佛教用物。念佛号或经咒时，用以计数的工具。

〔2〕金刚子：即金刚菩提子。

〔3〕五供养：佛家语，指五种供养物：涂香、供花、烧香、饭食、灯明。

〔4〕记总：即一串珠当中的配件，作为记数之别。

〔5〕人顶：人顶骨制成的数珠。

〔6〕龙充：龙鼻骨制成的数珠。

【译文】

数珠以个头小而花纹细密的菩提子最宝贵，宋代后用来作为玉制降魔杵、和涂香、供花、烧香、饭食、灯明等五种供养的计数之用，其他如用人头盖骨、龙充、珠玉、玛瑙、琥珀、金珀、水晶、珊瑚、砗磲制的念珠，都很俗气，沉香和伽南香制作的尚可。最忌用杭州小菩提子人为施加香气制作的数珠。

【延伸阅读】

数珠，本称念珠，是指以线来贯穿一定数目的珠粒，于念佛或持咒时，用以记数的随身法具。也称佛珠，佛教徒在念佛时为了摄心一念而拨动计数使用，其另一层含义就是"弗诛"不要诛杀生命之意。

佛珠这一称谓，最早始于东晋时翻译的《木槵子经》，两晋时异域僧侣来华，携带佛珠者众。唐代佛教大兴记载佛珠的经典被广泛传译，如《续高僧传·道绰传》载："人各掐珠，口同佛号，每时散席，响弥林谷。"

【名家杂论】

数珠的种类很多。常见的有持珠，多用来记录念诵佛号或诅咒的数目；影视剧中常见大家族里的女性长辈，手中最爱持一串念珠，后辈如有不敬或做坏事者，常无奈道一声："阿弥陀佛，罪过罪过。"

佩珠俗称手串，以十八颗子珠者最为普遍，多以名贵材质为之，时人皆以佩戴佛珠为荣俨然已成饰品；挂珠多用水晶、玛瑙、翡翠、珊瑚等珍贵材料制成，挂在身上保证在佛事活动中仪态庄重。

再就是朝珠，它是清代官吏特有的一种饰物。《红楼梦》第十五回：北静王又将腕上一串念珠卸下来，递与宝玉，道："今日初会，仓促竟无敬贺之物，此是前日圣上亲赐鹡鸰香念珠一串，权为贺敬之礼。"

佛家有云："所谓念念修行，就是终生念一佛名，念到一心不乱，从而能往生极乐世界。"数珠的念法有一定之规：将念珠展开，右手四指下托，念佛或持咒时，从母珠（最大粒）旁的第一珠起，拇指下掐，一句一珠，或一咒一珠，掐珠到母时，即刻由左向内转过头来，再从母珠旁的第一珠掐起，不可跨越或直掐而过母珠。经云："不应越母珠，蓦过越法罪。"因为绳线代表观音，母珠表示弥陀。

扇 扇坠

扇，羽扇最古，然得古团扇雕漆柄为之，乃佳；他如竹篾、纸糊、竹根、紫檀柄者，俱俗。又今之折叠扇，古称"聚头扇"，乃日本所进，彼国今尚有绝佳者，展之盈尺，合之仅两指许，所画多作仕女、乘车、跨马、踏青、拾翠之状，又以金银屑饰地面，及作星汉[1]人物，粗有形似，其所染青绿甚奇，专以空青、海绿为之，真奇物也。川中蜀府制以进御，有金铰藤骨、面薄如轻绡者，最为贵重；内府别有彩画、五毒、百鹤鹿、百福寿等式，差俗，然亦华绚可观；徽、杭亦有稍轻雅者；姑苏最重书画扇，其骨以白竹、棕竹、乌木、紫白檀、湘妃、眉绿[2]等为之，间有用牙及玳瑁者，有员头、直根、绦环、结子、板板花诸式，素白金面，购求名笔图写，佳者价绝高。其匠作则有李昭、李赞、马勋、蒋三、柳玉台、沈少楼诸人，皆高手也。纸敝墨渝，不堪怀袖，别装卷册以供玩，相沿既久，习以成风，至称为姑苏人事，然实俗制，不如川扇适用耳。扇坠宜用伽南、沉香为之，或汉玉小玦及琥珀眼掠皆可，香串、缅茄之属，断不可用。

【注释】

〔1〕星汉：银河。

〔2〕眉绿：斑竹的一种。

【译文】

扇子中，羽毛扇最古老，但扇柄雕漆的古团扇也不错。其他如竹篾扇、纸糊扇、竹根扇、紫檀柄扇，皆俗气。现在的折叠扇，古人称"聚头扇"，乃从日本引进。日本现在还有精美的折扇，展开超一尺，合起来仅二指宽，扇面多画些仕女、乘车、跨马、踏青、拾翠图案，又用金银粉屑装饰底面，然后画山川银河、仕女人物，以及天上神仙，形状大致相似，而青绿颜料特别新奇，专用天蓝和海绿色，确是天下奇物。四川蜀地官府进贡的扇子，以金铆钉为扇骨、扇面薄如绡，最贵重；内务府所制彩画、五毒、百鹤鹿、百福寿样式的扇子，虽俗气，倒也炫目受看。徽州和杭州有轻薄雅致的，如姑苏最重的书画扇，扇骨用白竹、棕竹、乌木、紫白檀、湘妃、眉绿等木制作，也有用象牙或者玳瑁的，有圆头、直根、绦环、结子、板板花等式，素白金面，上书名家墨宝，上品价格奇高无比。制扇名匠有李昭、李赞、马勋、蒋三、柳玉台、沈少楼等人，都是高手。由于纸墨粗陋低劣，易损，不耐用，于是将扇面单独装订成册，供人赏玩，这在苏州相沿已久，蔚为苏州一大特色，其实也很俗气，不如川扇适用。扇坠最好用伽南、沉香制作，或者汉代小块碎玉或琥珀掠眼，至于香珠串、缅茄之类，万不可用。

【延伸阅读】

扇子尽管种类繁多，但大体可分"平扇"和"折扇"两种。相传扇子最初叫"五明扇"，由舜帝所创，用雉鸡的羽毛做成扇，装饰在车上，而非后来手摇拂暑之扇。到了殷商及周朝，羽扇成为既示威严，又障尘蔽日的礼仪用具载入正史。西汉时期，出现了素白扇面色，以扇柄为轴左右对称似圆月的合欢扇，也称团扇，此后历代沿用而不衰，并成为我国传统风格的扇型。唐人王建《调笑令》中的名句"团扇团扇，美人并来遮面"，而产生了"并面""便面"和"障面"的雅称。

【名家杂论】

扇子的出现，估计就像用胳膊枕着头，用石块砸猎物一样，不过是热极随手一扇或摇起一片树叶的"顺手"之举，而这随手一扇却扇出一个关于扇子的五彩王国。

扇子不仅是夏月引风纳凉的必备良伴，更是文人生活中的时尚雅玩，有"凉友"之称。宋陶谷《青异录·器具》："商山馆中窗颊上有八句诗云：'净君扫浮尘，凉友招清风。'是帚与扇明矣。"文人雅士摇起来温文儒雅，大家闺秀摇起来顾盼生姿，农人工匠摇起来虎虎生风，甚至歌舞艺妓摇起来则别有风情，可谓上至阳春白雪，下至下里巴人，老少咸宜。

文震亨的曾祖父文征明是明中期著名的"四大才子"之一，他创作的不少扇面，如《兰石》《红杏湖石图》《红蓼蜻蜓图》等至今仍保存于北京故宫。文震亨所提到的"折叠扇"即今日之"折扇"。明刘元卿《贤奕传编》："折叠扇一名'撒扇'，盖收则折叠，用者撒开，以扇骨聚其头而散其尾，故又称'聚头扇'。"至于其来历，有说宋人发明，有说日本传入，还有朝鲜传入论，但毫无疑问的是，折扇扇面在明末开始流行，清代风行。

枕

枕有"书枕"，用纸三大卷，状如碗，品字相叠，束缚成枕。有"旧窑枕"，长二尺五寸，阔六寸者，可用。长一尺者，谓之"尸枕"，乃古墓中物，不可用也。

【译文】

枕头有书枕,用三大卷如碗粗细的纸,像品字一样叠放,捆扎在一起。有种"旧窑枕",长二尺五,宽六寸,值得一用。长达一尺的,叫"尸枕",是古墓中陪葬之物,不作日常之用。

【延伸阅读】

枕头形制繁多。仅就材质而论,除普通枕头外,还有石枕、木枕、竹枕、瓷枕、漆枕、皮枕、铜枕、银枕、水晶枕、丝织枕,甚至有制玉为枕的。

唐朝有虎头枕,取辟邪之意,宋朝时的瓷枕则做成一个伏卧的男娃娃形状的,谓之"孩儿枕",也叫"婴戏枕"。即使普通木枕,也有贵贱之分,如黄杨木枕,唐段成式《酉阳杂俎》卷一八就提到:"黄杨木,性难长,世重黄杨以无火……为枕不裂。"

瓷枕的流行是从唐代始,到宋代达鼎盛期。从唐至明清,宫廷内外各类药枕盛极一时。除了常见的菊枕,药枕还有许多花样。如"明目枕",内装苦荞皮、黑豆皮、绿豆皮、决明子、菊花等,民间则有荞壳枕、芦花枕。

【名家杂论】

古人睡觉时多用硬枕,而其中又以瓷质的居多,才有"残梦不成离玉枕""玉枕钗声碎"之语。古代女子就寝,都会挽个睡髻,上插金钗,金钗和玉枕一相撞,要么"钗声碎",要么"敲枕声"了。当然,枕头上这些活跃的声效其实也是一种性暗示,只不过要比"尽君一夕欢"的"娇喘声微微"来得含蓄隐晦。

古代女子结婚时会绣一对鸳鸯枕带到夫家去。《西厢记》里红娘抱着枕头送崔莺莺与张生,"鸳鸯枕,翡翠衾,羞答答不肯把头抬,弓鞋凤头窄,云鬟坠金钗"。不过少为人知的是,在偷情的时候,女人有的也会自备枕头。

枕头本为求睡眠安稳,北宋司马光却不解风情,竟然用一个小圆木作枕头,睡觉时只要稍动,头便从枕上滑落,惊醒之后发奋读书,所以,他把这个枕头取名为"警枕"。

簟

荠葺[1]出满喇伽国[2]，生于海之洲渚岸边，叶性柔软，织为细簟，冬月用之，愈觉温暖，夏则蕲州之竹簟最佳。

【注释】

〔1〕荠葺：草席名。

〔2〕满喇伽国：即马六甲。

【译文】

荠葺产自马六甲，长在海岛岸边，叶子柔软，织成细草席，冬天暖和舒适，夏天用蕲竹制凉席，再好不过。

【延伸阅读】

制席的原料颇多名称不一，如苇、草、麦秸、竹、藤等。初生之苇编席曰"葭席"；未秀之苇编席曰"芦席"；长成之苇编席曰"苇席"；稻草、麦秸编席曰"稿"即"缟素"；蒲草编席曰"蒲"；蒲草之小者（蒲草的一种）编席曰"小蒲"亦曰"莞"；蒲草之少者（即初生之蒲草）编席曰"蒻"；竹、藤编席曰"簟"等。簟多在夏月使用，取其凉爽。草编诸席则多在冬月使用，取其柔软温暖。竹编席公认是蕲州竹最佳，所以诗词中也常常以"蕲竹"指代凉席。此外尚有龙须草、通草、莞草、椰树叶、山槟榔叶等都可编成凉席。

【名家杂论】

唐诗宋词中描写消夏时光，往往会提到"簟"，最早是在李清照的那句"红藕香残玉簟秋"里，领略了席的魅力。

苏轼《南乡子·自述》："凉簟碧纱厨。一枕清风昼睡余。睡听晚衙无一事，徐徐。读尽床头几卷书。"夏日无事，睡个午觉，醒来不愿起身，躺在纱帐内的清凉竹席上，安闲地读一阵子书，日子舒缓闲适。

《资治通鉴》上记载，五代十国时，南楚国主马希范极度奢侈，"地衣，春夏用角簟，秋冬用木绵"。秋冬时是毛织或丝织、棉织的地毯，待到天气转热之时，便撤掉地毯，改铺凉席。秋冬用毯。春夏铺席，今日寻常百姓亦能享受昔日帝王奢华了。

　　兽皮席当属席中精品，如虎皮、牛皮席。最奇居然还有用象牙为席的，把象牙放在特制的药料中煮软，然后劈成一条又一条的长条，再纵横编织，构成长方形的席面。直到清代，这种象牙席都是广州向宫廷进贡的贡品。《西京杂记》中，汉武帝"以象牙为簟"，赏赐给宠妃李夫人。

琴

　　琴为古乐，虽不能操，亦须壁悬一床，以古琴历年既久，漆光退尽，纹如梅花，黯如乌木，弹之声不沉者为贵。琴轸[1]：犀角、象牙者雅。以蚌珠为徽[2]，不贵金玉。弦用白色柘丝[3]，古人虽有朱弦清越等语，不如素质有

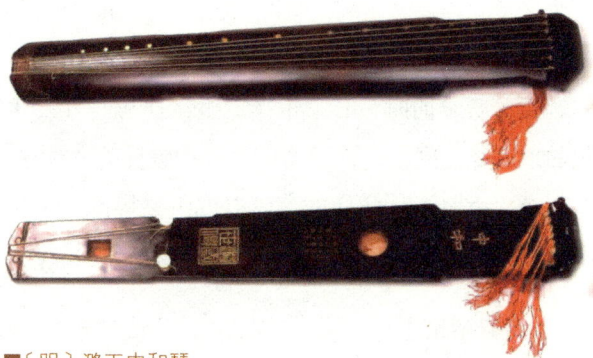

■〔明〕潞王中和琴

天然之妙。唐有雷文、张越；宋有施木舟；元有朱致远；国朝有惠祥、高腾、祝海鹤，及樊氏、路氏，皆造琴高手也。挂琴不可近风露日色，琴囊须以旧锦为之，轸上不可用红绿流苏，抱琴勿横，夏月弹琴，但宜早晚，午则汗易污，且太燥，脆弦。

【注释】

〔1〕琴轸：琴下的转弦。

〔2〕徽：琴弦音位标志，饰以金、玉或贝等圆点。

〔2〕柘丝：食柘叶的柘蚕所吐的丝。

【译文】

　　琴是古乐器，即使不弹，也要在墙上挂一张。古琴以年代久远，漆色掉光，琴身斑驳，木色深黯，弹起来声音不沉郁的为佳。琴轸以犀牛角、象牙为佳。音位扇镶嵌珍珠作琴徽，不必金玉。琴弦用白色柘丝，古人虽有朱弦清越之说，但

不如柘丝质朴天然。唐朝雷文、张越，宋朝施木舟，元朝朱致远，明朝惠祥、高腾、祝海鹤，及樊氏、路氏，皆是造琴高手。墙上挂琴不可靠近日晒雨淋之处，琴囊最好用古织锦制作，琴下不可装饰红绿流苏，拿琴切忌横抱，夏季只宜早晚弹琴，中午易染汗垢，且天气干燥，琴弦易断。

【延伸阅读】

琴，古代弦乐器，最初是五根弦，后加至七根弦，亦称"七弦琴""瑶琴"。古人讲"琴棋书画"，琴艺为四才之首，可见琴在古人心目中的地位。

琴发明于伏羲时，《古史考》："伏羲作琴、瑟。"《帝王世纪》载："神农始作五弦之琴，皆言琴出现之早"。琴之所以如此孤独，还在于它被中国人看成是世界上最高贵的乐器，"琴"字从"今"，意在强调"当面演奏"，可见其隆重、正式。宾客在聆听琴曲时，必须正襟危坐，这与西方人欣赏古典音乐时不能随便离开座位的道理异曲同工。古琴型中最有代表性的"仲尼式"，以孔子的字来命名，那正是一个人直身而立的样式。可以说，整架古琴，就是一个人；而整个世界，又都融合在人身里。

【名家杂论】

古人的墙上除了书画，常挂的是琴和剑。辛弃疾在《送剑与傅岩叟》里写道："莫邪三尺照人寒，试与挑灯仔细看。且挂空斋作琴伴，来须携去斩楼兰。"

墙上挂琴，不一定代表会弹。清朝袁枚云："我不知音偏好古，七条弦上拂灰尘。"而陶渊明更甚，他那把琴干脆就没有弦。人们说他"性不解音，而畜素琴一张，弦徽不具，每朋酒之会，则抚而和之，曰：'但识琴中趣，何劳弦上声。'"这种境界不是一般人的风雅。诗人何其芳曾这样说："我准备写一篇《无弦琴》，准备开头便说那位不为五斗米折腰的古人，说他的墙壁上挂有一张无弦琴，每当春秋佳日，兴会所至，辄取下来抚弄一番。"

而如果你被文震亨"琴为古乐，虽不能操，亦须壁悬一床"的假象所迷惑就大错特错了。实际上，文震亨是一名古琴高手，他不仅能弹，还著有《琴谱》一书。当年，文震亨以贡生身份被召入宫，只因"琴书名达禁中"被皇上赏识，改授中书舍人。当时流传甚广的一件雅事是，崇祯皇帝制作了颁琴两千张，命文震亨为每一张琴题名。仅此足以见文氏因琴而起的声望。清朝入关，将琴艺看作是"声色"

之类，凡皇室不习琴，明朝留下的琴都被收起，现今故宫还藏有唐、宋、明古琴百数十张，想来其中定有文震亨题名的古琴吧。

琴台

琴台以河南郑州所造古郭公砖，上有方胜及象眼花者，以作琴台，取其中空发响，然此实宜置盆景及古石；当更制一小几，长过琴一尺，高二尺八寸，阔容三琴者为雅。坐用胡床，两手更便运动；须比他坐稍高，则手不费力。更有紫檀为边，以锡为池，水晶为面者，于台中置水蓄鱼藻，实俗制也。

■〔清〕花梨木珐琅彩瓷画琴桌

【译文】

琴台以河南郑州郭公砖为妙，上有方胜和象眼图案，用来做琴台，利用其中空共振能使琴声更响亮的优点，其实它更适宜摆放山石盆景；用长超过琴身一尺，高二尺八寸，宽以能容纳三张琴的小几架琴，最为雅观。琴凳用胡床，需要比一般的坐凳稍高，这样，两手便于弹奏，而不费力。有人用水晶做琴台面，用紫檀镶边，用锡做水池，其中蓄水养鱼，实在俗气。

【延伸阅读】

明清时琴学大兴，空心砖在文人中得到追捧，琴砖式琴桌有的用以琴事，但多数系为陈设，以示清雅。

郭公砖，实为"汉砖"，空心，约长五尺，宽一尺，厚半尺，以汉代面有方胜或象眼花纹为贵。古时候人造房子所用的大砖头，所谓秦砖汉瓦，修长城、筑墓之用，最结实。汉砖之为琴砖，因其火气褪尽，音色清越纯绵而厚重，在抚琴时可产生共鸣，琴声悠扬，清音回荡，且古人视为邪气不侵之物，为理想的琴桌材料。

【名家杂论】

元人黄庚曾有诗云："柳荫分绿笼琴岳，花片飞红点砚池。"古时，抚琴是士大夫的文化象征，而琴台随琴器应运而生，琴几、琴架、琴桌等颇具人文雅趣之物，不乏精品。

琴台在古代绘画中常常出现，由于专为弹琴而制，故工匠以琴而作，有大有小。专业的操琴者，讲究有张漂亮而又适宜弹奏的琴台。

宋代书画皇帝赵佶作《听琴图》，画中琴台极高级，台面下设有音箱，四围雕刻精美花纹。

明清时期的琴台大体沿用古制，尤其讲究以石为面，如玛瑙石、南阳石、永石等，也有采用厚木面做的。也有如文中所言，以郭公砖代替台面的。郭公砖空心，且两端透孔，使用起来音色效果更佳。

至于现在的旅游胜地，俞伯牙摔琴谢知音的古琴台，则是地名了。琴师俞伯牙弹琴抒情，樵夫钟子期听懂其志在高山流水，二人结为知己。后来，钟子期病故，俞伯牙悲痛不已，在友人墓前将琴摔碎，从此不再弹琴。读来令人唏嘘。

砚

砚以端溪为上，出广东肇庆府，有新旧坑、上下岩之辨，石色深紫，衬手而润，叩之清远，有重晕、青绿、小鸲鹆眼者为贵；其次色赤，呵之乃润；更有纹慢而大者，乃"西坑石"，不甚贵也。又有天生石子，温润如玉，磨之无声，发墨而不坏笔，真稀世之珍。有无眼而佳者，若白端、青绿端，非眼不辨。黑端出湖广辰、沅二州，亦有小眼，但石质粗燥，非端石也。更有一种出婺源歙山、龙尾溪，亦有新旧二坑，南唐时开，至北宋已取尽，故旧砚非宋者，皆此石。石有金银星，及罗纹、刷丝、眉子，青黑者尤贵。黎溪石出湖广常德、辰州二界，石色淡青，内深紫，有金线及黄脉，俗所谓"紫袍""金带"者是。洮溪砚出陕西临洮府河中，石绿色，润如玉。衢砚出衢州开化县，有极大者，色黑。熟铁砚出青州，古瓦砚出相州，澄泥砚出虢州。砚之样制不一，宋时进御有玉台、凤池、玉环、玉堂诸式，今所称"贡砚"，世绝重之。以高七寸、阔四寸、下可容一拳者为贵，不知此特进奉一种，其制最俗。余所见宣和旧砚有绝大者，有小八棱者，皆古雅浑朴。别有圆池、东坡瓢形、斧形、端明诸式，皆可用。葫芦样稍俗，至如雕镂二十八宿、鸟、兽、龟、龙、天马，及以眼为七星形，剥落砚质、嵌古铜玉器于中，皆入恶道。砚须日涤，去其积墨败水，则墨光莹泽，惟砚池边斑驳墨迹，久浸不浮者，名曰"墨锈"，不可磨去。砚，用则贮水，毕则干之。涤砚用莲房壳，去垢起滞，又不伤砚。大忌滚水磨墨，茶酒俱不可，尤不宜令顽童持洗。砚匣宜用紫黑二漆，不可用五金，盖金能燥石。至如紫檀、乌木，及雕红、彩漆，俱俗不可用。

■〔明〕端石龙纹砚　　　　　　　　　　■〔明〕哥窑四方笔砚

【译文】

　　砚台以端溪石所制为上品，产自广东肇庆府，称"端砚"，端砚石有新旧坑、上下岩之别，以石色深紫、手感温润、敲击声音清远、有重晕、青绿色、有圆形斑点的为珍贵；其次是颜色赤红、对砚呵气温润有水痕的；石纹粗大的是"西坑石"，不太珍贵。有种天然石子，温润如玉，研磨无声，发墨而不坏笔，确为稀世珍品。也有无眼好砚，如白端、青绿端，因此不能以是否有眼来辨别优劣。黑端出自湖广辰州、沅州，虽有小眼，但石质粗糙干燥，其实不是端石。还有一种出自婺源歙山、龙尾溪的砚石，也有新旧二坑，南唐时开始开采，到北宋时已采尽，所以所谓旧砚并不是宋砚，而是此处石头。砚石有金银星及罗纹、刷丝、眉子等样式，其中青黑色的尤为珍贵。黎溪石出自湖广常德、辰州两地，石色淡青，内中深紫，有金黄色纹理，俗称"紫袍""金带"。洮溪砚出自陕西临洮府的河中，石为绿色，温润如玉。衢砚出自衢州开化县，有极大的黑色砚。熟铁砚出自青州，古瓦砚出自相州，澄泥砚出自虢州。砚的样式规格不同，宋代进贡的有玉台、凤池、玉环、玉堂等样式，即现在所谓的"贡砚"，为世人看重。砚台以高七寸、宽四寸、下可容一拳为贵，不知道这种规格而敬奉的另一种，制作很俗气。我所见到的宣和古砚台，有极大的，有小八菱形的，都古雅浑朴。还有圆池、东坡瓢形、斧形、端明殿等样式的，都可使用。葫芦形状的稍俗，至于像碉镂二十八星宿、鸟、兽、龟、龙、天马及剥落部分的砚石，嵌入古铜玉器，做成七星形眼的，都堕入俗道。砚台要每天清洗，清除积存墨汁，新的墨汁就光亮润泽，但是砚池边久浸不上浮的斑驳墨迹，称之为"墨锈"，不可清除。砚台用的时候就灌水，用毕就要使它干燥。洗涤砚台可用莲蓬壳，能清除污垢淤滞，又不损伤砚台。特别忌讳用滚水磨墨，茶水、酒水都不行，更不要让顽童清洗砚台。砚台匣子适宜用紫漆、黑漆，不能用金属的，因为金属使砚台干燥。至于紫檀、乌木及雕红、彩漆的匣子，都很俗，不可使用。

【延伸阅读】

砚，也称研，书法的必备用具，与笔、墨、纸合称文房四宝。汉代刘熙《释名》中载："砚者，研也，可研墨使和濡也。"

砚台随笔墨发展产生。最早的砚台由原始社会的研磨器演变而来，石砚用一块小研石在一面磨平的石器上压墨丸研磨成墨汁。汉代有了人工制墨，砚台开始发展起来，砚上出现了雕刻，有石盖，下带足，且出现了铜砚、陶砚、银砚、徐公砚、木胎漆砂砚等。魏晋至隋出现了圆形瓷砚，由三足而多足。唐、宋时，砚台的造型更加多样化。

广东端州的端石、安徽歙州的歙石及甘肃临洮的洮河石制作的砚台，被分别称作端砚、歙砚、洮河砚。史书将端砚、歙砚、临洮砚称作三大名砚。清末，又将山西的澄泥砚与端砚、歙砚、临洮砚，并列为中国四大名砚。

【名家杂论】

文房四宝中砚为首，皆因其质地坚实、能传百代之故。北宋苏易简《文房四谱》云："'四宝'砚为首，笔墨兼纸，皆可随时收索，可终身与俱者，惟砚而已。"

三国魏晋时期，名人大家百家争鸣，瓷砚随经济发展而兴起。南北朝时圆形瓷砚，砚面渐渐凸起，四周下陷，渐成隋唐"辟雍砚"的雏形。号称"群砚之首"

的端砚在唐代已极出名，李贺赞石工攀登高山凿取紫石制砚，有诗曰："端州石工巧如神，踏天磨刀割紫云。"

宋砚材质丰富，形制多样，宋高似孙在《砚笺》中所载形制"近雅者"有 20 余种。宋唐积的《歙州砚谱》所载宋代歙砚"样制古雅者"40 种。宋诗人苏舜钦说："笔砚精良，人生一乐。"

元代崇尚武功，文治作为甚少。读书人社会地位低下，仅居于乞丐之上，故当时有"九儒十丐"之说。砚多为较粗砺的杂石砚，琢制亦显粗朴，形制承袭宋代，但厚重粗犷，不是精雕细刻。

明清时期制砚业空前发展，各种材质形制，应有尽有，异彩纷呈，逐渐形成了徽派、浙派、苏派、粤派凸突显地域性的砚艺流派，并出现了一大批制砚的能工巧匠。

笔

"尖""齐""圆""健"，笔之四德，盖毫坚则"尖"；毫多则"齐"；用苘[1]贴衬得法，则毫束而"圆"；用纯毫附以香狸[2]、角水[3]得法，则用久而"健"。此制笔之诀也。古有金银管、象管、玳瑁管、玻璃管、镂金、绿沈管，近有紫檀、雕花诸管，俱俗不可用，惟斑管[4]最雅，不则竟用白竹。寻丈书笔，以木为管，亦俗，当以筇竹为之，盖竹细而节大，易于把握。笔头式须如尖笋；细腰、葫芦诸样，仅可作小书，然亦时制也。画笔，杭州者佳。古人用笔洗，盖书后即涤去滞墨，毫坚不脱，可耐久。笔败则瘗[5]之，故云"败笔成冢"，非虚语也。

【注释】

〔1〕苘：即苘麻，俗称"青麻"。

〔2〕香狸：又称"灵猫"，体积比家猫大，有香囊，可分泌油质液体称"灵猫香"，可作香料或供药用。

〔3〕角水：即胶水。

〔4〕斑管：即斑竹制成的笔杆。

〔5〕瘗：埋藏。

【译文】

"尖""齐""圆""健"是毛笔的四德,因为毫毛坚硬,毫束就"尖";毫毛多就"齐";毫毛黏贴得好就"圆";用纯净的毫毛与香狸油、胶水黏合得法,经久耐用,就是"健"。这是制笔要诀。古代有金银管、象管、玳瑁管、玻璃管、镂金、绿沈管,近来有紫檀、雕花笔管,都俗气不可用。只有斑竹笔管最雅致,或用箬竹来做笔管。丈余大笔,用木做笔管,也俗气,可用箬竹做,因为竹竿细而且竹节大,易于把握。笔头样式应如尖笋,细腰、葫芦等,仅可用于写小字,当然也是现在通用的样式。画笔以杭州产的为佳。古人用笔洗,写完字就清洗毛笔,笔毛不易脱落,经久耐用。笔坏了就埋起来,所以有"败笔成冢"的说法,此话不虚。

【延伸阅读】

我国古代使用毛笔,多以兽毛制成。初用兔毛,后亦用羊、鼬、狼、鸡等动物毛。笔管以竹或其他质料制成。头圆而尖,用于传统的书写和绘画。战国时,对于笔的称呼不一,楚称"聿",吴称"不律",燕称"弗",秦统一六国后,才统一称为"笔"。白居易称笔为"毫锥",《寄微之》诗云:"策目穿如札,毫锋锐若锥。"

平日所说狼毫笔就字面而言,是以狼毫制成,实际是指黄鼠狼之毫毛。黄鼠狼仅尾尖之毫可供制笔,性质坚韧,仅次于兔毫而过于羊毫。元明时,浙江湖州涌现出一批制笔能手,如冯应科、陆文宝、张天锡等,以山羊毛制作羊毫笔风行于世,世称"湖笔"。湖笔与徽墨、宣纸、端砚并称为"文房四宝"。

【名家杂论】

毛笔的起源很早。从最早的结绳记事,到后来拿石头在地上写写画画,再到用刀在龟甲上刻字,笔的发展历经曲折。到春秋战国时期,各国都已使用毛笔了。

相传秦朝大将蒙恬于善琏村取兔毫制笔,发明了毛笔。战斗间隙,蒙恬喜欢去野外打猎,有一次打到一只兔子,尾巴的血水在地上拖出弯弯曲曲的痕迹,蒙恬心动,多次加以改进发明了毛笔,蒙恬因此被奉为"笔祖"。

汉代制笔原料丰富,除兔毛外,还有羊毛、鹿毛、狸毛、狼毛等,硬毫软毫并用。晋朝时,安徽宣州紫毫笔,以笔锋尖挺著称,深受王羲之等人推崇。到了唐代,宣州成为全国制笔的中心,宣笔被奉为贡品和御用笔,宣笔声誉日隆,直至宋代苏东坡等人都喜欢用宣笔。

元代以后，以湖州为中心的制笔业日益兴隆，湖笔逐渐成为毛笔的代表，誉满海内外。古时善琏隶属湖州府，被誉为"笔都"。

明清时期是中国制笔业发展的鼎盛期，供皇室的御用笔和官府用笔，制作精致华丽，善琏人在各地开设笔店，如北京的古月轩、贺连清，上海的周虎臣、杨振华，苏州的贝松泉、陆益堂等。一支讲究的毛笔，制作中要经过 72 道工序，仅以选毛为例，一只山羊身上的毛可分为 19 个等级，可以用来制笔的只有 5 种，从千万根羊毛、兔毛、狼毛中一根一根挑选，才能生产出一支上好的毛笔。

墨

墨之妙用，质取其轻，烟取其清，嗅之无香，磨之无声，若晋唐宋元书画，皆传数百年，墨色如漆，神气完好，此佳墨之效也。故用墨必择精品，且日置几案间，即样制亦须近雅，如朝官、魁星、宝瓶、墨玦诸式，即佳亦不可用。宣德墨最精，几与宣和内府所制同，当蓄以供玩，或以临摹古书画，盖胶色已退尽，惟存墨光耳。唐以奚廷珪[1]为第一，张遇第二。廷珪至赐国姓，今其墨几与珍宝同价。

【注释】

〔1〕奚廷珪：即李廷珪，其墨称"李廷珪墨"。流传下来的李廷珪制墨法是：每松烟一斤，用珍珠三两、玉屑一两、龙脑一两。

【译文】

上好的墨，质地要轻，墨色要清，闻之无香，研磨无声，如晋、唐、宋、元书画，流传数百年，仍墨色如漆，神气完好，此好墨的效果。所以用墨要选精品，因为墨常放于几案之上，所以样式要雅致。如朝官、魁星、宝瓶、墨玦等式，即使色好也不用。宣德墨最好，几乎与宋代宣和内府的墨相同，应收藏一些以玩赏，或用来临摹古书画，因为墨的胶色退尽，只剩墨光，很适合临摹古书画。唐墨以奚廷珪所制为第一，张遇所制为第二。廷珪被皇帝赏赐国姓，他制的墨现在几乎与珍宝同价。

【延伸阅读】

墨，即墨锭，将墨团分成小块放入铜模或木头模后，压成墨锭作为书画用品。主要原料是炭黑、松烟、胶等，是碳元素以非晶质形态的存在。通过砚用水研磨可以产生用于毛笔书写的墨汁，在水中以胶体溶液存在，使用新墨时须注意要避免划伤砚台内面，"新墨初用，有胶性并棱角，不可重磨，恐伤砚面"。

在人工制墨发明之前，一般利用天然墨或半天然墨来作为书写材料。汉代，开始出现了人工墨品。这种墨原料取自松烟，最初是用手捏合而成，后来用模制，墨质坚实。魏、晋、南北朝墨的质量不断提高。

明代宋应星《天工开物》之《丹青》篇《墨》章，对用油烟、松烟制墨的方法有详细的叙述。明代通用的有两个方法。筛选法是用细绢筛将油烟或松烟筛选出细净均匀的墨烟。沉淀法：油烟或松烟放入水池中，久浸沉淀，上层细而匀是精料。

【名家杂论】

墨是由碳单质（烟、煤）与动物胶相调合，经和剂、蒸杵等工序加工而成，具有色泽黑润、历久不退、舐笔不胶、入纸不晕、香味浓郁、书画自如的特点，用起来色彩有浓淡层次之分，刚柔相济，得心应手，为艺术家所喜欢。

墨可分为天然墨和人工墨两类，天然墨是黑红色氧化铁矿石，始于新石器时代，使用时是用研石压住矿石在砚上兑水研磨。人工墨始于甲骨文时期，即商代。甲骨上红色是朱砂，黑字所用为碳素单质。

中国墨究竟起于何时？陶宗仪《辍耕录》云："上古无墨，竹挺点漆而书。中古方以石磨汁，或云是延安石液。至魏晋时，始有墨丸，乃漆烟、松煤夹和为之。"实际上，汉代蔡伦发明纸后，石墨作书已感不适，据《墨谱》《墨苑》《墨林》等诸书记载，我国大约在汉代以后，即开始用松炭、松烟制墨。三国魏人韦诞，字仲将，善制墨，世称"仲将之墨"。"仲将墨"用纯粹松烟干捣，然后用细绢筛子筛滤，弃其杂质，再入臼中，捣三万杵，配以名贵之香料、药物。"仲将之墨，字如点漆，光亮异于常墨。"到了晋朝，发明了用胶配墨，墨的质量进一步提升。

五代时，在南唐后主李煜的提倡和支持下，奚氏父子制出"丰肌腻理，光泽如漆"的好墨，得到李煜赏识，赐奚氏姓李，世称"李廷珪墨"。到了宋代，不但有了松烟墨，还创制了油烟墨。明代是制墨业上最光辉、最有成就的朝代。先进的"桐油烟"与"漆油"的制墨方法被广泛应用，带有装饰形式的成套丛墨"集锦墨"的出现，受到普遍欢迎。清代墨工增加捣杵的次数至十万杵，减少配料，但制墨不及明代，唯因康、乾二朝善于刻书，康熙的"内殿轻煤""乌玉""耕织图御诗墨"和乾隆的"再合墨"，即取明代碎墨掺入新烟再制的墨，精绝千古。

纸

　　古人杀青为书，后乃用纸，北纸用横帘造，其纹横，其质松而厚，谓之"侧理"；南纸用竖帘，二王真迹，多是此纸。唐有硬黄纸，以黄檗染成，取其辟蠹。蜀妓薛涛为纸，名"十色小笺"，又名"蜀笺"。宋有澄心堂纸，有黄白经笺，可揭开用；有碧云春树、龙凤、团花、金花等笺；有匹纸长三丈至五丈；有彩色粉笺及藤白、鹄白、蚕茧等纸。元有彩色粉笺、蜡笺、黄笺、花笺、罗纹笺，皆出绍兴；有白箓、观音、清江等纸，皆出江西；山斋俱当多蓄以备用。国朝连七、观音、奏本、榜纸，俱不佳，惟大内用细密洒金五色粉笺，坚厚如板，面砑光如白玉，有印金花五色笺，有青纸如段素，俱可宝。近吴中洒金纸、松江潭笺，俱不耐久，泾县连四最佳。高丽别有一种，以绵茧造成，色白如绫，坚韧如帛，用以书写，发墨可爱，此中国所无，亦奇品也。

【译文】

　　古人最早除去竹简表面青皮写字，后改用纸张。北纸用横帘涤荡，所以是横纹理，纸质疏松粗厚，称为"侧理"；南纸用竖帘涤荡，王羲之和王献之真迹多用这种纸。唐代有用黄檗染的硬黄纸，可避虫蛀。四川名妓薛涛曾作"十色小笺"的花笺纸，又叫蜀笺。宋代有澄心堂纸，有黄白经笺，可揭开使用；有碧云春树、龙凤、团花、金花笺等纸；有匹纸，长三至五丈；还有彩色粉笺及藤白、鹄白、蚕茧等纸。元代有彩色粉笺、蜡笺、黄笺、花笺、罗纹笺，皆绍兴所产；有白箓纸、观音纸、清江纸等，皆江西所造；远郊山居应多多珍藏备用。明代连七纸、观音纸、奏本纸、榜纸都不怎么样，只有皇宫大内用细密五色洒金粉笺，又厚又硬像木板一样，表面却光滑洁白如玉，印成金花五色笺，如素色绸缎的瓷青色，都值得珍藏。近来吴中洒金纸、松江潭笺，都不耐久，泾县的连四纸最好用。高丽有种纸，用绵茧制造，洁白如绫，坚韧如帛，用来书写，墨迹很好，这是中国没有的精品。

【延伸阅读】

纸，纤维经排水作用后，在帘模上交织成薄页揭下干燥后的成品。纸发源于中国，对于人类文明做出了不可磨灭的贡献。

沈从文《谈金花笺》一文云："纸绢似创于唐宋，盛行于明清。当时，多是特意为宫廷殿堂中书写宜春帖子，或诗词墙壁廊柱空白，亦作画幅上额或手卷引首用的，在悬挂时可起屏风画作用，有的位置就等于屏风。"

造纸术在公元 7 世纪初传入日本和印度，公元 707 年纸张已被阿拉伯人使用。公元 800 年左右传入埃及，逐渐取代莎草纸。12 世纪初传入西班牙，14 世纪传入法国，德国从 13 世纪已经由意大利进口纸张，俄罗斯在 1575 年建立第一家造纸厂，美国第一家造纸厂于 1690 年在费城附近建立。

【名家杂论】

上古时，人类主要靠结绳记事，文字发明后，始用甲骨为书写材料，后来过渡到以竹片及绢帛作为书写材料。但由于绢帛太贵，竹片太重，于是纸应运而生。西汉时已有纸问世，东汉蔡伦将造纸发扬光大，"伦乃造艺"，利用树皮、麻头、破渔网造纸，并上报朝廷。蔡伦被封为龙亭侯，这种纸被称为"蔡侯纸"。

魏晋南北朝时纸广泛流传。隋唐时，著名的宣纸诞生。唐代在染黄纸的基础上，均匀涂蜡，使纸光泽莹润，人称硬黄纸。五代时歙州制造的澄心堂纸，直到北宋，一直被公认为是最好的纸。

纸的制作过程复杂，伐木、剥皮、切碎切薄、以酸碱制成纸浆、冲洗除杂、漂白、烘干。明清时造纸业重新兴旺并屡有创新，各种笺纸再次盛行起来，到了清代，已到了堪称完美的地步，如康乾时期的粉蜡纸、印花图绘染色花纸等，绝无仅有。

剑

今无剑客，故世少名剑，即铸剑之法亦不传。古剑铜铁互用，陶弘景[1]《刀剑录》所载有："屈之如钩，纵之直如弦，铿然有声者"，皆目所未见。近时莫如倭奴所铸，青光射人。曾见古铜剑，青绿四裹者，蓄之，亦可爱玩。

【注释】

〔1〕陶弘景：弘景字通明，南北朝时丹阳秣陵人。

【译文】

当今之世缺少剑客，也就缺乏名剑，铸剑之法也就久未传世。古剑就已用铜铁互杂合金，陶弘景《刀剑录》记载："弯曲如钩，紧直如箭弦，且铿铿然有金属嗡鸣声"，这些皆非亲眼所见。近来日本人所造之剑甚好，剑气逼人。曾见过一把古铜剑，青绿色铜锈包裹，可作古玩收藏。

■〔明〕钢剑

【延伸阅读】

我国好剑之风源远流长。剑的全盛期在春秋战国，吴、越、楚及其他各国君王及兵士均好剑。可惜的是，今人也只能像文震亨一样，只能在影视剧中幻想膜拜古风。

在古代，剑与琴或书并称，所以剑客诗人有"琴剑飘零"或"书剑飘零"的说法。李白"拔剑四顾"、辛弃疾"挑灯看剑"皆有"高士之风"，文震亨所言"今无剑客"，大概便是仰慕这种英雄气吧。

【名家杂论】

剑是古代的圣品，至尊至贵，人神咸崇。剑是短兵之祖，近搏之器，始创于轩辕黄帝时代，商代始有制剑的史料记载。因其携之轻便，佩之神采，用之迅捷，故历朝王公贵族，文士侠客，商贾庶民，莫不以持之为荣。中国的剑分类多，剑别称三尺，因通体长三尺，故以之为剑的代称。《汉书·高帝纪》："吾以布衣提三尺，取天下。"唐朝颜师古作注说："三尺，剑也。"

长铗，剑之一种，刀身剑锋长者称"长铗"，短者称"短铗"。《战国策·齐策四》载："齐人冯谖贫苦不能自存，寄居孟尝君门下。因食无鱼、出无车，无以为家，三弹其剑铗，歌曰：'长铗归来乎！'"后来长铗多用于形容处境窘困而有所求。听过一首文人曲，常在耳边回荡："长铗，归来乎？食无鱼，出无车，两袖清风为谁忙，国家不用做栋梁。长铗，归来乎，无以为家，无可牵挂，十年寒窗付东流，壮志未酬归故乡，天下兴亡事，在我胸中藏。"

　　明末文人以收藏日本刀剑为雅道，而又不止于刀剑，小如梳扇、大如橱箱，金工如袖炉铰锁，漆器如墨匣提盒，倭人屡有惊人之作。这实际上是明末苏州的真实情境。

　　文震亨在写作《长物志》时，屡次提及"倭制"，"倭"本身是一种蔑称，在他眼里，对倭器的肯定，实际是倭人莫大的荣幸。

印章

　　印章以青田石莹洁如玉、照之灿若灯辉者为雅。然古人实不重此，五金、牙、玉、水晶、木、石皆可为之，惟陶印则断不可用，即官、哥、青冬等窑的陶瓷印章，皆非雅器也。古鎏金、镀金、细错金银、商金、青绿、金、玉、玛瑙等印，篆刻精古，纽[1]式奇巧者，皆当多蓄，以供赏鉴。印池以官、哥窑方者为贵，定窑及八角、委角者次之，青花白地、有盖、长样俱俗。近做周身连盖滚螭白玉印池，虽工致绝伦，然不入品。所见有三代玉方池，内外土锈血侵，不知何用，今以为印池，甚古，然不宜日用，仅可备文具一种。图书匣以豆瓣楠、赤水、椤木为之，方样套盖，不则退光素漆者亦可用，他如剔漆、填漆、紫檀镶嵌古玉，及毛竹、攒竹者，俱不雅观。

【注释】

〔1〕纽：印鼻，亦称"印首"，印章顶部的雕刻装饰，用来提系。

【译文】

　　印章以莹洁如玉、光照辉映的青田石为雅。但古人并不看重青田石，金、牙、玉、水晶、木、石都可以用来篆刻印章，只有陶瓷印章断不可用，即便是官、哥、青冬窑的瓷器，也非古雅器物。古鎏金、镀金、细错金银、商金、青绿、金玉、玛瑙等印章，篆刻精致古雅、印鼻奇巧的，皆可收藏鉴赏。印泥池以官窑、哥窑的仿瓷盒为珍贵，定窑以及八角形、圆形次之，青花白底、有盖的、长方形的都很俗。今有盒和盖都是连体做成螭形的白玉印池，非常古雅，但不入品。有夏商周的玉石方池，内外部有土锈血侵，不知原来何用，现在做印池很古雅，但不适合日用，只可作为文具收藏。图书盒子以豆瓣楠、赤水木、椤木做成成套方盒，不然就用退光素漆，其他如剔漆、填漆、紫檀镶嵌古玉、毛竹、攒竹等，都不雅观。

【延伸阅读】

印章，用作印于文件上表示鉴定或签署的文具。材质有金属、木头、玉石等。唐代杜佑《通典》记载："三代之制，人臣皆以金玉为印，龙虎为纽。"

唐宋民间印章，虽存汉印遗风，但气韵已不及前人。元末明初人王冕在一个偶然的场合，发现了一种质地松脆、易于镌刻、当时被称为"青田花乳石"的石料，于是，文人自篆自刻印章蔚然成风，以往只有印工制印的漫长历史宣告结束，真正意义上的篆刻艺术从此揭开了崭新的篇章。

明清文人对印章艺术的贡献主要有，在印章实用的基础上赋予它文化气息，成为一门独立的艺术，引入了"印从书出"的理论，达到刀笔互见的艺术效果，并以印材为载体，输入对人生的感悟、志向，增加了印章内容的文化性。凡此种种，均增加了印章的收藏价值。

【名家杂论】

中国印文化源远流长，《说文解字》载：印，执政所持，信也。行政上以官印表信任，经商以私印表诚信，情侣以对章为信物，书生以文人印，亦称篆刻托信仰。

印章最初始于"封泥"，古人在封存和传递信物时，为防止他人拆开，先用绳子扎住物件，绳子用泥块封住，再在泥块上盖上印记，这种印记就是最初的印章。

《宋书·礼志五》上记载了玉玺代代传授的过程：初，高祖入关，得秦始皇蓝田玉玺，螭虎纽，文曰"受天之命，皇帝寿昌"。高祖佩之，后代名曰传国玺，与斩白蛇剑俱为乘舆所宝。传国玺，魏、晋至今不废；斩白蛇剑，晋惠帝武库火烧之，今亡。晋怀帝没胡，传国玺没于刘聪，后又属石勒。及石勒弟石虎死，胡乱，晋穆帝代，乃还天府。

国玺若算是公章，那么私人章里熠熠生辉的便是闲章。闲章由秦汉时期刻有吉祥文字的印章演变而来，宋元后风气颇盛，名谓"闲章"，其实不"闲"。书画家或自拟词句，或撷取格言、警句于闲章，以示对人生和艺术的感悟。如米芾的"祝融之后"以彰显家世门第章，唐寅"桃花坞里人家"的籍贯里居章，文征明"惟庚寅吾以降"的生辰行弟章，张大千"乞食人间尚未归"章暗喻其人生遭际。

文具^[1]

文具虽时尚，然出古名匠手，亦有绝佳者，以豆瓣楠、瘿木及赤水、椤木为雅，他如紫檀、花梨等木，皆俗。三格一替^[2]，替中置小端砚一，笔砚一，书册一，小砚山一，宣德墨一，倭漆墨匣一。首格置玉秘阁一，古玉或铜镇纸一，宾铁古刀大小各一，古玉柄棕帚一，笔船一，高丽笔二枝；次格：古铜

■〔清〕文具匣

水盂一，糊斗、蜡斗各一，古铜水杓一，青绿鎏金小洗一；下格稍高，置小宣铜彝炉一，宋剔盒一，倭漆小撞^[3]、白定或五色定小盒各一，矮小花尊或小觯^[4]一，图书匣一，中藏古玉印池、古玉印、鎏金印绝佳者数方，倭漆小梳匣一，中置玳瑁小梳及古玉盘匜等器，古犀玉小杯二；他如古玩中有精雅者，皆可入之，以供玩赏。

【注释】

〔1〕文具：收置文事用品的器具。

〔2〕替：通"屉"。

〔3〕倭漆小撞：日本漆提盒。

〔4〕小觯：古时饮酒用的器皿。青铜制。形似樽而小，或有盖。

【译文】

文具虽是时下流行用具，但出自古代名匠之手的，也有绝好的，用豆瓣楠、瘿木、赤水、椤木做的最雅致，其余如紫檀、花梨等木做的，都很俗气。三层为一屉，其中放置一方小端砚，一个笔砚，一卷书册，一个小砚台，一块宣德墨，一个日本漆墨匣。首格放置一个玉制秘阁、一块古玉或一个铜镇纸，精铁古刀大小各一个，

一把古玉柄棕帚，一个笔船，两支高丽笔；第二格放置古铜水盂一个，糊斗、蜡斗各一个，古铜水杓一个，鎏金铜器青绿笔洗一个；第三格应稍微高些，放置小宣铜彝炉一个，宋代剔红漆盒一个，日本漆提盒一个，定窑白瓷或五色瓷小盒一个，矮小花酒杯或小觯一个，图书匣一个，内中装几方极好的古玉印池、古玉印、鎏金印，日本漆小梳匣一个，内中置备玳瑁小梳子及古玉盘匜等器物，古犀牛玉石小杯两个；其他精雅古玩，亦可收藏其中，以供玩赏。

【延伸阅读】

本节的文具，类似今天所说的文具盒，不过相比现代的文具盒，古代的文具盒制式与容量要大得多，不仅要放毛笔，还要放砚台、印章等。明清文人大多将这种文具盒放在案头。

到了清代，文具匣逐渐改称为"官皮箱"。人们甚至赋予其一个颇诗意的叫法——"七星箱"，把匣上排列的大小不等若干只抽屉比喻为交映的群星。清初的知名生活设计家李渔就由朋友赠送了一只七星箱，结果他立刻巧动心思，将之进行了改进。他把挂在匣前的明锁改置于箱的背壁，转成轻易不能看到的暗锁，这让箱正面的形象浑然完整，陈列在几案上，显得更为美观。

【名家杂论】

古人书写是个麻烦事，如果碰上外出，势必要准备一些箱子。文具箱主要是用来存放文房用品的，一般形状不大，便于携带。文具箱一般选用紫檀木、花梨木等材质，讲究的箱子做工脱俗；也有就地取材，因地制宜，造型简朴，经济实用的箱子；后来一些匠师别出心裁，将文具箱内添置许多小插盒，便于将文房用具分类存放和保管，大小不一，形式多样。

古时的文具箱一般都装有提手，方便提携搬移，只有掌握挂锁钥匙的主人可以亲手开闭这个小箱，所以，它极大满足了人们收藏重要物品的要求，明清之际稍有身份的人都会备上一只，用以保存珠宝等贵重物品以及印章、重要文件之类。

乾隆皇帝六下江南，行走间不但要批阅公文，还喜欢吟诗题词，聪明的匠人便为乾隆帝做了一个供旅游时阅读、书写的文具箱：用紫檀木做几个小箱，边角镶以镀金铜活儿。用时可折叠组合成一个长2尺2寸、宽1尺8寸、高1尺2寸的炕桌，可放炕上，也可于野外放地上。桌内有暗抽屉，储存着皇帝御用的纸、墨、笔，以及印泥、印章等 65 件文具和一副棋子，还有一盏防风又照明的烛灯。

无论是在室内或途中，无论在山村野店，或是名山寺庙，既可闲时与爱臣对弈一局，又可随时伏案御批公文、发出指示，抑或吟风弄月，题诗写字，甚是惬意。

梳具

梳具以瘿木为之，或日本所制，其缠丝[1]、竹丝、螺钿、雕漆、紫檀等，俱不可用。中置玳瑁梳、玉剔帚、玉缸、玉盒之类，即非秦、汉间物，亦以稍旧者为佳。若使新俗诸式阑入[2]，便非韵士所宜用矣。

【注释】

〔1〕缠丝：红白相间的玛瑙。
〔2〕阑入：不应入而入谓之"阑入"。

【译文】

梳具要用树根树瘤制作，或是日本制品，其他如缠丝、竹丝、螺钿、雕漆、紫檀等，都不可用。其中放置玳瑁梳、玉剔帚、玉缸、玉盒等梳具，即便不是秦汉旧物，也要稍微古旧为好；如果收入现时流行的，不适合风雅之士使用。

【延伸阅读】

梳具，收贮理发用具之器，即梳妆匣，放置梳妆用品的匣子。早期的梳妆匣，材质多为木胎髹漆，也有藤编或竹苇制者；唐代发现有瓷制品，宋代已有纯木制品；至明便有了用贵重木材如黄花梨、紫檀、红木等制作的梳妆匣；清代与明无异。

中国古典家具中，没有现代意义上的梳妆台，直到清晚期，西风东渐，高装巨镜的梳妆台款式才从外国传来。古人所说的梳妆台，实际只是置于案上的小型梳妆台，也称镜台，不过是梳妆匣的改型。

文震亨所谓的梳具与今天所指不同，文中的梳具内要放古旧之物，不能放置流行俗物，明确表达了对时尚的不认同。

【名家杂论】

古代男子与女子一样，需要蓄发，梳髻或发辫。自然，他们也需要梳理头发、绾系发髻的工具。所以，对风雅的明文人来说，梳妆匣是必不可少的。

在盛放梳子等物的这套男用箱奁中，文氏理想的梳具是"以瘿木为之，或日本所制"，流行的缠丝、竹丝、螺钿、雕漆、紫檀等梳具样式则被他鄙为"俱不可用"。其中放着玳瑁梳、玉剔帚（用以剔去梳子上积垢）、玉缸（贮发油之器）、玉盒等梳理用品。

与文氏相比，高濂显得更时尚、更讲究。《遵生八笺》介绍的"游具"中，有一种是高氏自制的备具箱，也就是他自行设计的收贮文事用品的器具，专供出游时携带。这个备具箱高七寸，宽八寸，长一尺四寸，不算很大，但里面放的东西多得令人眼花缭乱，笔、墨、砚、裁刀等之外，还有茶盏、茶盒、香炉、香盒、匙箸瓶、骨牌匣、酒牌、诗韵牌等。其中，也少不了梳妆用品，除了梳具箱外，高氏还在备具匣中放了一个小巧的途利文具箱，"内藏裁刀、锥子、挖耳、挑牙、消息、肉叉、修指甲刀、锉等件"。这东西虽称为文具箱，其实就是个迷你型梳妆箱。

衣 饰

此卷为了解古人日常服饰之用。衣冠服装样式规格要合于时宜，既合于季节时令，也合于身份场合；不追求过分华丽，也不刻意衣衫褴褛，方为雅士风范。

衣冠制度，必与时宜，吾侪既不能披莼带索[1]，又不当缀玉垂珠，要须夏葛、冬裘，被服娴雅，居城市有儒者之风，入山林有隐逸之象，若徒染五采[2]，饰文缋[3]，与铜山[4]金穴[5]之子，侈靡斗丽，亦岂诗人粲粲[6]衣服之旨乎？至于蝉冠[7]朱衣，方心曲领，玉佩朱履之为"汉服"也；幞头[8]大袍之为"隋服"也；纱帽圆领之为"唐服"也；檐帽襕衫[9]、申衣[10]幅巾[11]之为"宋服"也；巾环[12]襀领[13]、帽子系腰之为"金元服"也；方巾团领之为"国朝服"也，皆历代之制，非所敢轻议也。志《衣饰第八》。

【注释】

〔1〕带索：以绳索为衣带。

〔2〕五采：采，通"彩"。青、黄、赤、白、黑五色相间称为五彩。

〔3〕文缋：文通"纹"，缋通"绘"。文缋，花纹图画。

〔4〕铜山：产铜的山。

〔5〕金穴：藏金之窟。

〔6〕粲粲：鲜明的样子。

〔7〕蝉冠：汉代侍从官所戴的冠。

〔8〕幞头：头巾。

〔9〕襕衫：兴于唐代、流行于宋代的一种上下衣相连的服装，多为官员、学子所穿。

〔10〕申衣：即深衣，上衣和下裳相连在一起，用不同色彩的布料作为边缘，其特点是使身体深藏不露，雍容典雅。现代人文学者建议将深衣作为中华地区汉

族的服装来推广，作为汉族文化的代表。

〔11〕幅巾：头巾。

〔12〕巾环：巾上所系的环。

〔13〕襟领：滚领。

【译文】

服装样式规格，要与时代相宜。我辈既不能穿破烂补丁衣服，以草为带，也不能缀玉垂珠，过度奢侈，最适宜夏天穿葛麻布衣，冬天穿皮裘，一定要舒适文雅，居住在城市则有儒雅之风，闲居山林则有隐士高风。如果一味追求穿得珠光宝气，华服重彩，与纨绔子弟争奢斗艳，又怎能穿出文人雅士的风范？至于蝉冠朱衣，方心曲领，玉佩红鞋的为"汉服"；幞头大袍的为"隋服"；纱帽圆领的为"唐服"；檐帽襕衫、申衣幅巾的为"宋服"；巾环滚领、帽子系腰的为"金元服"；方巾团领的为"明朝服"，这些都是历朝历代的服饰规格，不敢妄议。记《衣饰第八》。

【延伸阅读】

以清朝为例，各级官员的衣服和鞋帽都有严格规定。

清代的"顶戴花翎"礼帽分两种，像斗笠样的是凉帽，无檐，喇叭式。另一为暖帽，圆形，有一圈檐边。

此外，官帽上缀有顶珠，顶珠材料按官位高低有严格的规定。按清朝礼仪，一品为红宝石，二品为珊瑚，三品为蓝宝石，四品用青金石，五品用水晶，六品用砗磲，七品为素金，八品用阴纹缕花金，九品为阳纹镂花金。无顶珠者无官品。

清代官服原则上为蓝色，只在庆典时可用绛色；外褂在平时都是红青色，素服时，改用黑色。官服图案文官和武官不一样，文官：一品鹤、二品锦鸡、三品孔雀、四品雁、五品白鹇、六品鹭鸶、七品鸂鶒、八品鹌鹑、九品练雀。武官：一品麒麟、二品狮、三品豹、四品虎、五品熊、六品彪、七品八品犀牛、九品海马，另外，御史与谏官均为獬豸。

【名家杂论】

儒家思想主导下，衣冠服饰成为古代礼仪、等级制度的重要内容之一，打上了鲜明的等级烙印。

所谓"旌之以衣服，衣服所以表贵贱，施章乃服明上下"，古代有着"不僭上逼下"的着装要求。越级穿错衣服和颜色，不但会受到惩罚，甚至还会招来杀身之祸，历史上因为着装而掉脑袋的也比比皆是。比如宋朝的曹讷，喝醉了酒穿着黄色的衣服在大街上狂奔，后来被宋仁宗判用刑杖打死；清朝雍正帝赐死的年羹尧在列举其罪状的时候有几条跟着装用色有关——用鹅黄色的荷包，用黄的布包裹衣服。

暴君隋炀帝规定"贵贱异等，杂用五色"，从这一点上看倒很亲民，到了唐初，以黄袍衫为皇帝常服，后来"遂禁士庶不得以赤黄为衣服杂饰"。此后，黄色就成为了皇帝御用的颜色，成为皇帝王权的象征。《清史稿·志七十八·舆服志》记载："龙袍，色用明黄。领、袖俱石青，片金缘。绣文金龙九。列十二章，间以五色云。"这是对皇帝的龙袍有了详细规定。

各个时代的服装式样有各个时代的习俗和风格，如唐代纱帽圆领，明代则方巾圆领。文震亨的基本服饰思想是要合于时宜，既合于季节时令，也合于身份场合；不追求过分华丽，也不刻意衣衫褴褛。这种略中庸的着衣风格倒也契合读书人的心境。

道服

制如申衣，以白布为之，四边延以缁色[1]布；或用茶褐为袍，缘以皂布[2]。有月衣[3]，铺地如月，披之则如鹤氅[4]，二者用以坐禅策蹇[5]，披雪避寒，俱不可少。

【注释】

〔1〕缁色：黑色。

〔2〕皂布：黑布。

〔3〕月衣：月形衣服，即近代之披风。

〔4〕鹤氅：又叫"神仙道士衣"，就是斗篷、披风之类的御寒长外衣。

〔5〕策蹇：策马前行。

■〔明〕丁云鹏 漉洒图

【译文】

道服的样式像深衣，用白布做长袍，用黑布做边；或者用茶褐色布料做袍子，也用黑布做边。有一种"月衣"，因其铺开如月亮一般而得名，披在身上就像斗篷披风，两者都是坐禅或者骑马时，御寒遮蔽风雪不可少的。

【延伸阅读】

关于道服，明朝另外两部著作可以作为本文的补充。

《大明会典》载："道士常服青，法服朝服皆用赤色，道官亦如之。唯道录司官，法服朝服皆缘纹饰以金。"《三才图会》上刻有道衣的图样，有领子而非三台领，袖子大，下有襕，腰部系有宫绦。

《遵生八笺·道服》云："不必立异，以布为佳，色白为上，如中衣四边延以缁色布亦可。次用茶褐布为袍，缘以皂布，或绢亦可。如禅衣非兜罗绵，以红褐为之。月衣之制，铺地俨如月形，穿起则如披风道服。二者用以坐禅，策塞披雪避寒，俱不可少。"足见当时之道袍，多有襕。襕就是衣服下面一块不同颜色的地方。

【名家杂论】

有人说，中国古代的汉服主要来源便是道服、僧服和戏剧服装，此说可见道服在古代衣饰中的地位。

明太祖朱元璋将道教划分为全真、正一两大派，属于礼部管辖，有些道士也担任礼部官员，参与王朝思想和信仰的建构。明朝道教以正一派最兴旺，正一道士或火居、或住庙，明朝后期，道士多世俗化，有的还可以结婚，《三言二拍》中甚至有描写道士偷情的故事情节，道袍也并非道士所独用的款式。

明代鹤氅，和披风形制差不多，只不过缘边多些，领子相合一些，比之褶子，袖子应更加宽大。明刘若愚《酌中志》水集"氅衣"条云："有如道袍袖者，近年陋制也。旧制原不缝袖，故名之曰氅也。彩、素不拘。"如道袍样式，而不缝袖，披在身上像一只鹤。这种服装在明代宫中盛行，当然勋臣贵族之家亦效仿焉。《红楼梦》第四十九回写黛玉罩了一件大红羽纱面白狐皮里鹤氅，而薛宝钗是一件莲青斗纹锦上添花洋线番耙丝的鹤氅。

禅衣

以洒海剌[1]为之，俗名"琐哈剌"，盖番语[2]不易辨也。其形似胡羊[3]毛片，缕缕下垂，紧厚如毡，其用耐久，来自西域，闻彼中亦甚贵。

【注释】

〔1〕洒海剌：波斯语音译词，古代西域所产的一种毛织物。

〔2〕番语：即外国语，古称外国为番，如番舶、番银等。

〔3〕胡羊：绵羊。

【译文】

禅衣多用一种叫洒海剌的毛织物制作而成，因为番语译音难辨，也俗称"琐哈剌"。它的外形就像绵羊的毛皮，成片成缕地下垂着，像毡子一样厚，经久耐用，来自西域，听说在那里也很贵。

■〔明〕丁云鹏 达摩图

【延伸阅读】

洒海剌是一个外来词语，又称琐哈剌、撒哈剌，最早出现在元代文献中。元、明、清三代，中亚、东南亚等地区的国家向中国朝廷多次进贡洒海剌。

根据明清各种资料记载，基本可以总结出洒海剌的特点：其一，是由羊毛或羊绒制成的，虽与毛毡相似，但比毛毡薄、轻；其二，是一种较为宽大的织物，其宽度有三尺多；其三，色彩主要为红色，也有绿色，有专家考证认为洒海剌词源为"红布"。

文氏所写禅衣与我们通常所说的禅衣大不相同。我们常说的禅衣为"襜衣"的谬写，又称"单衣"，华夏服饰体系中深衣制的一种，质料为布帛或薄丝绸。

【名家杂论】

洒海剌为何物？一般有纺织品、武器和非洲地名三种说法，根据明代史料，洒海剌是一种织物名称。明代传教士艾儒略在《职方外纪》记欧洲产物时说："羊绒者,有毯、罽、琐哈剌之属。"明代曹昭在《格古要论》"锦绮论·洒海剌"条记载:"洒海剌,出西蕃,绒毛织者,阔三尺许,紧厚如毡,西蕃亦贵。"

明代文学家冯梦龙的作品中也提到了洒海剌:"是日,适画《芙蓉四鸟图》成,遂以答赠。达见其约略浓淡,生态逼真,爱玩不释。觅银光纸裁书谢之。月华复以洒海剌二尺赠达曰:'为郎作履,凡履霜雪,则应履而解。乃西蕃物也。'"如此看来,洒海剌在明代是很受欢迎的,作为礼物一点不寒碜。

被

被以五色普罗[1]为之,亦出西蕃[2],阔仅尺许,与琐哈剌相类,但不紧厚;次用山东茧绸,最耐久,其落花流水、紫、白等锦,皆以美观,不甚雅,以真紫花布为大被,严寒用之,有画百蝶于上,称为"蝶梦"者,亦俗。古人用芦花为被,今却无此制。

【注释】

〔1〕普罗:西域以羊毛织成的呢绒。
〔2〕西蕃:明代对西方国家的称呼。

【译文】

被子多用西域羊毛呢绒制作,也出自西蕃,仅一尺多宽,和"琐哈剌"类似,但不够紧密厚实。其次有用山东丝绸制作的,结实耐用。其上绣山水花鸟紫白色锦,美中不足的是欠缺一分雅观;用纯紫色花布制作厚被子,以作过冬之用,有种在被子上画百蝶图的"蝶梦"被,也很俗气。古人有用芦花做被褥的,现在却没有了。

【延伸阅读】

《说文解字》载:"被,寝衣,长一身有半。"

睡觉是人生一大事,对养生颇有研究的高濂在《遵生八笺》里说:"床须厚软,脚令稍高,衾被适寒温,冬令稍暖尤佳。枕高二寸余,令与背平。"意思是床要厚实软和,脚踏要稍高,被褥要根据冷暖调节,冬天要尽量暖和一些,枕头高约两寸多,使它与背部平齐。

而在文震亨处"失传已久"的芦花被在高濂处却有记载,《遵生八笺·芦花被》:"深秋采芦花装入布被中,以玉色或蓝花布为之。仍以蝴蝶画被覆盖,当与庄生同梦。且八九月初寒覆之,不甚伤暖。北方无用,不过取其轻耳。"

【名家杂论】

"被"在古代有广义和狭义之分。广义的"被"泛指被子,狭义的"被"则与"衾"相对,"衾"指大被,"被"指小被。古代一张完整的兽皮就是一床天然的被子,比后来的布被要小。"被"字结构上看是左衣右皮,一边是属性,衣着类,一边是材质,皮子制作。《尚书》上有"岛夷皮服"的记载,海岛上的居民进贡皮衣,反映了远古人类常穿盖兽皮的事实。

棉花传入我国之前,人们用麻、蚕丝、草、兽皮等御寒,后来张骞出使西域,北路非洲棉经西亚传入新疆、河西走廊一带,南路最早是印度亚洲棉,经东南亚传入海南岛和两广地区,宋元之际,棉花传播到长江和黄河流域广大地区,人们开始用棉花做被子。

今人常在被子上缝被头,以便清洗。其实,早在西晋左思就在《娇女诗》记载过这种现象:"脂腻漫白袖,烟薰染阿锡。衣被皆重池,难与沉水碧。"意思是说,娇女年小,因涂脂抹粉及学做茶饭而把衣服和被子污染得非常油腻,为便于拆洗,她们的衣被上都罩了防护用的套子,饶是如此,衣被还是油腻得漂在水面上,沉不下去。"重池"即被头。古人为了不致将被子的上下头颠倒,在被子的边缘缀上一块布条,称为"被识",意为被子的标志。

古人出门远行,有时需要带上被子。专门装被子的袋子,叫被囊,也叫被袋、被套。《儒林外史》中说:"(权勿用)左手捐着个被套,右手把个大布袖子晃荡晃荡,在街上脚步高低地撞。"这里的"被套"就是被囊,与今日"被套"不同。

褥

褥,京师有折叠卧褥,形如围屏,展之盈丈,收之仅二尺许,厚三四寸,以锦为之,中实以灯心,最雅。其椅榻等褥,皆用古锦为之。锦既敝,可以装潢卷册。

【译文】

京城有种可以折叠的睡褥，形如围墙屏障，展开超一丈，收起来只有三尺多长，厚约三四寸，褥子面用锦缎做成，里面填充灯芯绒，最为雅观。而椅榻坐褥，皆用古锦，锦缎一旦旧了，还可装裱书籍。

【延伸阅读】

褥，也称被褥，睡觉时垫在身体下面的东西，多用棉絮、兽皮或电热材料等制成，用来保温。白居易《闲卧寄刘同州》里有诗句"软褥短屏风，昏昏醉卧翁"，描写了作者老年时闲来无事昏昏欲睡的闲适画面。而韩偓《已凉》诗里则有："八尺龙须方锦褥，已凉天气未寒时。"相比于白居易的稻草软褥，韩偓的八尺龙须方锦褥当真算得奢华了。

《遵生八笺·蒲花褥》记载了蒲花褥的生产过程："九月采蒲略蒸，不然生虫，晒燥，取花如柳絮者，为卧褥或坐褥。皆用粗布作囊盛之，装满，以杖鞭击令匀，厚五六寸许，外以褥面套，囊虚软温煥，他物无比。春时后，去褥面出囊，炕燥收起，岁岁可用。"

【名家杂论】

刘基《苦斋记》里对当时的纨绔子弟只知享乐，不能吃苦的现状有过一段描写，意思大概是，现在这些年轻人啊，整天坐在饭店里，吃香的，喝辣的，不干活，睡觉要铺好几层褥子，吃饭要摆一桌子，出入必定有仆从车马，讲排场，可是他们不知道，一旦困顿，他们养尊处优惯了的肚子却吃不进去粗茶淡饭，睡惯了金银窝的身子骨也睡不惯稻草铺，即使想像农夫一样安贫乐道，苟全性命，却已经不可能了。

从一碗饭、一条褥子里看人生，看命运，刘基把自己的书斋命名为"苦斋"，其实有其深刻含义。刘基是朱元璋时期的开国重臣，早年，刘伯温看到朱元璋的魄力及才能超迈群雄，是值得辅佐之人，于是将全部理想都寄托在朱元璋身上。后来帝国初定，所谓"狡兔死，走狗烹；飞鸟尽，良弓藏"，刘伯温功成名就之后，并未一味贪图高位，而是及时隐退，回到老家后，既为避祸，也为娱心，便彻底做了一名田舍翁。他每日只做两件事：饮酒和弈棋。

我们现代人往往缺乏这样长远的认识，一旦得势便飞扬跋扈，不可一世。一旦落难又自此一蹶不振。和刘伯温相比，我们缺的又何止是一份"宠辱不惊看庭前花开花落，去留无意望天空云卷云舒"的淡然？

绒单

绒单出陕西、甘肃，红者色如珊瑚，然非幽斋所宜，本色者最雅，冬月可以代席。狐腋、貂褥不易得，此亦可当温柔乡矣。毡者不堪用，青毡用以衬书大字。

【译文】

绒单产自陕西、甘肃，红色的色如珊瑚，却不适合幽静的居室，本色绒单最雅，冬季可以替代席子用。狐腋大衣、貂皮褥子轻易不可得，那是冬夜的最佳用品。毛毡不可用，青色毛毯可铺在桌子上写毛笔大字。

【延伸阅读】

绒属于起毛组织的织物。古代的绒都是经起绒，即把经线分作地经和绒经两部分：地经专织地子，绒经起绒。每织三四梭地子才起一梭绒经，并且把预先备下的篾丝或金属丝插入梭口，使绒经呈现凸起的圆圈，然后用刀割开，就可以形成丝绒。

织造起绒织物的历史最早可以追溯到汉初，绒单更是富贵人家必备的床上用品。明代以后织造的绒，以福建漳州的最著名，有漳绒、漳缎和天鹅绒几种。漳绒是素绒，漳缎和天鹅绒是花绒，但是漳缎是用提花装置在缎地上起花的，天鹅绒不用提花装置起花，也不是缎地。漳绒和漳缎的绒都是在织机上边织边割，天鹅绒的绒是下机以后在素地上勾画花纹，再用刀在图案范围里开割。

【名家杂论】

绒是古代的名贵织物，也称"织成"，《中国百科全书·纺织》："织成是在经纬交织基础上另以彩纬挖花而成的实用装饰织物，也称'绒'，或'偏诸'，是由锦分化出来的一种丝织品，形成于汉代以前。彩纬只在显色部位织入，所以织同样花纹图案时用彩纬的量比通纬要省。"

诗人杜甫《太子张舍人遗织成褥段》诗："客从西北来，遗我翠织成。"此处的织成与文震亨所述"绒单出陕西、甘肃"同出一地。只不过杜甫的绒布是翠绿色的，而文震亨所说的是珊瑚红色的。

绒除了做绒单，还可做绒花。绒花有 1000 多年的历史，最早可追溯到唐代武则天时期，明清走向高峰，清代康、乾年间朝廷特设江宁织造府，专门置办宫廷织物，绒花更具规模。《红楼梦》里提及"宫里做的新鲜样法堆纱花儿"便是南京绒花。绒花谐音荣华，旧时的南京女子头戴绒花出嫁，象征一生荣华富贵。

帐

帐，冬月以茧绸或紫花厚布为之，纸帐与绸绢等帐俱俗，锦帐、帛帐俱闺阁中物，夏月以蕉布为之，然不易得。吴中青撬纱及花手巾制帐亦可。有以画绢为之，有写山水墨梅于上者，此皆欲雅反俗。更有作大帐，号为"漫天帐"，夏月坐卧其中，置几榻橱架等物，虽适意，亦不古。寒月小斋中制布帐于窗槛之上，青紫二色可用。

【译文】

床帐，冬天要用茧丝绸布或者紫色绣花厚布的，纸帐和绸绢帐皆俗气，锦帐、帛帐都是闺阁中物，夏天可用蕉麻布制作，但很难得。吴中青纱及花手巾也可以用来制床帐，有用画绢布制作的，有在床帐上画山水墨梅的，想求雅致反倒俗气了。还有一种叫"漫天帐"的大帐，夏季可在里面坐卧休息，放上几榻橱架等物，虽然舒适惬意，却有违古制。冬天，就在小屋的窗户处挂上布帐，青色紫色均可。

【延伸阅读】

帐，用布或其他材料等做成的遮蔽用的东西。床帐，挂在床上的帐子。纱帐，纱制帐幕。三国曹植《叙愁赋》："对牀帐而太息，慕二亲以增伤。"《红楼梦》第二十三回："遣人进去各处收拾打扫，安设帘幔牀帐。"

【名家杂论】

古时候，把未婚女子的住所称作"闺房"，是青春少女坐卧起居、练习女红、研习诗书礼仪的所在，想到闺房，脑海中便会浮现出一层一层的纱帐，神秘、朦胧、好奇。"挑起璎珞穿成的的珠帘，那一边是寝室，檀香木的架子床上挂着淡紫色的纱帐,整个房间显得朴素而又不失典雅"。而《红楼梦》中贾宝玉所用填漆床悬的则是大红销金撒花帐子。此外,《金瓶梅》写西门庆花 60 两银子买了一张嵌螺钿床,"挂着紫纱帐幔"。

从隐私性上来说,无床帐的架子床就是一件裸体的骨架床。床帐跟衣服一样,每季有适合者,最初目的就是保暖、透风、防蚊、保护隐私。至于床帐的装饰功能,则多已出离其本意了。

冠

冠,铁冠最古,犀玉、琥珀次之,沉香、葫芦者又次之,竹箨[1]、瘿木者最下。制惟偃月[2]、高士二式,余非所宜。

■〔明〕犀角雕发冠

【注释】

〔1〕竹箨:竹笋壳。

〔2〕偃月:横卧形的半弦月。

【译文】

帽子,铁帽子最古老,犀玉、琥珀装饰的帽子排第二,沉香、葫芦帽子又低一等了,而竹箨、瘿木制的帽子则最次。制式则只有偃月帽和高士帽两种尚可,其余都不合适。

【延伸阅读】

冠是古代头上装饰的总称,用以表示官职、身份与礼仪。古人模仿自然界中鸟兽的头型改制成冠,将鸟兽的须胡改饰成缨与緌,并用簪贯插在发上使其稳定,用缨装饰在冠上,用緌带垂下使其牢固美观。冠类在历代的演变中从形式可分为冠冕、巾帻、幞头、帽、盔、笠等,从身份也可分为帝王官吏、文人学士、武职将帅、后妃仕女,布衣等几大类。

常见的冠有小冠,也称束髻冠,一种束在头顶的小冠,小冠多为皮制,形如手状,正束在发髻上，用簪贯其髻上，用缕系在项上，初为在家便装时戴，后通用于朝礼宾客，文官、学士常戴用。獬豸冠，也称法冠，为执法官所戴，传说獬豸是神羊，善判断曲直，秦汉及秦以前各代常用。进贤冠也称儒冠，是在朝文官所戴，冠上有梁为记，亦称梁冠，梁冠多为在朝文官所戴。鹖冠，又称武冠，古代武官武将所戴，鹖是鸥属鸟类，性勇好斗，至死不却，冠顶插饰鹖毛以示英勇。

其他高山冠、委貌冠、远游冠名目繁多，不一而足。

【名家杂论】

冠和帽不同。在古代，巾、帽、冠同属于首服，或头衣。古人扎巾是为了便利，戴帽是为了御寒，戴冠是为了装饰。

汉代长冠是指汉高祖为亭长时所戴的一种楚冠，用竹皮编制，故称刘氏冠，后定为公乘（秦、汉二十等爵的第八级，以得乘公家之车，故称公乘。）以上官员的祭服，又称斋冠。晋朝初年冕开始加在通天冠上。隋代承袭六朝遗风，戴纱帽者很多。但作为纺织业中最高管理机构的染织署掌管宫廷中所使用的冠、冕、锦、罗、纱、绢等织品，组织严密，分工细致，前所未有。

唐朝天子的冠饰除爵弁之外，还有通天冠和翼善冠；平民的冠饰则有武弁、皮弁；皇太子戴的是衮冕、玄冕及三梁冠、远游冠、进德冠、皮弁和平巾帻。宋朝的通天冠服，是天子的重要礼服，通天冠也叫卷云冠，有二十四梁，外用青色，内用朱红色，冠前加金帛山及用金或玳瑁成蝉形为饰。元朝蒙古族是游牧民族，常戴帽子，冬戴暖帽，夏戴宝顶金凤钹笠。

明代夺取政权后，对整顿和恢复礼仪制度非常重视，并根据汉人习俗，重新制定了服饰制度。明代官吏朝服与公服不分文武都戴的是貂蝉笼巾与戴梁冠。朝服按品级戴冠，以冠上梁数辨别品级。清代官服中的礼冠名目繁多，用于祭祀典礼的有朝冠，常服有吉服冠，燕居时有常服冠，出行时有行冠，下雨时有雨冠。

清朝的顶子，即花翎，乃官服附件，即冠上向后垂拖的一根孔雀尾的翎羽，也称"孔雀翎"。其尾端有像眼睛一般一圈灿烂鲜明者，叫"眼"。清初，花翎极贵重。

巾

唐巾去汉式不远，今所尚披云巾最俗，或自以意为之，幅巾最古，然不便于用。

■ 唐朝头巾

■ 明朝头巾

【译文】

唐朝制式的头巾和汉朝头巾相差不多，如今的人们所推崇的"披云巾"最俗气，可能是自己随意为之，幅巾样式太古老，已不便于穿戴。

【延伸阅读】

巾，指用来擦抹或包裹、缠束、覆盖东西的小块纺织品。

头巾是用于裹头的织物。始用于庶人，即没有官爵的平民百姓。东汉多裹头，以一块布帛罩在头上以为风雅，称幅巾。其质料较著名者为纶巾。隋唐巾裹俗称幞头，四角皆成带状，内加一个固定饰物，覆在发髻上，裹出各种形状，称巾子。宋除幞头外，有笼巾，架在梁冠之上，为高级官员服饰。明保留了笼巾，一般士人则多用四方平定巾，又有系束发髻的网巾。妇女也裹巾。宋明以来，文人仿古，以裹巾为雅，正式的冠帽很少有人过问。

【名家杂论】

南朝顾野王《玉篇》载："巾，配巾也。本以拭物，后人着之于头。"在古代，巾是用来裹头的，女性用的称为"巾帼"，男性用的称为"帕头"，到了后周时期，出现了一种男女均可用的"幞头"，由此渐渐演变成各种帽子。

秦统一六国后，曾以巾帕赏赐武将，与帽巾同时使用。

古代男子在18—20岁时加冠，曾有纶巾束发而不裹头的记载，发展到汉代成为帽箍式的帻，平顶的帻巾称"平帻巾"，因形似尖角屋顶人字形隆起的称"介帻"。

魏晋时期幅巾盛行，因其适于各层次人物，简便易行，易与衣衫配色，在追求高雅脱俗思想的时代，也是对礼教制度的一种反叛。《博子》载："魏太祖以天下凶荒，资才乏匮，拟古皮弁，裁缣帛以为巾合，合于简易随时之义，以色别其贵贱"，所以"幅巾"也称"缣巾"。此时幅巾样式种类繁多，如折角巾、菱角巾以及纶巾、葛巾等十几种，是中国服饰史中男子士儒服饰最为风雅潇洒的一个时期。

到唐朝时，受男子戴纶巾的影响，女子也喜欢用纶巾裹发。唐代杜甫《即事》诗又有"笑时花近眼，舞罢锦缠头"的描写。

明代男子多戴网巾，除了束发，还是男子成年的标志。网巾是一种系束发髻的网罩，多以细绳、马尾、棕丝编织而成，一般衬在冠帽内，也可直接外露。又称"一统山河"。明代的网巾包括包头巾、汉巾、飘飘巾、平顶巾、东坡巾等 20 余种。

笠

笠，细藤者佳，方广二尺四寸，以皂绢缀檐[1]，山行以遮风日；又有叶笠、羽笠，此皆方物，非可常用。

【注释】

〔1〕缀檐：用材料缝制边缘。

【译文】

斗笠，以细藤制为好，直径二尺四寸，用皂绢包裹边沿，爬山时可遮挡风雨和日头，也有用竹叶制的斗笠和动物羽毛制的斗笠，都是地方特产，不能作日常之用。

【延伸阅读】

斗笠，又名笠、笠子、笠帽、箬笠，用莎草、芦柴、竹篾、竹箬、麦秆或棕叶制成，圆形尖顶，麻绳束颌，晴天遮阳，雨天挡雨。斗笠工艺起源于汉，成熟于明，在清代进入鼎盛期，从最初遮风挡雨的劳动工具逐渐演变为后来的信物、礼品和工艺品。

斗笠多用竹篾编织而成，呈圆锥体状，造型美观，工艺繁杂，用材考究。最大斗笠直径可达 10 米，最小的仅 20 公分（1 公分 = 1 厘米）。从竹子到成品，一个斗笠要经过 70 多道工序。

【名家杂论】

制作斗笠有砍竹、削篾、打面子、编里子、修边插头、夹箬叶、"打三彩"、织顶等十多道工序。古时制斗笠须上山砍来毛竹，用厚重的篾刀劈出竹片，去掉里层竹囊，再切成细片。编时从帽顶编起，先编经条，再编纬线。细篾相互交叉，顺时针一圈加一圈往前编去，形成一排排六角的笠格。圆锥形的笠帽成型后，数十条细篾折向四周伸展开来，"笠轮"频转，"篾环"漫舞，编好笠格后装填夹层的箬叶。箬叶是箬竹的叶子，铺箬叶时首先要竖着往外铺，边沿相互重叠，既不太密，也不能太稀。箬叶铺好，修边缘，用更细的篾皮条锁边，一顶斗笠就编好了。

最帅气拉风的斗笠，可以做武林高手的暗器。往空中一掷，旋转飞行，直奔对方命门，瞬间毙命。从《诗经》里的"何蓑何笠"到只在舞台或影视剧里做道具、早已过气的斗笠，却以另一种形式活在文字里，连同对故土的记忆。

履

履，冬月用秧履最适，且可暖足。夏月棕鞋惟温州者佳，若方舄等样制作不俗者，皆可为济胜之具[1]。

【注释】

〔1〕济胜之具：游览用的交通工具。

【译文】

鞋子，冬天穿用稻草夹芦花制成的芦花蒲鞋最合适，可以保暖。夏季穿温州棕毛鞋最适宜，如果有样式和制作均上乘的方形复底鞋，也可作为旅行之用。

【延伸阅读】

鞋子，古称"足衣"，鞋袜的总称，有履、屐、靴、屣、屦等别称。"履"专指用作礼服的鞋子。原始人"食草木之实，衣禽兽之皮"，最早不过是用兽皮将脚粗粗裹住，以免受冻、刺伤。《韩非子·五蠹》曰："妇人不织，禽兽之皮足衣也。"

履是自汉以后对鞋子的总称。我国古代鞋子款式都鞋头上翘，称"翘头履"。

靴，是高度在踝骨以上的长筒鞋，原为北方游牧民族穿用，多为皮革制成。战国时，赵武灵王提倡"胡服骑射"，靴子流入中原。自明代起，穿靴已有等级制度，朝廷禁止庶民穿靴。到了清代，男子穿便装时便以鞋为主。

【名家杂论】

关于人与衣服鞋子的关系，台湾作家张晓风在《衣履篇》中有过精彩的论述："人生于世，相知有几？而衣履相亲，亦凉薄世界中之一聚散也。"

鞋子除代表等级制度和礼仪规范外，更具有浓厚的文化内涵。这里面，女人功不可没，是女人让鞋子上升为一种艺术品，并因民俗学、工艺学、美学、考古学上的价值而具有了文化价值、历史价值和艺术价值。

舟 车

此卷为文人日常所用交通工具。古人出行，陆多车轿水多舟，无论舟车，皆要遵循严格等级制度，在名称、规格、颜色等方面均有明确规定。

舟之习于水也，宏舸^[1]连轴^[2]，巨舰接舻^[3]，既非素士^[4]所能办；蜻蜓蚱蜢，不堪起居；要使轩窗^[5]阑^[6]槛^[7]，俨若精舍，室陈厦飨^[8]，靡不咸宜。用之祖远饯近^[9]，以畅离情；用之登山临水，以宣幽思；用之访雪载月，以写高韵；或芳辰缀赏，或靓女采莲，或子夜^[10]清声，或中流歌舞，皆人生适意之一端也。至如济胜之具，篮舆^[11]最便，但使制度新雅，便堪登高涉远；宁必饰以珠玉，错以金贝，被以缋罽^[12]，藉以簟苐，镂以钩膺，文以轮辕，绚以修革^[13]，和以鸣鸾，乃称周行、鲁道哉？志《舟车第九》。

【注释】

〔1〕宏舸：大船。

〔2〕连轴：船头船尾相连。

〔3〕舻：船尾。

〔4〕素士：文人儒士。

〔5〕轩窗：窗户。

〔6〕阑：通"栏"。

〔7〕槛：门槛。

〔8〕厦飨：船舱外宴饮。

〔9〕祖远饯近：饯行送别。

〔10〕子夜：乐府诗的一种。

〔11〕篮舆：人力抬行的竹制坐椅。

〔12〕缋罽：有绘画的毛毯。

〔13〕修革：有雕饰的皮革。

【译文】

水中航船，大船巨舰，首尾相连，文人儒士置办不起，状若蜻蜓、蚱蜢的小船又不能顾及起居。重要的是窗户、栏杆、门槛，一应俱全，如一座精致的小屋，无论舱内陈设，舱外宴饮，都要适宜。小船可迎来送往，远近郊游，以尽离别之情；可用来游山玩水，发思古之幽情；可用来戴月踏雪，以彰显高雅情致；或在船上共享良辰美景，或观看美女乘舟采莲，或泛舟听《子夜歌》，或赏江中歌舞，都有闲适得意之趣。至于登山游览之具，以篮舆最方便，只要规格适宜，样式新奇，皆可登高涉远；难道车驾一定要珍珠玉石装饰、金银珠贝交错、绘上彩画披上毛毯、铺上草席、拴系缨饰、车轮纹花、雕饰上革、车铃响亮，才能行驶顺畅、道路通达吗？记《舟车第九》。

【延伸阅读】

周朝对乘船有严格的等级规定：天子乘坐"造舟"，诸侯乘坐"维舟"，高级官员乘坐"方舟"，一般官吏乘坐"特舟"，普通百姓只能乘用"桴"。"造舟"由多只船体构成，"维舟"由四条船构成，"方舟"由两条船并成，"特舟"是单体船，"桴"就是木筏和竹筏。

陆上交通工具也毫不逊色，高头大马和八抬大轿是等级森严的古代社会上层人士出行的首选。秦汉以后，规定皇家的轿改称辇，皇帝的轿称龙辇，皇后的轿称凤辇，一般皇帝所乘为金辇、玉辇，仪制复杂，仗势隆重。古代轿子有官轿、民轿、暖轿、凉轿、喜轿、魂轿等。

【名家杂论】

出行对于交通不便的古人是件大事。元朝白朴说："暖日宜乘轿，春风宜试马。"从"行路难"的慨叹，到"春风得意马蹄疾"的高兴，再到"一骑红尘妃子笑"的奢靡，又或者"廿里长街八码头，陆多车轿水多舟"的繁华，古人的出行方式及规格等级可窥一斑。

因为久经战乱，刘邦称帝后居然找不到四匹同色的马，只好坐杂色马车，而宰相只能乘牛车。受魏晋风骨影响，南北朝时期出现了千奇百怪、种类繁多的官车。

宋文帝喜欢乘坐用羊拉的官车，羊力气小，体格羸弱，却在当时被认为是有品位；南朝宋文学家颜延之，喜欢选用老瘦病弱的牛拉着奇形怪状的车游荡于街市之间，以示自己卓尔不群；另一位大将军沈庆之，每逢赶上朝贺，都乘坐一种叫"猪鼻无帷车"的怪车，这些在当时被认为是潇洒的表现。

隋唐时期，政府开始采用骑马制度。因为仰慕大唐雄风，北宋沿用了骑马制度，赵匡胤登极之初就明确规定百官骑马。南宋时乘轿出行有所抬头，到明朝已经非常流行，官员们对于轿子的热衷胜过了坐骑。每逢官员乘轿出行，必先黄土垫地，净水泼街，鸣锣开道，肃静回避。女真部落号称"马背上的民族"，清初，满族人为了保持军队的骑射武功，规定武官一律骑马，不许坐轿。

巾车

今之肩舆，即古之巾车也。第古用牛马，今用人车，实非雅士所宜。出闽、广者精丽，且轻便；楚中有以藤为扛者，亦佳；近金陵所制缠藤者，颇俗。

【译文】

现在的肩舆，就是古代的巾车。不过古人用牛马拉车，而现在用人力，实在不适合文人雅士乘坐。福建、广东的巾车精致超俗，华丽轻便；楚中有用藤条抬扛的巾车，也不错。近来金陵所造缠藤巾车，很俗气。

【延伸阅读】

古代巾车即轿子，有官轿、民轿、暖轿、凉轿、喜轿、魂轿等。官轿又大致分为三种颜色：金黄轿顶，明黄轿帏的是皇帝坐轿；枣红色的是高官坐轿；低级官员以及取得功名的举人、秀才则乘坐绿色轿子。

清朝规定，凡是三品以上的京官，在京城乘"四人抬"，出京城乘"八人抬"；外省督抚乘"八人抬"，督抚部属乘"四人抬"；三品以上的钦差大臣，乘"八人抬"等。至于皇室贵戚所乘的轿子，则有多至数十人抬。

【名家杂论】

关于轿子，有诸多的趣事与讲究，比如《上错花轿嫁对郎》里的欢喜冤家，比如八抬大轿，一方面指态度虔诚，一方面又指摆谱摆架子，比如平民百姓在大街上见到了要回避的官轿。

有人说,轿子是一种不用轮子的车,这话有一定道理。虽然古代有"安步当车"的说法,但"出无车"历来被士大夫之流视为奇耻大辱。坐轿确实舒服,但坐轿的身份意义,完全大于其出行方便的初衷,千百年来,中国官方的用车则一直是"轿子",这也可以解释人们为什么宁可弃马不用而坐人力轿了。

明朝后期,出了一位创造古代"座驾"纪录的大臣,他就是张居正。张居正回家奔丧时乘坐的轿子由三十二个轿夫扛抬,不仅有里外套间的卧室及客室,还有总兵戚继光率领的随侍人员,另外,轿内厨房、厕所一应俱全,其豪华奢侈可想而知。

篮舆

山行无济胜之具,则篮舆似不可少,武林[1]所制,有坐身踏足处,俱以绳络者,上下峻坂[2]皆平,最为适意,惟不能避风雨。有上置一架,可张小幔者,亦不雅观。

【注释】

〔1〕武林:杭州旧称。
〔2〕峻坂:陡坡。

【译文】

登山若无其他的攀登用具,则篮舆不可或缺,武林所制篮舆坐卧脚踏之处,皆用绳索捆绑结实,登高爬低过陡坡如履平地,非常舒适,只是不能遮风蔽雨。有种在上面装一个架子,用帷幔遮住的,也不雅观。

【延伸阅读】

篮舆是竹轿,照古人的说法,就是一种登山轿子,有两个长棍,中间是一个类似椅子的东西,乘坐的人就坐在那里,可以一路上山一路欣赏景色。后来就把篮舆引申为布衣者,代表广大的劳苦大众。

宋司马光有诗云:"篮舆但恨无人举,坐想纷纷醉落晖。"意思是,有一顶破轿子,却请不起轿夫,只能坐在余晖下遐想纷纷。清朝康熙年间诗人,同时也是当代武侠小说作家金庸先生的先祖查慎行《寿朱竹垞》诗曰："茗碗登堂无俗客，篮舆扶路有门生。"境界自大不同：来我这里饮酒喝茶的都是雅士，正是谈笑有鸿儒，往来无白丁，停在门口的轿子随时有轿童侍立左右，等待出发。

【名家杂论】

舆本意是车中装载东西的部分，后来用以泛指车。篮舆是古代供人乘坐的交通工具，形制不一，一般以人力抬着行走，类似后世的轿子。也说古时一种竹制的座椅。文震亨此处的篮舆显然是蓝色的登山小轿。

诗人白居易常乘坐篮舆，他在《山居》里写道："山斋方独往，尘事莫相仍。篮舆辞鞍马，缁徒换友朋。朝餐唯药菜，夜伴只纱灯。除却青衫在，其余便是僧。"不仅山居时要坐篮舆，就是上桥时也要坐，比如"水南秋一半，风景未萧条。皂盖回沙苑，篮舆上洛桥。闲尝黄菊酒，醉唱紫芝谣。称意那劳问，请钱不早朝。"如此惬意，以至于给钱都不愿意入朝为官，去上早朝。

古人也十分重视交通工具的等级。光绪三十一年（1905年）《绘图游历上海杂记》，"上海雇轿随处皆有，轿行抬价甚昂，一日非千余文不可。自东洋车盛行大为减色，向之千文者今则五六百文。轿夫以苏州、无锡人为佳，上身不动坐者安稳。其次扬州人不过脚步稍缓，若本地人抬轿则一路颠簸，轿中人浑如醉汉矣。"

清朝时的官吏、商人与小康市民出入均乘坐轿子。上海道坐八抬八杠的绿泥金顶大轿，知县用四人抬的红漆朱顶蓝泥轿。新娘出嫁，要坐红绿色花轿，绣有"凤穿牡丹"或"福禄鸳鸯"的轿帘；闺秀淑女乘坐的轿子，顶垂缨络，旁嵌玻璃，谓之"撑阳轿"；一般市民如郎中或私塾先生，只坐普通的蓝布小轿。

舟

舟，形如划船，底惟平，长可三丈有余，头阔五尺，分为四仓：中仓可容宾主六人，置桌凳、笔床、酒枪、鼎彝、盆玩之属，以轻小为贵；前仓可容僮仆四人，置壶榼[1]、茗炉、茶具之属；后仓隔之以板，傍容小弄，以便出入。中置一榻，一小几。小厨上以板承之，可置书卷、笔砚之属。榻下可置衣厢、虎子[2]之属。幔以板，不以蓬篷，两傍不用栏楯，以布绢作帐，用蔽东西日色，无日则高卷，卷以带，不以钩。他如楼船、方舟[3]诸式，皆俗。

【注释】

〔1〕壶榼：酒壶或装茶水的容器。

〔2〕虎子：便壶。

〔3〕方舟：两船相并。

【译文】

舟，形状和划船相似，舟底略平，长三丈多，头部宽五尺，分为四舱：中舱可容纳主宾六人，舱内放置桌凳、搁笔架、酒壶、祭器、花木盆景，以轻小为宜；前舱可容僮仆四人，放置酒壶、茶炉、茶具等；后舱用木板隔开，旁留过道，方便出入。舱中可放一张睡榻，一个小几。小橱上搭一木板，可放书卷、笔砚之类。榻下放衣箱、便壶等物。船幔要用木板，不可用竹席，两旁不用栏杆，用绢布做幔帐，以遮蔽日头，没有太阳时就卷起来，卷时用布带，不用铁钩。其他诸如楼船、方舟等样式，都俗气。

【延伸阅读】

《物原》记载："伏羲始乘桴"，《周易》载："伏羲氏刳木为舟。"这两条记载均把舟的发明指向了原始社会末期。

一开始，人们只在陆地上活动——采摘野果、打猎、种地。后来，人们发现，捕鱼需要下水，打猎也常常过河。当人们看到倒在水中的树木能在水中漂浮，就有人开始尝试抱着木头渡水。再后来，人们把树干用石斧和火削平、挖空，人坐在里面，用手或树枝划水，这就是最早的独木舟。再后来，有了木筏、竹筏、皮筏……后来又出现了木板船、帆船、轮船……

【名家杂论】

船舶的发展经历了漫长的历史过程。最早出现的木板船叫舢板，最初用三块木板构成的，就是一块底板和两块舷板组合而成。后来，人们在此基础上对三板船加以改进，逐步使它完善，并且不断有所创新，导致了千姿百态、性能优良的各种船舶的产生。

除了舢板这种单体船外，人们受木筏制造原理的启发，造出了舫。《说文解字》："舫，并舟也。"就是把两艘船体并列连接，增加宽度，提高了船的稳定性和装载量。"舫"也称"方""枋""方舟""方船""枋船"，有时也写作"航"。当然，还有由多只船体构成的船只，上面可以建造庐舍，成为统治阶级出游时候的专用船。

地球上表面十分之七是海洋，船的出现，极大丰富了人们的出行，对于开疆辟土、文化交流具有不可替代的作用，明朝郑和下西洋，作为中国航海史上的一大壮举，同时也是中国海事力量最强大的时期，宣扬了国威，但随着清朝闭关锁国，放弃海洋的战略地位，终至甲午海战的惨败，教训不可谓不深刻。

小船

小船，长丈余，阔三尺许，置于池塘中，或时鼓枻[1]中流；或时系于柳阴曲岸，执竿把钓，弄月吟风；以蓝布作一长幔。两边走檐，前以二竹为柱；后缚船尾钉两圈处，一童子刺[2]之。

【注释】

〔1〕鼓枻：划桨。

〔2〕刺：撑船。

【译文】

小船，长一丈有余，宽约三尺，放在池塘中，有时在湖面泛舟；有时候系在柳荫河岸，执竿垂钓，吟风弄月，好不惬意。小船用蓝布做一船篷，两边出檐，前面用两根竹竿支撑，后面固定在船尾，行船时以一童子撑船。

【延伸阅读】

舫即船，常用来泛指小船，画舫就是装饰华丽的小船，一般用于在水面上荡漾游玩、方便观赏水中及两岸的景观，有时也用来宴饮。唐刘希夷《江南曲》之二："画舫烟中浅，青阳日际微。"董必武曾赋诗："革命声传画舫中，诞生共党庆工农。重来正值清明节，烟雨迷蒙访旧踪。"

游船，即载客游览的船或游轮。清孙源湘《卖花家》诗："一篮花值一两金，妓馆游船还倍偿。"

【名家杂论】

船舶的历史非常悠久，数千年来，船舶从最早、最简单的木筏到后来的竹筏和独木舟，木板船、桨船、乌篷船，木帆船、轮船等，几经变迁，较著名的包括汉代的楼船，隋朝的大龙舟和明朝郑和的宝船。文震亨的小船，更多是寄托着文人士大夫的一种情怀。与三五友人登船遣怀，执竿把钓，弄月吟风，好不惬意。

南宋词人张孝祥有一首《念奴娇·过洞庭》，里面有两句耳熟能详："素月分辉，银河共影，表里俱澄澈。悠然心会，妙处难与君说。"这既是说月亮，又可以形容小船与文人的关系。梁实秋说，一个典型的中国文人，是一个儒释道合一的人。除却漂泊之感，船意象的另一典型内涵是自由。这种思想的渊源可以追溯到庄子，他说："巧者劳而智者忧，无能者无所求。饱食而遨游，泛若不系之舟，虚而遨游者也。"对中国文人来说，"泛若不系之舟"，却成为颇具吸引力的人生理想，李白就有"人生在世不称意，明朝散发弄扁舟"一说。

庚子長至月 宫

卷十

位 置

此卷为居所布局之用。屋室空间规划方法，繁简不同，冬夏各异，高堂广榭，各有所宜。室内家具陈设讲究方位、层次合理；院落装点亦要雅致精细，不可繁杂媚俗。

位置之法，烦简不同，寒暑各异，高堂广榭，曲房奥室，各有所宜，即如图书鼎彝之属，亦须安设得所，方如图画。云林清秘，高梧古石中，仅一几一榻，令人想见其风致，真令神骨俱冷。故韵士所居，入门便有一种高雅绝俗之趣。若使前堂养鸡牧豕，而后庭侈言浇花洗石，政不如凝尘满案，环堵四壁，犹有一种萧寂气味耳。志《位置第十》。

【译文】

空间布置之法，繁简不同，冬夏各异，高堂大屋和幽居密室，各有特色，即使书籍祭器，也要安置得当，才能如诗如画般美丽。元代"云林居士"倪瓒建有清阁，梧桐蔽日，古石青苔，中间仅放一几一卧榻，这种超凡脱俗的气质有种冷寂之感，却不禁让人神往。所以，文人雅士的住处，进门便有高雅脱俗之感。如果在前院养鸡喂猪，后院浇花洒扫，倒不如尘土满案，四壁环堵，反倒有萧瑟闲寂之气。记《位置第十》。

【延伸阅读】

文震亨家世显赫，自己是书画大家，而他在明亡后捐生殉国的行为尤令人叹服。所以，以文震亨如此之高的眼界，能入他法眼的唯有元人倪云林而已。正如《位置》一卷开篇所载："云林清秘，高梧古石中，仅一几一榻，令人想见其风致，真令神骨俱冷。"

倪云林作为中国历史上最有洁癖的文人，恐怕只有梅妻鹤子的林逋可比，明人顾元庆《云林遗事》里说起倪云林的清秘阁，"阁前置梧石，日令人洗拭，及苔藓盈庭,不留水迹,绿褥可坐。每遇坠叶,辄令童子以针缀杖头刺出之,不使点坏"。

还有一种说法是,一次有客人在倪瓒家留宿,倪瓒夜里听到客人咳嗽,很不放心,天一亮马上叫仆人仔细搜查院落庭园,看看有没有客人吐痰的痕迹。仆人找不到,他自己在桐树根处找到了,于是让仆人用水把桐树洗了又洗。这个典故名曰"洗桐"。阁外如此洁净,阁内只有一几一榻,毫无人间气息。神骨俱冷,诚为确评。

从此,洗桐成为文人洁身自好的象征。画家李可染曾创作《洗桐图》向倪瓒致敬。

【名家杂论】

"无事此静坐,一日如两日。若活七十年,便是百四十。"

这是文征明的弟子周公瑕在他使用的一把紫檀木扶手椅的靠背上刻下的一首五言绝句,这首诗使我们真实地体验到了明代文人在日常居家生活中倾注的精神期待。

在明代文人的眼里,生活格调和方式,包括陈设布置、家具器物,一切皆是主人爱好、品性和审美意识的体现。因此,明代文人对周身之物及环境要求颇高,甚至一几一榻都要合乎生活的最高理想。

文震亨的居室布置、设计思想就是在满足实用和必备的基础上崇尚古朴、淡泊,反对繁冗的装饰,注重因室设物,因地制宜,以期表现出"精洁雅素"的文人情怀。

坐几

天然几一,设于室中左偏东向,不可迫近窗槛,以逼风日。几上置旧研一,笔筒一,笔觇一,水中丞一,研山一。古人置研,俱在左,以墨光不闪眼,且于灯下更宜,书册镇纸各一,时时拂拭,使其光可鉴,乃佳。

【译文】

一张天然案几,摆在屋内左偏东的位置,不可靠近窗栏,以避风头和烈日。案几上放常用砚台一个,笔筒一个,笔觇一个,水盂一个,研山砚台一个。古人通常把砚台放在左侧,以避免墨色反光晃眼,实际放在灯下更好。书籍和镇纸各一个,时常擦拭,光亮照人,方好。

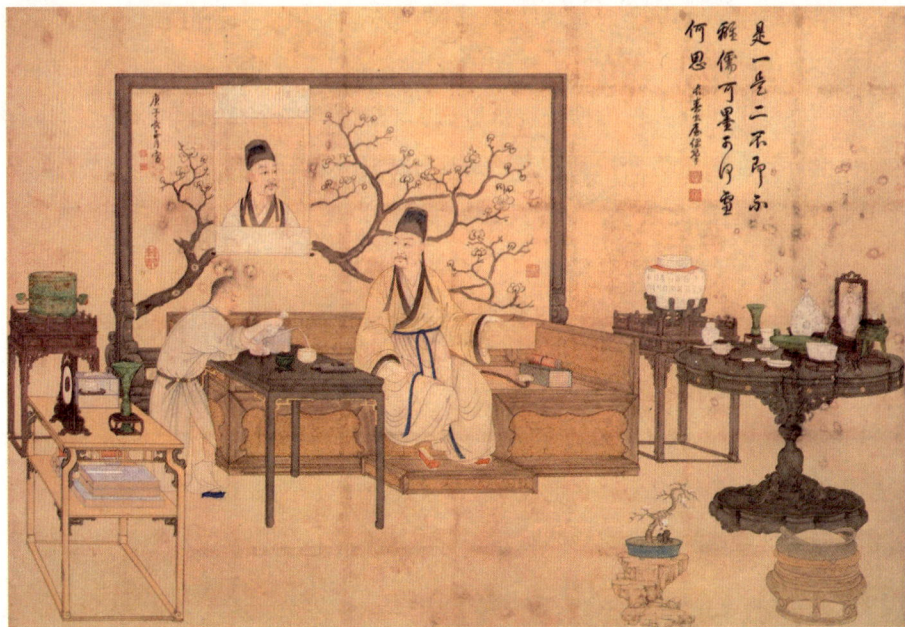

■〔清〕郎世宁 弘历鉴古图

【延伸阅读】

　　天然几，类似北方农村以前的书条，常放在正屋靠北的墙壁之前，八仙桌后面。古代的天然几，一般长七八尺，宽尺余，高过桌面五六寸，两端飞角起翘，下面两足作片状。现在苏州园林的厅堂中，都有天然几作陈设的，有的用料极为讲究，体质丰厚，气势大度，是明清家具的典型之作。

【名家杂论】

　　文房案几的位置摆放，不同其他，势必要体现出作者的个人意趣。文震亨关于坐几的陈设与位置、几上置物之具体名称与数量、方位均一一列出详单，如何着意构造一个迥俗的读书空间，并配之以雅致的家具及器物陈设，打造一个兼具知性与美感的书斋生活世界，这对明代来说，甚至已成为比读书本身更重要的追求。

　　有些现代人的书房，虽然豪华奢侈，却失去了读书人淡泊宁静的本真，诚不可取。反倒是大学图书馆的一些阅览室、自习室，莘莘学子苦读至灯火通明的影像，让人不禁想起周恩来总理那句"为中华之崛起而读书"的醒世名言，他们才是中华民族的星星之火，假以时日必能燃起燎原之火。

坐具

湘竹榻及禅椅皆可坐，冬月以古锦制缛，或设皋比[1]，俱可。

【注释】

〔1〕皋比：虎皮。

【译文】

坐的东西，湘妃竹的竹榻和禅椅都可以，冬天用古锦缎作垫子，有时用虎皮也可以。

【延伸阅读】

湘竹，清代陈鼎《竹谱》称"潇湘竹""泪痕竹"。《二如亭群芳谱》载：斑竹即吴地称"湘妃竹"者。湘竹竿部生黑色斑点，颇为美丽，是竹家具的优质用材。湘竹在文震亨的文章里，多有提及，大概除了其适应性强、极具观赏价值外，可能更多因了湘妃竹的美丽传说。

据古书记载，"尧之二女，舜之二妃，曰'湘夫人'，舜崩，二妃啼，以泪挥竹，竹尽斑。"意思是，古时候有传说，舜帝的两个妃子娥皇女英千里寻追舜帝。到君山后，闻舜帝已崩，抱竹痛哭，流泪成血，落在竹子形成斑点，故又名"泪竹"，或称"湘妃竹"。

【名家杂论】

早期殷人的起居方式承传于祖先的蹲踞与箕踞。到了殷晚期，跪坐作为主要的坐式，席成为主要坐具。与席同时或稍后，商周开始出现称作"床"的家具。在没有椅子的时期，床和榻是坐具也是卧具。秦汉时期，床榻开始有所区分，床略高于宽于榻，可坐可卧，而榻则相反。东汉时胡床，即后来的马扎，由西域少数民族传于汉地，坐具开始向高足发展。凳，最初专指蹬具，相当于脚踏。凳子作为坐具，是在汉代以后，等级稍次于椅子，明清时期的凳子形式很多，有大方凳、长方凳、长条凳、圆凳、五方凳、梅花凳等。

椅子始源于魏晋和隋朝，初名为胡床或马扎，唐明宗时期开始出现有靠背的椅子，到宋代出现交椅，是权力的象征。宋代还出现了圈椅、太师椅、官帽椅、玫瑰椅、靠背椅等。

古代坐具经历了从席地到垂足而坐，坐具从无足到低足到高足。千百年来，人们对坐具的追求，从未停止过。文震亨句末说："或设皋比，俱可。"令人不禁莞尔。在 500 年后的今天，连老虎都成为国家一级保护动物的背景下，一时间"洛阳皮贵"的虎皮，在文震亨眼里，仅仅是和"锦缎"一样，俱可作为坐具上的垫子。

椅榻屏架

斋中仅可置四椅一榻，他如古须弥座、短榻、矮几、壁几之类，不妨多设，忌靠壁平设数椅，屏风仅可置一面，书架及橱俱列以置图史，然亦不宜太杂，如书肆中。

【译文】

居室中只能放四把椅子、一张卧榻，其他如佛像座、短榻、矮几、壁几之类，可多摆放，忌靠墙并排多张椅子，屋内须设屏风一面，收置书画典籍的书架、书橱同备，但藏书不宜过杂，使人如置身书店中。

【延伸阅读】

风水学对家具摆放颇有讲究，想来倒也有几分道理。

如文中所言，"忌靠壁平设数椅"。椅子背后通常须有实墙可靠。如果椅子背

■〔清〕禹之鼎 王原祁艺菊图（局部）

后是窗、门或通道，等于背后无靠山，从心理学方面来说，椅子背后空荡荡，缺少安全感。倘若椅子背后确实没有实墙可靠，较为有效的改善方法是，把矮柜或屏风摆放在椅子背后，这称为"人造靠山"，也会起到补救作用。

再比如书桌摆放不能在横梁下，古时横梁向下凸，让人产生头悬利剑之感，学习时会因安全之虞而分心。

【名家杂论】

家具的使用最初主要是祭祀神灵和祖先，后来逐渐普及到日常使用。明朝社会发展、经济繁荣、建筑业兴盛、手工艺进步，家具制作及其摆设在明代迅速发展，形成了中国古代家具发展史上的一个高峰。明代家具，制作复杂，做工精细，一套家具往往需要3—5年方能完成，有的甚至需要10年左右的时间。家具各部件组以严密的榫卯连接，不用胶和钉，牢固结实，天衣无缝。

中国是一个讲章法的国度，这也反映在居室的建制上。早在春秋时代，孔子便提出："居室乃修养之所本，一室不治，何以天下为？"又说："修身、齐家、治国，而后平天下乎。"这便是安居而后才能乐业的中国居室理念之本。与此相应，明朝家具摆设也颇有讲究。在沈春泽为《长物志》作的序中就提出了室内家具的位置，要求"几榻有度，器具有式，位置有定，贵其精而便、简而裁、巧而自然也"。在明代，一般的厅堂、卧室、书斋都有其各自的家具配置，出现了成套家具的概念。一般说来，临窗迎门的地方，总是安放桌案，前后为檐炕，配以成组的几、柜、橱、桌、椅、书架等，对称摆放，严谨划一。上流士大夫的居室中，还通常采用落地罩、博古架、书架等各种"小木作"，作为室内摆设要件。此外，古玩、器皿、盆花、盆景等各种陈设品，以其形状、色彩和优美质感，也会在整个室内装饰气氛中起到重要的平衡作用。

"不宜太杂"的陈设观念，体现了古人"简洁、素雅"的陈设理念。这正是历代文人士大夫将自己的情操和精神世界寄托在室内陈设中而形成的居室设计观。文震亨用"长物"经营起来的这个世界，包括空间规划、器物赏玩、景物观赏、茗茶蔬果、美观装饰。它不是汲汲于利益增殖，而是观赏把玩，超越于现实蝇营狗苟之上的一种美学生活的经营。

悬画

悬画宜高，斋中仅可置一轴于上，若悬两壁及左右对列，最俗。长画可挂高壁，不可用挨画竹[1]曲挂。画桌可置奇石，或时花盆景之属，忌置朱红漆等架。堂中宜挂大幅横披，斋中宜小景花鸟；若单条、扇面、斗方[2]、挂屏之类，俱不雅观。画不对景，其言亦谬。

【注释】

〔1〕挨画竹：若画幅太长，悬挂时用细竹横挡，并将画卷在上面一段，这种细竹称为"挨画竹"。

〔2〕斗方：书画所用的一张见方的纸张，也指一二见方的书画。

【译文】

悬挂书画宜高，室内只能悬挂一幅，如果两壁或左右对列悬挂，最俗气。长卷可以挂在高墙，不能用细竹曲挂。画桌上可放些山水奇石或者花木盆景。忌讳放置朱红漆架。堂屋宜挂大幅横批，室中适宜花鸟山水小景。若是单条、扇面、斗方、挂屏之类，皆不雅观。如果画和周围的氛围不符，那就适得其反了。

【延伸阅读】

挂画能体现一个人的品位。每一幅画，皆有讲究。

比如牡丹图：国花牡丹因为寓意富贵所以一直深受人们的喜爱。牡丹象征富贵、姣妍、繁华等，易挂在客厅。

比如山水画，中国自古就有仁者乐山，智者乐水之说，山势平圆的画亦可挂在书桌后面作为"靠山"。

比如《九鱼图》：图上绘了九条栩栩如生的鱼。"九"取长长久久之意。"鱼"取其万事如意。九条可爱的鱼在嬉戏，寓意吉祥。

【名家杂论】

《长物志》专为雅人说规矩，而文震亨的《悬画》一节，可为古人悬挂字画的美学依据。

以明代为分水岭，受建筑条件所限，房屋普遍矮小。所以，之前几乎是没有中堂、条幅这种幅式的字画，而其主流形态是书札、手卷、扇面，只有极少数作品是屏风幅式，以供帝王将相名门大户装饰之用。

明朱棣之后，砖瓦制造业大兴，建筑厅堂向高大发展，于是长条形的中堂、条幅经过裱褙后，直接挂在固定通顶屏门上了。于是，字画从手中把玩到厅堂悬挂：作品的美术化倾向日益明显。

置瓶

随瓶制置大小倭几之上，春冬用铜，秋夏用磁；堂屋宜大，书屋宜小，贵铜瓦，贱金银，忌有环，忌成对。花宜瘦巧，不宜繁杂，若插一枝，须择枝柯奇古，二枝须高下合插，亦止可一二种，过多便如酒肆；惟秋花插小瓶中不论。供花不可闭窗户焚香，烟触即萎，水仙尤甚，亦不可供于画桌上。

【译文】

根据花瓶大小选择合适的日本几案，春冬宜用铜瓶，夏秋用瓷瓶；厅堂用大瓶，书房用小瓶，以铜瓶瓷瓶为贵，以金银制瓶为俗，忌讳有瓶耳，忌讳成对摆放。瓶花要瘦小巧妙，不宜繁复杂乱，单枝须有奇特之处，两枝要高低错落相宜，最多只能插一两种，太多则俗如酒肆茶坊；只有秋花插小瓶，可以不用顾忌这些。插花的房间不可关窗燃香，因为花遇烟会枯萎，水仙尤其如此，也不可放在画桌上，以免颜料熏染。

【延伸阅读】

放置花瓶需有花几，花几又称花架或花台，大都较高，它的用途主要是承托花盆、盆景，常置于纱槅前的天然几的两侧，或置室隅。花几比茶几出现得晚。到了清代中期以后才开始出现了细高造型的几架。到了晚清，花几非常盛行，现在流传于世的花几大多是清朝时的作品。花几的式样较多，不仅有圆，有方，有高有矮，而且根据花盆、花瓶的需要，还有各种小花几，属于家具中典型的"小件"。

在中国传统婚俗中，历来都有陪嫁花瓶的传统，以前是瓷质花瓶，后来为玻璃花瓶，寓意"平（瓶）平安安、圆圆满满、荣华富贵（雕富贵牡丹花）"。

【名家杂论】

中国传统插花艺术，萌芽于春秋战国时期，历经汉代初始期、南北朝发展期、隋唐兴盛期、宋代极盛期、元明成熟期、清代衰落期等阶段。徽派文化有东瓶西镜一说，瓷都景德镇的花瓶代表我国历史文化结晶远销海外。从祭器发展而来的花瓶代表着江南文化，象征和平、安康，见证了历代王朝的兴衰、以及风土民情的变迁，成为民众寄情花木、以花传情、借花明志、装点生活的载体。

秦汉以前，民间已有用花祭祀、借花传情和插花装饰仪容的习俗，但缺乏艺术匠意的加工。汉魏六朝时文人、道家、佛家都嗜插花，赏花木之风甚盛，出现了用盘来插花的记载，《南史》记载佛前供花，以铜罂盛水，渍其茎，欲不萎，庾信诗"金盘衬红琼"和"新盘待摘荷"都是盘花。用瓶插花古已有之，且插花之器也颇考究。明张德谦《瓶花谱》"品瓶"条云唐以前专尚铜尊、罍、瓠、壶，其后则多用瓷。

隋唐时可称插花的黄金时代。隋代佛教盛行，佛前供花普遍，日使在考察佛教时，插花流传于日本。唐代把农历二月十五定为花朝，视作百花诞，甚至有女皇武则天下令百花同时盛开的传说。宋人喜爱梅花，讲求高雅韵致。烧香、点茶、挂画、插花是宋时"四艺"。

明代花器多样，瓶、盖、碗、筒、篮、吊挂无一不可，有自由、惬意的竹筒插花，也有发古幽思用商周鼎作花器的插花。明代建立了系统和完整的插花理论，把插花艺术推向顶峰。明代插花著作十分丰富，如《花史左编》《瓶花三说》《瓶花谱》《瓶史》等，其中袁宏道的《瓶史》是世界上最早且最系统完善的插花理论专著。

清代因盆栽盆景风气勃兴，逐渐凌驾于插花之上，插花日渐衰微，花瓶有名无实，至民国彻底沦为摆设。

小室

小室内几榻俱不宜多置，但取古制狭边书几一，置于中，上设笔砚、香合、薰炉之属，俱小而雅。别设石小几一，以置茗瓯[1]茶具；小榻一，以供偃卧[2]趺坐[3]，不必挂画；或置古奇石，或以小佛橱供鎏金小佛于上，亦可。

【注释】

〔1〕茗瓯：饮茶的器具。

〔2〕偃卧：仰卧。

〔3〕趺坐：盘腿而坐。

【译文】

　　小室内不宜多置几榻，只须正中放置一个古制窄边书几，上面摆放笔砚、香盒、薰炉，都要小巧雅致。另外摆放一个小石几，用来放茶具；小榻一个，以供坐卧休憩。小室内无须悬挂字画，有人陈列些古代奇石，有人用小佛橱供奉镀金小佛像，都可以。

【延伸阅读】

　　小室，应该是休闲室、茶室一类休息放松的地方。关于家具的摆放搭配，王世襄先生的说法可以与文震亨的理论相互印证：一要简约有致。明代的室内陈置简洁舒朗，家具疏落有致，入清以后才渐显繁复拥挤。因此，宁少勿多，一室之内，陈置三五件就好，尽显神采，四壁生辉。如若贪多，则气韵全无。二要因室而异。厅堂上的器物讲求对称，固定而不免拘谨。而书房和居室则注重实用。三要同属相配。无束腰家具与有束腰或四面平式家具为不同眷属。同一眷属家具尽管品种不同，外形各异，组合在一起会格外协调融洽。

【名家杂论】

　　小室，视个人而异，布置随性就意。好读书，则以学习耕读、修身养性的书房标准布置；爱书画，则选用不带屉的架几画桌，方便起坐，旁置梳条矮柜，以放杂物。喜收藏，可多设置架格或多宝格，以放置瓷器及古董、文玩等。临墙处可置香几、花几，以摆放云石、盆景或香炉。

　　现今的一些茶室、书吧，甚至别墅的多功能小间，多有"尚古风"的意味，模仿得好，自然青出于蓝而胜于蓝；模仿得不好，则往往东施效颦，适得其反。总之，一应物什应以简洁为宜，切忌繁复。

卧室

地屏天花板虽俗，然卧室取干燥，用之亦可，第不可彩画及油漆耳。面南设卧榻一，榻后别留半室，人所不至，以置薰笼、衣架、盥匜[1]、厢奁[2]、书灯之属。榻前仅置一小几，不设一物，小方杌二，小橱一，以置香药、玩器。室中精洁雅素，一涉绚丽，便如闺阁中，非幽人眠云梦月所宜矣。更须穴壁一，贴为壁床，以供连床夜话，下用抽替以置履袜。庭中亦不须多植花木，第取异种宜秘惜者，置一株于中，更以灵璧、英石伴之。

【注释】

〔1〕盥匜：古代洗手的器具。

〔2〕厢奁：古代女子放梳妆用品的匣子。

【译文】

卧室里装地板、天花板虽然俗气，但能保持干燥舒适，用之也可，只是不可装饰彩绘或油漆。卧室放一张朝南卧榻，后面留出半间屋子，以放薰笼、衣架、盥匜、厢奁、书灯等物。卧榻前只放一个小几，上面什么也不放，另放小方杌子两张，小橱一个，以用来放置薰香草药、古玩器具。卧室应简洁素雅，一旦华丽多彩，如入少女闺房，不是幽居之人所适宜的。还须在墙上凿个壁穴，以供卧谈夜话，下面放一个盛鞋袜的抽屉。室内也不必多植花木，只需品种珍贵者种上一棵足够，再配上灵璧石和英石即可。

【延伸阅读】

卧室之用，古今皆然，最神秘不过皇帝的卧室，养心殿里皇帝的寝宫，贵为天子居住的地方也不过 10 多平方米而已。"龙床"也不比寻常床铺大，而且睡觉时，床前还要放下两道帘子，空间更加狭小，大概 10 平方米左右。其实这主要还是出于保暖的目的，要知道明清时的北京，冬天还是相当冷的。

民间广泛流传着"故宫有九千九百九十九间半屋"的说法，为什么出现半间，而不是一万间呢，传说是，天上玉帝所居天宫有房屋万间，皇帝贵为天子，但也绝不能逾越天宫之制，所居房屋自然也不能超过天宫房屋数。

实际上，按中国传统说法，古代阳数 9 最大，"9999 间半"恰恰符合了"九五之尊"的传统思想。这大概是全世界最大的别墅和最牛的卧室。

【名家杂论】

卧室，是休憩、睡眠及更衣、梳妆之所，以舒适、清静为好。卧室的视觉中心是床，常见的红木床榻有架子床，如四柱、六柱至十二柱龙凤架子床、月洞门架子床、双月洞门架子床、门围子架子床等，另外还有拔步床、片子床和罗汉床。讲究的人家还会制作一款美人榻，摆在光线好的地方以供看书小憩，所谓"飞眠宿食尽在花间，行起坐卧无非乐境"，雅趣盎然。

中国传统文人对于卧室有一种偏爱，认为床会带给主人一生的运气，为此，几乎把所有象征吉祥、长寿和幸福祈愿的符号都附于床榻和卧室里了。历数那些千奇百怪的卧室，却也颇为感慨。想起金庸笔下的古墓派，古墓派因居住古墓而得名。全真教始祖王重阳举义师反抗金兵，建造了一座石墓存放军粮物资，其中机关众多。义军失败后，王重阳愤而隐居古墓，自称"活死人"，意思是虽生犹死，与金人不共戴天。后来古墓派在小龙女一代名扬天下。能够把墓穴作为卧室，也只有金庸能想得出来这样的创意了。

置业，买地，建府第，住豪宅是很多人的梦想，但古人早就留下了"屋大人少不宜住"的古训，所谓"流水不腐，户枢不蠹"，越是没人住的房子，破败得越快，古代的王公大臣，皇亲国戚都要雇用很多幕僚、仆人等就是为了填充人气。皇帝在故宫的养心斋和御书房以及后面的卧室也不过10平方米左右，而且皇帝睡觉时，床前还要放下两道帘子，使空间变得更加狭小，为的就是积攒人气，保存体能，延年益寿以永享盛世。

亭榭

亭榭不蔽风雨，故不可用佳器，俗者又不可耐，须得旧漆、方面、粗足、古朴自然者置之。露坐，宜湖石平矮者，散置四傍，其石墩、瓦墩之属俱置不用，尤不可用朱架架官砖于上。

【译文】

亭阁台榭不能遮风避雨，所以制作亭榭不宜用上好木料，但太俗又难以忍受，所以要用旧漆、方面、粗腿、古朴自然的木料建造。亭阁楼榭露天而坐，宜选取

平矮湖石，散落在亭子周围，石墩、瓦墩之类不用，尤其不可用红漆架子架官窑产的大块砖石。

【延伸阅读】

在英语里，亭台楼榭统统可以用一个词 building，也就是建筑物来描述，但是，在汉语里，有必要区分下。

宫殿，居住的处所，古时私人居住之地为"宫"；接待大众，办公集会之所为"殿"。

堂，居住建筑中对正房的称呼，一般指北房，多为长辈所居之地，或众人集会议事的地方。

亭，古时指供行人休息的地方。辨其音，"亭者，停也。人所停集也。"（《释名》）园中之亭，应当是自然山水或村镇路边之亭的"再现"。

台，最古老的园林建筑形式之一，早期的台是一种高耸的夯土建筑，宫殿多筑其上，后来演变成厅堂前的露天平台，即月台。

阁，一种架空的小楼房，四方、六角或八角，常呈两层，中国传统建筑物的一种。有时也指女子的卧房。

榭，水边建筑，人们在此倚栏赏景。"……榭者，藉也。藉景而成者也。或水边，或花畔，制亦随态。"

廊，建筑物的前面增加的"一步"（古建筑的一个柱间），有柱，有的还设栏杆。

牌坊、牌楼：由华表演变而成，华表柱之间加横梁即为牌坊，若在牌坊结构上加斗拱及屋檐则成为牌楼。

【名家杂论】

亭，也叫亭子，中国传统的点式建筑，供人停留、观览，一般四面凌空，空间通透，为的是吸收外界空间的无限景色，使游览者从小空间进到大空间，突破有限，进入无限。

亭按用途可分观景亭、碑亭、井亭、宰牲亭、钟亭等，按形状可分方、长方、五角、六角、八角、圆、梅花、扇形亭，按材质有石亭、木构亭、砖亭、茅亭等。《园冶》载："花间隐榭，水际安亭……安亭有式，基立无凭。"说的是亭除了在造型上点染园林景色，还要与环境巧妙结合，才能获得"天人合一"之美，以使园林与亭共存。

榭原是古代建筑在高台上的敞屋，后来随着建筑物的层次变迁，榭多依水而建，成了水榭，又称水阁，建于池畔，形式随环境而不同。《园冶》上记载："榭者，借也，借景而成者也，或水边，或花畔，制亦随态。"苏州拙政园中的芙蓉榭，半在水中、半在池岸，四周通透开敞，为园林设计经典之作。

敞室

长夏宜敞室，尽去窗槛，前梧后竹，不见日色，列木几极长大者于正中，两傍置长榻无屏者各一，不必挂画，盖佳画夏日易燥，且后壁洞开，亦无处宜悬挂也。北窗设湘竹榻，置簟于上，可以高卧。几上大砚一，青绿水盆一，尊彝之属，俱取大者；置建兰一二盆于几案之侧；奇峰古树，清泉白石，不妨多列；湘帘四垂，望之如入清凉界中。

【译文】

夏天宜敞开屋子，窗户窗栏尽去，屋前梧桐屋后竹林，可遮炎日。放一张又长又大的几案于室内正中，两边各置一个无屏长榻，无须悬挂书画，因为好画夏天容易干燥受损，且敞室前后相通，也无处悬挂。北窗放一张铺竹席的湘竹榻，铺上草席，可以躺卧。书案上放一个大砚台，一个青绿水盆，以及尊彝祭器，都要稍大些。书案旁放几盆建兰，奇峰古树，清泉白石等盆景，多多益善。屋子四周悬挂湘竹帘子，看上去俨然一个清凉世界。

【延伸阅读】

名为"敞室"，且为夏季，则再风雅的古人也不得不面临一个千百年来未曾很好解决的问题，那就是如何防蚊蝇。

清人曹廷栋《老老恒言》"帐"一节有解释："有名纱橱，夏月可代帐，须楼下一统三间，前与后俱有廊者，方得为之。除廊外，以中一间左右前后，依柱为界，四面绷纱作窗，窗不设棂，透漏如帐，前后廊檐下，俱另置窗，俾有掩蔽，于中

驱蚊陈几榻，日可起居，夜可休息，为消夏安适之最。"

其制大概类似今日纱窗。

【名家杂论】

古时没有空调，除了皇亲贵族，有冬天发炭、夏季赏冰的福利，夏天如何去除炎热之苦，对于普通人就成了难题。最基本的办法当然就是尽量敞开居住的空间，加强空气流通，制作一间"敞室"。

"敞室"是夏季日常起居之所，有种说法是"敞室取其阴凉，以供文墨之娱、清泉白石之赏玩。竹帘四垂，以营造出一种清凉自然的空间与境界"，此语似能与文氏所言契合。

正因为此，"敞室"前后壁上都多设窗，并且在入夏之后还把窗扇全部去除，让内外空间通为一体，仅仅凭借在四壁窗外的檐前垂挂竹帘，来起到遮阳、隔热以及屏蔽外人眼光的作用。如唐人张籍有诗："遇午归闲处，西庭敞四檐。高眠著琴枕，散帖检书签。"可见，古人确实喜欢让消夏场所尽卸门窗，四敞大开。

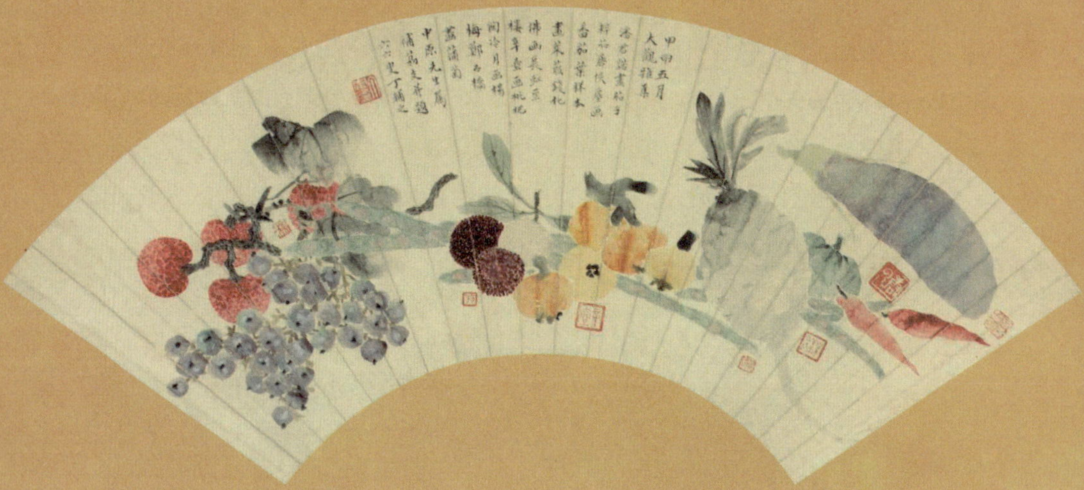
甲申五月
大觀雅集

卷十一

蔬 果

此卷为日常饮食养生之用。翔实介绍日
常食用二十八种蔬果之产地、口味、品
食注意事项以及养生功效。

田文[1]坐客，上客食肉，中客食鱼，下客食菜，此便开千古势利之祖。吾曹谈芝讨桂，既不能饵菊术，啖花草；乃层酒累肉，以供口食，真可谓秽我素业。古人苹和蘩可荐，蔬笋可羞，顾山肴野簌，须多预蓄，以供长日清谈，闲宵小饮；又如酒枪皿合，皆须古雅精洁，不可毫涉市贩屠沽气；又当多藏名酒，及山珍海错，如鹿脯、荔枝之属，庶令可口悦目，不特动指流涎而已。志《蔬果第十一》。

【注释】

〔1〕田文：即孟尝君，战国四君子之一。

【译文】

孟尝君门下食客，上等客人吃肉，中等客人吃鱼，下等客人吃菜，这便开了古今势利的先例。我辈皆是向往灵芝丹桂的志趣高洁之人，既然不能吃菊花、白术，品尝花草，就大口喝酒大块吃肉，满足口腹之欲，真是坏了操守，斯文扫地。古人连萍藻和白蒿都能吃，竹笋已是美味，山中野菜也多多益善，以供白日畅谈，夜晚小酌。酒器食具，要古雅精致整洁，不染市侩气。还应多珍藏天下好酒及山珍海味，如鹿脯、荔枝之类，但求色香味俱全，而不只是动筷子垂涎不已。记《蔬果第十一》。

【延伸阅读】

《列士传》里有关于孟尝君的记载："孟尝君食客三千，厨有三列，上客食肉，中客食鱼，下客食菜。有乞食人冯谖，经冬无裤而有饥色，愿得下厨。"

孟尝君的门客分为几等：头等的门客吃肉，中等的门客吃鱼，至于下等的门客，他就只能吃粗菜淡饭了。有些"鸡鸣狗盗"之徒，曾经救了他的命，他就把他们奉为贵宾。后来，有个名叫冯谖的糟老头子活不下去，投到孟尝君门下，没什么本领，却要求上客的待遇，孟尝君都依了他。有一次孟尝君派冯谖去薛城向老百姓收债，结果冯谖竟私自做主，凡是还不起债的，就把契约烧了。冯谖向孟尝君报告说："孟先生您是损失了钱，可却得到了情义和民心啊。"后来孟尝君失势，三千多门客大都散了，只有冯谖跟着他，替他驾车。当他的车马离薛城还有百里时，薛城的百姓都来迎接。

这就是冯谖客孟尝君的故事。所谓，财聚人散，财散人聚，大概粗通此理。

【名家杂论】

早在《黄帝内经》时，古人就有提出"五果为助，五菜为充"的搭配原则，但是由于技术限制，蔬菜种类很少。《诗经》里提到 132 种植物，能作蔬菜的只有 20 余种。

秦汉时，葵为"百菜之主"，《汉书·循吏传》中记载："太官园种冬生葱、韭、菜、菇，覆以屋庑，昼夜燃蕴火，待温气乃生。"这大概是最早的温室大棚。

魏晋至唐宋时，茄子、黄瓜、菠菜、扁豆、刀豆等陆续传入我国。茄子原产印度，初名叫胡瓜；菠菜是唐朝贞观年间由尼泊尔传来，初名波楼菜；扁豆原产爪哇国，南北朝时传入我国；刀豆最初产于印度，唐代时传入我国。元代由波斯传入的原产北欧的胡萝卜传入我国，辣椒直到明末清初传入我国，西红柿作为观赏植物在清时传入我国，到清晚期才开始食用。

至于水果，葡萄是张骞出使西域后带来的成果，花生、向日葵是明朝由美洲传入我国。苹果在元末传入我国，只供宫廷贵族享用，"苹果"一词最早见于明朝文献记载。

蔬果的储存在古代更加困难，除了腌菜外，也有储藏新鲜蔬菜的。《东京梦华录》载："京师地寒，冬月无蔬菜，上至宫禁，下及民间，一时收藏，以充一冬食用。于是车载马驮，充塞道路。"《齐民要术》记载储菜的方法和保存水果类似，以窖藏为之，"九月、十月中，于墙南日阳中掘作坑，深四五尺。取杂菜种别布之，一行菜一行土，去坎一尺许便止。以穰厚覆之，得经冬，须即取。粲然与夏菜不殊"。

樱桃

樱桃古名"楔桃"，一名"朱桃"，
一名"莺桃"，又为鸟所含，故礼称"含桃"，
盛以白盘，色味俱绝。南都曲中有莺桃脯，
中置玫瑰瓣一味，亦甚佳，价甚贵。

【译文】

樱桃古称"楔桃"，也叫"朱桃""莺
桃"，又因为常被鸟含食，所以也称"含
桃"，盛放在白盘里，色香味俱全。南京
秦淮河沿岸的酒楼茶肆中有一种"莺桃
脯"的点心，中间放几片玫瑰花瓣，很好吃，不过太贵。

【延伸阅读】

樱桃，落叶乔木，结卵形红色核果，味甜可食，木材坚硬，可制器用。春季开白花，
入夏结果，江苏、安徽栽培为多。

《礼记·月令》载："羞似含桃，先荐宗庙。"可知，樱桃乃中国土生土长之物，
且以果实先闻诸于人。樱桃大而深红者称"朱樱"，果紫而布细黄点者称"紫樱"，
果正黄者称"蜡樱"，果小而红者称"樱珠"。以朱樱和紫樱味最甜。古时常制为蜜饯，
供作零嘴，或加蜜捣为糕食。

宫廷宴会中食樱桃，汉朝已有，但唐代科举中的樱桃宴，作为对新科举子的
无上荣誉，樱桃的地位也攀上历史高峰，至明清，樱桃则渐入寻常人家。

【名家杂论】

樱桃在古代很受人青睐，上至宫廷，下及民间，初夏时节品樱桃曾是一种时尚，
帝王用以赏赐臣僚，民间用来馈赠友朋。

樱桃在古代是上佳的宗庙祭品之一。《吕氏春秋·仲夏纪》云："是月也，天
子以雏尝黍，羞以含桃，先荐寝庙。"《史记·叔孙通列传》说："孝惠帝曾春游离
宫，叔孙生曰：'古者有春尝果，方今樱桃熟，可献，愿陛下出，因取樱桃献宗庙。'
上乃许之。诸果献由此兴。"自汉惠帝后，献果宗庙遂为朝廷常礼，樱桃不可或缺。

　　唐代时赐赠樱桃成为风尚，唐宫廷中，每逢初夏时节，皇帝常与群臣游园品鲜，樱桃正是当令佳果。王建《宫词百首》云："白玉窗中起草臣，樱桃初赤赐尝新。殿头传语金阶远，只进词来谢圣人。"《唐语林》说："明皇紫宸殿樱桃熟，命百官口摘之。"所谓"口摘"，是直接用嘴就枝头含食，以体验"含桃"之义。有时候樱桃还以酥酪，配以蔗浆，佐以美酒。

　　明代张大复《梅花草堂笔谈》一书中曾写到润州（今镇江）产的樱桃无核，当地人民在四月朔日这天，开放庭园，供仕女入内参观，名叫"樱桃会"。"流光易把人抛，红了樱桃，绿了芭蕉。"宋人蒋捷以词抒发春去难留的惆怅之情的同时也呈给后人一幅色彩明丽的工笔画。在初夏无尽鲜绿的衬托之下，颗颗樱桃晶莹红艳，楚楚动人，恰似古人偏爱的女子樱桃小口。

桃 李 梅 杏

　　桃易生，故谚云："白头种桃。"其种有：匾桃、墨桃、金桃、鹰嘴、脱核蟠桃，以蜜煮之，味极美。李品在桃下，有粉青、黄姑二种，别有一种，曰"嘉庆子"，味微酸。北人不辨梅、杏，熟时乃别。梅接杏而生者，曰"杏梅"，又有消梅，入口即化，脆美异常，虽果中凡品，然却睡止渴，亦自有致。

■桃

■李

■梅

■杏

【译文】

桃树易种，所以有"白头种桃"的谚语。桃树有匾桃、墨桃、金桃、鹰嘴、脱核蟠桃等，用蜜水煮桃，味道鲜美。李子品级在桃之下，有粉青李和黄姑李两种，还有种"嘉庆子"的李子，味道微酸。北方人直到梅和杏成熟后才能分得清。嫁接在杏树上的梅子，又称为杏梅。还有一种消梅，入口即化，又脆又甜，虽是寻常水果，却能醒神止咳，别有风味。

【延伸阅读】

桃李梅杏不仅外观形似，而且可以在嫁接时互相做对方的接穗或砧木。文中所提杏梅即如此。有科学家从基因学上做过研究，四种核果类植物在个体发育的演化中，由于长期的自然选择，染色体出现差异，才导致了现在的各自特征。桃李之间差异较大，梅杏之间则亲缘关系较近。

【名家杂论】

自从诗经里的"桃之夭夭,灼灼其华"为桃扬名之后,桃花源、桃花谷、桃花庵、桃花仙,人们对桃这一吉祥符号的赞誉接踵而来。

民间素有"桃养人，杏伤人，李子树下埋死人"的说法，言下之意，李子切不可多食，这在药王孙思邈的千金方里也有记载："不可多食，令人虚。"

曹操"望梅止渴"的故事已是妇孺皆知了，求学时，还曾作为生物学上条件反射的典例来讲，倒也深入人心。《书经·说命篇》记载，殷高宗任命傅说做宰相，说："若作和羹，尔惟盐梅。"即希望他要像做菜离不了的盐和梅一样，成为国家最为需要的人才。古时，梅的地位和盐一样，是厨房必不可少的调味品，可见梅之重要。

杏却经历了冰火两重天的待遇。早时，孔夫子讲学的地方叫杏坛，想必应该是一片具有神圣气息的杏林。到了比文震亨晚几十年的李渔那里，竟成了"树性淫者，莫过于杏"，而这种说法成为杏树的基本文化形象定义。其实杏花的花语和象征代表意义为：少女的慕情、娇羞、疑惑，李渔对杏树的偏见，着实影响了一批文人。

橘 橙

橘为"木奴"，既可供食，又可获利。有绿橘、金橘、蜜橘、扁橘数种，皆出自洞庭；别有一种小于闽中，而色味俱相似，名"漆碟红"者，更佳；出衢州者皮薄亦美，然不多得。山中人更以落地未成实者，制为药橘，醶者较胜。黄橙堪调脍，古人所谓金齑；若法制丁片，皆称俗味。

■橘

■橙

【译文】

橘子又叫"木奴"，既可食用，又可出售换钱。橘子有绿橘、金橘、蜜橘、扁橘等品种，都是苏州洞庭湖一带所产；还有一种叫"漆碟红"的橘子，个头比闽橘小，而色味相似，味道更佳。衢州的薄皮橘子也很美味，只是不易多得。山中人家往往把未熟而落地的橘果捡拾起来，入药，用盐腌渍的味道更好。黄橙可以像鱼肉一样切片，作烹调的调味剂，古人称之为"金齑"。现在如果按古法切成丁和片，那就成"俗味"了。

【延伸阅读】

橘属常绿小乔木或灌木，通常有刺。橘子，为芸香科植物福橘或朱橘等多种橘类的成熟果实。果实较小，常为扁圆形，皮色橙红、朱红或橙黄。果皮薄而宽松，瓤瓣 7—11 个，味甜或酸，不耐贮藏。

橙，芸香科柑橘属常绿乔木，是最具有代表性的柑橘类果树。包括甜橙和酸橙两个基本品种，果实呈圆形或长圆形，表皮光滑，较薄，包囊紧密，不易剥离。肉酸甜适度，富有香气。

柚子为芸香科常绿乔木，高 5—10 米，果实硕大，扁球形或梨形，最重者可达 3 公斤，果皮光滑，绿色或淡黄色。水分多，味甜酸，深受喜爱。

枳，落叶灌木或小乔木。果实又称臭橘。古语有云："橘生淮南则为橘，生淮北则为枳。"现多用其树木做绿篱。

【名家杂论】

橘子在古代称"木奴"，这是一个很有趣的拟人称呼。"木奴"，以柑橘树拟人，一棵柑橘树就像一个可供驱使聚财的奴仆，关键是还不用供他们吃饭。后来人们就以木奴指柑橘或果实。

《三国志》援引《襄阳记》讲了这样一个故事。

李衡很想让自己的家庭富裕起来，而他的妻子却对此不以为然，后来李衡秘密地派了几十个手下人在武陵买了块地，种了千余棵橘子树。临死的时候，李衡告诉儿子说："你母亲不愿意我打理这个家，我们才这样穷啊。不过我在武陵有一千多个木奴，他们不用你管饭每年就算给你一匹绢的岁贡，也够你吃喝的了。"李衡死后 20 多天，儿子把这事告诉母亲，母亲恍悟："哦，你父亲所说的千头木奴，应该就是种的柑橘树了，那一年咱家少了几十个手下人，想必是被你父亲派去种树了。记得你父亲活着的时候，常常跟我讲司马迁的名言，在江陵有千棵橘树，就跟'千户侯'一样啊。"吴国末年，橘子树长成，每年可以得绢数千匹，富甲一方。

"一年好景君须记，最是橙黄橘绿时"。想来李衡的妻子听到李衡给儿子的遗嘱，心中应该是五味杂陈的，这其中，应该有悔恨，但更多的却是感动和佩服吧。

柑

柑出洞庭者，味极甘，出新庄者，无汁，以刀剖而食之；更有一种粗皮，名"蜜罗柑"者，亦美。小者曰"金柑"，圆者曰"金豆"。

【译文】

太湖洞庭山产柑，味道甜美，吴县新庄的柑，初看没有汁水，需用刀切开来吃。还有一种粗皮蜜罗柑，也很好吃。小的叫"金柑"，圆的叫"金豆"。

【延伸阅读】

柑和橘不同，柑属常绿灌木，是橘与甜橙等其他柑橘类的杂种，果实称柑子，圆形近球，似橘而大，赤黄色，味甜或酸甜，种类很多，耐储藏。

柑为芸香科植物多种柑类的成熟果实，果皮较厚，易剥离，果实比橘子大，橙黄色。中国是世界柑橘类果树的原产中心。古籍《禹贡》记载，早在4000年前的夏朝，柑已列为贡税之物。

【名家杂论】

柑，也称柑子、金实，似橘而大，比柚小，圆形，皮比橘厚，剥皮比橙子容易，赤黄色，味甜或酸甜，种类很多。关于柑的作用，《食经》上说："食之下气，止胸热烦满。"《随息居饮食谱》："清热，止渴，析酒。"

刘基《郁离子》曾记载："梁王嗜果，使使者求诸吴，吴人予之橘，王食之美。他日又求焉，予之柑，王食之尤美。"梁王爱吃水果，在他看来，柑比橘好吃。

刘基有一名篇《卖柑者言》。在刘基眼里，杭州那个卖柑的老者，显然是熟知藏柑之法的，否则他的柑也不能保存长达一年的时间而色彩鲜明金光灿灿了。只是，当他碰到刘基时，刘基并没有像其他人一样拿去祭祀上供，而是一刀切开。结果，臭气扑鼻，里面已经破败如棉絮了。高堂之上冠冕堂皇、声威显赫的达官贵人们，"金玉其外，败絮其中"的欺世盗名之辈，古往今来不乏其人。所谓"乱世当用重典"，

朱元璋遵循古训，提出"吾治乱世，非猛不可"的思想，制定《大明律》，想来也有"卖柑老者"的三分功劳。

枇杷

枇杷独核者佳，株叶皆可爱，一名"款冬花"，荐之果奁[1]，色如黄金，味绝美。

【注释】

〔1〕果奁：果篮。

【译文】

枇杷以一个果核的最好，植株和叶子都很可爱，所以，也称枇杷为款冬花，把成熟的果实摘下放在果篮里，颜色金黄，味道甜美。

【延伸阅读】

枇杷，蔷薇科植物，常绿乔木，树高数丈，冠盖浓郁。枇杷又名"卢橘"，宋代苏东坡有"罗浮山下四时春，卢橘杨梅次第新""客来茶罢空无有，卢橘微黄尚带酸"的诗句为证。

古人总结枇杷"秋萌、冬花、春实、夏熟，备四时之气"，将其誉为百果奇珍。枇杷与大部分果树不同，在秋天或初冬开花，果子在春天至初夏成熟，因此称"果木中独备四时之气者"。

清人沈朝初《忆江南》词，其中写枇杷如是："苏州好，沙上枇杷黄。笼罩青丝堆蜜蜡，皮含紫核结丁香。甘液胜琼浆。"由此，苏州洞庭所产的白沙枇杷，俗称"软吊"，果皮淡黄，果子细长，肉厚而软，汁甜水满，味鲜甜柔糯，是枇杷之上品。

枇杷在唐代传入日本，现在，日本栽培的枇杷仍有"中唐枇杷"和"晚唐枇杷"的品种。

【名家杂论】

五月江南碧苍苍，蚕老枇杷黄。陆游有一首诗，标题很长，《山园屡种杨梅皆不成枇杷一株独结实可爱戏作》，首句"杨梅空有树团团，却是枇杷解满盘"，一下子写出了对枇杷的喜爱。

枇杷，吴船入贡，汉苑初栽，诗人喻为"黄金丸弹"，历来为文人喜爱，枇杷果又称黄金果，枇杷花名款冬花。《西京杂记》记载汉武帝从江南移植十株枇杷树到上林苑，古代帝王对枇杷的钟爱可见一斑。唐人白居易有诗曰："淮山侧畔楚江阴，五月枇杷正满林。"则描述了初夏时节长江流域枇杷成熟的盛景。宋人戴敏吟咏枇杷的《初夏游张园》诗，形象生动地表达了人们对枇杷的偏爱之心："乳鸭池塘水浅深，熟梅天气半晴阴。东园载酒西园醉，摘尽枇杷一树金。"

枇杷向为贡品，唐太宗李世民《枇杷帖》便写道："使至得所进枇杷子，良深慰悦，嘉果珍味独冠时新，但川路既遥，无劳更送。"唐太宗体恤民情谢绝进贡的枇杷，在明代因为皇帝嘴馋又成了贡品。

杨梅

杨梅吴中佳果，与荔枝并擅高名，各不相下，出光福山中者，最美。彼中人以漆盘盛之，色与漆等，一斤仅二十枚，真奇味也。生当暑中，不堪涉远，吴中好事家或以轻桡[1]邮置[2]，或买舟就食，出他山者味酸，色亦不紫。有以烧酒浸者，色不变，而味淡；蜜渍者，色味俱恶。

【注释】

〔1〕轻桡：快艇。
〔2〕邮置：邮寄。

【译文】

杨梅是苏州上等水果，与荔枝齐名，不相上下，产自苏州光福山的杨梅最好。那里人用朱漆红盘盛放杨梅，使杨梅色与漆色相映成趣，一斤杨梅只有二十枚，是极好的果品。杨梅夏季成熟，不能远运，所以苏州喜好这一口的人要么用快艇运输，要么乘船前往品尝。其他山产的杨梅，口感略酸，颜色也不呈紫色。有用烧酒浸泡杨梅的，颜色不变，而味道略淡，拿蜜渍过的杨梅，色味全坏。

【延伸阅读】

杨梅，"其形如水杨子，而味似梅"故称。其树属亚热带常绿树乔木，栽培五六年挂果，十年可进入盛果期，树龄可达百年以上。以江苏苏州太湖里的东洞庭山产的乌梅、细蒂杨梅为最美。

李时珍《本草纲目》记载："杨梅树叶如龙眼及紫瑞香。冬月不凋，二月开花结实，形如楮实子，五月熟，有红、白、紫三种。红胜于白，紫胜于红，颗大而核细，盐藏、蜜渍、糖收皆佳。"

杨梅不可貌相，乌紫的要比艳红的甜。熟透的杨梅汁甜味甘，易招蚊虫，所以，食用前一定要用盐水浸泡，若能冷藏，风味更佳。

【名家杂论】

民国周瘦鹃携友人游西山，在《杨梅时节到西山》里写道："跨上埠头时，瞥见一筐筐红红紫紫的杨梅，令人馋涎欲滴，才知枇杷时节已过，这是杨梅的时节了。"宋之问诗云"冬花采卢橘，夏果摘杨梅"，说的是一个道理。时令果蔬只能在当时当季吃，稍一耽误就会下市，如若再吃，只能等一年的相思了。

西山以杨梅著名，吴中素有"东山枇杷西山杨梅"的俗谚，这和文震亨的记载不谋而合。

刚摘的杨梅，躺在小篮子里盖着几片狭长的绿叶，甚是美丽。而进了《红楼梦》里的贾府，则是"鲜荔枝配缠丝白玛瑙碟子，红紫的杨梅饰着绿叶装在水晶盘玛瑙碗里"，只能是更加赏心悦目，光彩照人了。难怪沈朝初在《忆江南》里对杨梅念念不忘了："苏州好，光福紫杨梅。色比火珠还径寸，味同甘露降瑶台。小嚼沁桃腮。"

葡萄

葡萄有紫、白二种：白者曰"水晶萄"，味差亚于紫。

【译文】

葡萄有紫葡萄和白葡萄两种，白色的叫"水晶葡萄"，口感要比紫葡萄略差。

【延伸阅读】

葡萄，落叶藤本植物；掌状叶，浆果多为圆形或椭圆；粒大、皮厚、汁少、水多，皮肉易分离；味道酸甜可口。

生活中，人们往往分不清葡萄和提子。提子又称"美国葡萄""美国提子"，是葡萄的一个品种。因其果脆个大、甜酸适口、极耐贮运、品质佳等优点，被称为"葡萄之王"，在市场上以其"贵族身份"而备受青睐。

【名家杂论】

王翰有一首《凉州词》："葡萄美酒夜光杯，欲饮琵琶马上催。醉卧沙场君莫笑，古来征战几人回。"写得令人销魂而心碎。

古老的传说中，葡萄树的根是神品，是乐善好施的神把它带到人间来的。据实际考察，100万年以前，葡萄树就在地中海沿岸自然地生长着。世界各地葡萄酒爱好者们都有一个相同的梦想：拥有自己的葡萄园，梦想有一场葡萄园婚礼，在田园牧歌般的葡萄酒小城惬意地生活。著名诗人刘禹锡的"珍果出西域，移根到北方"，更鲜明地点出了葡萄在我国的栽培历史。

《圣经》中耶和华的子民们把一座葡萄园看作家园和富足的象征，那是尘世间的快乐天堂。《旧约十五》有"我是真葡萄树，我父是栽培的人"的说法，意即我们是按照神的旨意造出来的人。

荔枝

荔枝虽非吴地所种，然果中名裔，人所共爱，"红尘一骑"，不可谓非解事[1]人。彼中有蜜渍者，色亦白，第壳已殷，所谓"红糯白玉肤"，亦在流想间而已。龙眼称"荔枝奴"，香味不及，种类颇少，价乃更贵。

【注释】

〔1〕解事：懂事。

【译文】

荔枝虽非吴地苏州所产，但果中名品，人所皆爱，"红尘一骑"也并非全是杨贵妃之过错。有种用蜜腌渍过的荔枝，颜色发白，而外壳殷红，有"红糯白玉肤"的说法，不过这也只是对荔枝的想象而已。龙眼又称"荔枝奴"，香味不及荔枝，种类也少，价格更贵。

【延伸阅读】

荔枝，常绿乔木，高约10米。果皮有鳞斑状突起，鲜红，紫红。古称"荔支""离支""离枝""丹荔""红荔"。西汉时《上林赋》载荔枝为果中佳品，李时珍的《本草纲目》也说："果品以荔枝为贵"，有"百果之王"的美称。它以"形圆而色丹，肉晶而味美"闻名于世，是夏季消暑的最佳果品之一，与香蕉、菠萝、龙眼一同号称"南国四大果品"。

荔枝外形讨人喜爱，常常被诗人当作艺术品欣赏，白居易赞它"红颗珍珠诚可爱""荔枝新熟鸡冠色"，韩偓称它"封开玉笼鸡冠湿，叶衬金盘鹤顶红"，曾巩则说："剖见隋珠醉眼开，丹砂缘手落尘埃。"

当然，最有名还要数杜牧的"一骑红尘妃子笑，无人知是荔枝来"和苏轼的"日啖荔枝三百颗，不辞长作岭南人"。

【名家杂论】

所谓"樱桃嫣红枇杷黄，杨梅荔枝争上场"，四种水果中，樱桃太小，只配美人小口；枇杷太黄，色相不雅；杨梅红得发紫，兴许带酸；只有荔枝，冰清玉洁，剥去并非光鲜的红壳，果肉却润白如雪肤，轻含口中，如饮琼浆，凉爽又甘甜。

荔枝最先名为"离支"，早在公元前3世纪，张勃《吴录》载："誉梧多荔枝，生山中，人家亦种之。"汉代刘邦称帝时，就曾收到南海尉赵佗从岭南进贡的荔枝，十分高兴。从此，荔枝成了贡品，每年都进贡朝廷。公元前116年，刘邦的曾孙刘彻派军攻破南越，曾取岭南荔枝树百余株移植到陕西，并建"扶荔宫"一所，但终因水土不适，荔枝树在北方未有存活。

荔枝果形别致、果肉状若凝脂，甘软滑脆，清甜浓香，古代的文人雅士多喜爱，并称颂有加。诗人白居易曾作诗："嚼疑天上味，嗅异世间香。润胜莲生水，鲜逾橘得霜。"唐人张九龄更赞荔枝是"百果之中，无一可比"。苏东坡甚至因嗜食荔枝而有落籍广东之想："罗浮山下四时春，卢橘杨梅次第新。日啖荔枝三百颗，不辞长作岭南人。"

古人常以美人比喻一些美好的事物，譬如苏轼用西子比西湖，明人张潮将荔枝誉为尤物，殊为贴切。荔枝被视作果中珍品，《列仙传》里甚至记载："有食荔枝而得仙者。"作为走贵族化路线的荔枝，其与帝王后妃、公卿贵人之间的逸闻趣事，不胜枚举。《夜航船》中载："汉武帝时始得交趾荔枝，植上林。"宋徽宗赵佶也曾在禁苑里种植过荔枝，并作有《宣和殿荔枝》诗。杨贵妃喜欢荔枝，唐明皇专设驿站，千里送荔枝，以至"奔腾献荔枝，百马死山谷"。因此有杜牧名句："一骑红尘妃子笑，无人知是荔枝来"后人遂以"妃子笑"为荔枝别名。元代《荔枝状》记载了一种叫"十八娘"的荔枝，因闽南王的第十八个女儿爱吃此果而得名，所以元诗有"青铜三百一斗酒，荔枝十八谁家娘"之句。

枣

枣类极多，小核色赤者，味极美。枣脯出
金陵，南枣出浙中者，俱贵甚。

【译文】

枣的品种很多，小核红枣，味道很好。金
陵的枣脯和浙江中部的南枣，价格都很昂贵。

【延伸阅读】

《辞海枣部》写道："枣，鼠李科，落叶乔
木，有直立或钩状刺。核果长圆形，鲜嫩时黄色，
成熟后紫红色。"

枣子，又名红枣、大枣。自古有桃、李、梅、
杏、枣"五果"之说。枣最突出的特点是维生素含量高，因此有"天然维生素丸"
的美誉。

苏轼任徐州太守时曾作词《浣溪沙》："簌簌衣巾落枣花，村南村北响缫车，
牛衣古柳卖黄瓜。"这场景，比"深巷明朝卖杏花"要多了几分烟火气。而清代
诗人崔旭写到"河上秋林八月天，红珠颗颗压枝园；长腰健妇提筐去，打枣竿长
二十拳"，则纯粹是咏枣了。

【名家杂论】

《诗经·豳风·七月》云："七月亨葵及菽，八月剥枣，十月获稻，为此春酒，
以介寿眉。"剥枣，难道是要用刀子？非也。那时的人们管打枣叫"扑枣"，而"剥"
与"扑"读音相同，可能是周游列国采风征谣的记录员们，听歌记音，信手写下
一个"剥"字，这才有了后人的误会。

洪迈曾在《容斋续笔》里记述了王安石在剥枣问题上犯错并改正的逸事：王
安石在王荆公《诗新经》"八月剥枣"解云："剥者，剥其皮而进之，所以养老也。"
因为政治改革，王安石在学术上也屡遭人攻讦，但是王安石心高气傲，不以为意。
直到有一次在蒋山亲耳听到了农人"扑枣"，才信以为真。果真是只读万卷书不够，
须行万里路不多。

生梨

梨有二种：花瓣圆而舒者，其果甘；缺而皱者，其果酸，亦易辨。出山东，有大如瓜者，味绝脆，入口即化，能消痰疾。

【译文】

梨有两种：梨树花瓣圆润而舒展的，果实甘甜；花瓣残缺而褶皱的，果实发酸，很容易分辨。山东产的梨，有的和瓜一样大，脆生可口，入口即化，有止咳祛痰的功效。

【延伸阅读】

梨，蔷薇科梨属植物，多年生落叶乔木果树，花多白色，梨色金黄或暖黄色，果肉为通亮白色，鲜嫩多汁，口味甘甜。

梨能止咳祛痰，除了本节所述，《本草纲目》里是这样说的："梨品甚多，必须棠梨桑树接过者，则结子早而佳。梨有青、黄、红、紫四色，乳梨即雪梨，鹅梨即锦梨，消梨即香水梨也，俱为上品，可以治病。"

清人王秉衡所著《重庆堂随笔》解释更为明确："梨，不论形色，总以心小肉细，嚼之无渣，而味纯甘者为佳。凡烟火、煤火、酒毒，一切热药为患者，啖之立解。温热燥病，及阴虚火炽，津液燔涸者，捣汁饮之立效。"

【名家杂论】

古人称梨为"果宗"，即"百果之宗"。梨的古名众多，有"甘棠""快果""玉露""蜜父"，又因其果肉晶莹如玉，汁水多如乳汁，故称玉乳。

梨早在周朝就为人们食用。《诗经·召南·甘棠》中："蔽芾甘棠，勿翦勿伐，召伯所茇；蔽芾甘棠，勿翦勿败，召伯所憩。"意思是别砍别剪别伐这棵甘棠树，因为这棵树曾为召公遮阴。

召公是西周初期的著名政治家，他很喜欢到基层地方办公。有一次，召公到

他的分地去办公，当时天气炎热，召公就不在屋里待着，而是每天在一棵甘棠树下办公，给老百姓解决了很多难题。召公走后，百姓十分怀念他，不许任何人动他曾经乘凉过的那棵甘棠树。故留下"甘棠遗爱"这个典故。

古有惊蛰要吃梨的说法，梨可以生食、蒸、榨汁、烤或者煮水。因为此时乍暖还寒，气候干燥，易使人口干舌燥、外感咳嗽。也有一说是因为"梨"和"犁"同音，寓意新一年的忙碌就要开始了。

古代的戏班子叫梨园，而戏子叫梨园子弟，和唐明皇有关。《新唐书·礼乐志》："玄宗既知音律，又酷爱法曲，选坐部伎子弟三百，教于梨园。声有误者，帝必觉而正之，号皇帝梨园弟子。"原来梨园最初只是唐明皇教艺人歌舞的地方的名字。

栗

杜甫寓蜀，采栗自给，山家御穷，莫此为愈，出吴中诸山者绝小，风干，味更美；出吴兴者，从溪水中出，易坏，煨熟乃佳。以橄榄同食，名为梅花脯，谓其口作梅花香，然实不尽然也。

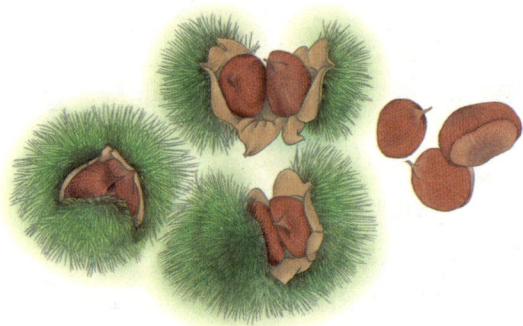

【译文】

杜甫寓居四川时，靠采摘板栗养家糊口，这也是山里人维持生计的不二选择。苏州山里所产栗子都很小，风干后食用，味道更佳。吴兴所产栗子，从溪流中运出，容易坏，须煮熟存放。栗子和橄榄同吃，号称"梅花脯"，据说吃到嘴里有梅花香，实际未必。

【延伸阅读】

栗子，又名"板栗""栗"，历史悠久。肉质细腻，糯性黏软，甘甜芳香，有"天之良果""东方珍珠"的美誉。西晋陆机为《诗经》作注说："栗，五方皆有，惟渔阳范阳生者甜美味长，地方不及也。"

文震亨在这里把栗子说成是杜甫在四川时作为养家糊口的食物，此论似有不妥。文震亨所言实际是板栗，而杜甫所采之栗，更大可能是栎树所结橡栗。因为杜甫有诗《乾元中寓居同谷县作歌七首》诗句为证："有客有客字子美，白头乱发垂过耳。岁拾橡栗随狙公，天寒日暮山谷里。"

【名家杂论】

栗有"干果之王""山中药""树上饭"的美名。《诗经》中早有种栗的记载："东门之栗，有践家室。岂不尔思？子不我即。"东门附近种板栗，房屋栋栋排得齐。哪会对你不想念，不肯亲近只是你。

宋代散文家苏辙晚年腰腿痛，一直治不好。后来，得一民间药方，即每天早晨用鲜栗十颗捣碎煎汤饮，连服半月。苏辙食后灵验，赋诗曰："老去自添腰脚病，与翁服栗旧传方。来客为说晨兴晚，三咽徐收白玉浆。"

陆游活到85岁，晚年齿根浮动，常食用栗子治疗。他在《老学庵笔记》中对糖炒栗子有过一番描述："齿根浮动欲我衰，山栗炮燔疗食肌。唤起少年京辇梦，和宁门外早朝时。"

明诗人吴宽喜欢用栗子和米一起煮粥，以增加营养。他在《煮栗粥》诗中写道："腰痛人言食栗强，齿牙谁信栗尤妨。慢熬细切和新米，即是前人栗粥方。"无独有偶，清代乾隆帝吃过糖炒栗子后龙颜大悦，写下了《食栗》诗："小熟大者生，大熟小者焦。大小得均熟，所待火候调。惟盘陈立几，献岁同春椒。何须学高士，围炉芋魁烧。"

柿

柿有七绝：一寿，二多阴，三无鸟巢，四无虫，五霜叶可爱，六嘉实，七落叶肥大。别有一种，名"灯柿"，小而无核，味更美。或谓柿接三次，则全无核，未知果否。

【译文】

柿树有七个特点：一树寿命长，二树叶荫凉较大，三树上无鸟巢，四树不生虫子，五霜叶可爱，六果实饱满，七落叶肥

厚硕大。有种叫"灯柿"的柿子，小巧无核，味道更好。有人说柿子树嫁接三次，则柿子就完全没有果核了，不知是否准确。

【延伸阅读】

柿子树龄能长达二三百年，柿叶宽平，干燥后可供练字，《新唐书·郑虔传》记载："虔善图山水，好书，常苦无纸，知长安慈恩寺贮柿叶数屋，遂往日取叶习书，岁久迨遍。尝自写其诗并画以献，帝大署其尾曰'郑虔三绝'。"古代以"柿叶临书"的不止郑虔一人，南宋诗人杨万里亦然，他在《食鸡头子》里，也写过"却忆吾庐野塘味，满山柿叶正堪书"的诗句。

柿子色泽鲜艳、柔软多汁、香甜可口、老少喜食。柿子可制成柿饼，色灰白，断面呈金黄半透明胶质状、柔软、甜美。柿饼外面常包一层白粉，其实是渗出的葡萄糖粉末。古时，柿饼是朝鲜民间风靡的食品之一，也被朝鲜王族热爱。历史上，柿子的金黄色代表高贵，因此故宫、十三陵等建筑群周围都有柿子树，以象征"百事如意"。

【名家杂论】

柿子，原产中国，有上千年栽培史。十月成熟，果实扁圆，颜色浅黄到深橘红色不等。《秋日食柿》如此写道："秋入小城凉入骨，无人不道柿子熟。红颜未破馋涎落，油腻香甜世上无。"

柿子主要分甜柿和涩柿两类。甜柿已成熟脱涩，可直接食用，涩柿需经人工脱涩方可食用。柿子除了生吃，还可以做成柿子饼。相传300多年前，李自成称王西安后，临潼百姓用火晶柿子拌上面粉，烙成柿子面饼慰劳义军，很受义军将士称道。现在的柿饼是用柿子去湿加工制作而成的一种干果，有自然干燥法和人工干燥法两种方法，肉质干爽，味清甜且存放久不变质。

因"柿"谐音"事"，古人将诸多种喜庆吉祥的内涵融入柿中，如"事事如意""四世同堂"等。北宋诗人张仲殊赞美柿子："味过华林芳蒂，色兼阳井沈朱。轻匀绛蜡裹团酥。不比人间甘露。"在中国书画史上，以柿子入画的情况并不少见，明代吴门画派领袖沈周就画有《荔柿图》，造型洗练朴实，风姿与气骨并存，开一代新风。清末民国经过扬州八怪以及齐白石等人的创造，画家笔下的柿子具有生活气息，能够勾人食欲。

诗人刘禹锡《咏红柿子》写道："晓连星影出，晚带日光悬。本因遗采掇，翻自保天年。"红柿于眼前，无限情趣生。赏柿，画柿，食柿，做柿饼，亦是金秋时节一大乐趣。

菱

两角为菱，四角为芰，吴中湖泖及人家池沼皆种之。有青红二种：红者最早，名"水红菱"，稍迟而大者，曰"雁来红"；青者曰"莺哥青"，青而大者，曰"馄饨菱"，味最胜，最小者曰"野菱"。又有"白沙角"，皆秋来美味，堪与扁豆并荐。

【译文】

两角的是菱，四角的是芰，苏州河湖及农家池塘都有种植。有青红两种：红色的成熟最早，叫"水红菱"，成熟稍晚而个头大的叫"雁来红"；青色的叫"莺哥青"，青而大的叫"馄饨菱"，味道最美，最小的叫"野菱"。还有"白沙角"，都是秋日美味，可以与扁豆一起佐餐。

【延伸阅读】

菱，菱科菱属一年生浮叶水生植物，集中于太湖流域。主根较弱，伸入水底泥中。菱别名"芰实""菱角""龙角"和"水栗"。

历史上，菱是湖滨民众一种重要的救荒植物，有"凶年以菱为蔬"的说法，宋代《图经本草》较早对菱的形态给出了细致描述："今处处有之，叶浮水上，其花黄白色，花落而实生，渐向水中乃熟。实有两种，一种四角，一种两角。两角中又有嫩皮而紫色者，谓之浮菱，食之尤美。江淮及山东人曝其实仁以为米，可以当粮。道家蒸作粉，蜜渍食之。"

可见，在江淮等地，菱角是类似于北方主食一样的食物。

【名家杂论】

菱，又称菱实、菱角、水菱、菱果、水栗子，菱角有无角、两个角、三个角、四个角的，为菱科植物菱的果肉，生长于池塘河沼中，各地均有种植，8—9月间采收。

古诗有云："深处种菱浅种稻，不深不浅种荷花。"在火车上见过江苏浙江一带大片大片的菱，在民间僻静的乡下水塘边，在寂寞的沼泽深处。六月水乡，曲曲折折的河面，碧绿的菱叶密密麻麻，见时菱角的碎小白花已经谢成了一弯弯红色的果实。绿荫深处，菱盆中端坐着姑嫂，用手翻开菱角藤，摘完菱角后丢下藤再随波前行。

南朝梁人江淹写《采菱曲》，曲中言道："秋日心容与，涉水望碧莲。紫菱亦可采，试以缓愁年。"菱角可食，缓解灾年饥荒。唐诗人温庭筠在长安看到有人坐船东归，想起故乡的菱角忍不住赋诗："飘然篷艇东归客，尽日相看忆楚乡。"小小菱角勾起诗人的思乡愁绪，可见菱角在人心中的地位。

菱角作为餐中美味，是食客的口福，对采菱人来说却是项辛苦的活计，也并非歌曲《采红菱》唱得那么诗情，毕竟，采菱角是在讨生活，不是温情地嬉戏。

芡

芡花昼展宵合，至秋作房如鸡头，实藏其中，故俗名"鸡豆"。有粳、糯二种，有大如小龙眼者，味最佳，食之益人。若剥肉和糖，捣为糕糜，真味尽失。

【译文】

芡花，白天开放夜晚闭合，秋天成熟的芡实子房宛如"鸡头"，种子如豆藏在其中，俗称"鸡豆"。芡有粳、糯两种，有种龙眼般大小的，味道最好，于人大有裨益。如果剥壳取肉，蘸糖，捣烂如泥，失其本味。

【延伸阅读】

芡，花叫"芡花"，子实叫"芡珠"，果仁称为"芡米"，大型水生观叶植物，三月生叶大似荷，浮于水面，面青背紫，有芒刺，在江南一带是"水八仙"之一，夏日茎端开紫花，结实如栗球而尖，粒粒雪白如玉，可食用。京剧《沙家浜》里称为"鸡头米"，是苏州当地人的俗称。

芡实有南北之分。北芡性粳味淡，适合制成干货。南芡性糯味腴，口感鲜洁，乃传统补品。古药书中说芡实"婴儿食之不老，老人食之延年"，还有养颜之功，女子尤喜欢。《红楼梦》第三十七回中，袭人打发宋妈妈给史湘云送去两样时令鲜果，其一便是鸡头米，另一样则是红菱。

【名家杂论】

清沈朝初《忆江南》词："苏州好，蒋水种鸡头，莹润每疑珠十斛，柔香偏爱乳盈瓯，细剥小庭幽。"词中鸡头即芡实，其上市时正值初秋，暑气未退，加冰糖做成芡实汤，实是消暑妙品。

亦可烧粥。最宜一碗一煮，小锅煮水开，入米，稍搅动，沸时加糖即成。盛于青花瓷碗，银瓯浮玉，碧浪沉珠；不木不老，说清亦腴。桌上一碗，可品江南风情；入口一勺，正嚼水乡韵味。

鸡头米好吃难剥，可谓"粒粒皆辛苦"。其壳坚硬，须用剪刀剖开，满满一盆粗坯约五斤，可剥得"鸡头米"一斤，约耗时二三小时。旧时江南水乡的蓬门贫女，将"剪鸡头"作为一项副业，以贴补家用。

西瓜

西瓜味甘，古人与沉李并坼[1]，不仅蔬属而已。长夏消渴吻，最不可少，且能解暑毒。

【注释】

〔1〕并坼：相等。

【译文】

西瓜味甜，"浮瓜沉李（吃在冷水里浸过的李子和瓜）"是古人消暑之乐，已经超过蔬果的本来含义。长夏消暑解渴少不了西瓜，且能解人体暑热之毒。

【延伸阅读】

西瓜，葫芦科，果实外皮光滑，呈绿色或黄色，果瓤多汁为红色或黄色，罕见白瓤。西瓜祖籍何处，颇有争论。比较流行的说法是西瓜非国产，诚如其名，应是来自西域或西方，原产地在南非，葫芦科野生植物，人工培育成食用西瓜。

西瓜之名始见于《新五代史》。契丹国主耶律德光南侵中原时，掳走一个叫胡峤的县令，胡峤在契丹住了7年。逃回汉地以后，撰写了一部《陷虏记》，里面记载了松辽平原已经开始种植西瓜。它是契丹攻破回纥得到种子，用牛粪覆盖种子然后发芽，大小和中国的冬瓜差不多，味道甜美。

【名家杂论】

"瓜"是象形字，两边像瓜蔓，中间瓜藤垂下，结出一个又圆又大的果实，就是瓜。

范成大有一组大型田园诗《四时田园杂兴》，其中有栽培西瓜的故事："昼出耘田夜积麻，农村儿女各当家。童孙未解供耕织，也傍桑阴学种瓜。"西瓜栽培有一套系统的流程：整地、施底肥、播种、搭棚、覆地膜、放风、定苗、授粉、留瓜、浇水。看着瓜苗破土，爬出枝蔓，分叉，开出黄花，结出纤细的青果，心事也随着青瓜一天天长大而从白变红，并先于西瓜熟透。

看瓜是美妙的享受，搭一座草棚，置一张床，躺上去，像极了瓜棚里的一株小苗。蓝天白云，生机盎然的田野，奔忙的蚂蚁，结网的蜘蛛，清风落叶，一个纤弱的少年，满腹心事，或者无所事事。麦收时节，钻到瓜地里，拣一个皮滑而硬、乌青发亮的西瓜，托在手中轻拍，"咚咚"声清脆，托瓜手略感颤动，偷偷摘了，溜到阴凉处，一拳下去，果然是熟瓜。

清代的纪晓岚有诗《咏西瓜》："种出东陵子母瓜，伊州佳种莫相夸。凉争冰雪甜争蜜，消得温暾顾煮茶。"以西瓜解暑，实在是夏天一大美事。

白扁豆

扁豆纯白者味美，补脾入药，秋深篱落，当多种以供采食，干者亦须收数斛，以足一岁之需。

【译文】

白扁豆味道鲜美，有健脾的药效，深秋时的篱笆院落旁宜多种植，以供采摘食用，干扁豆也要多收几斗，以备一年之需。

【延伸阅读】

白扁豆，一年生缠绕草质藤本。荚果倒卵状长椭圆形，微弯，扁平，种子白色。原产印度、印尼等热带地区，约在汉晋间引入我国。秋、冬二季采收成熟果实，晒干，取出种子，再晒干。气微，味淡，嚼之有豆腥味。

关于其入药，明李时珍著《本草纲目》说："取硬壳白扁豆，连皮炒熟，入药。"白扁豆一身是宝，它的果实（白扁豆）、果皮（扁豆衣）、花、叶均可入药。

【名家杂论】

扁豆，一定要种在与篱笆为邻的地方。竹篱茅舍，扁豆花开，那才是家的最初模样。

清明前后，点瓜种豆。小小种子遇雨即生，随风而长，小小的秧苗可人地向上攀着篱笆，细细柔柔地四处蔓延，入夏而郁郁葱葱。"一庭春雨瓢儿菜；满架秋风扁豆花。"这是郑板桥对联里的扁豆花。"豆花初放晚凉凄，碧叶荫中络纬啼。贪与邻翁棚底语，不知新月照清溪。"这是明朝诗人王伯稠的扁豆花。"碧水迢迢漾浅沙，几丛修竹野人家。最怜秋满疏篱外，带雨斜开扁豆花。"这是清学者查学礼的扁豆花。

清人方南塘游宦天涯，留守家中的老妻思夫心切，不说自己想他，却说家乡的扁豆花已经开了，言下之意还是你快回来吧。方南塘心中感慨，写诗云："老妻书至劝还家，细数江乡乐事赊。彭泽鲤鱼无锡酒，宣州栗子霍山茶。编茅已盖床头漏，

扁豆初开屋角花。旧布衣裳新米粥，为谁留滞在天涯。"连方南塘的同伴都说"昨读南塘此诗，浩然有归志"。

有钱的阔人家是断断不会在庭院里种菜扁豆的，扁豆似乎跟篱笆有缘，有了扁豆的攀附，那一丛丛篱笆便显结实，有了篱笆的支撑，那一藤藤豌豆则愈弯绕。对于离乡的人，篱边扁豆除了是贫寒年景中的一丝温暖与甘甜，更多是家园的温馨和那一抹难舍的乡愁。

菌

菌，雨后弥山遍野，春时尤盛，然蛰后虫蛇始出，有毒者最多，山中人自能辨之。秋菌味稍薄，以火焙干，可点茶，价亦贵。

【译文】

蘑菇，下雨后漫山遍野都是，春天尤其多，惊蛰过后虫蛇开始活动，毒蘑菇渐多，但山里人自然有办法分辨。秋天的蘑菇味道稍差，用文火烘干，可沏茶，不过价钱稍贵。

【延伸阅读】

《说文解字》云："菌，地蕈也。"又云："蕈，桑耳。"可知，"菌"指地上生长的大型真菌，而"蕈"则指树上的大型真菌。

南宋时期，陈仁玉写出了菌学专著《菌谱》，日本人称其为世界上最早的伞菌词典。

真菌是独立于动植物以外的一类生物，种蘑菇其实无须珍稀树木，更不用原始森林的松针。只要有锯木屑、稻草或者棉籽皮，再混上一些营养杂物即可。换言之，蘑菇需要的只是一些腐烂的木材，仅此而已。

【名家杂论】

香菇的人工栽培最早见于西晋张华《博物志·异草木》："江南诸山群中，大树断倒者，经春夏生菌谓之蕈，食之有味，而每毒杀人。"而《山蔬谱》也有记载："永嘉人以霉月断树，置深林中，密斫之，蒸成菌，俗名香菇，有冬春二种，冬菇尤佳。"意思是在树皮上密密地砍上疤口，让香菇孢子于其上自然萌发成菌丝后，长成香菇。这种"砍花法"大概是世界上最早的人工繁育香菇的方法。

南梁皇帝萧衍 84 岁那年脱下龙袍，穿上僧衣，参加无遮大会。而这已经是他第四次出家当和尚了。前几次都是大臣们花费巨资才把他赎回来的。

无遮大会期间的饮食极简单，糙米、汤菜而已。皇帝也如此。无遮大会开了40 多天，萧衍已经疲惫不堪。一起听经的大臣们于心不忍，让厨师用香菇切成丁，与青菜相炖。萧衍闻到香气扑鼻的香菇，胃口能好些，吃了半碗饭。大臣们让他再吃些，他摇摇头说道："香菇虽然好，但是还是太奢靡了。以后不要再上了。"

萧衍食素食进入人们的视野，即所谓"寺院菜""斋菜"或"素菜"。其主要原料则为蘑菇、木耳、竹笋等和豆制品。

瓠

瓠类不一，诗人所取，抱瓮[1]之余，采之烹之，亦山家一种佳味，第不可与肉食者道耳。

【注释】

〔1〕抱瓮：盛水。

【译文】

葫芦品种繁多，诗人大多用它盛水，盛水之余也可采摘烹调做菜，也是山野人家美味，只是这种素菜之美不能和肉食者分享。

【延伸阅读】

古时候的瓠和今天的瓠子略有不同。

古时候的瓠子就是今天的葫芦，而今天的瓠子，是葫芦科葫芦属下的一种，为本属植物葫芦的变种，一年生攀缘草本。与葫芦的区别在于：子房圆柱状；果实粗细匀称而呈圆柱状，直或稍弓曲，绿白色，果肉白色。果实嫩时柔软多汁，可作蔬菜。

"葫芦"在明朝李时珍的《本草纲目》里出现了七种名称：悬瓠、蒲卢、茶酒瓠、药壶卢、约腹壶、长瓠、苦壶卢。古人把葫芦按其性质、用途与形状大小不同而分类，现代植物学把上述各种"瓠"都归属于葫芦科。

【名家杂论】

小时候特别想拥有一个葫芦，看了《西游记》里装孙悟空和《八仙过海》里铁拐李盛酒的葫芦之后，这种心情日益迫切，然而却一直都没有寻到葫芦种子，反倒是丝瓜、豆角之类年年长得碍眼，大概是乡人不知道葫芦亦能食用，且美味吧。

葫芦瓢子倒是见过，如林清玄所写，母亲日日用这个瓢子舀水煮饭。后来院子里种了瓠子，因为可以炒着吃。我却失了兴致，只以为那是冬瓜。

食葫芦，古已有之。《管子·立政》里说："六畜育于家，瓜瓠，荤菜，百果备具，国家之富也。"汉代时人们已经将瓠制成脯，当作干粮储备。《红楼梦》第四十二回写平儿对刘姥姥说："到年下，你只把你们晒的那个灰条菜和豇豆、扁豆、茄子干子、葫芦条儿各种干菜带些来，我们这里上上下下都爱吃。这个就算了，别的一概不要，别罔费了心。"这里的葫芦条儿即是甜葫芦的干品。

葫芦的吃法很多，既可以荤食烧汤，又可以素食做菜，做饺子、包子馅，既能腌制，也能干晒做成葫芦干收藏起来，留到冬日做成荤菜；烧汤清香四飘，其味鲜美；还可蒸食。不过，不论葫芦还是它的叶子，都要在嫩时食用，成熟后便失去了食用价值。

茄子

茄子一名"落酥"，又名"昆仑紫瓜"，种苋其傍，同浇灌之，茄、苋俱茂，新采者味绝美。蔡遵为吴兴守，斋前种白苋、紫茄，以为常膳[1]，五马[2]贵人，犹能如此，吾辈安可无此一种味也？

【注释】

〔1〕常膳：平日膳食。

〔2〕五马：乘坐五匹马出行，指太守。

【译文】

茄子，别名"落酥"，也叫"昆仑紫瓜"，常种在苋菜旁，一起浇灌，都长得茂盛，新采摘的茄子味道绝美。南朝蔡遵为吴兴太守时，曾在屋前种白苋和紫茄，作为日常蔬菜。贵为太守尚且如此，我等怎能少了茄子这道美味呢？

【延伸阅读】

茄子，茄科茄属一年生草本植物，品种有长茄、圆茄、白茄、青茄、紫茄等。长茄质嫩，多产南方，后来人工培育的圆茄长在北方。吃茄子最好不要去皮，因其富含维生素 B。茄子可烧、炒、蒸、煮，也可油炸、凉拌、煲汤，荤素咸宜。

茄子，别称"茄"，古时称落苏、酪酥、伽子、昆仑紫瓜、矮瓜等。西汉扬雄认为，"茄子"的"茄"乃梵文"伽"的译音字，取茄子从印度传来之意。《清异录》记载："落苏本名茄子，隋炀帝饰（称）为昆仑紫瓜，人间但名'昆味'而已。"如今，江浙人称茄子为"六蔬"，也是"落苏"的谐音。

【名家杂论】

紫树开紫花，紫花结紫瓜，说的便是茄子，有道是"陇上紫瓜好，黛痕浓抹，露实低悬"。作为为数不多的紫色蔬菜之一和十分常见的家常蔬菜，庄户人家的菜地里，少不了要种上几棵茄子，多者数十，少则五六棵。

纵是家常蔬菜，茄子也可以瞬间"高大上"，《红楼梦》里提到茄子有 200 种做法，尤其是刘姥姥进大观园，贾母让辣妹子凤姐喂刘姥姥茄鲞，凤姐那一番炫耀："这也不难。你把才下来的茄子把皮签了，只要净肉，切成碎钉子，用鸡油炸了，再用鸡脯子肉并香菌、新笋、蘑菇、五香腐干、各色干果子，俱切成钉子，用鸡汤煨干，将香油一收，外加糟油一拌，盛在瓷罐子里封严，要吃时拿出来，用炒的鸡瓜一拌就是。"刘姥姥听了，摇头吐舌说道："我的佛祖！到得十来只鸡来配它，怪道这个味儿！"刘姥姥在乡下也算大户人家，却不知，宫廷里做个茄子也要用各种汤去煨熟。

有奢侈至此的，也有齐嵩到极致的。《笑林广记》中有一则故事，一位蒙馆先生，东家一日三餐供的都是咸菜，而园中长有很多又肥又嫩的茄子，却从来舍不得给他吃。先生忍无可忍，题诗抗议："东家茄子满园烂，不予先生供一餐。"东家知道后，天天顿顿供吃茄子，这位先生到底吃怕了，却又有苦说不出，又续诗曰："不料一茄茄到底，惹茄容易退茄难。"

芋

古人以蹲鸱[1]起家，又云"园收芋、栗未全贫"，则御穷一策，芋为称首，所谓"煨得芋头熟，天子不如吾"，且以为南面之乐，其言诚过，然寒夜拥炉，此实真味，别名"土芝"，信不虚矣。

【注释】

〔1〕蹲鸱：芋头。

【译文】

（《史记·货殖列传》上说）古代的商人以芋头起家，（杜甫《南邻》）又说"园收芋、栗未全贫"。所以，维持生计的办法，种芋头堪称第一。所谓"煨得芋头熟，天子不如我"，将其形容为帝王之乐，虽言过其实，但寒夜围炉，有芋头可吃，也真是美味。芋头别名"土里灵芝"，确实不假。

【延伸阅读】

芋头，多年生块茎植物，叶片盾形，叶柄长而肥大，绿色或紫红色；植株基部形成肉质球茎，称为"芋头"或"母芋"，不规则球形。母芋有脑芽、腋芽，可分蘖，形成"子芋""孙芋"等。

宋代林洪《山家清供·土芝丹》关于芋头有更详细的记载："芋之大者名土芝。大者裹以湿纸，用煮酒和糟涂其外，以糠皮火煨之，候香熟取出，安坳地内，去皮温食。冷则破血，用盐则泄精，取其温补，名'土芝丹'。"

【名家杂论】

清朝，广西每年须进贡荔浦芋头进京，芋头沉重兼路途遥远，浪费民脂民膏甚巨。刘罗锅体恤民情略施小计，以貌似芋头、质粗味劣的山薯冒充。乾隆吃后大倒胃口，下令免掉荔浦芋头的进贡。和珅找来真正的荔浦芋头，受到刘墉愚弄的乾隆醒悟过来，把刘墉贬官，荔浦芋头却愈发出名。

有道秦淮小吃叫"桂花糖芋苗"，香甜滑润。把小芋仔去皮煮烂，然后调入藕粉和糖桂花，黏稠的藕粉汤汁就会有一种晶莹温暖的红紫色，里面沉浮着雪白的芋芳，金黄或者橙红的桂花，软糯香甜，煞是诱人。

芋头糕也久负盛名。将芋头去皮捣泥，和米浆一起上灶用猛火蒸。中途换一次面，加一次米浆。蒸熟后，上下两面的米糕就把芋泥夹在中间，趁热撒上葱花，既好看又温软可口。

还有芋头羹，用芋头切丁，加以高汤虾米炖出，取其鲜味，其他配料一概不用，尤其忌用肉丁，冬天热热地端上桌，撒上一撮青蒜末，玉白微紫的芋粒，橙红的大虾米，乳白的汤汁鲜香四溢。

寒夜拥炉烤芋，光想想，都是一大乐事。

茭白

茭白，古称"雕胡"，性尤宜水，逐年移之，则心不黑，池塘中亦宜多植，以佐灌园所缺。

【译文】

茭白古称"雕胡",适宜水中生长,每年移植,则茭白茎叶不会长黑点,池塘空地也可多多种植,以补充菜园缺少的品种。

【延伸阅读】

茭白,又名"菰米""高瓜""菰笋""菰手""茭笋""高笋",禾本科菰属多年生宿根草本植物,形如蒲苇,野生,多长于陂泽河边,南北方皆有生长。《周礼》中将"菰米"与"黍、麦、稻、菽"并列为"六谷"。

古代主要采食其籽粒,作为粮食作物栽培。唐末,水稻在我国大面积种植,成为人们的主食。茭草就很少采籽,以至从谷物中逐渐分离,成为一种风味特殊、营养丰富的蔬菜。

【名家杂论】

茭白是中国特有的水生蔬菜,与莼菜、鲈鱼并称为"江南三大名菜"。茭白青翠修长,亭亭玉立。剥去外壳,茭白色白如玉,清脆滑甜,被誉为"美人腿"。

少为人知的是,茭白在很早的时候,其实叫菰,是重要的粮食作物,后来,田里的部分菰染病,没有抽穗。这一年,粮食歉收,但那些没接穗的菰根茎部不断膨大,形成了肉质茎。在绝望与饥饿中,勇敢的人们第一次食用了茎干肥大白嫩鲜美的茭白,后来,人们特地培育这种菰,而病菰终于完成了华丽的转身,成为餐桌美味。

早期的粽子是用茭白叶包黍米呈牛角状,称"角黍"。陆游曾经乘船从长江入川,多年后他回忆起当时在船上赏月的场景,写下了《醉中怀江湖旧游偶作短歌》,诗中写道:"散花洲上青山横,野鱼可脍菰可烹。脱冠散发风露冷,卧看江月金盆倾。"船行江上,青山横在散花洲上。钓上野鱼可以和茭白烹饪,脱去帽子感受江中寒风。卧在船中看那水中的明月。想来惬意。

山药

山药本名"薯药"，出娄东岳王市者，大如臂，真不减天公掌，定当取作常供。夏取其子，不堪食。至如香芋、乌芋、凫茨之属，皆非佳品。乌芋即茨菇，凫茨即。

【译文】

山药本名"薯药"，娄江之东岳王市出产的山药，粗大如手臂，比号称"天公掌"的山药不差，可作日常蔬菜。夏天结的籽，不好吃。至于香芋、乌芋、凫茨之类，都算不上美味佳肴。乌芋就是茨菇，凫茨就是地栗。

【延伸阅读】

山药自古栽培，药食两用。山药原名叫"薯蓣"，因为唐代宗名李豫，为避尊者讳，改为薯药。北宋时宋英宗名赵曙，所以又改名为山药，沿用至今。

宋人陈达叟《玉廷赞》中记载："山有灵药，绿如仙方，削数片玉，清白花香"，此处的山有灵药便是指冬令佳品——山药了。

《神农本草经》上说："薯蓣味甘温，主伤中、补虚羸，除寒热邪气，补中益气力，长肌肉，久服耳目聪明，轻身不饥，延年。"

【名家杂论】

山药最早出自先秦《山海经》："景山，北望少泽，其草多薯蓣。"薯蓣就是山药。

山药的食用，最早见于《卫国志》：公元前734年，诸侯卫桓公以古怀庆府（今河南焦作地区）出产的山药向周王室进贡。西晋的《南方草木状》记载了山药的人工种植。宋以后，我国山药种植广泛，"近汴洛人种之极有息"。明代《农政全书》记载山药"今齐鲁之间尤多"，可见到了明代，山东、江南等地山药广有种植，且栽培技术已经相当成熟。

山药在古时分生山药和炒山药。生山药就是把山药给晒干了，切成片；用火炒过的叫炒山药。生山药的药性偏凉，滋脾阴，熟山药则只补脾。

萝卜 芜菁

萝卜一名"土酥"，芜菁一名"六利"，皆佳味也。他如乌、白二菘，莼、芹、薇、蕨之属，皆当命园丁多种，以供伊蒲[1]，第不可以此市利，为卖菜佣[2]耳。

【注释】

〔1〕伊蒲：素菜。

〔2〕菜佣：卖菜的人。

■萝卜

■芜菁

【译文】

萝卜也叫"土酥"，芜菁叫"六利"，都是美味。其他如结球白菜、瓢儿菜两种白菜，莼菜、芹菜、薇菜、蕨菜之类，须让园丁多多种植，以作素食，切不可以种菜为营生，成为卖菜翁。

【延伸阅读】

萝卜，十字花科、萝卜属，两年或一年生草本，直根肉质，圆柱形，色白。

芜菁，别名"蔓菁""大头菜""诸葛菜""圆菜头""圆根""盘菜"，两年生草本植物，肥大肉质根柔嫩、致密，供炒食、煮食。

【名家杂论】

所谓"萝卜白菜，各有所爱"，想起两则历史趣闻。

慈禧太后垂帘听政，日理万机，公务繁忙，御医以人参、鹿茸等进补。不几日，慈禧反倒添了胸闷胃胀的病，群医无策，张榜问药。一位云游的长老前来揭榜，见慈禧后，从葫芦里倒出几粒"萝卜籽"，嘱咐每日三次，每次用一碗白萝卜汤送服，禁食腥荤，停用补品。三日后可痊愈。用萝卜汤送服萝卜籽，其实就是吃大萝卜，有顺气开郁、消积化食之用，原来是慈禧补过头了。

再说芜菁又叫"诸葛菜"的典故。三国时，战火连天，军需匮乏，诸葛亮号召士兵种植芜菁，因为好处多多：根茎可以生吃；叶子可以煮吃；军队驻扎时间长了，蔓菁也就到处生长；军队开拔了，丢弃了也不可惜；而军队回来的时候，又很容易得到食物的补充；到了冬天，还可以吃它的根茎。芜菁因诸葛亮而发扬光大，也因此而得名"诸葛菜"。

唐朝人齐休出使云南，撰《云南记》，其中写道："州界缘山野间，有菜，大叶而粗茎，土人蒸煮其根叶而食之，可以疗疾，名曰诸葛菜。云：武侯南征用此菜籽莳于山中，以济军食。"

香 茗

此卷为雅士焚香品茗之用。文氏列举
当时流行的香、茗之类巨细，并说明
茶道煎煮之法，给今人留下净心领悟
香茗之宝贵借鉴。

香、茗之用，其利最溥，物外[1]高隐，坐语道德[2]，可以清心悦神；初阳薄暝[3]，兴味萧骚[4]，可以畅怀舒啸[5]；晴窗拓帖[6]，挥麈闲吟，篝灯[7]夜读，可以远辟睡魔；青衣红袖，密语谈私，可以助情热意；坐雨闭窗，饭余散步，可以遣寂除烦；醉筵醒客，夜语蓬窗，长啸空楼，冰弦戛指[8]，可以佐欢解渴。品之最优者，以沉香、岕茶为首，第焚煮有法，必贞夫[9]韵士，乃能究心耳。志《香茗第十二》。

【注释】

〔1〕物外：世外。

〔2〕道德：谈玄论道。

〔3〕薄暝：傍晚。

〔4〕萧骚：萧条。

〔5〕舒啸：舒展歌啸。

〔6〕拓帖：摹拓古碑帖。

〔7〕篝灯：灯笼。

〔8〕戛指：手弹之意。

〔9〕贞夫：正义之人。

【译文】

焚香品茗，益处颇多。隐逸世外，谈玄论道，可以令人神清气爽，赏心悦目；晨曦薄暮，意兴阑珊之际，可以畅怀高歌；白日晴好，临窗拓帖，清谈闲吟，秉烛夜读，可以提神醒脑，驱除睡意；闺阁红颜，窃语私谈，可使情深意绵；雨天闭门闲坐，饭后散步，可以遣除烦忧；宴席醒酒，窗下夜语，空楼长啸，弹琴击鼓，可解渴助兴。香、茗中最上等的要属沉香、岕茶，只不过要煎煮得法。只有真正的君子雅士，才能净心领悟。记《香茗第十二》。

【延伸阅读】

关于薰香，屠隆有云："香之为用，其利最溥。物外高隐，坐语道德，焚之可以清心悦神。四更残月，兴味萧骚，焚之可以畅怀舒啸。晴窗摹帖，挥尘闲吟，篝灯夜读，焚以远辟睡魔，谓古伴月可也。红袖在侧，秘语谈私，执手拥炉，焚以熏心热意，谓古助情可也。坐雨闭窗，午睡初足，就案学书，啜茗味淡，一炉初热，香霭馥馥撩人。更宜醉筵醒客，皓月清宵，冰弦戛指，长啸空楼，苍山极目，未残炉热，香雾隐隐绕帘。又可祛邪辟秽，随其所适，无施不可。"这一段，大约可以看作文氏理论的出处。

关于茗茶，茶圣陆羽的遭遇颇让人感慨。陆羽自幼孤苦，后被竟陵的智积和尚收留，成年后，陆羽没有成为禅师，而是写成《茶经》一书，被后人尊为"茶圣"。陆羽曾写有一首诗："不羡黄金罍，不羡白玉杯；不羡朝入省，不羡暮入台；千羡万羡西江水，曾向竟陵城下来。"陆羽不羡黄金宝物、高官荣华，唯一的希望只是用江西的流水来浸泡一壶好茶。除了陆羽高贵的人格，这当是对茶的最高褒奖。

【名家杂论】

香曾在古代生活中扮演着不啻于茶的地位和角色，从王侯将相、后宫嫔妃，到文人墨客、寻常百姓，乃至佛法僧道，无不与香为伴，对其推崇有加。祭天敬祖，它是人们表达敬意思念的信使；怡情养性，它是文人墨客灵感迸发的源泉；祛疫辟秽，清心安神，它是百姓安居康体的良方。

香之高贵，必有物质依托，香道兴于盛世。文震亨生活的年代，大明王朝走到了尽头，已是风雨飘摇的样子。我们可以想见这位才子在琴棋书画与山水韵格里消磨着他的光阴与才气。所谓"国家不幸诗家幸"，正因如此，我们才得以读到这些颇有韵致的明代小品文。

茶，神奇的东方树叶，蕴含的是一种山川灵气。《红楼梦》写茶有260多处，《金瓶梅》中则达600多处，且每处皆有独特寓意，可见古代茶文化的博大精深。

文震亨说茶、嗜茶，实有家风。其曾祖文征明著有《龙茶录考》，可见其爱茶之甚。在故宫博物院里，更藏有文征明的一幅《惠山茶会图》，图里所绘，乃是他与蔡羽、汤珍、王守、王宠于无锡惠山里赋诗饮茶事。关于饮茶之趣，文征明说了很多，又似乎没有说透，他也不用说得太透彻，许多的意蕴，是要各人体会才好。

伽南

伽南，一名"奇蓝"，又名"琪楠"，有"糖结""金丝"二种：糖结，面黑若漆，坚若玉，锯开，上有油若糖者，最贵；金丝，色黄，上有线若金者，次之。此香不可焚，焚之微有膻气。大者有重十五六斤，以雕盘承之，满室皆香，真为奇物。小者以制扇坠、数珠，夏月佩之，可以辟秽，居常以锡盒盛蜜养之。盒分二格，下格置蜜，上格穿数孔，如龙眼大，置香使蜜气上通，则经久不枯。沉水^{〔1〕}等香亦然。

【注释】

〔1〕沉水：沉香。

【译文】

伽南又名"奇蓝"，也作"琪楠"，有"糖结"与"金丝"两种："糖结"最贵重，颜色黝黑如漆，质地坚硬如玉，锯开后，上面有糖状油脂分泌物；"金丝"纹路呈金黄色丝状，品相稍次于"糖结"。伽南香不能焚烧，因为有微微的膻腥味。大块的伽南香有十五六斤重，放在雕花盘中，则满室生香，堪称奇物。小的伽南香做成扇坠与念珠，夏天戴在身上，辟邪除秽之用。平时用锡盒盛蜜来养伽南香，盒子分上下两格，下面一格盛蜂蜜，上面钻出几个龙眼大小的孔放香，蜂蜜之味上通伽南香，可保香木经久不枯，香味持久。沉香等也可以这样存放。

【延伸阅读】

《本草乘雅半偈》关于伽南的品级分类有如下记载："奇南香原属沉香同类。等分黄、栈，品成四结，世称至贵。……栈即奇南液重者，曰金丝。其熟结、生结、虫漏、脱落四品，虽统称奇南结，而四品之中，又各分别油结、糖结、蜜结、绿结、金丝结，为熟、为生、为漏、为落，井然成秩耳……"

陈让《海外逸说》上说："伽南与沉香并生……上者曰'莺歌绿'，色如莺毛，最为难得；次曰'兰花结'，色微绿而黑；又次曰'金丝结'，色微黄；再次曰'糖结'，黄色者是也；下曰'铁结'，色黑而微坚，皆各有膏腻。"

《粤海香语》则云："伽南，杂出海上诸山。其香木未死，蜜气未老者，谓之生结，上也。木死本存，蜜气膏于枯根，润若饧片者，糖结，次也。岁月既浅，木蜜之气未融，木性多而香味少，谓之虎斑金丝结，又次也。"

【名家杂论】

沉香和伽南香到底是不是一回事？学界众说纷纭，似乎谁也说服不了谁。从文震亨"沉水等香亦然"的记载来看，显然不是。

现在有学者认为，古代把沉香中较特殊的顶级料称为"伽南香""奇南香"或"棋楠香"。奇南香是沉香的变种，是沉香受到特别细菌的反复感染，在特定环境特定时间里升华为奇南香，量非常少，所以格外珍贵。一位台湾行家曾断言："奇南是从沉香中找出来的，有可能死后留下奇南，也有可能在整块沉香中采到部分奇南。沉香质地坚硬，奇南质软。上好的奇南泌出的油脂用指甲可轻易刮起或刻痕，好的奇南削薄片入口，可感觉芳香中有辛麻，嚼之若带黏牙感视为上品，刮其屑能捻捏成丸亦属上品。"

而认为伽南不是沉香的，则有树种说、极品沉香说、香气说、质软膏糯说、黄蜡沉说、石蜜说、质地软、硬兼有说、焚之微有膻气说以及近来的化学成分不同说。目前较统一的认识是，伽南区别于沉香，掐之痕生，释之痕合，削之自卷，咀之柔韧。世所罕见，最为珍贵。

关于伽南，学界本无统一定义，市场有逐利本性，故采取选择性摘录古籍也情有可原。对于伽南，不妨多一分冷静，少一分虚荣。伽南也好，沉香也罢，其香之优，则为人之公认。

龙涎香

苏门答剌国[1]有龙涎屿，群龙交卧其上，遗沫入水，取以为香。浮水为上，渗沙者次之；鱼食腹中，刺出如斗者，又次之。彼国亦甚珍贵。

【注释】

〔1〕苏门答剌国：今印度尼西亚苏门答腊。

【译文】

苏门答腊有座龙涎屿，群龙拥卧在岛上，它们吐出的口沫进入水中，人们捡拾起来制作香料。能够漂浮在水上的龙涎香是上品，若夹有沙子等杂质，品质就要略逊一筹；若被其他鱼吞食又喷出，形态如斗的又差一些。当地人也以之为宝。

【延伸阅读】

龙涎香呈蜡状，生成于抹香鲸的肠道中。抹香鲸在吞食乌贼、章鱼等动物时，一些鱼身上坚硬、锐利的角质和软骨会扎伤它们的肠道，抹香鲸的肠胃饱受割磨，却不能将之排出体外，痛苦异常。而肠道中分泌的龙涎香物质正是医治其伤口的良药。每隔一段时间，痛苦难耐的抹香鲸就要把这些分泌物包块排出体外，这些包块漂浮在海面上，经过风吹日晒、海水浸泡后，就成为名贵的龙涎香。

清代的《纲目拾遗》关于其等级成色有如下认定："龙涎香，大抵不必论其色，总以含之不耗，投水不没，雨中焚之能爆者良"。颜色并非品质的关键，纯净度才是重点，只有不含杂质、凝结如蜡的龙涎香，才会入水不沉，被雨水浇湿也照样能焚烧，是为上品。

【名家杂论】

龙涎香，一个诗意而神秘的名字，龙在睡觉时流出的口涎，凝结成香。也有人认为是鲸鱼的呕吐物、粪便或精液。古人很早就把龙涎香视为贡品，进献帝王。张昭有诗《观德舞》曰："氤氲龙麝交青琐，仿佛锡銮下蕊珠。"龙麝即龙涎香。宋明之际，焚香艺术盛行，龙涎香更是家喻户晓。《幼学琼林》曰："龙涎鸡舌，悉是香名。"

明初，海疆不宁，朱元璋推行海禁政策，严禁私人出海贸易，只有官方的朝贡贸易，但明代中期后，朝贡贸易逐渐衰落，入贡的国家日减。嘉靖年间，世宗曾命令官商采访龙涎香，十余年无果，而龙涎香早期却是海外各国贡品中的常见之物。此中原因，大概是明帝国经济和军事实力下降，而朝贡贸易由西方殖民者把持之故，300多年后甲午海战的失败，已经萌芽。

香文化的蔓延使得明清香药供给更依赖于进口，而葡萄牙商人则是当时龙涎香的主要供应者。嘉靖年间，葡人以协助剿杀海盗为名重金贿赂广东官员游说朝廷，取得朝廷同意长期占有了澳门。而香港周边地区为沉香及外商的香药集散转运地，香港地名即由此而来。

沉香

沉香质重，劈开如墨色者佳，不在沉水，好速亦能沉。以隔火炙过，取焦者别置一器，焚以熏衣被。曾见世庙有水磨雕刻龙凤者，大二寸许，盖醮坛[1]中物，此仅可供玩。

【注释】

〔1〕醮坛：道士祈祷所用的祭坛。

■〔明〕沉香笔架

【译文】

沉香质地厚重，劈开颜色如墨者是上品，通常以沉水程度判断其好坏，但好速香也能沉入水中。沉香需隔火熏烤，将烧焦的另置容器中，点着以熏衣服被褥。曾见过嘉靖年间制作的一件雕龙刻凤的水磨沉香，大二寸多，是道士祭坛之物，只能供人赏玩。

【延伸阅读】

沉香黑色芳香，脂膏凝结为块，入水能沉，故称"沉香"，又名"沉水香""水沉香"，古语写作"沈香"（沈，同沉）。古人常说"沉檀龙麝"，"沉"即沉香，为众香之首。

沉香品种、等级很多，《本草纲目》以沉香含油量的多寡、沉香的沉水程度，来决定其品级的好坏，"木之心节置水中，能沉水者名沉香，亦曰水沉，半沉者为栈香，不沉者为黄熟香"。

从香品论，由自然腐朽凝结而成的，称为"熟结"，其木枯死腐烂脱落，成"死沉"；被刀斧砍伐而生的膏脂则为"生结"。结香后树仍然具有生命，即"活沉"。其木若遭虫蛀食，其膏脂凝结成的沉香被称为虫漏。倒伏于土中的被称为"土沉"，倒伏于沼泽的称为"水沉"。在越南，沉香出自原始沼泽，同一块沉香，上半是土沉，下部是水沉者也不少见。

以产地论，沉香有"本土"与"外番"之说。东印度和南洋一带均产沉香，而中国海南古称崖州，本地沉香有"崖香"之称，一枝独秀，力压百香，文人士大夫府中的香炉腾逸的即"崖香"。

【名家杂论】

《说文解字》载："香，气芬芳也。"自古香料"沉檀龙麝"，沉香居首，档次最高。

魏晋以降，香之用多为庙堂权贵焚熏涂享。《世说新语·汰侈》记载"石崇斗富"时，描写过他家的厕所，"常有十余婢侍列，皆丽服藻饰，置甲煎粉沉香汁之属，无不毕备"。一天，崇尚朴素的尚书郎刘寔去石崇家，"如厕，见有绛纹帐，茵褥甚丽，两婢持香囊，寔便退，笑谓崇曰'误入卿内耳'，崇曰'是厕耳'。寔曰'贫士不能若此'。"刘寔说，不好意思，进了你家卧室了。石崇要的就是这个效果，忙解释：不不不，是厕所。

宋明以来，民间用香普兴繁盛，百姓聚集的茶馆里除了要有茶博士，还有香婆，茶香两脉至此交融叠汇。焚香考验着闻香人的心性。炉火微调，要添香频频。闺中女子弄香，文人词中起意："东风歇，香尘满院花如雪。花如雪，看看又是，黄昏时节。无言独自添香鸭，相思情绪无人说。无人说，照人只有，西楼斜月。"香鸭即鸭形熏香小炉，铜质镀金者，亦称金鸭。明人陈洪绶所画《斜倚熏笼图》则直接反映了古代上层社会衣褥熏香的习俗：妇人懒拥被，斜倚竹熏笼，笼下熏炉香且暖，衾褥得芬芳。

清代用香之盛从《红楼梦》可窥一斑：大观园中处处焚着百合香，元妃省亲，仪仗中有手提香炉焚香开道；贾府计时用更香，林黛玉灯谜"晓筹不用鸡人报，五夜无烦侍女添"，也是更香；酒醉的刘姥姥误入贾宝玉卧室，袭人"忙将鼎内贮了三四把百合香，仍用罩子罩上"，说明沉香熏被的风行。

痴情才子纳兰性德在《如梦令》中谈到令人步履生香的香屧："黄叶青苔归路，屧粉衣香何处。消息竟沉沉，今夜相思几许。秋雨，秋雨，一半因风吹去。"穿上用香木制作，盛放香囊、香粉的香屧，所过处暗香袭人，恰应了洒香之鞋的美名。

安息香

安息香，都中有数种，总名"安息"，"月麟""聚仙""沉速"为上。沉速有双料者，极佳。内府别有龙挂香，倒挂焚之，其架甚可玩，"若兰香""万春""百花"等，皆不堪用。

【译文】

京城有数种安息香，统称"安息香"，"月麟""聚仙""沉速"为上品。双料沉速香，最好。内府里有龙桂香，倒挂焚烧，挂香的架子也很别致，至于"若兰香""万春香""百花香"等，都不可用。

【延伸阅读】

安息香，球形颗粒团块，大小不等，外面红棕色至灰棕色，嵌有黄白色及灰白色不透明的杏仁样颗粒，表面粗糙不平坦；质坚脆，加热即软化；气芳香、味微辛。有泰国安息香与苏门答腊安息香两种。

《香乘》有安息香考证七则，试举一二。《西域传》："安息国，去洛阳二万五千里，北至康居。"《汉书》："其香乃树皮胶，烧之，通神明，辟众恶。《酉阳杂俎》：安息香树，出波斯国。波斯呼为辟邪。树长二三丈，皮色黄黑，叶有四角，经冬不雕。二月开花，黄色，花心微碧，不结实。刻其树皮，其胶如饴，名安息香，六、七月坚凝，乃取之。"

制香是个技术活，讲究天道人和，传统香须依传统历法，除以香方外，还需精研太极之生克，五行之根本，天地之运行，力求合乎于情，通之于理，用之于法。

【名家杂论】

安息香用以美容的历史已有千百年之久。在药草志中，安息香常被叫作"树脂安息香""香胶"或"树脂班杰明"，常被用于老式的化妆水中。古人认为它是驱离恶灵的重要法宝，经常被用于熏蒸和焚香。李时珍在《本草纲目》中就有记载，《晋书》中也有出家和尚佛图澄焚安息香以求水的故事，佛经中则这样描述："（安息香）出于波斯国，又称辟邪树……取此物烧香，能通神明。"

在英文里，安息香的原意是"来自爪哇的香料"。葡萄牙的航海探险家将安息香带到西欧，希腊罗马人早就开始使用安息香来制作香包。法国人与英国人经常在病房焚烧这种香料，帮助病人稳定呼吸。文艺复兴时期，意大利王公贵族收到最令人兴奋的礼物就是从东方运来的安息香，因它是薰香最好的香料之一。

安息香可治疗猝然昏厥、牙关紧闭等闭脱之症，有开窍之功。《红楼梦》第九十七回写到宝玉在婚礼上揭了新娘的盖头，发现竟不是朝思暮想的林妹妹后，旧病复发昏聩起来。家人连忙"满屋里点起安息香来，定住他的神魂"。失去了黛玉，宝玉的魂魄又岂是安息香能定得住的？

茶品

古人论茶事者，无虑数十家，若鸿渐之"经"，君谟之"录"，可谓尽善，然其时法用熟碾为"丸"为"挺"，故所称有"龙凤团""小龙团""密云龙""瑞云翔龙"，至宣和间，始以茶色白者为贵。漕臣[1]郑可简始创为"银丝冰芽"，以茶剔叶取心，清泉渍之，去龙脑诸香，惟新胯[2]小龙蜿蜒其上，称"龙团胜雪"，当时以为不更之法，而我朝所尚又不同，其烹试之法，亦与前人异，然简便异常，天趣悉备，可谓尽茶之真味矣。至于"洗茶"[3]"候汤"[4]"择器"，皆各有法，宁特侈言"乌府""云屯""苦节""建城"等目而已哉！

【注释】

〔1〕漕臣：主管漕运的人。

〔2〕新胯：制茶的印模。

〔3〕洗茶：洗去茶上的尘垢。

〔4〕候汤：观察水沸的情况。

【译文】

古人论述茶道的，不假思索就可数出几十家，像陆羽的《茶经》、蔡襄的《茶录》，可谓论述详尽。但当时制茶是用熟碾之法把茶做成团形或条形，所以又叫作"龙凤团""小龙团""密云龙""瑞云翔龙"。宣和年间开始以茶色有白霜为贵。宋代主管漕运的大臣郑可简始创"银丝冰芽"，专取茶心嫩芽，用泉水洗净，去除龙脑等异香，用刻有蜿蜒小龙的模具压制而成，称"龙团胜雪"。当时以为定法不再改变。到明朝又变得不同了，烹煮之法也和前人不一样，但更加简便，很有自然情趣，可以说是完全体现了茶叶的本味。至于洗茶、候汤、选择器具，都有各自方法，不仅仅是奢谈装炭的篮子、盛水的杯子、斑竹风炉、藏茶竹筒等名目而已。

【延伸阅读】

唐宋时饮茶，茶末与茶汤同饮，饮后不留余滓。烹茶有两类，煎茶和点茶。煎茶盛行于唐，点茶盛行两宋。点茶尤重盏面浮起的乳花，因盏面泛起之乳花不同，自第一汤至第七汤而各有不同，"七碗"遂指代茶。

斗茶之源，可溯至唐代。宋徽宗时宫廷斗茶，实际比试点茶技巧，茶品佳，水品亦然。斗茶所较，仍是盏面乳花，"咬盏"与否，便是斗茶的胜负规则。斗茶风习，始于宋初，徽宗朝为盛，南渡以后，即已衰歇。

客至点茶，送客点汤。点茶与点汤成为朝廷官场待下之礼，又或者意在留客，此际它便成为收拾酒席，再入舞筵的一个过渡。吴文英《杏花天·蛮姜豆蔻相思味》："蛮姜豆蔻相思味，算却在、春风舌底。江清爱与消残醉。憔悴文园病起。停嘶骑、歌眉送意。记晓色、东城梦里。紫檀晕浅香波细。肠断垂杨小市。"点汤之意，此词所咏，最是淋漓。

【名家杂论】

《茶经》《茶谱》《茶说》《茶录》《茶话》《茶约》《茶考》《茗笈》《茗林》《水品》《水辨》……关于茶的著作，怕是三天三夜也数不完，可见茶在中国之深入人心。

周作人有一篇《喝茶》的散文："我的所谓喝茶，却是在喝清茶，在赏鉴其色与香与味，意未必在止渴，自然更不在果腹了。……喝茶当于瓦屋纸窗下，清泉绿茶，用素雅的陶瓷具，同二三人共饮，得半日之闲，可抵十年的尘梦。"清芬幽雅的茶香间，文人士大夫淡泊闲适的情趣跃然纸上，意义却大抵和"醉翁之意不在酒"类似。

　　《茶经》上说是神农尝百草，发现了茶。而一发现，茶就成为中国人须臾不可少的灵秀之物。茶之于国人，甚于咖啡之于西方人。

　　文人雅士饮茶，从择茶、择具到煎水、行茶，悉心讲究，品茶，更是品的心性。水本天下至清之物，茶又为水中至清之味，文人清饮，最是雅静。而茶禅一味，禅宗讲究清心自悟，而茶清通自然，算得上绝配了。

虎丘[1]　天池[2]

　　"虎丘"，最号精绝，为天下冠，惜不多产，又为官司所据，寂寞山家，得一壶两壶，便为奇品，然其味实亚于"芥"。"天池"，出龙池[3]一带者佳，出南山[4]一带者最早，微带草气。

【注释】

〔1〕虎丘：茶名，产自苏州虎丘山。

〔2〕天池：茶名，产自苏州天池山。

〔3〕龙池：今名隆池，苏州地名。

〔4〕南山：苏州地名，道光《苏州府志》里蟠螭山，俗称"南山"。

【译文】

　　虎丘茶，最是好茶，号称天下之冠，可惜此茶产量低，又被官家所据有，山里人能采摘个一壶两壶，便将之作为奇物，然而它的味道确实不如芥茶。天池茶产自苏州龙池一带的较好，南山一带的天池茶采摘最早，微带青草味。

【延伸阅读】

　　虎丘茶是江苏苏州特产。苏州状元文震孟，亦是文震亨的哥哥曾说："吴山之虎丘，名艳天下。其所产茗柯，亦为天下最，色与味在常品外。"康熙年间《虎丘山志》曾记载虎丘茶："叶微带黑，不甚苍翠，点之色白如玉，而作豌豆香，性不能耐久，宋人呼为白云花。"乾隆中叶再版《虎丘山志》则说："色味香韵，无可比拟，茶中王也。"

　　虎丘古时是主要的茶产区，每年立夏前后，山水相映的虎丘，山前屋后，茶花盛开，香气袭人，真有"入目皆花影，放眼尽芳菲"之感。虎丘茶的茶树在虎丘寺金粟山旁，僧人在谷雨前采摘，取其细嫩之芽，叶色微黑，不甚青翠。但焙而烹之，其色如月下之白，味如豆乳之香，氤氲清神，涓滴润喉，令人怡情悦性。

天池茶是江苏苏州的绿茶品种。其特点为条索秀丽带弯曲，茸毫显露，银白隐翠，香气清鲜，滋味醇和鲜爽，汤色绿而明亮，叶底嫩匀成朵。明代张谦德《茶经》中天池茶的产地，即今天苏州的天池山。

【名家杂论】

虎丘茶号称"天下最""茶中王"，却未成为贡品，这实有其历史原因。一是虎丘茶不易贮存，非得采现焙。虎丘茶是炒青类茶叶，担心炒茶时叶尖易焦影响茶叶的香味，须去叶尖。炒茶锅子要用油擦过的银锅。炒后即时烹之，稍过即全失其初，殆如彩云易散。当时茶叶皆用纸包装，然后纸易吸收茶气，后来改用瓷罐或锡罐，以保持茶叶原本的色香味，这种包装方法沿用至今。二是产地集中，产量很少，一年不过数十斤。屠隆在《考槃馀事》里感叹："虎丘茶……皆为豪右所据。"文震孟曾专门作《剃茶说》。虎丘茶本为金粟山中僧人于寺院隙地上种植，竭尽一山所产，也不过数十斤，当地官员大肆搜刮，严令寺僧缴纳，以供馈赠。一怒之下，和尚最后把茶树全砍了，以绝烦恼之源。寺僧后来虽再种过，然而仍是老样子，最终身心疲惫，疏于种植，茶树也终于萎顿。可悲可叹，茶中绝品成"绝品"。茶树无罪，寺僧无罪，今人当从虎丘茶的扬名与泯灭中领悟到某些哲理。

物以稀为贵，物因贵而稀。而越是如此，越有人想占有它，却也潜伏了泯灭的危机。清初《豆棚闲话》引过一首当年的《竹枝词》，说到虎丘茶："虎丘差价重当时，真假从来不易知；只说本山其实妙，原来仍旧是天池。"普通茶叶店里就敢说自己的茶叶是虎丘茶，如果真在寺院里"请上香茶"，则是几世修来的福分了。如若不得，亦应平常心待之。

芥

"芥"，浙之长兴者佳，价亦甚高，今所最重；荆溪稍下。采茶不必太细，细则芽初萌，而味欠足；不必太青，青则茶已老，而味欠嫩。惟成梗蒂[1]，叶绿色而团厚者为上。不宜以日晒，炭火焙过，扇冷，以箬叶[2]衬罂贮高处，盖茶最喜温燥，而忌冷湿也。

【注释】

〔1〕梗蒂：茶叶梗。

〔2〕箬叶：粽叶竹。

【译文】

"岕茶"，浙江长兴所产最好，价钱也高，最为今人看重；荆溪所产稍次。采茶不必太嫩，太嫩则芽鲜而味不足；也不能太青，太青茶已老，茶味过于浓烈。只有梗蒂初长，叶子翠绿圆厚，此时最佳。不宜日晒，用炭火烘焙后扇凉，用竹叶包裹装在大肚小口的贮茶罐里，放在高处，因为茶叶最喜温暖干燥，忌讳阴冷潮湿。

【延伸阅读】

"岕"字是苏浙皖三省毗邻地区多使用的汉字，与江苏宜兴、浙江长兴和安徽广德的方言"卡"类似，意为两山之间的空旷地。两山之间，中有涧溪，泉水滋润茶树，洗漱茶根。山土肥沃，长在这里的茶，就被称为岕茶。

岕茶是明清时的贡茶。清朝冒辟疆《岕茶汇钞》首语："茶之为类不一，岕茶为最。"

岕茶色白。一品岕茶叶脉淡白而厚，汤色柔白如玉露，二品岕茶为"香幽色白味冷隽。"岕茶有乳香，不仅有花香，更有奇妙的婴儿体香，奇特之处在于放置越久，香气越烈。岕茶鲜活：贮壶良久，其色如玉，犹嫩绿。

明朝冯可宾《岕茶笺》，记载详尽。《序岕名》："懈而曰岕，两山之介也。"《论采茶》："雨前则精神未足，夏后则梗叶大粗。"《论蒸茶》："蒸茶须看叶之老嫩，定蒸之迟速……"

【名家杂论】

明末四公子之一冒辟疆与秦淮八艳之董小宛的故事向来为人津津乐道。殊不知，二人与岕茶颇有渊源。冒辟疆说："岕茗产于高山，泽是风露清虚之气，故为可尚。"

名士爱风流。冒辟疆在《影梅庵忆语》及《岕茶汇抄》里记述了一些他和董小宛之间的故事，读来令人几度唏嘘。

冒辟疆原是世家子弟，董小宛也出身书香门第，家道中落后委身青楼。冒辟疆与董小宛一见倾心，在柳如是斡旋下，钱谦益为小宛赎身并将小宛送至冒氏家中。

夫妻二人感情笃厚。小宛善品茗，对花道、书画无一不通晓，且善制香丸，寒夜小屋，夫妻对坐，香气氤氲，冒氏回忆，感慨当初"我两人如在蕊珠众香深处"。《忆语》载："姬能饮，自入吾门，见余量不胜蕉叶，遂罢饮，每晚侍荆人数杯而已，而嗜茶与余同性，又同嗜界片（即岕片）"。又云："姬性淡泊，于肥甘无嗜好，每饭，必以岕茶一小壶温淘，佐以小菜，香鼓数茎粒，便足一餐。"意思是，小宛之前很能喝酒，嫁与冒辟疆后，便改喝茶了，尤其喜欢岕茶。

甲申之变后冒氏一族背景离乡，钱财尽散，冒辟疆大病数次，小宛昼夜照料，操劳过度，积劳成疾，殁时仅二十八岁。冒辟疆回忆两人在一起的九年时光，说："余一生清福，九年占尽，九年折尽矣！"

六安

"六安"，宜入药品，但不善炒，不能发香而味苦，茶之本性实佳。

【译文】

六安茶适宜入药，但不适合炒制，炒出的茶不香而味道发苦，但是茶的本性还是很好的。

【延伸阅读】

六安茶，中国十大名茶之一，又称"六安瓜片""瓜片""片茶"，产自安徽省六安市大别山一带，唐称"庐州六安茶"，为名茶；明始称"六安瓜片"，清为朝廷贡茶。

在所有茶叶中，六安瓜片是唯一无芽无梗的茶叶，由单片生叶制成。去芽不仅保持单片形体，且无青草味；梗在制作过程中已木质化，剔除后，可确保茶味浓而不苦，香而不涩。六安瓜片每逢谷雨前后 10 天之内采摘，采摘时取二三叶，求"壮"不求"嫩"。谷雨前采的称"提片",品质最优;其后采制的大宗产品称"瓜片";进入梅雨季节,茶叶稍微粗老,品质一般,称"梅片"。

【名家杂论】

《红楼梦》中,贾宝玉最爱喝的养生茶便是六安瓜片了。1856 年,慈禧生同治皇帝后,母因子贵,方有资格享受每月 14 两六安瓜片茶这款"茶中茅台"的待遇。

六安瓜片形似葵花籽,色泽宝绿,不含芽尖茶梗;捧杯品茗,杯中叶缘微翘,宛若妙龄女子汉服宋袍的袅袅衣边,令人回味无边。怪不得众多名人如此偏好:明代徐光启称"六安州之片茶,为茶之极品";陈霆其也称"六安茶为天下第一。有司包贡之余,例馈权贵与朝士之故旧者"。

六安瓜片有着辉煌的历史,1971 年美国国务卿基辛格访华,六安瓜片被作为国品礼茶馈赠。将军叶挺,最爱喝的茶也是六安瓜片,周恩来第一次喝六安瓜片即叶挺将军赠送。作家叶兆言偏爱六安茶,"绿茶中最怀念六安瓜片,绿茶不该有烟火味,可是瓜片带点焦煳味,却可以原谅"。

松萝

十数亩外,皆非真松萝茶,山中亦仅有一二家炒法甚精,近有山僧手焙者,更妙。真者在洞山之下,天池之上,新安人最重之;南都曲中亦尚此,以易于烹煮,且香烈故耳。

【译文】

安徽松萝方圆十几亩之外,都不是真正的松萝茶,山中也仅有一两家的炒茶手法精湛,近来有山寺高僧亲手炒制的茶叶,更高明。真正的松萝茶品质在洞山茶之下、天池茶之上,新安人最喜欢它;南京妓坊也很流行松萝茶,因为它易于沏泡,而且味道芳香浓郁。

【延伸阅读】

松萝,属绿茶类,明初始兴,产于今黄山市休宁县休歙边界黄山余脉的松萝山,茶园多分布在海拔 600—700 米。

明代冯时可《茶录》记载："徽郡向无茶，近出松萝茶，最为时尚。"可见，明人饮松萝茶已成时尚，因其在市场上竞争力强，价格看涨，已经出现了假松萝茶。

《休宁县志》载："茶因踊贵，僧贾利还俗，人去名存。土客索名松萝，司牧无以应，徒使市肆伪售。"琅源山上的僧人，见松萝茶紧俏，便仿松萝茶制法，弃佛事而专营茶叶去了，一些士大夫和文人墨客要松萝茶，当地掌管松萝茶的官员"无以应求"，因此市场上出现假松萝茶。

【名家杂论】

《秋灯丛话》里讲了一个关于松萝茶的趣事。有个姓贾的北方人，经常去江南做买卖，这个人饭量特别大，最喜欢吃猪头肉。有个江湖郎中观察了他的饮食习惯说："这个吃法，怕是要得病，快死了。"后来，这个人又来南方贩货，碰到这个郎中。郎中自然好奇，仔细询问仆人，仆人告诉他："老板吃完猪头肉后，一定要喝几大碗松萝茶。"郎中释然："哦，这个病也只有松萝治得了。"至于是确有其事还是文人杜撰，就不得而知了。

但下面这件则实属奇迹了。1745年，也就是清乾隆十年，瑞典东印度公司的商船"哥德堡"号从广州启程回国，船上装载着大约700吨在广州采购的中国货物，包括366吨茶叶、70万件瓷器、19箱丝绸、133吨锡。然而，八个月后历时两年半的航程，就差900米就要靠岸的时候，"哥德堡"号竟然撞上了暗礁，人们眼睁睁看着船在自己的家门口沉没了。时过境迁，1987年，两个多世纪后，"哥德堡"号被打捞上来。令人惊奇的是，分装在船舱内的366吨茶叶竟然没有氧化，一部分甚至还能饮用。而这些茶叶中，数量最多的，就是松萝茶。

龙井 天目

龙井、天目，山中早寒，冬来多雪，故茶之萌芽较晚，采焙得法，亦可与"天池"并。

■龙井

【译文】

龙井茶、天目茶，因为山里气候冷得早，冬天又多雪，所以茶树发芽较晚，如果采摘烘焙得法，质量和口味也可和天池茶相媲美。

【延伸阅读】

西湖龙井，绿茶，中国十大名茶之一。明代列为上品，清顺治年间列为贡品。清乾隆游览杭州西湖时，盛赞龙井茶，并把狮峰山下胡公庙前的18棵茶树封为"御茶"。龙井茶属于绿茶扁炒青的一种，形状扁平光滑，因产地和制法不同，分为龙井、旗枪、大方三种。明嘉靖年间的《浙江匾志》记载："杭郡诸茶，总不及龙井之产，而雨前细芽，取其一旗一枪，尤为珍品，所产不多，宜其矜贵也。"以狮峰所产为最，因其色泽黄嫩，高香持久的特点被誉为"龙井之巅"。

天目山，海拔1500米左右，峰顶有两座水池，清澈如镜，宛如一双天目而得名。明代袁宏道《天目山记》赞曰："天目山，三件宝，茶叶、笋干、小核桃。"

【名家杂论】

龙井的历史可追溯到唐代，茶圣陆羽在《茶经》中就有对杭州天竺、灵隐二寺产茶的记载。龙井茶之名始于宋，闻于元，扬于明，盛于清。

北宋时，龙井茶初成规模。龙井狮峰山脚下寿圣寺，是北宋高僧辩才法师与苏东坡品茗吟诗之处，苏东坡有"白云峰下两旗新，腻绿长鲜谷雨春"之句赞美龙井茶，并手书"老龙井"匾额，至今尚存。元代有爱茶人虞伯生始作《游龙井》饮茶诗，诗曰："徘徊龙井上，云气起晴画。澄公爱客至，取水挹幽窦。坐我詹卜中，余香不闻嗅。但见瓢中清，翠影落碧岫。烹煎黄金芽，不取谷雨后，同来二三子，三咽不忍漱。"明代，龙井茶崭露头角，名声远播，开始走出寺院，为平常百姓所饮用。明万历年的《杭州府志》有"老龙井，其地产茶，为两山绝品"之说。

袁枚在《随园食单》里赞道："杭州山茶处处皆清，不过以龙井为最耳。"乾隆皇帝六下江南，四次来到龙井茶区观看茶叶采制，品茶赋诗。"火前嫩，火后老，惟有骑火品最好""问山得路宜晴后，汲水烹茶正雨前""龙井新芽龙井泉，一家风味称烹煎"，可见一生嗜茶的乾隆对龙井的喜爱。回京后，乾隆将龙井茶叶带回来给太后，太后喝后肝火顿消，连说这龙井茶胜似灵丹妙药。乾隆立即传旨将胡公庙前的 18 棵茶树封为"御茶"，年年采制，专供太后饮用。这便是西湖 18 棵御茶树的故事了。

洗茶

先以滚汤候少温洗茶，去其尘垢，以"定碗"盛之，俟冷点茶，则香气自发。

【译文】

先用稍凉的沸水把茶叶洗一下，以去除茶叶表面的尘垢，用定瓷茶碗盛起来，等到凉了再用点茶法沏茶，则香气四溢。

【延伸阅读】

人们泡茶时，习惯上把第一泡茶水倒掉，称之为"洗茶"。"洗茶"一词始于北宋，至今约 700 年历史。《中国茶叶大辞典》对"洗茶"的解释是："洗茶即洗去了散茶表面杂质，且可诱发茶香、茶味。"

明朝关于洗茶的记载颇多，除文震亨外，多有记载。

其一，屠隆著《茶说》载："凡烹茶，先以热汤洗，去尘垢冷气，烹之则美。"

其二，张谦德著《茶经》说："凡烹蒸熟茶，先以热汤洗一两次，去其尘垢冷气而烹之则美。"

其三，许次纾《茶疏》曰：茶叶摘自山麓，"山多浮沙，随风辄下，即着于叶中。烹时不洗去沙土，最能败茶。"

其四，罗廪《茶解》认为：茶要"用热汤洗过挤干。……不洗则味色过浓，香亦不发耳。"

其五，冯可宾《岕茶笺》中"论烹茶"："先以上品泉水涤烹器，务鲜务洁。次以热水涤茶叶，水不可太滚，滚则一涤无余味矣。以竹箸夹茶于涤器中，反复涤荡，去尘土、黄叶、老梗使净，以手搦干，置涤器内盖定，少刻开视，色青香烈，急取沸水泼之。夏则先贮水而后入茶，冬则先贮茶而后入水。"

其六，周高起《洞山岕茶系》中指出："沸汤泼叶，即起洗鬲，敛其出液。候汤可下指，即下洗鬲，排荡沙沫。复起，并指控干闭之，茶藏候投。"

【名家杂论】

洗茶是古代茶道中非常古老也极为重视的一个环节。所谓"去尘垢冷气""去沙土""去尘土、黄叶、老梗""排荡沙沫"、调"味色"、发"香"等。概括起来即净茶、温茶、发香。尘垢、沙土、尘土、沙沫最能"败茶"。洗茶也符合古代茶人讲究泡茶的"洁"字精神。为此，古代茶人发明了"茶洗""涤器""洗鬲"等专用茶器。

然而现代茶人却对古人的见解不以为然。现代茶家认为，洗茶并不能达到洁茶的目的，该洗的如农药和重金属残留物没洗掉，而茶叶的精华却被洗掉了。有科学指出，陈年普洱与100℃的热水接触仅仅1秒钟即有相当量的内含物析出，日照绿茶用100℃热水浸润2秒钟，西湖龙井茶、铁观音浸润3秒钟，其滤出的茶汤即具有相当明显的香气与滋味，诸多维生素、氨基酸、生物碱等营养物质就在这短短几秒的第一泡茶中流失了。

从原来的手工制茶到现在的机械化生产，茶叶的纯净度在增加，从营养科学的角度来说，再争论洗茶已无意义。

候汤

水，缓火炙，活火煎。活火，谓炭火之有焰者，始如鱼目为"一沸"，缘边泉涌为"二沸"，奔涛溅沫为"三沸"，若薪火方交，水釜才炽，急取旋倾，水气未消，谓之"嫩"；若水逾十沸，汤已失性，谓之"老"，皆不能发茶香。

【译文】

泡茶之水，要文火炙茶，活火煎水。活火，即有火苗的炭火。水烧到像鱼冒泡一样为"一沸"，边缘如泉水喷涌的为"二沸"，像奔腾的波涛并有泡沫溅出为"三沸"。如果火苗刚烧，水锅刚热，就立即倒出，水汽未消，是水太"嫩"了；如果水已经烧开十个滚儿了，茶汤本性已失，就说是"老"了，这两种茶汤都不能让茶香发挥到极致。

【延伸阅读】

候汤，就是等待煮茶的水开。

古人品茶，首重煎水。陆羽《茶经》上关于煮水这样说："其沸如鱼目微有声，为一沸；缘边如涌泉连珠，为二沸；腾波鼓浪为三沸。"古人说，候汤最难。那么，究竟怎么判断一沸、二沸、三沸呢，南宋罗大经《鹤林玉露》记载了一种辨水法。

在罗大经看来，水煎过第二沸刚到第三沸时，最适合冲茶。并有诗说明："砌虫唧唧万蝉催，忽有千车捆载来。听得松风并涧水，急呼缥色绿瓷杯。"意思大致是，初沸时水声如阶下虫鸣，又如远处蝉噪，二沸时的水声如满载而来、吱吱呀呀的车马声。三沸的水如松涛汹涌，溪涧喧腾，这个时候就要赶紧提瓶，注水入瓯了。

【名家杂论】

候汤，最能考验一个人的耐性。

苏轼《汲江煎茶》诗云："活水还须活火烹，自临钓石取深清。大瓢贮月归春瓮，小杓分江入夜瓶。茶雨已翻煎处脚，松风忽作泻时声。枯肠未易禁三碗，坐数荒村长短更。"

苏轼被贬海南儋州，而这首诗则描写了苏轼月夜江边汲水煎茶的细节，首联写煮茶最好用流动的江水，并用猛火来煎。所以，作者自己亲自提着水桶带着水瓢来取水。颔联写他去汲水时，月影倒映水中，好像把水中明月也舀到瓢里了，把水倒到缸里，再舀入煎茶的陶瓶里。颈联写煎茶，煮开之后，雪白的茶乳漂了上来。斟茶时，茶水泻到茶碗里，飕飕作响，就像松涛声。尾联说，这样的好茶，喝三碗怕是不够啊，喝完茶，就在这春夜里，静坐听更鼓声。闲适中透出一丝落寞。

这时的苏轼，已经62岁了。据说在宋朝，放逐海南是仅比满门抄斩罪轻一等的处罚。在这样两条背景下，再重读苏轼的《汲江煎茶》，则另有一番意味了。留给这位老人的时间已经不多了，而无望的等待，却是这位老人唯一的希望。

而对于海南和苏轼，结局是完全不同的。苏轼到海南后，极大促进了当地的文化和教育发展，成为儋州文化的开拓者、播种人。被贬四年后，朝廷大赦，苏轼却死在了归途中。

涤器

茶瓶、茶盏不洁，皆损茶味，须先时涤器，净布拭之，以备用。

【译文】

茶壶、茶杯不干净，都会有损茶叶香味，因此须提前用水清洗茶具，用干净布擦干，以待沏茶时用。

【延伸阅读】

文人士大夫向来洁身自好，对器具要求自然也高。

明朝程用宾《茶录》（1604年）有"洁盏"的说法："洁盏，饮茶先后，皆以清泉涤盏，以拭具布拂净。不夺茶香，不损茶色，不失茶味，而元神自在。"工夫茶的精神与特色始现。

现代人饮茶，也应注意茶具的洗涤：

1. 每次喝完茶后，应把茶叶倒掉，彻底将壶身内外洗净。

2. 茶具有茶垢时，可用牙膏、食醋、橘子皮擦洗。

3. 小块茶垢，可浸泡于漂白剂或清洁粉的溶液中。

【名家杂论】

文献中最早提到茶具的是王褒的《僮约》："烹茶尽具"，即煮茶和清洗茶具之意。唐代陆羽在《茶经》"四之器"中列出了唐朝时茶事所用的24种器具，其中涉及茶具的清洗和整理的共有六种。

札是用茱萸木夹住棕榈皮，做成刷状，或用竹子绑上榈皮，制成笔状，供饮茶后清洗茶器用；涤方，由楸木板制成，可容水八升，用来盛放洗涤后的水；滓方的制法似涤方，容量五升，用来盛茶滓；巾用粗绸制成，长二尺，做两块可交替使用，擦干各种茶具；具列为木制或竹制，呈床状或架状，能关闭，漆成黄黑色，长三尺，宽二尺，高六寸，收藏和陈列茶具；都篮，竹篾制，里用竹篾编成三角方眼，外用双篾作经编成方眼，用来盛放烹茶后的全部器物。

与唐、宋茶具相比，明代茶具要简便得多，数量也大为减少，明朝高濂《遵生八笺》中就只列了16件当时的茶具，而明代张谦德《茶经》中"论器"一篇提到当时的茶具也只有茶焙、茶笼、汤瓶、茶壶、茶盏、纸囊、茶洗、茶瓶、茶炉 9 件。这与文震亨所说"吾朝"茶的"烹试之法""简便异常"是相符的。

茶洗

茶洗以砂为之，制如碗式，上下二层。上层底穿数孔，用洗茶，沙垢悉从孔中流出，最便。

【译文】

洗茶用具以砂制作，形如大碗，上下两层。上层底部穿几个小孔，洗茶时，泥沙尘垢容易从孔中流出来，最便宜。

【延伸阅读】

茶洗，用来洗茶的工具。洗茶一说，始闻于明代。由于用条形叶茶直接煎泡而饮，茶中的灰尘与杂质是必须去除的，所以诞生了洗茶器具。根据文氏记载，明代的茶洗是紫砂制的诸葛碗式，区别就是上层底部穿了小孔而已。也有将茶洗制成扁壶式，"中加一盏，鬲面细窍，其底便过水漉沙"。

《潮州茶经》中所载茶洗"形如大碗，深浅式样甚多"。又云"烹茶之家必备三个，一正二副。正洗用以浸茶杯，副洗一以浸冲罐，一以储茶渣暨杯盘弃水"。

茶洗，除了最基本的盛水、盛茶渣的功能，它还有各种用途，比如用于淋杯洗壶，用作花器或者果盘，甚至，用作笔洗、花器等。

【名家杂论】

茶洗，是工夫茶中必不可少的物件。

近人有改良者，外观如铜鼓，也是上下两层，上层中间开有几个小孔以供泻水，不过，新型茶洗，上层是一个茶盘，可摆放几个茶杯，洗杯后的弃水直接倾入盘中，再通过中间小孔流入下层空间。烹茶事毕，加以洗涤后，茶杯、盖瓯（冲罐）等可放入茶洗内。达到了一物多用的目的。

工夫茶，喝的便是一种文化。古人在日常生活中践行着天人合一的人生观，也许他们一辈子都在清苦中挣扎，又或者他们饱尝生离死别的折磨，但即使是在他们生命最绝望的时刻，只要有几片枯叶、一壶清水，就可以泡出人世间第一等的好茶。

所谓品茗敬地，酌酒敬天，吃素敬人。一杯清茶，最值得看重的并非茶叶的浮沉，而是喝茶者的内心。就像茶洗，实非洗茶，洁身自好也。

茶壶

茶壶以砂者为上，盖既不夺香，又无熟汤气，"供春"[1]最贵，第形不雅，亦无差小者，时大彬[2]所制又太小，若得受水半升，而形制古洁者，取以注茶，更为适用。其"提梁""卧瓜""双桃""扇面""八棱细花""夹锡茶替""青花白地"诸俗式者，俱不可用。锡壶有赵良璧者亦佳，然宜冬月间用，近时吴中"归锡"，嘉禾"黄锡"，价皆最高，然制小而俗，金银俱不入品。

【注释】

〔1〕供春：供春壶，明代正德、嘉靖年间，江苏宜兴制砂壶名艺人供春所做的壶。

〔2〕时大彬：明万历至清顺治年间人，是著名的紫砂"四大家"之一时朋的儿子，宜兴紫砂艺术的一代宗匠。

【译文】

茶壶以砂质壶为上品，因为它不夺茶香，且茶汤久煮无怪味，供春壶最好，只是形状不雅，也没有小壶。制壶名匠时大彬做的壶太小，如果有能装水半升，且形制古朴简洁的砂壶，用来泡茶，更好些。至于"提梁""卧瓜""双桃""扇面""八棱细花""夹锡茶替""青花白地"等样式，俗不可耐，不堪用。赵良璧制作的锡壶是佳品，但只适宜冬天使用。近来苏州归复初的归锡壶，浙江嘉兴黄元吉的黄锡壶，价格颇高，壶却又小又俗。至于金银壶，都不入流。

【延伸阅读】

茶壶，泡茶和斟茶用的带嘴器皿，由壶盖、壶身、壶底、圈足四部分组成，壶盖有孔、钮、座、盖等细部。壶身有口、延（唇墙）、嘴、流、腹、肩、把（柄、扳）等部。茶壶的基本形态有近 200 种。关于茶壶素有"一器成名只为茗，悦来客满是茶香"的说法，意即茶壶是专门为茗茶而生的。

明代散文家、收藏家张岱对紫砂情有独钟，在其著作《陶庵梦忆》"砂罐锡注"一章中说道："宜兴罐，以龚春为上，时大彬次之，陈用卿又次之。"

喝工夫茶，茶壶最重要的是"宜小不宜大，宜浅不宜深"。明人冯可宾《岕茶笺》认为："茶壶，窑器为上，锡次之。茶杯汝、官、哥、定，如未可多得，则适意者为佳耳。或问茶壶毕竟宜大宜小？茶壶以小为贵，每一客，壶一把，任其自斟自饮，方为得趣。何也？壶小则香不涣散，味不耽阁，况茶中香味，不先不后，只有一时。太早则未足，太迟则已过。得煎得恰好，一泻而尽。化而裁之，存乎其人，施于他茶亦无不可。"

意思大致是，茶具以陶瓷类为好，具体什么窑器，则以"适意者"为佳。而茶壶的大小，则以小为贵，在于其能使茶"味不耽阁"，或许这正是小壶大行其道的根本原因。

【 名家杂论 】

紫砂壶与茶的天作之合，像是冥冥之中的刻意安排，像是一对珠联璧合的搭档，互相成就了彼此的盛名。

紫砂壶以江西宜兴所产为贵，宜兴古称"阳羡"，素有"人间珠玉安足取，岂如阳羡溪头一丸土"的说法。就像是饮茶方式从唐宋的团茶碾末煎煮直至明人确立并相沿至今的冲泡法，紫砂则从粗制的日用陶器渐渐分离出来，成为小巧雅致的案头清赏，二者的完美结合凝聚了无数良工的心智与文人的才思。

文中所提制壶名匠时大彬，在制壶之初是请人代为书款然后镌刻，后经刻苦自励，竟能运刀成字，书法娴雅，"在黄庭、乐毅帖间"，而这也成为鉴别大彬作品真伪的重要依据。发现，发展，发扬，或许这正是中华民族五千年文明传给我们的最大收获吧。

"壶里乾坤大，杯中日月长。"用来说茶，未尝不可。

台湾作家董桥说中年是杯下午茶，是搅一杯往事、切一块乡愁、榨几滴希望的下午。在他看来，"到了周末，衣上的征尘已消，酒痕已干，合当在茶杯中好好听听雨后深巷超越空灵的卖花声"，便是无上的享受了。

茶盏

宣庙[1]有尖足茶盏，料精式雅，质厚难冷，洁白如玉，可试茶色，盏中第一。世庙[2]有坛盏，中有茶汤果酒，后有"金箓大醮坛[3]用"等字者，亦佳。他如"白定"等窑，藏为玩器，不宜日用。盖点茶须熁盏令热，则茶面聚乳，旧窑器熁热则易损，不可不知。又有一种名"崔公窑"[4]，差大，可置果实；果亦仅可用榛、松、新笋、鸡豆、莲实、不夺香味者；他如柑、橙、茉莉、木樨之类，断不可用。

【注释】

〔1〕宣庙：明宣宗朱瞻基时代。
〔2〕世庙：明世宗朱厚熜在位期间。
〔3〕醮坛：道士祭神的坛场。
〔4〕崔公窑：明嘉靖、隆庆年间江西景德镇崔国懋创建的民间瓷窑。

【译文】

明宣宗年间有种尖足茶盏，用料讲究，样式精致，材质厚重，茶汤难冷，其色洁白如玉，可试茶色，可谓茶盏之首。明世宗年间的祭坛茶盏，用来盛放茶汤和果酒，后面有"金箓大醮坛用"字样，也属上乘。其他如定窑白瓷等器，可作收藏，不作日常之用。用点茶法沏茶时须热水烫盏，茶汤表面才会泛起汤花，旧窑器一烤热易破损，这些特性不可以不知道。还有种"崔公窑"茶盏，比普通茶盏稍大，可用来盛果实，不过只能盛榛子、松子、鲜笋、芡实、莲子等不夺茶香的果实，其他比如柑、橙、茉莉花、桂花之类，万万不可用。

【延伸阅读】

茶盏，饮茶用具，基本器形为敞口小足，斜直壁，一般比饭碗小，比酒杯大。茶盏大致有两种形状：一种是口沿较直，另一种则是撇口，喇叭状。明清以后茶盏又配以盏盖，形成了一盏、一盖、一碟的三合一茶盏，即现在的盖碗。

明代茶具有一次大的变革。唐宋时人们以饮饼茶为主，主要采用煎茶法或点茶法以及与此相应的茶具。元时条形散茶兴起，饮茶改为直接用沸水冲泡。饮茶之前，用水淋洗茶，又是明人饮茶所特有的。明代茶盏，仍用瓷烧制，但茶盏已由黑釉盏变为白瓷或青花瓷茶盏，具有非常高的艺术价值，史称"甜白"。

张谦德《茶经》曰：“今烹点之法，与君谟不同，取色莫如宣（即宣德窑）、定（即定窑），取久热难冷，莫如官（即官窑）、哥（即哥窑）。”君谟即蔡襄，北宋著名书法家、政治家、茶学专家，权相蔡京的从兄，此处代指北宋。明代以后，一些有名的烧制茶具瓷窑，江西景德镇的白瓷茶具和青花瓷茶具、江苏宜兴的紫砂茶具皆得到了极大发展。

【名家杂论】

古代的茶具主要有茶碗、茶盏等陶瓷制品。《博雅》说：“盏，杯子。”宋时始有“茶杯”之名，陆游诗云：“藤杖有时缘石蹬，风炉随处置茶杯。”宋蔡襄《茶录》载：“茶白色，宜黑盏，建安所造者绀黑，纹路兔毫，其杯微厚，熁火，久热难冷，最为要用，出他处者，或薄或色紫，皆不及也。其青白盏，斗试家自不用。”

唐宋时盛茶的碗，叫“茶榶”，比饭碗小。白居易《闲眠诗》云：“昼日一餐茶两碗，更无所要到明朝。”宋代开始以冲泡为主，饼茶研碎成末，取一定的量放在茶碗里，烧开了水高冲而下，在碗的沿口形成泡沫。宋人讲究生活的艺术，有了斗茶和点茶。

明代人喝茶和今人相差无几，取散茶一撮放在杯里，沸水冲泡即可。这时的茶壶出现了可冲泡可烹煮的紫砂壶，泡茶时，水壶忽高忽低，来回三次，叫凤凰三点头。一个杯子，倒到七分容量的水，留三分人情在。明代茶痴李贽，则以茶当命。他早吃茶、午吃茶、夜吃茶；待客时吃茶，看书时吃茶；甚至辞世之际，还嘱咐后人“祭祀亦只是一饭一茶，少许豆豉”。因此后人祭祀，每每必不少茶，倒不辜负了一个“痴”字。

“戏做小诗君莫笑，从来佳茗似佳人”，苏轼曾以“人间有味是清欢”来形容茶的妙处，一款极致的香茗，通过细致的烹煮，再配上精致的茶盏，如此般，自然甚好！

择炭

汤最恶烟，非炭不可，落叶、竹筱[1]、树梢、松子之类，虽为雅谈，实不可用；又如“暴炭”“膏薪”，浓烟蔽室，更为茶魔。炭以长兴茶山出者，名“金炭”，大小最适用，以麸火[2]引之，可称“汤友”。

【注释】

〔1〕竹筱：细竹，或竹的细枝条。

〔2〕麸火：秸秆等容易引火的柴禾。

【译文】

茶汤最忌烟雾，所以煮茶汤定要用炭火。落叶、细竹、树枝、松果之类，听上去很好，但不实用。至于没烧好的暴炭和未干的膏薪燃烧时，往往浓烟滚滚，更是煮茶的噩梦。长兴茶山出产的一种叫"金炭"的炭火最好，大小合适，用易燃的麸炭引火，可谓"茶汤的朋友"。

【延伸阅读】

《说文解字》载："炭，烧木余也。"

木炭，是木质原料经不完全燃烧或于隔绝空气的条件下，热解后所余之深褐色或黑色燃料。中国很早就掌握了烧炭的技法。早期以堆烧法为主，后来出现了窑烧法，即建一座土窑，或者把柴火装进山洞里，放上煤烧，里面完全密封，待窑藏或洞藏之氧气耗尽，炭火可成。

炭的种类有白炭、黑炭、瑞炭、麸炭、炼炭、金刚炭、桯炭、竹炭等。宋陆游《老学庵笔记》记载："北方多石炭，南方多木炭，而蜀又有竹炭，烧巨竹为之，易燃无烟耐久，亦奇物。邛州出铁，烹炼利于竹炭。皆用牛车载以入城，予亲见之。"

清代烹饪文献《调鼎集·火》对薪炭在炊事领域的应用做过精细分类："松柴火：煮饭，壮筋骨，煮茶不宜，栎柴火：煮猪肉食之，不动风，煮鸡、鸭、鹅、鱼腥等物烂。茅柴火：炊煮饮食，主明目、解毒。芦火、竹火：宜煎一切滋补药。炭火：宜烹茶，味美而不浊。"

【名家杂论】

关于炭火，唐朝皇家有"进口煤炭"取暖的记载。《开元天宝遗事》中"瑞炭"有："西凉国进炭百条，各长尺余，其炭青色坚硬如铁，名之曰瑞炭。烧于炉中，无焰而有光，每条可烧十日，其热气迫人而不可近也。"

除了烧茶，炭主要用于取暖。柴直银，就是包括冬天的薪炭费用在内的生活补贴。宋代，每年从阴历十月到次年正月发炭，宰相、枢密使每人发200秤，其余官员 100 秤以下不等。用来做饭、烧水的薪柴，则是常年按月发放。

明代时，这种月俸补贴则名"柴薪银"，折成银两发放，包括宫妃在内的皇家人员，每年冬天都能领到烤火取暖用木炭。清乾隆时每日发放标准是：皇太后 120 斤，皇后 110 斤，皇贵妃 90 斤，贵妃 75 斤，公主 30 斤，皇子 20 斤，皇孙 10 斤。

这便是把"工资"称"薪水"的历史由来。

长　物　志